光电图像处理

彭真明　何艳敏　蒲　恬　杨春平　编著

科学出版社

北京

内 容 简 介

本书是在作者多年教学实践和科研成果之上,以《光电图像处理及应用》为基础,融入近年来光电图像处理和机器视觉领域的最新进展,经过大幅度修订和内容调整编写而成。全书共分 11 章,以光电图像的形成、传输、处理及应用为主线,较全面和系统地阐述了数字图像处理的基本理论、方法及应用实践。

本书可作为高等学校信息与通信工程、电子科学与技术、生物医学工程、计算机科学与技术、软件工程及相关专业本科生与研究生的教材和教学参考书,尤其适合从事光电工程、图像处理、数字视频与通信、计算机应用、机器视觉及人工智能等领域的科技人员阅读。

图书在版编目(CIP)数据

光电图像处理 / 彭真明等编著. —北京:科学出版社,2021.6
(2024.1 重印)
ISBN 978-7-03-067931-4

Ⅰ.①光… Ⅱ.①彭… Ⅲ.①光电子技术–应用–图像处理

Ⅳ.①TP391.41②TN2

中国版本图书馆 CIP 数据核字 (2021) 第 015630 号

责任编辑:张 展 雷 蕾 / 责任校对:彭 映
责任印制:罗 科 / 封面设计:墨创文化

科 学 出 版 社 出版

北京东黄城根北街16号
邮政编码:100717
http://www.sciencep.com

成都锦瑞印刷有限责任公司印刷

科学出版社发行 各地新华书店经销

*

2021 年 6 月第 一 版 开本:787×1092 1/16
2024 年 1 月第三次印刷 印张:25 1/4
字数:599 000

定价:78.00 元

(如有印装质量问题,我社负责调换)

序

图像是人类记录外界信息的重要载体，从广义上说，是自然界景物的客观反映，人类社会和各个领域都离不开图像处理和利用图像感知世界。光电图像处理以光学、电子学、数学、计算机及信息技术为基础，旨在从传感器图像获取有用的信息，涉及成像、显示、传输、存储、特征识别及应用等，是一个多学科交叉的理论与技术体系，已经渗透到多媒体通信、遥感遥测、航空航天、气象、生物医学、工业自动化、国防军事及日常生活的各个领域。随着微电子、光电子及智能化信息产业的蓬勃发展，光电图像处理技术需求与日俱增。

彭真明教授和编写组成员所在的电子科技大学成像探测与智能感知实验室(IDIP Lab)，长期从事信号与图像处理、机器学习、医学影像处理、地震波成像反演及光电探测等领域的基础理论及应用研究，承担了包括国家自然科学基金、863 计划、国防预研及企业合作等多项科研课题。同时，团队有着近二十年"光电图像处理"课程的教学经验，课程曾获批四川省精品课程(2009 年)，在此基础上也获得首批国家虚拟仿真实验项目(2017年)。多年的科研和教学实践，为本书的编写奠定了坚实的基础。本书面向光电技术应用，立意新颖，内容结构安排合理，所介绍的理论和技术既包含经典的基础知识，也与时俱进，引入了相关领域最新的一些前沿技术和创新理论，深入浅出，图文并茂，概念清晰，符合学生学习和认知规律，便于学生系统性地学习和掌握光电图像处理及应用的基本理论与实践方法。本书还引入了编写团队最新的科研成果，提供了大量实例，有助于学生和科研人员深入理解和掌握光电图像处理技术在图像识别、目标检测与跟踪及光电探测系统等领域的应用。各章的习题包含了开放式问题和编程练习，旨在培养学生查阅文献、软件编程、小系统设计及课程设计报告撰写等能力，使学生能够从理论到实践的系统性学习，以更好地应对光电图像处理技术应用中的实际问题，激发学生学习兴趣，培养学生提出问题、解决问题及创新实践能力。

编著者们历时多年，花费大量的时间和精力完成了本书。本书总结了光电图像处理的理论、技术与工程应用的研究成果；编写体例上有特色；重点内容与科研成果紧密结合，因此我认为本书对于光电图像处理和人工智能技术专业相关的本科生、研究生以及从事相关工作的科研工作者都十分有益。相信本书的出版会为我国相关科技的发展和高层次人才培养做出一定的贡献。

中国工程院院士 姜会林 教授

i

前　言

常言道，百闻不如一见。图像是人类获取自然界信息的主要载体，它是二维或三维景物呈现在人眼视网膜上的静态或动态影像。研究表明，人类主要是通过语音和图像从外界获取信息，据统计，听觉约占 15%～20%，视觉占到了 70%以上，而人眼和人脑更是组成了一个极其复杂和精妙的视觉感知系统。图像处理通过计算机对传感器所获取图像进行加工处理，从中提取有用信息，以满足人的视觉心理和实际应用的需求。伴随着新一代信息技术的飞速发展，图像处理已发展成为计算机应用和机器视觉领域中的一个重要分支。

图像信息的获取有多种途径，最常见的为光学成像系统。因此，光电图像处理在遥感、气象、航空航天、生物医学工程、军事、公共安全、工农业生产及日常生活等各个领域的应用十分广泛。特别是 21 世纪，微电子、光电子及智能信息产业的兴起和发展，使光电图像处理占据越来越重要的地位，并为光电图像处理及应用带来了空前的机遇。

本书是根据《光电图像处理及应用》(彭真明、雍杨、杨先明编著，电子科技大学出版社，2008)并在作者多年教学实践和科研成果的基础上，参考其他相关文献编写而成，本书修订了《光电图像处理及应用》中的多处错误，调整了内容结构，更新和完善了领域的最新理论及新兴技术。全书共分 11 章，内容涵盖了光电图像处理理论及应用的基本内容，其中，第一至八章为光电图像处理的基本理论、方法原理，第九至十一章为光电图像处理的应用，主要涉及目标识别跟踪、机器视觉及光电探测系统应用等领域。

本书的第一至七章、第十章由彭真明教授组织编写，第八章由何艳敏副教授编写，第九章由蒲恬博士编写，第十一章由杨春平高工参与编写。彭真明对全书章节内容进行了统筹规划、内容审核和统稿。本书编写过程中，王慧、张兰丹、龙鸿峰、王崇宇、马沪敏、范文澜、张鹏飞、张天放、李美惠、魏俊旭、魏月露等电子科技大学成像探测与智能感知实验室(IDIP Lab)的研究生参与了文字编辑、部分图件绘制、数据整理和排版等工作，这里对他们的辛勤付出和对本书的贡献表示感谢。感谢参与本书第一版编写的雍杨研究员和杨先明老师提供的基础性材料和文字。感谢参考文献中所列文献的所有作者。本书的撰写及出版也得到了电子科技大学光电科学与工程学院、信息与通信工程学院领导的重视和支持，在此一并表示衷心的感谢。

由于本人水平有限，书中不足之处恳请同行专家和读者批评指正。

目　　录

第一章 光电图像处理概论

1.1 光电图像的基本概念

光电图像是指通过光学设备或光电成像传感器采集形成的二维或三维影像,光电图像处理则是对采集得到的影像进行处理分析,从中提取有用的信息,以满足人的视觉心理和实际应用的需求。伴随着数字化、网络化及智能化,新一轮科技革命及新一代信息技术飞速发展,光电图像处理技术已经渗透到了遥感遥测、航空航天、生物医学、自动控制、军事、安防及日常生活的各个方面,已逐步发展成为基于不同光谱范围下成像探测与智能感知领域的核心和关键技术。

1.1.1 模拟图像和数字图像

图像按成像的不同波段可以分为单波段、多波段和超波段图像。图 1-1 是电磁波波谱,其中可见光是波长在 380～780nm。在不同探测系统下,可采用微波、太赫兹(THz)波、红外、可见光、X 射线及伽马(γ)射线等不同波段成像,以适应不同物理介质、材料和状态的探测需求。单波段图像上每个点只有一个亮度值,多光谱图像上每个点具有多个特性,如彩色图像上每个点有红、绿、蓝三个亮度值,超波段图像上每个点甚至具有几十个或几百个特性。

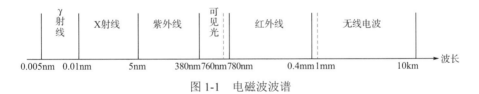

图 1-1 电磁波波谱

图像按空间坐标和亮度的连续性可以分为模拟图像和数字图像两类。所谓模拟图像是指图像在空间、亮度或色彩方面都是连续的,如人眼所捕捉的蓝天、白云、高山、草原等场景,都是模拟图像,还包括各种图片、海报以及由传统的胶片相机拍摄的照片等。与此相对应的数字图像是以数字格式存放的图像,此类图像的亮度、色彩在空间上都是离散的。由于自然图像都是模拟的,要获得数字图像必须要经过数字化处理,模拟图像经过扫描仪、图像采集卡等数字化设备处理后以数字格式存储在计算机中。如今,我们还可以通过数码相机、数码摄像机直接获得数字图像。

同样,图像处理也可分为模拟图像处理和数字图像处理两类。

模拟图像处理主要包括光学图像处理方法和照像方法。光学图像处理方法是利用光学系统对图像进行处理的方法,它充分发挥了光运算的高度并行性和光线传播的互不干扰性，能在瞬间完成复杂的运算，如二维傅里叶变换。需要说明的是，光学系统常常会产生强噪声和杂波，且不同系统的噪声和杂波具有特定性，很难有通用的处理方法可以克服；此外，光学系统的结构一旦确定就只能进行特定运算，难以形成通用计算系统。

数字图像处理方法最常见的就是通过计算机对图像进行处理，它具有抗干扰性好、易于控制处理效果、处理方法灵活多样的优点。其缺点是处理速度还有待提高，速度瓶颈在三个方面表现得尤为突出，一是图像处理算法本身比较复杂；二是对图像的处理要求高的实时性；三是所处理的图像分辨率和精度要求比较高。在这三种情况下，数字图像处理所需的时间将显著增加。

光电图像处理是指在不同观测系统下针对微波、太赫兹波、红外、可见光、紫外、X射线、γ射线等不同波段的电磁波进行探测获得的模拟或数字图像。图 1-2(a)～(f)是几种不同成像传感器获得的数字图像。

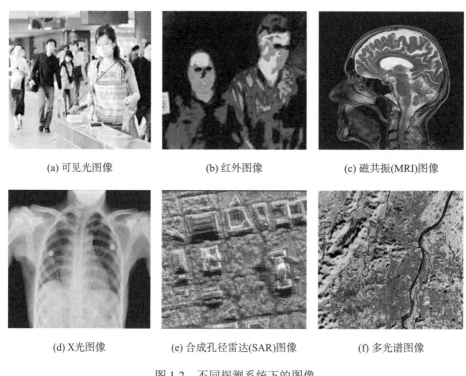

(a) 可见光图像   (b) 红外图像   (c) 磁共振(MRI)图像

(d) X光图像   (e) 合成孔径雷达(SAR)图像   (f) 多光谱图像

图 1-2 不同探测系统下的图像

若不考虑前端成像系统，仅考虑后端的信号处理，则光电图像处理也即为数字图像处理。

1.1.2　数字图像的分类

按数字图像信息表示方式的不同，可以将数字图像分为矢量图(vector-based image)和位图(bit-mapped image)。矢量图是用一个系列计算指令来表示一幅图，如画点、画线、画曲线、画矩形等。这种方式实际上是用一个数学表达式来描述一幅图形，然后通过计算机编程来实现。矢量图文件数据量小，图像进行缩小放大时不会失真，很容易做到目标图像的移动、旋转、拉伸和复制。然而对于结构成分复杂的图像，如自然风景等，就很难用数学表达式来描述。位图则是指由一系列像素(pixels)构成的图像，每个像素是由亮度、色度等参数来描述，位图在数字图像处理中的应用十分广泛。矢量图和位图最大的区别在于，矢量图处理的对象是由数学表达式描述的形状，而位图处理的对象是像素。习惯上，我们有时把矢量图称为图形，位图则称为图像。

按图像携带的视觉信息类型不同，可以将数字图像分为灰度图像和彩色图像。灰度图像只包含亮度信息而没有色彩信息。灰度图像又可以根据灰度等级的数目划分为单色图和灰度图：单色图的每个像素只用 1 位(bit)表示，要么为 1，要么为 0，即图像只有两种颜色；灰度图的每个像素用 1 个字节(byte)表示，灰度等级为 $2^8 = 256$ 级。彩色图像除了亮度信息之外，还包括了色彩信息。根据颜色的数目不同，彩色图可分为 256 色图像和真彩色图像($2^{24} = 16777216$ 种颜色)，用真彩色表示的图像文件很大，需要较大的存储空间和传输空间。

1.1.3 数字图像处理的特点

数字图像处理的特点可以概括为以下几个方面：

(1)数字图像信息量大。图像用数字形式进行存储和处理，在没有压缩的情况下，对存储空间和处理速度的要求都比较高。以黑白图像为例，每个像素的灰度级通常用 8bit 来表示，那么一幅大小为 256×256 个像素的图像需要 64KB 的存储空间，对于具有更高分辨率的图像，如图像像素数为 512×512、1024×1024，此时图像的数据量分别为 256KB 和 1MB。彩色图像的数据量就更大了，一幅分辨率为 1920×1080 的彩色图像需要 6075KB (约 6MB)的存储空间。对于 30 帧/秒(fps)1080P 的电视图像，则每秒要求大约 180MB 的数据量。要对这样大信息量的图像或视频进行处理，对计算机的内存、处理速度都提出了挑战。

(2)数字图像中各个像素之间的相关性强。在一幅图像中，各个像素不是独立的，很多像素有相同或相近的灰度，通常认为可以用一个像素周围小区域内的多个像素点的灰度对它进行预测。据统计，在电视画面中，同一行中相邻两个像素的相关系数可达 0.9 以上。同样的，相邻两帧图像之间的差异很小，具有很强的相关性。正是这种像素之间的强相关性，为图像压缩提供了理论基础。

(3)数字图像处理占用的频带较宽。与语音信息相比，占用的频带要大几个数量级，所以在成像、传输、存储和处理的各个环节的实现上，技术难度相对较大。

(4)数字图像处理系统受人的因素影响较大。尽管深度学习等技术的出现进一步推动了人工智能(AI)的发展，解决了以往很多难以解决的问题。但 AI 的现有水平距离人脑还相差甚远，因此在图像分析、识别、判断的过程中，还离不开人的决策。实际上，人的视觉系统很复杂，受到环境、情绪、经验、主观意识等多种因素的影响，必然影响到数字图像处理的最终结果。

1.2　数字图像处理的起源与发展

20 世纪 20 年代，图像处理技术首先应用于信息的远距离传输。当时通过巴特兰电缆图片传输系统从伦敦到纽约传输一幅图片，采用了数字压缩技术。从当时的技术水平来看，传送一幅不压缩的图片大约需要一星期的时间，而经过压缩后仅用了 3 小时。为了用电缆传输图片，首先使用特殊的打印设备对图片编码，然后在接收端重构这些图片。早期的巴特兰系统可以使用 5 个不同的灰度级来编码图像。到 1929 年，这一能力已增大到 15 级。在这一时期，由于引入了一种使用编码图片纸带调制光束而使底片感光的系统，因而明显地改善了还原过程。

数字图像处理的历史与数字计算机的发展密切相关。事实上，数字图像要求非常大的存储和计算能力，因此数字图像处理技术的发展必须依靠数字计算机及数据存储、显示和传输等相关支撑技术的发展。而计算机及相关技术的发展可以归纳为如下几点：①1948 年，美国贝尔实验室发明晶体管；②1950～1960 年，FORTRAN/COBOL 编程语言相继问世；③1958 年，美国德州仪器公司发明了集成电路(IC)；④20 世纪 60 年代，早期操作系统诞生；⑤20 世纪 70 年代，早期 Intel 公司开发了微处理器；⑥1981 年，IBM 公司推出了个人计算机；⑦自 1958 年第一块集成元件问世以来，元器件的逐渐小型化，大规模集成电路(LSI)、甚大规模集成电路(VLSI)和超大规模集成电路(ULSI)逐渐出现。伴随着这些进展，数字图像处理的两个基本需求——大容量存储和显示系统领域也随之快速发展。

20 世纪 60 年代初，世界上第一台足以执行有意义的图像处理任务的大型计算机出现，并用于空间探索项目的开发，这标志着数字图像处理走向实用化时代的到来。1964 年，美国喷气推进实验室(Jet Propulsion Laboratory，JPL)首次将数字图像处理技术成功应用于探月工程，采用 IBM 7049 计算机对"徘徊者七号"太空飞船发回的 4000 多张月球照片进行处理，使用了几何校正、灰度变换、去除噪声等技术，并考虑了太阳位置和月球环境的影响，由计算机成功绘制出月球表面地图，获得了巨大成功。在以后的宇航空间技术领域，如对火星、土星等星球的探测研究中，数字图像处理都得到了广泛的应用。20 世纪 60 年代末和 70 年代初，计算机层析(CT)、X 射线透射成像等图像处理技术也开始应用于医学成像、地球资源探测、遥感遥测和天文学等领域。

从 20 世纪 60 年代至今，图像处理技术一直在不断向前推进。科学家们通过图像处理来增强对比度或将灰度图像编码为彩色图像，以便应用于工业、生物科技等领域中的 X 射线和其他图像的解释。在地球科学及遥感领域，学者们使用相同或相似的技术，从航空和卫星成像中研究大气及环境污染模式。在考古学领域，使用图像处理方法也已成功复原了模糊图片。在物理学及其相关领域，通常利用计算机处理和增强如高能等离子和电子显微镜等领域的实验图像。

1.3　光电图像处理的主要内容

光电图像处理所包括的内容十分广泛。就研究目的而言，大致可以分为图像预处理和图像分析两大类。图像预处理通常是为了改善图像的质量，使图像中的某部分信息更加突出，以满足某种应用的需要；图像分析则是从图像中提取有用信息，满足应用需求的过程。具体包括以下内容：

(1)图像增强。由于成像系统是一个高度复杂的系统，图像在产生和传输的过程中总会受到各种干扰而产生畸变和噪声，使得图像质量下降，而图像增强正是为了提高图像的质量，如抑制噪声、提高对比度、边缘锐化等，以便于观察、识别和进一步的分析处理。增强后的图像与原图像不再一致，也许会损失一些有用信息，但如果这些信息是人眼无法感知的，这样的处理就是合理的。

(2)图像变换。图像变换的方法包括傅里叶变换、离散余弦变换、沃尔什-哈达玛变换、小波变换等。图像从空间域转换到变换域后，不仅可以减少计算量，而且可以获得更加有效的处理。如小波变换在时频域具有良好的局部化特征，在图像编码、图像融合中获得了广泛而有效的应用。

(3)图像复原与重建。大气湍流、摄像机与被摄物体之间的相对运动都会造成图像的模糊。图像复原是指把退化、模糊了的图像尽可能地恢复到原始图像的模样，它要求对图像退化的原因有所了解，建立相应的"退化模型"，再采用某种滤波方法，恢复或重建原来的图像。

(4)图像编码与压缩。图像编码与压缩主要是利用图像信号的统计特性和人类视觉的生理学及心理学特性，对图像信号进行编码，有效减少描述图像的冗余数据量，以便于图像传输、存储和处理。图像压缩在我们的日常生活中随处可见，如一些视频文件都采用了MPEG-4①技术进行压缩，在满足一定保真度的前提下，大大减小了存储空间，常见的JPEG②文件也都采取了压缩编码技术，减小了文件的字节数从而有利于图像的传输。

(5)图像分割。图像分割是将感兴趣的目标从背景图像中分离出来，便于提取出目标的特征和属性，进行目标识别，为最终的决策提供依据。图像自动分割一直是图像处理领域中的一个难题，尽管人类视觉系统能够将所观察的复杂场景中的对象一一分开，并识别出每个物体，但利用计算机进行图像分割往往还需要人工干预才能有效实现。

1.4　图像处理系统及应用

1.4.1　数字图像处理系统

数字图像处理日益广泛的应用促进了处理系统硬件设备的研制与开发。目前大型的专业化图像处理系统很多，集中在各个不同的应用领域。也有一些非专业化的小型系统，如

---

① MPEG-4 于 1999 年初正式成为国际标准，它是一个适用于低传输速率应用的方案，更注重多媒体系统的交互性和灵活性。
② JPEG 是一种图像格式。

计算机配合适当的图像采集卡就可以构成一个性能优良的小型数字图像处理系统。尽管各种处理系统大小不一，处理能力和适应性也各有所长，但其基本的硬件结构类似，主要包括图像输入设备、图像输出设备、存储器(图像存储介质)和主机等几个主要部分，如图 1-3 所示。

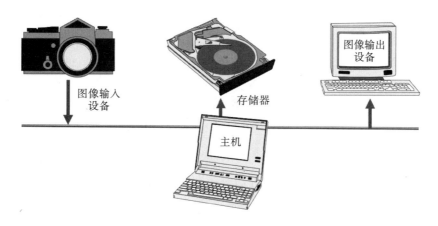

图 1-3　一个典型的图像处理系统

1. 图像输入设备

目前市场上有许多设备都可以作为图像处理系统的输入设备。

1)摄像机

摄像机是最常用的图像输入设备，它不仅面向对象广泛，如照片、胶片、场景等，而且输入速度快、灵敏度高，使用方便，多作为实时图像输入设备使用。摄像机通常由摄像镜头、摄像器件、同步信号发生电路、偏转电路、放大电路等部分组成。它的核心器件是光电转换装置，目前感光基元多为电荷耦合器件(charge coupled device，CCD)，CCD 能将照射在其上的光信号转换为对应的电信号。

根据摄像器件的不同，摄像机可以分为电子成像管摄像机和固体摄像机两大类。电子成像管摄像机发展较早，20 世纪 30 年代就已应用于商业电视。根据光学图像转换成电子图像的原理不同，电子成像管摄像机可以分为光电子发射效应式和光导效应式两种类型，由于电子成像管摄像机的重要元件是电子管，所以体积相对固体摄像机要大得多。固体摄像机的光电转换是由半导体摄像器件完成的，常见的有 CCD、电荷注入器件(charge injection device，CID)和光电二极管阵列三种固态传感器阵列，此类摄像机体积小、重量轻、结构紧凑。

摄像机的参数有空间分辨率、灰度分辨率或颜色数、快门参数、最低照明度等。根据传感器的有效工作范围，可以分为可见光、近红外、中远红外、X 射线等 CCD 摄像机；根据快门速度可以分为静止和实时摄像机。

视频采集卡是摄像机的必备器件之一，它将摄像机摄取的模拟图像信号转换成数字图像信号，并转换成计算机可辨别的数字数据，存储在计算机中。一般视频采集卡都带有自己的帧缓存器，用于存放所采集的数据。根据图像采集的速度，视频采集卡按照其用途可分为广播级视频采集卡、专业级视频采集卡和民用级视频采集卡，它们档次的高低主要是采集图像的质量不同。广播级视频采集卡特点是采集的图像分辨率高，视频信噪比高，缺点是视频文件所需硬盘空间大，每分钟数据量至少要消耗 200MB，所以它多用于电视台所制作的节目。专业级视频采集卡的档次比广播级的视频采集卡性能稍微低些，分辨率二者相同，但压缩比更大，其最小的压缩比一般在 6∶1 以内，此类产品多用于广告公司和多媒体公司制作节目及多媒体软件之中。民用级视频采集卡的动态分辨率一般较低。视频采集卡插在微机的扩展槽上，和摄像机连接使用。

在计算机上通过视频采集卡可以接收来自视频输入端的模拟视频信号，对该信号进行采集、量化成数字信号，然后压缩编码成数字视频。大多数视频卡都具备硬件压缩的功能，在采集视频信号时首先在卡上对视频信号进行压缩，然后再通过外设部件互连标准(peripheral component interconnect，PCI)接口把压缩的视频数据传输到主机上。一般的 PC视频采集卡采用帧内压缩的算法把数字化的视频存储成音频视频交错格式(audio video interleaved，AVI)文件，目前的一些新产品直接把采集到的数字视频数据实时压缩成MPEG-4 或其他新标准格式的文件。实现实时采集的关键是每一帧图像所需的处理时间，如果每帧视频图像的处理时间超过相邻两帧之间的采集间隔时间，就会出现丢帧的现象。

2)扫描仪

图像扫描仪成本低、精度和分辨率较高，但获取图像信息速度较慢，不能实现实时输入。扫描仪可以以硬复制方式记录图像信息，如照片、文本页面、美术图画、图纸等上面的图像信息，都可以通过扫描仪转换成计算机能显示、处理、存储和输出的数字化电子图像信息。目前市面上的扫描仪种类繁多，按照工作原理的不同可以分为平台式扫描仪、滚筒式扫描仪、馈纸式扫描仪、底片扫描仪等；根据灰度分辨率的不同，可以分为黑白 64级灰度扫描仪、黑白 256 级灰度扫描仪和彩色图像扫描仪；根据扫描仪结构的不同，可以分为透射式扫描仪和反射式扫描仪；按照接口方式的不同又分为微机系统接口(small computer system interface，SCSI)、增强型并行接口(enhanced parallel port，EPP)、USB 接口和 IEEE1394 接口等扫描仪。

扫描仪主要由光学系统、光电转换器件、电子系统、机械系统 4 大部分组成。光学系统负责将光源发出的光照射到需要扫描的原稿上，在原稿上的反射光通过会聚透镜聚焦到光电转换器件上；光电转换器件的功能是将图像光信号转换成电信号，它的光谱响应、灵敏度和噪声等方面的特性对电子图像的生成质量有重要意义，目前采用的光电转换器件主要是 CCD 和光电倍增管(photomultiplier tube，PMT)，平板式扫描仪使用的是 CCD，而滚筒式扫描仪用 PMT 作为光电转换器件；电子系统对光电转换后的电信号进行模/数(A/D)转换，得到数字信号，再传给计算机；机械系统是由机体、放置原稿的平板以及机械传动部件构成的。

分辨率是扫描仪最主要的指标，它表示扫描仪对图像细节上的表现能力，即扫描仪所记录的图像的细致度。目前大多数扫描仪的分辨率在 300～2400dpi[①]。另外，还有色彩位深度、缩放倍率、扫描速度等多个衡量指标。

3）数码相机

数码相机是集光学、机械、电子于一体的电子技术产品。它是利用 CCD 或互补金属氧化物半导体(complementary metal oxide semiconductor，CMOS)等光电转换器件(或称为感光器件)，将景物的光学图像转换为电子图像并以数字形式进行存储。它与传统相机以涂布有氯化银、溴化银等卤化银材料的胶片作为感光和存储媒介的方式完全不同，可以立即成像，产生的信号便于计算机处理和传输。

数字相机与传统相机的组成部分中有一些共同的组件，如光学镜头、取景器、调焦系统、快门、光圈等模块，但二者最大的区别就是传统相机需要胶卷，而数字相机则用 CCD或 CMOS 来进行感光成像，同时还具有分色系统、数字图像处理电路[包括 A/D 转换、数字信号处理器(digital signal processor，DSP)、JPEG 协处理器]、系统控制中央处理器、存储器等组件。

静态图像的拍摄是数码相机的核心功能，根据采用的压缩编码和格式化编码的不同，数码相机采集的图像有 JPEG、TIFF 和 RAW 等文件格式。其中，JPEG 是主流格式；TIFF多为高档数字相机采用；RAW 是中、高端专业型数字相机才有的格式。由于动态图像(即"短片")和静态图像对感光器件、数字信号处理器及各种伺服控制机电模块等的性能要求有很大差异，因此动态图像功能只是数码相机的一项扩展功能，采用的压缩编码主要有Motion-JPEG(AVI 格式)和 MPEG-4(MPEG-4 格式)等。

数码相机具有光学变焦和数字变焦两种变焦功能，前者是通过改变相机的光学镜头的焦距实现图像中景物影像大小的变化，而后者是通过相机中的数字处理电路对图像的局部细节进行放大。利用光学变焦放大后的图像像素不变，清晰度不变，而数字变焦放大的图像只是原来图像的局部，因此造成像素数减少，清晰度下降。

数码相机的主要性能指标是分辨率，即感光器件 CCD/CMOS 有效的图像获取像素值，分辨率一般用水平和垂直有效像素数目 M 和 N 表示为 $M \times N$。只要拥有足够的像素值，照相之后，便可以借着图像分辨率的调整，得到够大而精致的成品。

2. 图像输出设备

图像的输出主要有两种方式，一种是通过阴极射线管(cathode ray tube，CRT)显示器、液晶显示器(liquid crystal display，LCD)或投影仪等设备暂时性显示的软拷贝形式；一种是通过照相机、打印机等将图像输出到物理介质上的永久性硬拷贝形式。

用屏幕输出处理结果是最直观、简单的方法，并可获得高质量图像。CRT 显示设备中，电子枪束的水平垂直位置可由计算机控制，在每个偏转位置，电子枪束的强度是用电压来调整的，每个点的电压和该点的灰度值成正比，这样灰度图像就转成光亮度空间变化的模式，该模式被记录在阴极射线管的屏幕上显示出来。

打印输出的设备为打印机，按打印效果分成黑白、彩色两种，从打印机原理上可大致

[①] dpi 表示每英寸长度内的像素点数。

分为针式打印机、喷墨式打印机和激光式打印机。与其他类型的打印机相比，激光打印机有着显著的优点，包括打印速度快、品质好、工作噪声小等。激光打印机又可分为黑白激光打印机和彩色激光打印机两大类。黑白激光打印机只能打印黑白两色，为了输出灰度图像并保持其原有的灰度级常采用半调输出的技术。半调输出利用人眼的集成特性，在每个像素位置打印一个其尺寸反比于该像素灰度的黑圆点，即在亮的区域打印的点少，在暗的区域打印的点大，当点足够小、观察距离足够远时，人眼就不容易区分开各个小点，而得到比较连续平滑的灰度图像。彩色打印使用黄、品、青、黑四种颜色的墨粉，在理论上可以合成出成千上万种缤纷的色彩。

3. 图像存储介质

图像的数据量通常都很大，无论是进行处理还是存储都需要大量的存储空间。计算机内存就是一种提供快速存储功能的存储器，微型计算机的内存发展很快，从早些年的几百兆字节(MB)到目前达 4～16GB。由于采用多核架构，理论上目前 PC 机支持的最大运行内存达到了 128G。大容量硬盘能提供充足的存储空间，但是不便于携带和交换，U 盘和移动硬盘是以通用串行总线(universal serial bus，USB)为接口的一种存储方式，具有保存数据安全可靠、方便携带、支持热拔插、无需外接电源、性价比高、数据传输率快等突出优点，成为日常存储图像的理想介质。此外还有磁带、光盘(compact disc，CD)、高密度数字视频光盘(digital video disc，DVD)等设备均可存储图像。早些年，DVD 凭借其微小的道宽、高密度的记录线、缩短的激光波长等特点，跻身于大容量、高精度、高质量存储设备的前列，存储容量可达 10GB 以上。目前，光存储技术已经升级到蓝光存储，未来一定会是全息光存储时代。

4. 主机

主机是数字图像处理系统实现各种处理功能和算法的关键部分，现在的图像处理系统主要向两个方向发展：一个是以微机或工作站为主，配以图像采集卡和外设构成微型图像处理系统，具有成本低、灵活、便于推广的优点；另一个是向大型机方向发展，用以解决数据量大、实时性要求高的处理。

此外，一个完整的图像处理系统，还需要专门的图像处理软件，实现图像的存储、输入、输出、管理等功能。

1.4.2　图像处理技术应用

随着计算机软硬件技术的飞速发展，以及数字处理方法的长足发展，使得数字图像处理技术无论在科学研究、工业生产还是国防建设领域都获得了越来越广泛的应用，且正朝着实时化、集成化、智能化的方向发展。下面举例说明图像处理在各领域中的一些主要应用。

1. 通信工程

图像处理在通信工程中的应用集中表现在多媒体通信方面，目前的多媒体通信，是把声音、文字、图像和数据结合的通信,其中图像传输数据量大,要求有比音频传输宽 1000 倍的通道,因此实现起来较为复杂和困难。研究高效率的图像压缩和解压方法是多媒体通信技术发展的核心。早期的图像压缩主要是基于香农(Shannon)信息论基础上的,压缩比不高,近年来着眼于视觉的脑机制和景物分析的研究,给图像编码提供了新的方向。如人眼具有可见度阈值和掩盖效应(对边缘剧变不敏感),以及对亮度信息敏感而对颜色分辨力弱,基于这些不敏感性,可将某些非冗余信息压缩,从而大幅度提高压缩比。

多媒体通信在现代社会生活中广泛应用,如医院可将病人的入院诊断、用药记录、手术记录、体温记录、出院诊断、各种检查报告及影像结果移植到电子设备上,形成操作更为方便的多媒体电子病历;将拍摄的各类高清晰度医学图像传输到多个终端,实现远程医疗会诊,以实现更精确的诊断;会议电视系统也是多媒体通信大力发展的一种新业务,它使异地群体之间进行面对面的交流和会议成为可能,具有真实、高效、实时等优点;我国快速发展的高速铁路系统所使用的通信技术也是一种多媒体信息网,具有视频会议、危情及设施监控等实时通信设备。信息物理融合系统(cyber-physical system,CPS)及 5G 时代的到来,也将为未来多媒体通信插上腾飞的翅膀。

2. 生物医学工程

医学图像处理的发展对人类的健康至关重要,因为它能获取人眼所不能见到的人体内部各个器官的信息,为医生的诊断提供不可缺少的参考。因此,医学图像处理从诞生之日起就受到了人们的普遍关注。医学图像的种类很多,主要有:

(1)磁共振(magnetic resonance imaging,MRI)图像:是一种产生多种组织特性的成像技术,图像值与某些在一个磁场中由一定频率的射频激发的原子弛豫时间相关。

(2)X 射线层析成像(X-CT):X 射线通过一个 X 射线源与一维或二维检测器阵列绕病人旋转而获取的重建断层或体积图像。

(3)X 射线透射成像:通过 X 射线的锥形投影产生的人体二维图像的技术,所有 X 射线通过的组织影响图像灰度值。

(4)数字减影血管造影(digital subtraction angiography,DSA):通过对血管注入增强剂前后的两幅或多幅 X 射线透视图像相减获得清晰血管结构的 X 射线图像的技术。

(5)超声(ultrasound,US)成像:是一种利用组织密度不连续性对超声回波的成像技术,是目前临床医学中使用的唯一不属于电磁波范畴的物理源。

对上述图像的增强、特征提取和判读已成为医学领域中辅助诊断的重要手段。此外,图像处理技术对染色体分析、红细胞和白细胞的自动分类、癌细胞识别、眼底照片的分析同样具有重要的实用意义。

传统的医学图像多是灰度图像,当前,医学图像处理已逐步发展到对彩色图像和动态图像的研究,如彩色超声波扇形扫描是两者结合使用的典型,已成功应用到临床医学诊断中。

3. 遥感遥测

遥感是一项由多学科集成的高新技术,它随着空间技术、传感器、计算机与数字图像处理技术的发展而迅速发展，目前广泛应用在环境检测、资源勘探、土地规划与利用、灾害动态检测、农作物估产、气象预报等领域，对经济和社会发展有着重大的影响。

遥感技术利用空间平台(如气球、无人机、卫星或飞船等)上的传感器(包括可见光、红外线、微波、激光等不同波段)从空中远距离对地面进行观测，获得各种分辨率的地面遥感图像。它是一种通过非直接接触来判定、测量并分析目标性质的技术，所以有"遥远的感知"这一说法。遥感产品分模拟和数字两种形式，模拟产品主要是经过加工处理的各种比例尺照片及底片，对这些照片进行分析需要雇用几千人，而人的分析往往受到诸多主观因素的影响；数字产品是指经过预处理的计算机兼容磁带(computer compatible tape，CCT)，CCT是遥感数字图像处理的主要研究对象，遥感图像数字处理能节省人力并提高图像信息的利用率。

遥感CCT中每一个图像数据都反映了与地面相对应的某一区域内地物的平均电磁波辐射水平，而地物反射与发射电磁波能量的大小又直接与地物的类型相关，因此遥感图像数值的大小及其变化主要是由地物的类型及变化所引起。通过对遥感图像进行处理，可以增强并提取遥感图像中的专题信息。

4. 工业应用

在工业生产中，产品的无损探伤、表面和外观的自动检测和识别、装配和生产线的自动化等，以图像处理为核心技术的机器视觉应用无处不在。

红外热像反映了被测物体的温度分布特性，电力工业中的各种设备、机器中的各个电路板往往因为故障而导致故障部分的温度出现异常，因此可以利用这个特性来实现设备与电路板的故障检测与诊断。红外热像技术非接触、高灵敏度、快速、准确、安全地测定物体表面相对温度场分布，在不停运和不解体设备的情况下实现对物体的快速成像。

在变电站、水电站推广的无人值守技术主要通过数字图像监控系统来实现。由于数字图像抗干扰能力强、图像质量好，可以通过电话线、微波、扩频、光缆等通道进行远程传送，可以方便实现远方变电站安全保卫、设备巡视、环境监视等功能。

给机器装上眼睛，像人一样看懂和感知客观事物，机器视觉为工业智能化带来了勃勃生机。机器人视觉系统是用计算机来模拟人的视觉功能，从场景图像中提取信息并加以理解，确定物体的位置、方向、属性以及其他状态等。如海洋石油开采，海底勘查的水下机器人；用于医疗外科手术及研究的医用机器人；帮助人类了解和探测宇宙的空间机器人；完成特殊任务的核工业机器人；生产线上的焊接机器人等。通过视觉机器人的应用，可以代替人类从事危险、有害和恶劣环境、超净环境下的工作，极大地提高生产效率和提升智能化水平。

特别地，随着人工智能和工业4.0时代的到来，图像处理在遥感、气象、航空航天、生物医学工程、军事、公共安全、工农业生产及日常生活等各领域的应用中，必将发挥举足轻重的作用。

习题

1.1 什么是光电图像？如何理解光电图像处理与数字图像处理的差异？

1.2 基本的数字图像处理系统包括哪几个主要部分，请做简要描述。

1.3 简要介绍数字图像处理的主要特点。

1.4 光电图像处理的主要内容有哪些？

1.5 光电图像处理有哪些主要应用领域？

1.6 举例说明图像处理在通信工程领域有哪些具体应用。

1.7 简要介绍图像处理在生物医学工程领域中的应用。

第二章　图像的光学及视觉基础

2.1　视　觉　基　础

人的视觉系统是一个结构精巧、性能卓越的图像处理系统,充分了解人眼的视觉原理、视觉特性及视觉模型,对人类设计更为合理的图像系统是非常有帮助的。

视觉是人类最基本的功能,它可以进一步分为视感觉和视知觉。其中视感觉是较低层次的,它负责接受外部刺激,所考虑的主要是刺激的物理特性和对人眼的刺激程度。视知觉处于较高层次,主要是通过人脑的神经活动将外部刺激转化为有意义的内容。在很多情况下,视觉主要指视感觉。

2.1.1　人眼结构

人眼的结构如图 2-1 所示。眼睛的形状为一圆球,它由三层薄膜包着。最外层是蛋白质膜,其中位于前方大约 1/6 部分为角膜,其余 5/6 为巩膜;中间一层由虹膜和脉络膜组成;最内层为视网膜。

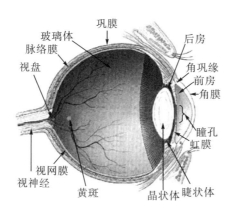

图 2-1　人眼结构图

角膜是一种硬而透明的组织,光线从这里进入眼内,巩膜是白色不透明组织,它的作用是巩固及保护整个眼球。

虹膜在脉络膜的最前面,中间有一个圆孔,称为瞳孔,它的大小可以由连接虹膜的环状肌肉组织(睫状肌)来调节,以控制进入眼睛内部的光通量大小,虹膜的颜色随种族不同而不同,有黑、蓝和褐色之分。脉络膜位于巩膜的里边,上面分布着丰富的血管网,是眼睛的重要滋养源。

眼睛最里层的膜为视网膜,上面分布着负责产生视觉信息的杆状细胞和锥状细胞。锥状细胞主要分布在视网膜的中央凹的黄斑区内,每只眼睛中约有600万到700万个,每个锥状细胞都连接一个神经末梢。杆状细胞从中央凹开始向四周慢慢减少,约有7500万到15000万个,若干个杆状细胞连接在一根神经上。

锥状细胞体积小,但排列密度高,感光灵敏度低,对颜色和图像的细节很敏感,形成具有高分辨率的有颜色感觉的白昼视觉。杆状细胞负责形成视野中总的物体的影像,它不能感知色彩,但对低照明度的景物往往比较敏感,由于夜晚的视觉主要由它来完成,故杆状视觉又称为夜视觉。

人眼除了三层薄膜之外,在瞳孔后面还有一个扁球形的透明体,称为水晶体,由叫作睫状小带的肌肉支撑着。水晶体如同一个可变焦距的透镜,通过调节睫状肌的收缩改变其曲率,从而使景象能始终聚焦于黄斑区。

角膜和水晶体包围的空间称为前房,前房内是对可见光透明的水状液体,它能吸收一部分紫外线。水晶体后面是后房,后房内充满的胶质透明体叫玻璃体,它起着保护眼睛的滤光作用。

2.1.2　图像的形成

视觉信息的产生是一个非常复杂的生理过程,人能看到一个具体的物体,如树木,是通过光把树木反映到人的眼睛,从角膜进入眼,然后,光通过虹膜,虹膜收缩瞳孔控制光的进入量,例如,光线强的时候瞳孔就收缩到大头针头大小,以控制更多的光进入;光线弱的时候,瞳孔就放大以便进入更多的光。之后光到达晶状体被投射到视网膜上成像,视网膜上的光敏细胞感受到强弱不同的光刺激,产生不同强度的电脉冲,并经神经纤维传送到视神经中枢,由于不同位置的光敏细胞产生了和该处光的强弱成比例的电脉冲,所以,大脑中便形成了一幅景物的成像。

值得一提的是,物体通过眼睛后在视网膜上成的是一个倒立的实像,但是人的感觉却是正立的实像,这个问题不能用光学成像原理去解释,而是应用生理的角度去解释,人的眼睛与生俱来就已习惯于这种视觉感受,即看物体时,在视网膜上成的是倒立的实像,人的感觉就是正立的实像。

人眼的视野相当宽广,如果以注视点为中心,可见的范围上方约65°,下方约75°,左右视角约为104°,但视力好的部位仅限于中央2°～3°左右。研究表明,由中央凹中视锥细胞构成的集中视力分辨率强,可以进行图像细节的认识,而视网膜周围由视杆细胞构成的周边视力分辨率低,不能看清图像细节,但周边视力对图像中运动变化部分很敏感,可以将目标特征检出,从而控制眼肌转动视轴,集中视力对准这些部位以识别细节。

2.1.3　视觉功能

人们借助视觉器官完成一定的视觉任务的能力称为视觉功能。通常以视觉区别物体细节的能力和辨认对比的能力作为视觉功能的衡量指标。

1. 视角

物体的大小对眼睛形成的张角叫作视角。视角的大小决定了视网膜上像的大小，而视网膜上像的大小又决定了人们视觉的清晰度。

图 2-2 中，A 为物体的大小，D 为眼睛角膜到该物体的距离，则视角 α 可以用下式计算：

$$\tan\left(\frac{\alpha}{2}\right) = \frac{A}{2D} \tag{2-1-1}$$

当 α 很小时，$\tan\alpha$ 非常近似于 α，即

$$\alpha \approx \frac{A}{D} \tag{2-1-2}$$

上式表明视角（单位：rad）的大小与物体的距离成反比。具有正常视觉的人能够分辨空间两点间所形成的最小视角为 $\alpha = 1'$。

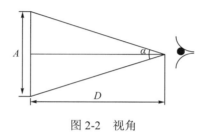

图 2-2　视角

2. 分辨力

人眼的分辨力是指人眼在一定距离上能区分开相邻两点的能力，可以用能区分开的最小视角 α 的倒数来描述：

$$\alpha \approx \frac{d}{D} \tag{2-1-3}$$

式中，d 为能区分的两点间的最小距离；D 为眼睛和这两点连线的垂直距离。

人眼的分辨力和环境光线的强弱有关，当光线比较昏暗时，只有杆状细胞起作用，则眼睛的分辨力下降，而当光线过于强烈的时候，则可能引起"眩目"现象。人眼分辨力还和被观察对象的相对对比度有关，当相对对比度很小时，对象和背景亮度接近，从而导致分辨力下降。此外，运动速度也会影响分辨力，速度大，则分辨力下降。

人眼对彩色的分辨力要比对黑白的分辨力低，如果把刚分辨出来的黑白相间的条纹换成红绿条纹，则无法分辨出红和绿的条纹来，而只能看到一片黄色。

2.1.4　光觉和色觉

眼睛对光的感觉称为光觉，对颜色的感觉称为色觉，这是眼睛的基本特性。

1. 光觉门限

当可见光线穿过角膜、晶状体、玻璃体，在视网膜上被感光细胞所吸收，感光细胞即产生一系列复杂的化学变化，将其转换为神经兴奋，并通过视神经传至大脑，在大脑中产

生光的感觉，从而形成光觉。人眼所能感受到的最低刺激光的强度，称为光觉门限。光觉门限的适应状态受生理条件、光的波长、光刺激的持续时间、刺激面积以及在视网膜上的位置等因素影响。光觉门限值大约是 $1 \times 10^{-6} \mathrm{cd/m^2}$。人眼感觉光的范围的最大值和最小值之比可达到 10^{10} 以上。

2. 色觉

色觉是人眼的重要视觉功能之一，其表现及机制十分复杂。

色觉也有一个门限的概念，即颜色的分辨门限，即产生颜色差别所需要的最小波长差。人眼对波长在 500nm 左右的蓝绿光波段和 600nm 的黄光波段最为敏感，其最低可变波长改变为 1nm。

通常认为，色觉的光谱范围为 400~760nm。低于 400nm 的紫外线和高于 760nm 的红外线均无法被人眼见到。事实上，视网膜对超过此限值波长的光线也是敏感的，如人眼对波长至 350nm 的紫外光同样敏感，平时它被晶状体全部吸收，所以是看不到的，对无晶体眼者就能看到这段波长的光，显示为蓝色或紫色。

2.1.5　视觉特性

人眼类似于一个光学系统，但由于有神经系统的参与，它又不是普通意义上的光学系统，而具有许多复杂的视觉特性，概括说来主要有以下几点：

(1)视觉的空间频率效应。从空间频率的角度来说，人眼是一个低通线性系统。在人眼的视力范围之内，对于图像上不同空间频率成分具有不同的灵敏度。低亮度时，亮度辨别能力较弱；高亮度时，亮度辨别能力较强。

心理学试验表明，人眼感受到的亮度不是光强的简单函数，如马赫带效应。如图 2-3 所示，已知每一竖条宽度内的灰度分布是均匀的，但人眼总感觉到每一竖条内右边比左边稍亮一点，这就是所谓的马赫带效应。马赫带效应有增强图像轮廓、提高图像反差的作用。

图 2-3　马赫带效应

(2)人眼对于亮度的响应具有对数性质，因此它是一个单调的非线性系统。人眼适应光亮度的范围很大，可以从无月光的黑夜的亮度到正午雪地上的亮度，其间相差 10^8 倍。

(3)由于神经系统的作用，从空间频率的角度来说，人眼又具有带通型线性系统的特性。这种特性又称为侧抑制效应，就是说某个视觉信号并不是单纯由一个视细胞感光产生，而是由许多空间上相邻的视细胞的信号加权求和产生的。图 2-4 为一个简单的人眼侧抑制模型，图中三角形表示人眼的锥状细胞或杆状细胞，它们经过对数型响应并各自经过加权求和后成为到达神经的信号。从信号分析理论可知,对信号进行如图 2-4 的加权求和运算,将带有带通滤波器的效应,图中,LOG 表示对数型响应。

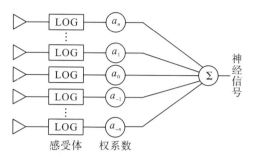

图 2-4　人眼侧抑制模型

在图 2-5(a)中,人眼感觉左边的灰色方块要比右边的灰色方块亮一些,而实际上这两个灰色方块的明暗程度是一样的,只是由于它们邻近的区域不同,被亮区域包围的方块显得暗些,而被暗区域包围的方块显得亮些。这就是典型的侧抑制过程。图 2-5(b)中,交叉处的灰点实际是不存在的,但人眼能感觉到它,这也是一种侧抑制效应。交叉处四周都是明亮的白条,而白条的周围只有两处黑色区域。所以,注视交叉处的视网膜区域比注视白条的区域受到更多的抑制,这样交叉处就显得比其他区域暗一些,就看到了本来不存在的灰点。

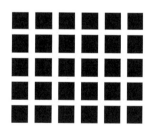

(a) 背景亮度差异引起侧抑制　　　　　　　(b) 黑白暗交替引起侧抑制

图 2-5　侧抑制效应示例

(4)视觉系统的时间和空间频率特性是相互依赖的。当快速运动物体从眼前通过时,很难看清其细节,只能看见粗略的轮廓。只有当物体细节大小、明暗对比度以及在眼中呈现时间长短都比较合适时,才能对物体细节有较清楚的感知。这说明当时间频率较高时,空间对比度敏感性下降;同样当空间分辨力较高时,人眼对闪烁的敏感度下降。

(5)人眼视觉具有暂留特性。在黑夜中点燃一支香烟,看到的是一个亮点,当握着香烟迅速在空中划过,人眼看到的就是一条亮线,因为人眼对空中每个位置的亮点的视觉不会立刻消失,具有约 100ms 的暂留,于是各个位置的亮点在人眼中的暂留图像连起来,就成了一条线。视觉暂留特性是近代电影与电视的基础,因为运动的视频图像都是运用快速更换静态图像,利用视觉暂留特性而在大脑中形成图像内容连续运动感觉的。

(6)人眼对亮度信号的空间分辨率大于对色度信号的空间分辨率,即人眼更容易检查到灰度信息的变化，而对色彩的变化相对迟钝一些。

(7) 人的注视点主要集中分布在灰度变化剧烈的地方，如边缘，人眼容易感觉到边缘位置的变化，但对于边缘部分的灰度误差并不敏感。相反，在灰度变化相对缓慢的地方，人眼能轻松捕捉到灰度的少量变化。

2.2　光　学　基　础

在讨论图像处理与视觉系统的过程中，必然要涉及光学的有关知识。本节将介绍几个有关光学的术语和计量单位，作为后续内容的预备知识。

1. 光通量 Φ

光源在单位时间内发射出的光量称为光源的发光通量，其单位是流明(lm)，它标度了可见光对人眼的视觉刺激程度的量。所谓的流明简单来说，就是指蜡烛在一公尺外所显现出的亮度。

一般情况下，同类型的灯的功率越高，光通量也越大。如一只 40W 的普通白炽灯的光通量为 350～470lm，而一只 40W 的普通直管形荧光灯的光通量为 2800lm 左右。

2. 发光强度 I

点光源发光强度(intensity)等于点源在单位立体角内发出的光通量，单位有烛光(c)和坎德拉(cd)两种。

发光强度的原始计量是通过人眼的感觉进行的，大约两百多年前，已经使用"烛光"作为发光强度的单位，它是一支蜡烛在水平方向上的发光强度。1881 年，国际电工委员会(IEC)把"烛光"规定为国际单位，定义如下：将一磅鲸鱼油制成六支蜡烛，以每小时 120 格令(grain)的速度燃烧时在水平方向的发光强度为 1 烛光。其中，1 格令(grain)=0.0618克(g)。

1 个坎德拉(cd)是在标准大气压(101325Pa)压力下，处于铂凝固温度的黑体的 $1cm^2$ 表面面积上发出的光的 1/60。铂的凝固点可以理解为在给定固体加热的过程中刚完全熔化且未开始继续升温时的交接点温度值。黑体是一种假想的能量辐射源，它能够在任何温度下将辐射到它表面上的任何波长的能量全部吸收。

3. 照度 E

照度(illumination)是反映光照强度的一种单位，其物理意义是照射到单位面积上的光通量，照度的单位是每平方米的流明(lm)数，也叫作勒克斯(lx)：

$$1lx = 1lm/m^2 \tag{2-2-1}$$

为了对照度的量有个感性的认识，下面举例进行计算。一只 100W 的白炽灯，其发出的总光通量约为 1200lm，若假定该光通量均匀地分布在一个半球面上，则距该光源 1m 处半径为 1m 的半球面的光照度值为

$$1200lm \div 6.28m^2 \approx 191lx \tag{2-2-2}$$

一般情况下，自然光照射下各环境中的照度如表 2-1 所示。

表 2-1 自然光照射下各环境中的照度

环境条件	黑夜	月夜	阴天室内	阴天室外	晴天室内	晴天室外
照度/lx	0.001～0.002	0.02～0.2	5～50	50～500	100～1000	1000～100000

4. 亮度

亮度是用来说明物体表面发光的量度。光可以从一个面光源直接辐射出来，也可以由入射光照射下的某表面反射出来。亮度对两者均适用。常用的亮度单位是尼特，1 尼特(nit)＝1 坎德拉/米^2 (cd/m^2)。

2.3 色度学原理与颜色模型

色度学是一门以光学、视觉生理、视觉心理等学科为基础的综合性学科，是一门研究彩色计量的科学，其任务是研究人眼彩色视觉的定性和定量规律及应用。下面介绍其中的一些基本概念，作为对图像深入理解和处理的基础。

2.3.1 色彩基本属性

色彩可分为非彩色和彩色两类，其中，非彩色指白色、黑色和它们之间过渡的灰色系列，称为白黑系列，纯白色反射比为 100%，纯黑色为 0，非彩色只有亮度的差异；彩色是指白黑系列以外的各种颜色，它除了有亮度差异，还有色调和饱和度的差异。总的说来，色彩包含三个特征：色调、饱和度和亮度。

色调是颜色的基本相貌，是颜色彼此区分的最主要最基本的特性，即红、黄、绿、蓝、紫等。彩色物体的色调取决于物体发出的或反射的光线的主导波长，不同波长的彩色光谱与视觉感受到的色度之间的对应关系如表 2-2 所示。如果所有波长的光都被反射出来，没有哪种波长的光占主导地位，此时看不到任何颜色，物体就显示为白色；如果物体吸收了大多数的光，就显示为黑色。

表 2-2 光谱波长与色度的对应

波长/nm	620～780	590～620	560～590	530～560	500～530	470～500	430～470	380～430
色度	红	橙	黄	黄绿	绿	青	蓝	紫

饱和度是指彩色的深浅或纯洁程度。对于同一色调的彩色光，其饱和度越高，颜色就越深，或纯度越高；饱和度越低，颜色就越浅，或纯度越低。

亮度是表示物体颜色深浅明暗的特征量，光反射比越高，亮度越高。在观察物体颜色的明暗程度时，会受到物体所处环境颜色的影响，如图 2-6 所示，中间为均匀灰度的物体，由于物体和背景的不同亮度对比作用,增强或减弱了物体的固有亮度,使人眼产生了错觉。

图 2-6　物体的亮度受环境的影响

可以用空间纺锤体表示法表现色彩的三个属性,如图 2-7 所示,纺锤体中部的圆形表示色度的变化,各种颜色依次分布在圆周上,实际上这个圆周就是把光谱得到的彩色线卷成一个圆圈;黑白两色正处在纺锥的两个顶点,当黑白两色或红绿两色、黄蓝两色的光强相同且混合在一起时,就会产生灰色(彩色圈的中心),从圆心到圆周表示了色彩的饱和度,从黑到白则表示了色彩的亮度。

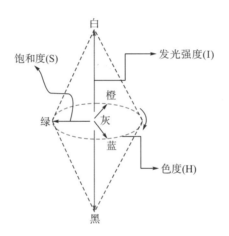

图 2-7　色彩空间的纺锥体

2.3.2　三基色原理

回顾一下中学物理课上做过的棱镜试验,白光通过棱镜后被分解成多种颜色逐渐过渡的色谱,颜色依次为红、橙、黄、绿、青、蓝、紫,这就是可见光谱。其中人眼对红、绿、蓝最敏感,人的眼睛就像一个三色接收器,大多数的颜色可以通过红、绿、蓝三色按照不同的比例合成产生,这就是色度学的最基本原理,即三基色原理。

红、绿、蓝是三基色,它们相互独立,任一基色都不能由其他二种基色混合产生。有两种基色系统,一种是加色系统,其基色是红、绿、蓝;另一种是减色系统,其基色是黄、青、紫。三基色按照不同的比例相加合成混色称为相加混色,其规律为

红色＋绿色＝黄色

绿色＋蓝色＝青色

红色＋蓝色＝品红

红色＋绿色＋蓝色＝白色

黄色、青色、品红都是由两种基色混合产生，所以称它们为相加二次色。

相减混色利用了滤光特性，即在白光中减去不需要的彩色，留下所需要颜色，相减混色关系式如下所示。

黄色＝白色－蓝色

青色＝白色－红色

红色＝白色－蓝色－绿色

黑色＝白色－蓝色－绿色－红色

目前，在彩色电视技术中采用相加混色法，相减混色主要用于美术、印刷、纺织等行业。本书讨论的图像系统用的就是相加混色。

2.3.3　颜色模型

为了科学地定量描述和使用颜色，人们提出了各种颜色模型。最常见的是 RGB 颜色模型，主要面向诸如视频监视器、彩色摄像机或打印机之类的硬件设备；另一种是 IHS 模型，主要面向以彩色处理为目的的应用，如动画中的彩色图形。另外，在印刷工业和电视信号传输中，经常使用 CMYK 和 YUV 色彩系统。

1. RGB 颜色模型

RGB 颜色模型是由国际照明委员会(CIE)制定的。如图 2-8 所示，RGB 颜色模型就是三维直角坐标颜色系统的一个单位正方体，原点为黑色，距离原点最远的顶点(1,1,1)对应的颜色为白色，两个点之间的连线是正方体的主对角线，从黑到白的灰度值分布在主对角线上，该线称为灰色线。正方体的其他六个角点分别为红、黄、绿、青、蓝和品红。在三维空间的任一点都表示一种颜色，这个点有三个分量，分别对应了该点颜色的红、绿、蓝亮度值。

RGB 颜色模型称为与设备相关的颜色模型，因为不同的扫描仪扫描同一幅图像，会得到不同颜色的图像数据；不同型号的显示器显示同一幅图像，也会有不同的颜色显示结果。这是因为显示器和扫描仪使用的 RGB 模型与 CIE RGB 真实三原色表示系统空间是不同的，后者是与设备无关的颜色模型。

2. IHS 颜色模型

明度-色调-饱和度(intensity-hue-saturation，IHS)模型反映了人的视觉系统观察彩色的方式，其中，I 表示明度(发光强度)；H 表示色调(色度)；S 表示饱和度。人的视觉系统经常采用 IHS 模型，它比 RGB 颜色模型更符合人的视觉特性。IHS 模型的三个属性定义了一个三维柱形空间，如图 2-9 所示。灰度阴影沿着轴线从底部的黑变到顶部的白，具有最高亮度。最大饱和度的颜色位于圆柱上顶面的圆周上。

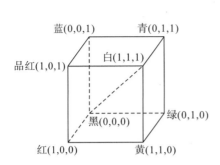

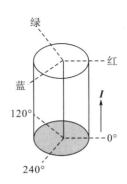

图 2-8　RGB 颜色模型单位立方体　　　　　图 2-9　IHS 柱形空间

IHS 颜色模型和 RGB 模型只是同一种物理量的不同表示法，它们之间存在着转换关系。任何[0,1]范围内的 R、G、B(归一化)值都可以用下面的关系式转换到 IHS 彩色模型空间，分别得到对应的 I、H、S 三个分量，即

$$I = \frac{1}{3}(R+G+B) \tag{2-3-1}$$

$$H = \begin{cases} \theta, & B \leqslant G \\ 2\pi - \theta, & B > G \end{cases} \tag{2-3-2}$$

其中，$\theta = \cos^{-1} \left\{ \dfrac{\left[(R-G)+(R-B) \right]/2}{\left[(R-G)^2 + (R-B)(G-B) \right]^{1/2}} \right\}$。

$$S = 1 - \frac{3}{(R+G+B)} \left[\min(R,G,B) \right] \tag{2-3-3}$$

由上式计算得到的 H 值应该是一个位于$[0,2\pi]$的数，若 $S=0$ 时对应的是无色彩的中心点，此时 H 没有意义，定义为 0。当 $I=0$ 时，S 也没有意义。

3. CMYK 颜色模型

彩色印刷或彩色打印的纸张是不能发射光线的，因而印刷机或打印机就只能用一些能够吸收特定的光波而反射其他光波的油墨或颜料。油墨或颜料的三基色是青色(cyan)、品红(magenta)和黄色(yellow)，简称为 CMY，这三基色能够合成吸收所有颜色并产生黑色。实际上因为所有打印油墨都会包含一些杂质，这三种油墨实际上产生一种土灰色，必须与黑色油墨(black ink)混合才能产生真正的黑色，所以这种颜色模型称为 CMYK。CMYK 颜色模型也被叫作减色模型，是因为它减少了为视觉系统识别颜色所需要的反射光。

CMYK 空间正好与 RGB 空间互补，即用白色减去 RGB 空间中的某一颜色值就等于同样颜色在 CMYK 空间中的值。RGB 空间与 CMYK 空间的互补关系如表 2-3 所示。根据这个原理，很容易把 RGB 空间转换为 CMYK 空间。

表 2-3　RGB 空间与 CMYK 空间的互补关系

RGB 相加混色	CMYK 相减混色	对应颜色
(0,0,0)	(1,1,1)	黑色
(0,0,1)	(1,1,0)	蓝色
(0,1,0)	(1,0,1)	绿色
(0,1,1)	(1,0,0)	青色
(1,0,0)	(0,1,1)	红色
(1,0,1)	(0,1,0)	紫色
(1,1,0)	(0,0,1)	黄色
(1,1,1)	(0,0,0)	白色

4. YUV 颜色模型

在现代彩色电视系统中，通常采用彩色 CCD 摄像机，它把得到的彩色图像信号，经分色、分别放大校正得到 RGB，再经过矩阵变换电路得到亮度信号 Y 和两个色差信号 R-Y、B-Y，最后发送端将亮度和色差三个信号分别进行编码，用同一信道发送出去，这就是常用的 YUV 颜色空间。

采用 YUV 颜色模型的重要性是它的亮度信号 Y 和色度信号 U、V 是分离的，如果只有 Y 信号分量而没有 U、V 分量，那么这样表示的图就是黑白灰度图。彩色电视采用 YUV 空间正是为了用亮度信号 Y 解决彩色电视机和黑白电视机的兼容问题，使黑白电视机也能接收彩色信号。根据美国国家电视制式委员会(National Television System Committee, NTSC)制定的标准，当白光的亮度用 Y 来表示时，它和红、绿、蓝三色光的关系式可以用下面的式子描述：

$$Y = 0.299R + 0.597G + 0.114B \tag{2-3-4}$$

这就是常用的亮度方程。YUV 颜色模型和 RGB 颜色模型的转换关系如下：

$$\begin{bmatrix} Y \\ U \\ V \end{bmatrix} = \begin{bmatrix} 0.299 & 0.597 & 0.114 \\ -0.148 & -0.289 & -0.437 \\ 0.615 & -0.515 & -0.096 \end{bmatrix} \begin{bmatrix} R \\ G \\ B \end{bmatrix} \tag{2-3-5}$$

$$\begin{bmatrix} R \\ G \\ B \end{bmatrix} = \begin{bmatrix} 1 & 0.000 & 1.140 \\ 1 & -0.395 & -0.581 \\ 1 & 2.032 & 0.001 \end{bmatrix} \begin{bmatrix} Y \\ U \\ V \end{bmatrix} \tag{2-3-6}$$

除了上面介绍的几种颜色模型，还有 YIQ 颜色模型，它与 YUV 颜色模型非常相似，是彩色电视制式中使用的另一种重要的颜色模型，NTSC 彩色电视制式中经常使用。这里的 Y 表示亮度，I、Q 是两个彩色分量。YIQ 和 RGB 两种模型之间的对应关系为

$$Y = 0.299R + 0.597G + 0.114B$$
$$I = 0.597R - 0.275G - 0.321B \tag{2-3-7}$$
$$Q = 0.212R - 0.523G + 0.311B$$

例如，计算机显示器用的是 YC_rC_b 模型，它也是用 Y、C_r 和 C_b 来分别表示一种亮度分量信号和两种色度分量信号。

2.4　亮度和颜色的视觉特征

2.4.1　刺激强度与人眼感觉

对于感觉器官来说，刺激强度 I 产生 ΔI 的变化，且这个变化刚好能被人眼辨别出来，那么有下式成立：

$$\Delta S = k \frac{\Delta I}{I} \tag{2-4-1}$$

两边积分之后有

$$S = k\ln \frac{I}{I_c} \tag{2-4-2}$$

式中，S 为感觉量(感官亮度)；k 为常数；I_c 为绝对门限值。上式说明了感觉量与刺激强度的对数成正比。这就是韦伯-费克纳(Weber-Fechner)法则。

人眼所能适应的光强变化范围很大，可达到 10^6 量级，它是由在亮光条件下起作用的锥状细胞和在暗光条件下起作用的杆状细胞的相互间转移完成的。如果光的强度比较强，我们就能识别颜色，如果光的强度比较弱，我们就不能识别颜色。正如没有人能直接用肉眼观察到星云的颜色，这不是因为星云本身没有颜色，而是由于光的强度还不足以使人眼中的锥状细胞起作用。即使在光强度达到使人眼分辨出颜色的情况下，颜色仍随光强有微小的变化。光谱中除了 572nm(黄色)、503nm(绿色)、478nm(蓝色)是不随光强度变化外，其他颜色在光强度增强时有的略向红色变化，有的则向蓝色变化。如 660nm 红光投射到视网膜上的照度由原来的某一个值降到该值的 1/20 时，必须减少波长 34nm，才能保持原来的色调不变。颜色随光强度变化而变化的现象叫作贝佐尔得-布鲁克(Bezold-Brucke)现象。

2.4.2　亮度适应和颜色适应

人眼的亮度视觉具有自适应特性。例如，当人从较亮的地方走到较暗的地方时，开始可能什么都看不见，同样的，从较暗的地方走到较亮的地方也很难马上就看到东西。但经过一段时间，人的眼睛就会适应这种亮度的变化，从亮到暗的变化叫作暗适应，从暗向亮的适应叫作亮适应，一般亮适应时间较短，暗适应时间较长。

人眼在颜色刺激的作用下造成的颜色视觉变化叫作颜色适应。眼睛对某一种颜色光适应以后，再观察另一颜色时，在开始阶段感觉到的颜色会有失真，而带有前一颜色的补色成分，这种现象就是颜色适应现象。例如，用强红光刺激眼睛后再看本来是黄色的物体，此时眼睛感到黄光会呈现出绿色，经过几分钟后，眼睛从红光的适应中恢复过来，绿色逐渐消失，慢慢看到物体的本来颜色。

2.4.3 颜色对比

在视场中，相邻区域的不同颜色的相互影响叫作颜色对比。在人类的视觉中，可以说任何色彩都是在对比状态下存在的，或者是在相对条件下存在的，因为任何物体或颜色都不可能孤立存在。

颜色对比有两种情形：一种是同时对比，一种是连续对比。所谓同时对比，就是同时看到两种颜色所产生的对比现象。在产生对比时，两色彩的对应各属性都分别出现相互在相反倾向上加强刺激强度的现象，也就是说，当两种不同的颜色在一起时，每一颜色的色调会向另一颜色的互补方向变化。如中性灰色本身是无色彩的，但是它最容易受到其他颜色对比的影响，如果将几块同样大小的灰色纸片放置于不同颜色的背景上，在绿色背景下带有红色感觉，而在红色背景下则带有绿色感觉，在黄色背景下带有蓝色感觉，而在蓝色背景下则带有黄色感觉，注意到灰色的颜色总是向背景颜色的补色方向变化。对于两种是互补色的彩色，可以彼此加强饱和度，尤其是在两彩色的边界处，颜色对比现象最为明显。连续对比是先看某种颜色，然后又看到第二种颜色时产生的对比现象。

2.4.4 亮度和颜色的视觉恒常性

外界条件在一定范围内发生了变化，而视知觉的映像仍保持相对稳定不变的特性，就是视知觉的恒常性。这里介绍最常见的视知觉恒常性：亮度恒常性和颜色恒常性。

亮度恒常性指的是在照明条件改变时，物体的相对明度或视亮度保持不变。例如，纸张是白的，煤炭是黑的，在我们的视知觉中是不会改变的。即使将纸张放在光线微弱的库房内或星光下，将煤炭放在阳光照射之下，纸张看起来总是白的，而煤炭看起来仍然很黑。然而，从物理学的观点来看，在阳光下的煤炭单位面积反射到眼睛里的光的数量要比在暗处的白纸高一千倍，但人眼始终把煤炭看成是黑的，而把纸看成是白的，这就是亮度的恒常性。决定亮度恒常性的重要条件是物体反射出来的光强度和从背景反射出来的光强度的比例保持恒定不变。因此物体被看成是白的还是黑的，往往并不完全取决于它反射到眼睛里的光的绝对数量，而取决于它和背景所反射的光的相对数量，包含了对比的含义。

颜色恒常性指的是在不同的照明条件下，人们一般可正确反映事物本身固有的颜色，而不受照明条件的影响。例如，不论是在黄光还是在蓝光的照射下，人们总是把红旗知觉为红色的，而不是黄色的或是蓝色的。这说明物体表面的颜色，并不完全决定于刺激的物理特性和视网膜感受器的吸收特性，它也受人们的知识经验和周围环境参照对比的影响。通常认为颜色知觉的恒常倾向是由于记忆色的影响，所谓记忆色是人们在长期实践中对某些颜色的认识形成了深刻的记忆，因此对这些颜色的认识有一定的规律并形成固有的习惯。颜色恒常性是人类在进化过程中，长期和环境相作用而逐渐形成并固定下来的，它保证人对外界物体的稳定辨认，从而得以在变化多端的自然环境中得以生存，具有明显的适应意义。

2.4.5　颜色错觉

　　错觉是我们对外界刺激的一种不正确的知觉反映。色彩能够造成心理上各种不同的错觉感，如大小错觉、远近错觉和重量错觉等。同样大小的物体，人们对某些颜色的物体感觉面积要小些，如黑色、绿色、紫色、青色，这类具有收敛性的颜色称为冷色；而对另一些颜色的物体感觉面积要大些，如白色、红色、橙色、黄色，这类具有扩散性的颜色称为暖色。

　　造成这一现象的原因是视觉适应而造成的错觉。因为光谱中各色光的波长不同，红色波长最长（700nm），紫色波长最短（400nm），而眼睛的水晶体类似于一个不完善的透镜，当不同波长色光通过水晶体时有不同的折射率，它们通过水晶体聚焦在不完全相同的平面上，短波的冷色在视网膜前部成像，长波的暖色在视网膜后方成像，这就造成在视网膜上正确聚焦成像的条件下感觉红色比实际距离近，而蓝色比实际距离远。色彩在生理、心理上产生错觉的这种性质有一个著名的例子，据说法兰西共和国成立时制成的第一面红、白、蓝三色旗，各色面积完全相等，但感觉上却显得不等，后来将三者之间的比例逐步调整到红：白：蓝=33：30：37，这时才感觉到三种颜色的面积相等。

2.5　视　觉　模　型

2.5.1　点扩散函数和调制转移函数

　　人眼可以看作是一个光学系统模型，这样可以用线性光学系统的概念来分析人眼视觉系统。一个光学系统的输入图像为 $f(x,y)$，输出图像为 $g(x,y)$，光学系统对图像的作用可表达为运算 $T\{\cdot\}$，即

$$g(x,y)=T\{f(x,y)\} \tag{2-5-1}$$

式中，$T\{\cdot\}$ 可以是线性的，也可以是非线性的。这里仅讨论线性光学系统，研究一个冲激信号经过此光学系统的变化，即冲激响应函数。首先定义一个二维冲激函数

$$\delta(x,y)=\delta(x)\delta(y) \tag{2-5-2}$$

　　可以把原图像 $f(x,y)$ 看作是光强为 $\sigma(\alpha,\beta)$ 的冲激函数和 $f(\alpha,\beta)$ 的卷积过程，即

$$f(x,y)=\int_{-\infty}^{+\infty}\int_{-\infty}^{+\infty}f(\alpha,\beta)\delta(x-\alpha)\delta(y-\beta)\mathrm{d}\alpha\mathrm{d}\beta \tag{2-5-3}$$

经光学系统成像

$$g(x,y)=T\{f(x,y)\}=\int_{-\infty}^{+\infty}\int_{-\infty}^{+\infty}f(\alpha,\beta)T\{\delta(x-\alpha)\delta(y-\beta)\}\mathrm{d}\alpha\mathrm{d}\beta \tag{2-5-4}$$

　　冲激函数经过光学系统后成的像为 $h(x,y;\alpha,\beta)$，又称为点扩展函数（point spread function，PSF），或冲激响应函数。当我们研究位移不变线性系统时，认为

$$h(x,y;\alpha,\beta)=T\{\delta(x-\alpha,y-\beta)\} \tag{2-5-5}$$

即 $\delta(x,y)$ 无论在空间何处某点，扩散函数都是一样的，即

$$h(x,y;\alpha,\beta)=h(x-\alpha,y-\beta) \tag{2-5-6}$$

这时

$$g(x,y) = T\{f(x,y)\} = \int_{-\infty}^{+\infty}\int_{-\infty}^{+\infty} f(\alpha,\beta)h(x-\alpha,y-\beta)\mathrm{d}\alpha\mathrm{d}\beta = f(x,y)*h(x,y) \quad (2\text{-}5\text{-}7)$$

上式表明经线性移不变系统后得到的图像 $g(x,y)$ 是原图像 $f(x,y)$ 与点扩散函数 $h(x,y)$ 的卷积。

对式(2-5-7)进行傅里叶变换得

$$G(u,v) = F(u,v)H(u,v) \tag{2-5-8}$$

根据上式，有

$$|H(u,v)| = \frac{|G(u,v)|}{|F(u,v)|} \tag{2-5-9}$$

其中，$|H(u,v)|$ 称为光学系统的调制传递函数(modulation transfer function，MTF)。可以看出，$h(x,y)$ 或 $H(u,v)$ 可以起到表征线性位移不变系统的作用，如图 2-10 所示。

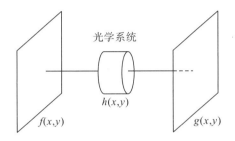

图 2-10　线性光学系统示意图

关于点扩展函数和调制转移函数的具体应用，在第五章的图像复原与重建中还会进一步详细介绍，本节仅仅是一个简单的概念引入。

2.5.2　空间深度感与立体视觉

我们生活的世界是三维的，但这并不是大脑的视觉系统直接得到的结论，因为人眼是通过在视网膜上成像来观察物体的，由于视网膜是二维的，所以在它上面生成的图像也是二维的。从视网膜上得到的信息来看，出现在我们面前的世界应该是二维的，然而，我们的确看到的是三维世界。我们的大脑是怎样感知三维立体空间的？

人眼能产生立体视觉的重要基础是空间深度感。人眼在观察物体时，能在一定程度上定性地产生距离远近的感觉，这种远近的感觉被叫作空间深度感。无论是单眼还是双眼，观察时都有空间深度感，但双眼的深度感比单眼的深度感更强且更可靠。

1. 单眼（目）深度感

单眼深度视觉源于以下几方面因素：①依据几个物体之间的相互遮蔽关系，判断其相对远近；②对高度相同的物体，可依据其对应的视角来区分远近，视角大者距离较近，这就是常说的"远小近大"原则；③根据对物体细节的辨认程度，也能比较物体的远近；④通过眼肌收缩的紧张程度感知远近，这种感觉只在 $2\sim3\mathrm{m}$ 内有效；⑤依据经验对熟悉的物体判定远近。

2. 双眼（目）深度感与立体视觉

双眼观察时，除了以上因素产生深度感觉外，最重要的因素是视差。

人有两只眼，两眼之间有一定距离，这就造成物体的影像在两眼中有一些差异，也就是左右眼会有一个视差，而大脑会根据这个视差感觉到立体影像。如图 2-11（a），当物体 1 和物体 2 距观察者相等时，通过几何重构发现，两个物体投在两个视网膜上的两点距离 d_1 和 d_2 是相同的，而在图 2-11（b）中，当物体 1 和物体 2 距观察者不相同时，两物体投射到两视网膜上两点之间的距离 d_1 和 d_2 是不同的，物体 1 在左右视网膜上的像 1 和 1′ 不能互相对应，于是视觉中枢就产生了远近感觉。这种基于左右眼成像位置比较而产生的远近感知就称为双眼立体视觉，也称为"体视效应"。由于体视效应，人眼就能精确地判定两物点的距离远近。

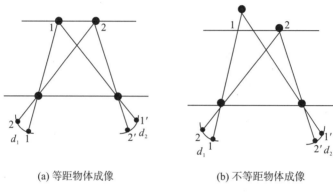

(a) 等距物体成像   (b) 不等距物体成像

图 2-11   物体在视网膜上的成像

由于双眼观察时有体视效应，因此人们能清楚地判断目标的远近，这种判断比单眼视觉敏锐得多。其原因有：

（1）通过双眼收集到的信息更多更全面。

（2）从信号探测的角度来说，体视效应运用了"差值探测"的思想。它把双眼的视觉刺激进行比较，提取"差值信息"，这与信号探测技术中常用的"外差探测"方式很相似。相比之下，单眼视觉类似于"直接探测"。

（3）从图像理解的角度来说，双眼视觉利用了图像匹配方法。当两目标在同样距离时，左右眼形成的目标图像完全匹配；当两目标不在同一距离时，左右眼形成的目标图像不完全匹配。视神经中枢对这种失配的感知非常敏感，使得双眼体视对目标远近的判断能力比单眼视觉强得多。

习题

2.1 如何理解人眼的视觉功能？有哪些指标描述人眼的视觉功能？

2.2 人眼对色彩和亮度分别是由哪种视觉细胞感知的？

2.3 什么是视觉恒常性？

2.4 什么是三基色原理？试描述相加混色和相减混色的原理。

2.5 请列举常见的颜色模型，并说明这些模型分别应用于哪些色彩系统和设备。

2.6 简要叙述点扩展函数与调制转移函数之间的关系。

2.7 简要描述人眼是如何获取深度视觉信息的。

第三章 光电图像处理基础

3.1 图像的采集及显示

3.1.1 图像的数字化

我们平时见到的自然景观或人物都是以照片形式或用其他记录介质保存的,这些图像称为连续图像或模拟图像。模拟图像的亮度或灰度变化在二维平面上是连续的,只有经过数字化设备处理后,才能成为计算机能够处理的离散的图像数据。图像数字化主要是指空间位置的离散数字化和亮度电平值的离散数字化。

图像的数字化过程中最关键的步骤就是采样和量化。

1. 采样

图像采样是对连续图像在一个空间点阵上取样,也就是空间位置上的数字化、离散化。原理如图 3-1 所示,其中 M 和 N 是点阵的行数和列数,M、N 的大小关系到采样后图像质量的高低,合适的 M 和 N 能使数字化的图像损失最小。

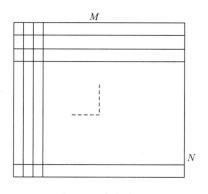

图 3-1 采样原理图

M 和 N 的取值并不是随意确定的,它首先要满足奈奎斯特(Nyquist)采样定理,使得采样的数据能不失真地反映原始图像信息。通常所说的图像空间分辨率表示的就是用多少个点来描述一张图像。为了使采样后的图像保留更多的细节和更高的分辨率,人们希望使用更密集的空间像素点阵。也就是增加采样频率,即增加 M 和 N,但采样频率越高图像的数据量就越大,数字图像的成本也随之增加。一般说来,采样间隔越大,所得图像像素越少,图像的空间分辨率低,可观察到的原始图像细节就越少,图像质量变差,严重时出现像素呈块状的棋盘效应;采样间隔越小,所得图像像素越多,图像越细腻逼真,图像空间分辨率越高,但数据量也随之增大。图 3-2 显示的就是同一幅图像在不同采样频率下的结果，(a)~(f) 是采样间隔递增获得的图像，可以看出，图 3-2(b) 中的帽檐处已呈锯齿状，在图 3-2(c) 中这种现象更加明显，头发已变得不清晰，图 3-2(e) 已经分不出人脸，而图 3-2(f) 几乎丧失了原图像的所有信息。可见采样间隔和图像的光滑程度、质量高低之间有密切关系。

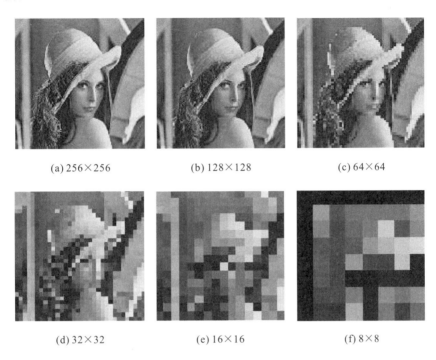

(a) 256×256　　　　　　　(b) 128×128　　　　　　　(c) 64×64

(d) 32×32　　　　　　　(e) 16×16　　　　　　　(f) 8×8

图 3-2　不同采样频率引起图像空间分辨率的变化

2. 量化

采样后得到的亮度值(或色彩值)在取值空间上仍然是连续值，把采样后得到的由连续量表示的像素值离散化为整数值的操作叫作数字图像的量化。图像量化后的整数灰度值称为灰度级，为方便计算机处理，它的数量 G 通常是 2 的整数幂，即 $G=2^K$，K 是二进制数的位数。如当 $K=1$ 时，图像取值只有 0 和 1，即二值图像；当 $K=8$ 时，图像的灰度级是 256；K 也可以是 10 或者 16 等其他整数。量化决定了图像的灰度分辨率。

假设一幅数字图 $f(x, y)$ 的空间分辨率是 $M×N$，那么存储这幅数字图像所需的位数是 $b=(M×N×K)$ bit。一般来说，存储一幅数字图像所需的空间是比较大的，例如，1 幅 128×128，64 个灰度级的图像需要 128×128×6=98304 bit 的存储空间。

量化和采样频率是完全相互独立的，如一个高分辨率的图像可能被转化为二值图像，也可以进行 8 位量化，产生出具有 256 种不同灰度级的图像。

图 3-3 展示了减少图像的量化级别(灰度级)所产生的效果。保持空间分辨率即采样频率不变，将灰度级较少为 128，如图 3-3(b)，肉眼很难看出有什么变化。如果进一步将灰度级减少为 64，如图 3-3(c)，此时在灰度缓变区会出现一些几乎看不出来的非常细的山脊状结构，这种效应称为虚假轮廓，它是由于在数字图像的灰度平滑区使用的灰度级不够

造成的。图 3-3(d)、(e)、(f)的灰度级逐渐减小为 16、8、4，可以看到图像的质量逐渐变得糟糕。

（a）256级   （b）128级   （c）64级

（d）16级   （e）8级   （f）4级

图 3-3   不同量化级别引起图像灰度分辨率变化

总的来说，量化等级越多，所得图像层次越丰富，灰度分辨率越好，质量越好，但数据量比较大；量化等级越少，所得图像层次越单调，灰度分辨率越差，但数据量越小。

3. 采样、量化参数与数字化图像间的关系

图像的采样和量化都有均匀和非均匀两种方式，区分的原则是采样或量化间隔是否相等。均匀采样和量化是非均匀采样和量化的一种特殊形式。非均匀的处理较难实现，但是能获得较高的图像质量。对于一幅实际的连续图像，在对其进行离散化处理时应该酌情采用非均匀采样和量化。一般说来，在灰度级变化大的地方需要精确抽样以保留足够的细节信息，而在相对平滑的区域就可以粗抽样。对量化而言，在边界与轮廓附近可以用少的灰度级去描述，在灰度变化平缓的地方可以采用较多的灰度级去描述。

4. 数字化器

数字化器是图像处理系统中的先导硬件，需要完成的功能包括对图像进行采样、量化并给每个像素点分配地址，最后将表征每个像素点灰度级的整数写入存储设备。要完成这些功能，数字化器必须包括采样孔、扫描系统、光电传感器、量化器和输出存储体五个组成部分。

（1）采样孔：使数字化设备能够单独观测特定的图像像素而不受周围其他像素的影响。

（2）扫描系统：使采样孔按照预先规定的方式在图像上移动，按照一定的顺序观测每一个像素。目前采用的有机械式扫描和电子束扫描两种方式。

(3)光电传感器：通过采样孔检测图像每一像素的亮度，并将光强转换为电压或电流。按照产生的不同物理方式，可以分为五种光传感器：光电发射器件、光电池、光敏电阻、硅传感器和结型器件。光电发射器件材料在受到光照射时发射电子；光电池材料暴露在光线中时产生电势；光敏电阻受光照时电阻会降低；硅传感器利用了纯晶体形式的硅的光敏特性；光电二极管和三极管(结型器件)在入射光影响下改变其结特性。

(4)量化器：将传感器输出的连续量转换成整数值，如 A/D 转换电路，它产生一个与输入电压或电流成比例的数值。

(5)输出存储体：将量化器产生的灰度值按适当的格式存储起来，以便于后续的计算机处理。

此外，数字化器还应该具备数字化接口来实现与其他数字化仪器的连接。

常见的图像数字化器有数字摄像机、数码相机、扫描仪，可以参考前面的讲述。图像数字化器的性能可以由表 3-1 所列的各个方面来衡量。

表 3-1 图像数字化器的性能参数

参数项	内容描述
空间分辨率	单位尺寸能够采样的像素数，由采样孔径和采样间距的大小和可变范围决定
灰度分辨率	量化的级别和颜色数
图像尺寸	设备允许扫描的最大图像尺寸
物理参数	数字化器能测量和量化的实际物理参数及精度
扫描速度	采样数据的传输速度
噪声水平	数字化设备引入的噪声水平
其他	黑白/彩色、价格、操作性能等

表 3-1 中，前面的几项性能参数都已经有所阐述，这里介绍另一个影响图像质量的关键特性：噪声水平。任何一幅图像在产生的过程中都不可避免地要受到噪声的污染，并且在图像的光学输入、光电转换、存储、处理和传输的过程中，噪声和图像一起受到各种处理，从而也变得更加复杂，很难得到一个精确的分析。要掌握噪声的性质，首先要了解噪声的产生。

图像噪声按其产生的原因可以分为外部噪声和内部噪声。外部噪声是指系统外部干扰从电磁波或经电源串进系统内部而引起的噪声，如各种电气设备、天体放电现象都会产生这类噪声。内部噪声的产生更为复杂，通常有以下几种：由光和电的基本性质所引起的噪声、电气的机械运动产生的噪声、元器件本身引起的噪声、系统内部设备电路引起的噪声等。

图像噪声从统计理论观点可以分为平稳噪声和非平稳噪声两种，平稳噪声可以理解为统计特性不随时间变化的噪声，反之就是非平稳噪声。噪声还可以按照幅度分布的形状来命名，若其幅度分布是按高斯分布的就是高斯噪声，按雷利分布的就是雷利噪声等。或者按照噪声的频谱形状来分，频谱均匀分布的称为白噪声，频谱与频率成反比的称为 $1/f$ 噪声等。从图像和噪声的关系来说有加性噪声和乘性噪声之分，前者如放大器的噪声，不论输入信号大小总是一一加到信号上，而光量子噪声、胶片颗粒噪声则是乘性噪声。很多时候为了处理的方便，都把乘性噪声近似认为是加性噪声，并假设信号和噪声是相互独立分布的。

3.1.2 电视显像原理

电视成像与图像显示的方式是与人的视觉特性密切相关的。根据前面的介绍，人眼具有暂留特性：当光脉冲进入人的视觉器官后，人的光感觉在时间上有滞后，因此当光脉冲消失后，光的感觉还会暂留一段时间。在电视技术中，无论是电视摄像机把光信号转化为电信号，还是监视器把电信号转化为光信号，其过程都是按一定扫描方式顺序实现的。在人们观察电视图像时，由于荧光屏的余辉作用以及人眼的视觉滞后和视觉暂留的影响，人们就能看到连续的图像。

1. 摄像与显像方式

在电视系统中，实现光/电转换的器件是摄像管，其中主要是视像管(光电导摄像管)。摄像管广泛采用具有内光电效应的氧化铅(PbO)管。以黑白电视为例，图 3-4 为其结构示意图，在它的圆柱形玻璃外壳内主要包含光敏靶和电子枪两个部分。

光敏靶上涂有光电导材料，这种材料具有在光作用下电导率增加的特性，当景物的光线通过摄像机镜头时，由于光线的强弱不同，靶上各点的电导率也发生了相应的变化，与较亮像素对应点的电导率较大，与较暗像素对应点的电导率较小，于是图像上各像素的不同亮度就转变为靶面上各点不同的电导率，"光像"就变成了"电像"。从电子枪阴极发射的电子在电磁场作用下会聚成一束加速射向靶面的电子束，管外偏转线圈产生的磁场使电子束在靶面上做从左至右、自上而下的扫描运动，通过电子束，形成了由阴极、靶面、负载电阻 R_L 及电源构成的闭合回路，当电子束依次扫过靶面上各点时，亮度强处电阻小，流过 R_L 的电流就大，亮度弱处电阻大，流过 R_L 的电流就小，在输出端便得到随亮度变换的图像电信号。这样，通过电子束在靶面上的扫描，完成了把图像分解为像素，并将光信号转换为电信号的过程。

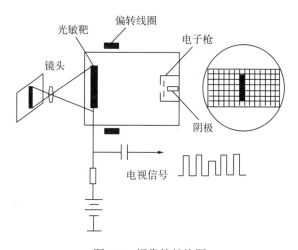

图 3-4　摄像管结构图

在电视机中承担图像显示的部件是显像管，如图 3-5 所示。当电子枪发射的电子束射向荧光屏时，屏上的物质便会发光，发光的强弱受电子束电子数量和速度的控制。显像管外的偏转线圈产生磁场，使电子束做从左至右、自上而下的扫描运动，扫描的轨迹在荧光屏上形成光栅。如果用图像电信号去控制电子束电流的强弱，就可以控制荧光屏上各点的发光强度，从而使图像电信号还原为光信号。

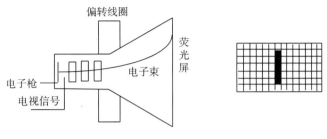

图 3-5　显像管结构示意图

彩色电视信号的摄取和显示都比黑白电视复杂得多。在摄像端，图像光信号在摄像管的光电靶上成像前必须先经过分光系统，把入射光分解为 R、G、B 三基色光，并分别投射在三个摄像管的靶面上，三股电子束分别对靶面扫描，得到代表 R、G、B 三基色的电信号 ER、EG、EB。在显像端，显像管荧光屏上每一像素由 R、G、B 三种荧光屏物质组成，管内可以同时发射三束电子束参与扫描，各电子束分别受 ER、EG、EB 三基色电信号控制，每一电子束只轰击相应色彩的荧光物质，从而还原彩色电视图像。例如，电子束打到红色荧光粉上，便发红光；打到绿色荧光粉上，便发绿光。

2. 扫描与同步

电视的扫描方式有隔行扫描和逐行扫描两种。黑白和彩色电视都用隔行扫描，计算机显示图像一般都用逐行扫描。

1) 隔行扫描

当与人眼相隔一定距离的两个黑点靠近到一定程度时，人眼就分辨不出两个黑点的存在，而只感觉到是连在一起的一个黑点，这说明人眼分辨景物细节的能力有一个极限值。人眼分辨力较强的视野范围是在正前方左右跨度约 20°，上下跨度约 15°。通常人眼在中等亮度和中等对比度下观察静止物体时视角大约为 $1'\sim1.5'$ 左右。由于扫描行数是在垂直方向上的水平扫描行数，人眼在垂直方向上的清晰视角为 15°，而人眼的正常分辨力为 $1'\sim1.5'$，则电视所需的扫描行数为：$Z=15\times60\div1.5\sim15\times60\div1$，即介于 600 到 900 行。要保证人眼不产生闪烁感觉并达到一定清晰度，扫描频率需在 48Hz 以上。根据这些指标计算出的电视图像信号的频带是很宽的，为了减小频带，就提出了隔行扫描的方式。

隔行扫描将一帧电视分成两场进行扫描，如图 3-6 所示，第一场对 1，3，5，… 奇数行扫描，第二场对 2，4，6，… 偶数行扫描，这样一帧图像经过两行扫描，所有像素就可以全部扫完。采用隔行扫描方式的摄像机或显示器，都要扫描两次才能得到一幅完整的图像。

隔行扫描由场组成帧，一帧为一幅图像。定义每秒钟扫描多少行称为行频 f_H，每秒钟扫描多少场称为场频 f_V，每秒钟扫描多少帧称为帧频 f_F。f_V 和 f_F 是两个不同的概念。

我国现行电视系统传输率是每秒 25 帧、50 场。25Hz 的帧数能以最少的信号容量有效地满足人眼的视觉残留特性；50Hz 的场频隔行扫描，把一帧图像分成奇、偶两场。这样，亮度闪烁现象不明显，同时也解决了带宽的问题。

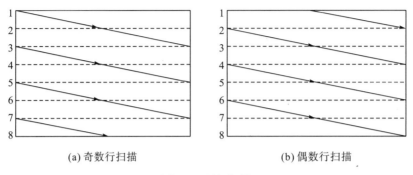

(a) 奇数行扫描   (b) 偶数行扫描

图 3-6   隔行扫描

2）逐行扫描

逐行扫描（图 3-7）方式中，电子束从显示屏的左上角一行接一行的扫到右下角，在显示屏上扫一遍就显示一幅完整的图像。

在电视系统中，同步应当确保收、发双方"同频"和"同相"。即收、发双方的扫描时间应相等，每扫一行和一场的起始相位应相同，以保证发射机中摄像管扫哪一场、哪一行、哪一点时，接收机中显像管相应的也扫那一场、那一行、那一点。如果扫描频率或扫描相位其中有一个不同，那么接收到的图像就会不正确。因此，必须要有场同步脉冲和行同步脉冲来保证信号的收、发同步。

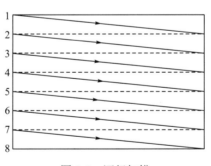

图 3-7   逐行扫描

3. 模拟彩色电视

彩色电视是在黑白电视的基础上发展起来的，其扫描、同步等特性都与黑白电视相同，不同的是，黑白电视只传送一个反映景物亮度的电信号，而彩色电视除了传送亮度信号外，还要传送色度信号。

在彩色电视信号的传输中，用 Y、C_1、C_2 彩色表示法分别表示亮度信号和两个色差信号，C_1、C_2 的含义与具体的应用有关。所谓色差是指基色信号中的 3 个分量信号（R、G、B）与亮度信号之差。在正交平衡调幅制（national television system committee，NTSC）彩色电视制式中，C_1、C_2 分别表示 I、Q 两个色差信号，在逐行倒相正交平衡调幅制（phase-alternative line，PAL）制式中，C_1、C_2 分别表示 U、V 两个色差信号。在彩色电视中，使用 Y、C_1、C_2 有两个重要优点：①用 Y 和 C_1、C_2 是独立的，因此彩色电视和黑白电视可以同时使用，Y 分量可由黑白电视接收机直接使用而无须作任何处理；②可以利用人的视觉特性来节省信号的带宽和功率，通过选择合适的颜色模型，可以使 C_1、C_2 的带宽明显低于 Y 的带宽，而又不会明显影响重显彩色图像的观看。因此彩色电视系统选择用 Y、C_1、C_2 的彩色表示法能满足兼容性的要求。

根据信号传送的时间关系不同，彩色电视可分为顺序制、同时制和顺序-同时制。

彩色电视制式是指图像信号处理与传输的方式。目前世界上现行的彩色电视制式有三种：NTSC 制、PAL 制和 SECAM 制。

NTSC 彩色电视制式是 1952 年美国国家电视标准委员会定义的彩色电视广播标准，它将两个色差信号以正交平衡调幅方式调制在副载波上，由此形成的色度信号与亮度信号同时传送，属于同时制。美国、加拿大等大部分西半球国家，以及日本、韩国等国和中国台湾地区采用这种制式。

德国（当时的西德）于 1962 年制定了 PAL 彩色电视广播标准，也是将两个色差信号以正交平衡调幅方式调制在副载波上，但其中受（R-Y）调制的副载波是逐行倒相的，由此形成的色度信号与亮度信号同时传送，也属同时制。德国、英国等一些西欧国家，以及中国、朝鲜等国家采用这种制式。

法国在 20 世纪 60 年代制定了顺序传送彩色与存储制 SECAM（法文：Séquentiel couleur à mémoire - Sequential Color with Memory）彩色电视广播标准，它是将两个色差信号以调频方式分别调制在两个不同频率的副载波上，由此形成的两个色度信号，逐行轮换与亮度信号同时传送，显示时是三个基色同时显示。属于顺序-同时制，法国、苏联（现俄罗斯等独联体国家）及东欧国家采用这种制式。

如上所述，三种制式之间的主要差别在于色度信号的形成与传输。

3.2　成像质量表征

3.2.1　图像的基本术语

（1）像素。像素（picture elements，Pixels）是图像最小的信息单位。通常是一个整数，其大小称为像素值。

（2）灰度级。灰度级（gray level）是用来描述像素明暗程度的整数量。

（3）图像分辨率。图像分辨率是图像中像素密度的度量方法，它表示图像的细微部分能被正确地显示、重现出来并给人清晰印象的程度。同样大小的一幅图像，如果组成该图像的像素数目越多，就说明图像的分辨率越高。图像分辨率取决于图像摄录器材的基本性能和技术指标。如用扫描仪扫描图像时需要指定图像的输入分辨率，一般用每英寸点数（dot per inch，dpi）来表示，用 300dpi 来扫描一幅 $8''\times10''$ 的图像，就得到一幅 2400×3000

个像素的图像；图像通过打印机输出时也会涉及一个打印机分辨率的问题，又称为输出分辨率，指的是打印输出的分辨率极限，它的高低决定了输出质量，目前激光打印机的分辨率可达 600dpi、1200dpi。图像分辨率是评价图像中细微部分能分解到什么程度并被显示出来的指标，但它并不能完全评价图像的精细度和清晰度。例如，常常出现的情况是图像能分辨，但其边缘等细节部分却模糊不清。

(4)显示分辨率。图像显示分辨率是指屏幕上能够显示出的像素数目。例如，显示分辨率为 1024×768 像素表示显示屏分为 768 行，每行显示 1024 个像素，整个显示屏有 786432 个像素点。屏幕能够显示的像素越多，表明显示设备的分辨率越高，所显示的图像质量就越好。

(5)图像深度。图像深度(Bit per pixel，Bpp)代表了存储每个像素所用的位数，也是用来度量图像的色彩分辨率的。它确定了彩色图像的每个像素可能有的色彩数，或者确定灰度图像的每个像素可能有的灰度级数。它决定了色彩图像中可能出现的最多的色彩数，或者灰度图像中的最大灰度等级。

3.2.2　灰度级与图像深度

灰度级和图像深度确定了图像色彩(灰度)分辨率。它们之间的关系如表 3-2 所示

表 3-2　图像深度与灰度级

图像位/bit	灰度级/级	颜色数目/色
1	2	2
2	4	4
8	256	256
24	真彩色	16777216

例如，8bit 灰度图的颜色数目为 $2^8=256$ 色；24bit 真彩色表示的颜色数目为 $2^{24}=256\times256\times256=16777216$ 色。

3.2.3　图像质量

图像质量可由层次(level)、对比度(contrast)和清晰度(sharpness)来评价。

图像的层次代表了图像实际拥有灰度级的数量。例如，32 种不同取值的图像，称该图像具有 32 个层次。图像数据的实际层次越多，视觉效果就越好。

图像的对比度代表了一幅图像中灰度反差的大小。它可以简单理解为图像最大亮度与最小亮度的比值。

图像的清晰度是衡量图像质量优劣的重要指标，它能够较好地与人的主观感受相对应，图像的清晰度不高，表现出图像会模糊。影响图像清晰度的主要因素包括亮度、对比度、尺寸大小、细微层次和颜色饱和度等。

3.3　图像的表示

为了便于建立图像处理模型和理论分析，需要对图像从不同角度进行表征。通常采用三维空间表示，连续函数描述，数字图像的离散模型(矩阵表示)，以及像素邻域关系等。

3.3.1　连续函数描述

有时，我们以更正式的数学术语描述图像可能会有用。图像具有连续模型和离散模型之分，因此，也可以用连续函数和离散函数分别表示一幅图像。

令 $f(s,t)$ 表示一幅具有两个连续变量 s 和 t 的连续图像函数，通过上一节中的取样和量化，我们可以将该函数转化为数字图像。假设该连续图像被取样为一个二维阵列 $f(x,y)$，该阵列包含有 M 行和 N 列，其中 (x,y) 是离散坐标。为了表达清楚，我们对这些离散坐标使用整数值：$x=0,1,2,\cdots,M-1$ 和 $y=0,1,2,\cdots,N-1$。这样，数字图像在原点的值就是 $f(0,0)$，第一行中下一个坐标处的值是 $f(0,1)$。通常，图像在任何坐标 (x,y) 处的值记为 $f(x,y)$，其中，x 和 y 都是整数。由一幅图像的坐标张成的实平面部分称为空间域，x 和 y 称为空间变量或空间坐标。

令 Z 和 R 分别表示整数集和实数集，取样处理可看成是把 x-y 平面分为一个网格的过程，网格中每个单元的中心坐标是笛卡儿积 Z^2 中的一对元素，Z^2 是所有有序元素对 (z_i,z_j) 的集合，z_i 和 z_j 是 Z 中的整数。因此，如果 (x,y) 是 Z^2 中的整数，且 f 是把灰度值(即实数集 R 中的一个实数)赋给每个特定坐标对 (x,y) 的一个函数，则 $f(x,y)$ 就是一幅数字图像。显然，这种赋值过程就是前面描述的量化处理，经过采样和量化后的数字图像就是一个 $M×N$ 矩阵，这就是图像的离散模型表示。

如果把每个像素都看成一个随机过程，则图像也可以用一个随机场模型来描述。

3.3.2　三维空间表示

如图 3-8 所示，我们可以用一幅空间图来表示 $f(x,y)$，即两个坐标轴决定空间位置，第三个坐标是以两个空间变量 x 和 y 为函数的 f(灰度)值。虽然我们可以在这个例子中用该空间图来推测图像的结构，但是，通常复杂的图像细节太多，以至于很难由这样的图去解释。在处理的元素是以 (x,y,z) 三坐标的形式表达的灰度集时，这种表示是很有用的，其中，x 和 y 是空间坐标；z 是 f 在坐标 (x,y) 处的值。

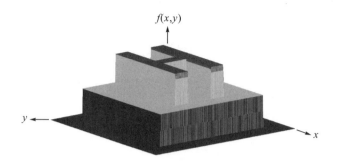

图 3-8   图像的空间表示

3.3.3   矩阵表示

图像的矩阵表示是将 $f(x, y)$ 的数值简单地显示为一个阵列(矩阵),矩阵中每个点的灰度与该点处 f 的值成正比。如图 3-9 所示,图像 f 的大小为 600×600 个元素(像素),共 360000 个数字,元素的值为 0、128 或 255,分别代表 3 个不同的灰度级。打印整个矩阵是很麻烦的,且传达的信息也不多。然而,在开发算法时,当图像的一部分被打印并作为数值进行分析时,这种表示相当有用。

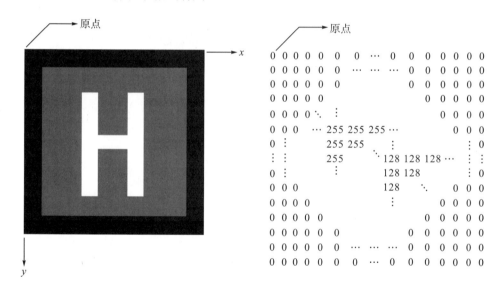

图 3-9   图像的矩阵表示

以公式形式,一幅黑白图像在数学上可以表示 $f(x, y)$,变量 x, y 表示图像中每个像素点的坐标,每个像点的亮度常用灰度值表示。对于一幅大小为 $M \times N$ 个像素的数字图像,其像素灰度值可以写成矩阵形式:

$$\boldsymbol{F} = \begin{bmatrix} f_{11} & f_{12} & \cdots & f_{1N} \\ f_{21} & f_{22} & \cdots & f_{2N} \\ \vdots & \vdots & & \vdots \\ f_{M1} & f_{M2} & \cdots & f_{MN} \end{bmatrix} \tag{3-3-1}$$

把图像写成矩阵形式是为了便于用矩阵理论对图像进行分析处理,在实际处理中习惯把矩阵左上角的像素定为第$(1,1)$个像素,右下角的像素定为第(M, N)个像素,这样数字图像的像素和矩阵中的每个元素便一一对应起来。在用矩阵分析不方便的时候还可以用一个向量来表示图像,把矩阵的元素按行的顺序依次排列,得到由所有元素串联成的一个向量:

$$\boldsymbol{F} = \left[f_{11}, f_{12}, \cdots, f_{1N}, f_{21}, \cdots, f_{MN} \right] \tag{3-3-2}$$

如果按列的顺序排列,则有

$$\boldsymbol{F} = \left[f_{11}, f_{21}, \cdots, f_{M1}, f_{12}, \cdots, f_{MN} \right] \tag{3-3-3}$$

在实际的图像处理硬件系统中,都需要把图像用向量形式表达,继而完成各种图像处理功能。

对于彩色图像,可以用红$(\boldsymbol{R})$、绿$(\boldsymbol{G})$、蓝$(\boldsymbol{B})$三个矩阵表示,或组成三维矢量矩阵。

3.3.4　像素邻域

图像的像素间存在多种不同的几何关系,如邻接、连通和距离等。

1. 邻接与连通

邻接是像素间最基本的关系。除了图像边缘上的点,每个像素都有8个自然邻点,图像处理技术中采用4邻接和8邻接两种定义。4邻接包括了一个像素上下和左右四个像点,8邻接则包括像素点垂直、水平、45°、135°四个方向上相邻的八个像点。如果两个像点是4邻接的,则称它们为4连通,若是8邻接的,则称它们为8连通。对于同一幅图像,采用不同的连通定义会得到不同的理解。如图3-10所示,若按4连通定义,由1所表示的目标是4个不连通的直线段,若按8连通定义,则是一个闭合的环。

```
0  0  0  0  0  0
0  0  1  1  0  0
0  1  0  0  1  0
0  1  0  0  1  0
0  0  1  1  0  0
0  0  0  0  0  0
```

图 3-10　图像点集的连通性

2. 距离

距离是描述边界长度、走向以及图像像素之间关系的重要几何量。设A,B两点间的距离为$d(A, B)$,则$d(A, B)$满足三条性质:①$d(A, B) \geqslant 0$,只有当A,B为同一点时才取等号;②$d(A, B) = d(B, A)$;③$d(A, C) \leqslant d(A, B) + d(B, C)$。

距离的定义有很多种具体方式,最常用的有三种,设A,B两点的坐标分别为(x_1, y_1)和(x_2, y_2),有

（1）欧式距离

$$d(A,B)=\left[(x_1-x_2)^2+(y_1-y_2)^2\right]^{1/2} \tag{3-3-4}$$

（2）街区距离

$$d(A,B)=|x_1-x_2|+|y_1-y_2| \tag{3-3-5}$$

（3）棋盘距离

$$d(A,B)=\max\left[|x_1-x_2|,|y_1-y_2|\right] \tag{3-3-6}$$

三种距离的示意图如图 3-11 所示。

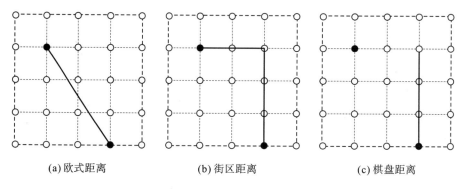

（a）欧式距离　　　　　　（b）街区距离　　　　　　（c）棋盘距离

图 3-11　三种距离的定义

3.4　图像的基本运算

两幅尺寸一致的图像或局部区域对应像素做加、减、乘、除及逻辑运算（包括与运算、或运算和异或运算等）等，属于图像处理中最简单和最基本的运算。

3.4.1　加运算

最简单的加运算就是将两幅图像 f_1、f_2 之间对应像素做加法运算，即

$$g(x,y)=f_1(x,y)+f_2(x,y) \tag{3-4-1}$$

其中，$g(x,y)$ 为加运算结果。加运算还可以推广到多幅图像相加，对同一场景的多幅图像求平均值，可以降低加性噪声。

令 $f(x,y)$ 是无噪声图像，$g_i(x,y)$ 是被噪声 $\eta_i(x,y)$ 污染的图像，即

$$g_i(x,y)=f(x,y)+\eta_i(x,y),\quad i=1,2,\cdots,M \tag{3-4-2}$$

其中，$\eta_i(x,y)$ 是第 i 帧图像中的实际噪声分布情况。假设 $\eta_i(x,y)$ 符合某种特定的噪声分布，其均值为 0，方差为 σ_n^2，且 $\eta_i(x,y)$ 中的不同位置处的噪声分布互不相关。如果图像 $\bar{g}_i(x,y)$ 是通过对 M 幅不同噪声图像进行平均形成的，则有

$$\bar{g}(x,y)=\frac{1}{M}\sum_{i=1}^{M}g_i(x,y) \tag{3-4-3}$$

可以证明，$E\{\overline{g}(x,y)\}=f(x,y)$ 和 $\sigma^2_{\overline{g}(x,y)}=\dfrac{1}{M}\sigma^2_n$。因此，随着 M 的增大，在每个位置 (x,y) 处的像素值的变化将减小，并且在求平均过程中所使用的带噪声图像的数量增加时，$\overline{g}_i(x,y)$ 将逼近 $f(x,y)$。

此外，通过将图像 $f_1(x,y)$ 叠加于图像 $f_2(x,y)$ 上，可以实现两幅图像的加权融合，即

$$g(x,y)=\alpha f_1(x,y)+\beta f_2(x,y) \tag{3-4-4}$$

其中，α 和 β 为权重系数，且满足 $\alpha+\beta=1$。特别地，当 $\alpha=\beta=\dfrac{1}{2}$ 时，可以达到二次曝光 (double-exposure) 的效果，如图 3-12 所示。

(a) 图像f_1 (b) 图像f_2 (c) 叠加结果

图 3-12 图像的叠加

3.4.2 减运算

图像的减运算是将两幅图像之间对应像素做减法运算，即

$$g(x,y)=f_1(x,y)-f_2(x,y) \tag{3-4-5}$$

如果上式中的 $f_1(x,y)$、$f_2(x,y)$ 分别表示 t_1、t_2 时刻的两幅图像，很容易通过减运算求得两个时刻的差分图，如图 3-13 所示。

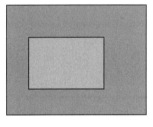

(a) 图像f_1 (b) 图像f_2 (c) 差分图像g

图 3-13 图像的减运算

差分图反映了不同时刻场景中的视觉信息是否发生变化。因此，利用差分图可以检测场景中存在的相对运动信息。图 3-14 为从一段实际场景的视频中抽取的相邻(#19 帧、#20 帧)两帧的差分结果。由于背景是静止的，因此很容易检测出场景中的行人。

(a) #19帧   (b) #20帧   (c) 帧间差分图

图 3-14　邻近帧间差分运算

另外，图像减运算可以去除一幅图像中不需要的加性图案，如缓慢变化的背景阴影及周期性噪声等。有时候，减运算也用于图像求反获得阴影图像或子图像的补图像等。

3.4.3　乘运算

图像的乘运算是将两幅图像之间对应像素做乘法运算，即

$$g(x,y) = f_1(x,y) \times f_2(x,y) \tag{3-4-6}$$

乘运算的一种重要应用是进行模板操作，也称感兴趣区域（region of interest，ROI）操作。如图 3-15 所示，将模板图像与一幅给定的图像相乘来进行图像局部显示，模板图像的 ROI 区域为 1，其他区域为 0。

(a) 图像f_1 (b) 图像f_2 (c) 积运算图像g

图 3-15　图像的乘运算

在处理二值图像时，我们可以把图像想象为像素集合的前景（1 值）与背景（0 值），则图像的相乘操作又可以看作一种特殊的逻辑操作。二值图像处理中的 OR、AND 和 NOT 逻辑操作就是指普通的并、交和求补操作，其中"逻辑"一词来自逻辑理论，在逻辑理论中，1 代表真，0 代表假。考虑由前景像素组成的区域（集合）A 和 B。这两个集合的 OR（或）操作结果不是属于 A，就是属于 B，或者属于两者。这两个集合的 AND 操作是共同属于 A 和 B 的元素的集合。A 的 NOT 操作是不在 A 中的元素的集合。因为我们要处理图像，如果 A 是给定的前景像素的集合，那么 NOT(A) 是图像中不在 A 中的所有像素的集合，这些像素是背景像素，并有可能是其他前景像素。我们可以将该操作想象为：把 A 中的所有像素转换为 0（黑色），并把所有不在 A 中的元素转换为 1（白色）。

3.4.4　除运算

图像的除运算是将两幅图像之间对应像素做除法运算，即

$$g(x,y) = f_1(x,y) \div f_2(x,y) \tag{3-4-7}$$

除运算可以用来产生对颜色和多光谱图像分析十分重要的比率图像，如图 3-16 所示。

　　(a) 图像f_1　　　　　　　　　(b) 图像f_2　　　　　　　　　(c) 比率图像g

图 3-16　图像的除运算

3.5　图像文件格式

由于不同的开发商自己定义的图像格式都不完全一致，因此目前数字图像有多种存储格式。要进行数字图像处理，必须先了解图像文件的格式。一般说来，图像文件都由文件头和图像数据两部分组成，文件头的内容和格式是由制作该图像文件的公司决定的，大致包括文件类型、文件大小、版本号等内容。下面介绍几种常见的图像文件格式。

3.5.1　BMP 文件

位图（bitmap picture，BMP）文件格式是 Windows 系统交换图像、图形数据的一种标准格式，全称是设备无关位图（device independent bitmap，DIB）。BMP 图像文件也称位图文件，包括 4 个部分：文件头、位图信息、调色板和位图数据。

1. 文件头

BMP 文件头长度固定为 14 个字节，含有 BMP 文件的类型、大小和位图数据的起始位置等信息，windows.h 中对其定义为：

```
typedef struct tagBITMAPFILEHEADER{
    WORD bftype;                      /*位图文件的类型，必须为 BM*/
    DWORD bfSize;                     /*位图文件的大小*/
    WORD bfReserved1;                 /*位图文件保留字，必须为 0*/
    WORD bfReserved2;                 /*位图文件保留字，必须为 0*/
    DWORD bfOffBits;                  /*位图数据相对于位图文件头的偏移量表示*/
}BITMAPFILEHEADER
```

2. 位图信息

位图信息给出图像的长、宽、每个像素的位数(可以是 1、4、8、24,分别对应单色、16 色、256 色和真彩色的情况)、压缩方法、目标设备的水平和垂直分辨率等信息。这一部分的长度也是固定的,为 40 个字节。windows.h 中对其定义如下,其中,数据结构 BITMAPINFOHEADER 用于说明位图的尺寸:

```
typedef struct tagBMP_INFOHEADER{
    DWORD biSize;           //4Bytes, INFOHEADER 结构体大小, 存在其他版本 I
    NFOHEADER, 用作区分
    DWORD biWidth;          //4Bytes, 图像宽度(以像素为单位)
    DWORD biHeight;         //4Bytes, 图像高度, +: 图像存储顺序为 Bottom2Top, -:
                            Top2Bottom
    WORD biPlanes;          //2Bytes, 图像数据平面, BMP 存储 RGB 数据, 因此总为 1
    WORD biBitCount;        //2Bytes, 图像像素位数
    DWORD biCompression;    //4Bytes, 0: 不压缩, 1: RLE8, 2: RLE4
    DWORD biSizeImage;      //4Bytes, 4 字节对齐的图像数据大小
    DWORD biXPelsPerMeter;  //4 Bytes, 用像素/米表示的水平分辨率
    DWORD biYPelsPerMeter;  //4 Bytes, 用像素/米表示的垂直分辨率
    DWORD biClrUsed;        //4 Bytes, 实际使用的调色板索引数, 0: 使用所有的调色
                            板索引
    DWORD biClrImportant;   //4 Bytes, 重要的调色板索引数, 0: 所有的调色板索引
                            都重要
}BMP_INFOHEADER;
```

以上变量类型定义中,WORD 为无符号 16 位整型,DWORD 为无符号 32 位整型。

3. 调色板

调色板用于说明位图的颜色,它实际上是一个数组,共有 biClrUsed 个元素(如果该值为零,则有 2 的 biBitCount 次方个元素,当 biBitCount=1、4、8 时,调色板相对应的有 2、16、256 个元素,当 biBitCount=24 时,位图数据的每 3 个字节代表一个像素,而每个字节直接定义了像素颜色中蓝、绿、红三个分量的值,故调色板为空)。数组中每个元素的类型是 RGBQUAD 结构,占 4 个字节,其定义如下:

```
typedef struct tagRGBQUAD{
    BYTE      rgbBlue;          /*该颜色的蓝色分量*/
    BYTE      rgbGreen;         /*该颜色的绿色分量*/
    BYTE      rgbRed;           /*该颜色的红色分量*/
    BYTE      rgbReserved;      /*保留值*/
}RGBQUAD;
```

4. 位图数据

这一部分的数据描述了每个像素点的颜色。对于调色板不为空的位图图像，每个数据就是该像素颜色在调色板中的索引值。例如，2 色位图只有 0、1 两种情况，所以一个字节可以表示 8 个像素；对于 16 色位图，用 4 位可以描述一个像素点的颜色，所以一个字节可以表示两个像素；对于 256 色位图，一个字节刚好可以表示一个像素。

在生成位图文件时，Windows 从位图的左下角开始逐行扫描位图，把位图的像素值一一记录下来。因此，在 BMP 文件的数据存放是从下到上，从左到右的。在文件中最先读到的是图像最下面一行左边第一个像素，最后得到是最上面一行最右边的一个像素。

图像数据在存储时有非压缩和压缩两种格式。用非压缩格式存储，图像的每个像素对应于图像数据的若干位，一般说来存储量比较大。Windows 支持两种压缩位图存储格式：当 biCompression=1 时，位图文件采用 BI_RLE8 压缩格式，压缩编码以两个字节为基本单位，其中第一个字节规定了第二个字节指定的颜色出现的连续像素的个数，如压缩编码 0405 表示从当前位置开始连续显示 4 个像素，这 4 个像素的像素值均为 04；当 biCompression= 2 时，位图文件采用 BI_RLE4 压缩编码，它与 BI_RLE8 编码方式的不同之处在于 BI_RLE4 的一个字节包含了两个像素的颜色，当连续显示时，第一个像素按字节高四位规定的颜色画出，第二个像素按字节低四位规定的颜色画出，依次类推。

3.5.2　GIF 文件

图形交换格式(graphics interchange format，GIF)是由 CompuServe 公司开发的图像格式，目的是在不同的系统平台上交流和传输图像，现已成为网络和 BBS 上图像传输的通用格式。

GIF 文件采用 8 位文件格式，最多能存储 256 色图像，每一个像素的存储数据就是该颜色列表的索引值。GIF 文件结构一般是由七个数据区组成，分别是文件头、通用调色板、位图数据区以及四个补充区，其中，文件头和位图数据区是文件必不可缺的部分，而通用调色板和其余的四个补充区则不一定出现在文件中。一个 GIF 文件可以有多个位图数据区，每个位图数据区存储一幅图像。GIF 文件具有多元化结构、能够存储多幅图像的特征，是制作动画的基础。GIF 文件内的多个数据区和补充区，多数没有固定的长度和存放位置，通常以数据区的第一个字节为标识符，让程序能根据标识符来判断所读到的是哪种数据区。

GIF 文件的所有图像数据均为压缩过的，采用的压缩算法是串表压缩(lempel-ziv-welch，LZW)算法，其性能优于行程编码(run length encoding，RLE)算法，能提供 1/3～1 的压缩比，压缩效率高。LZW 算法的特点在于它能动态地标记数据流中出现的重复串，它把压缩过程中遇到的字符串记录在这张字符串表中，在下次碰到这一字符串时，用一短代码表示它，从而达到了压缩数据量的目的。

3.5.3　TIFF 文件

标签图像文件格式(tag image file format，TIFF)是由 Aldus 公司与微软公司共同开发设计的图像文件格式，大多数数据扫描仪输出的图像文件均为 TIFF。TIFF 支持任意大小的图像，从单色的二值图像到 24 位的真彩色图像，它广泛应用于单面排版系统及与之相关的应用程序，而且与计算机的结构、操作系统和图形硬件无关。

TIFF 图像文件主要由三部分组成：文件头、标识信息区和图像数据区。文件头只有一个，且在文件前端，它给出数据存放顺序和标识信息区在文件的存储位置。标识信息区内有多组标识信息，每组标识信息长度固定为 12 个字节，前 8 个字节分别代表标识信息的代号(2 字节)、数据类型(2 字节)、数据量(4 字节)，最后 4 个字节则存储数据值或标志参数。

由于应用了标志的功能，TIFF 图像文件也能实现多幅图像的存储。若文件只存储了一幅图像，则将标识信息区内容置 0，表示文件内无其他标识信息区。若文件内存放多幅图像，则在第一个标识信息区末端的标志参数设为一个非 0 的长整数，指出下一个标识信息区在文件中的地址，当一个标识信息区的末端出现值为 0 的长整数，标示图像文件内不再有其他的标示信息区和图像数据区。

TIFF 图像文件的压缩方式有多种，如游程编码压缩，LZW 压缩，紧缩位法编码压缩等，也有 TIFF 图像文件存放在物理介质上，没有进行压缩编码，但存放时尽可能地节省空间。

3.5.4 JPEG 文件

联合图像专家组(Joint Photographic Experts Group，JPEG)是由国际标准化组织(ISO)和国际电报电话咨询委员会(CCITT)为静态图像所建立的第一个国际数字图像压缩标准，主要是为了解决专业摄影师所遇到的图像信息过于庞大的问题。由于 JPEG 的高压缩比和良好的图像质量，使得它在多媒体和网络中得到广泛的应用。

JPEG 格式支持 24 位颜色，采用基于离散余弦变换(discrete cosine transform，DCT)的顺序型模式压缩图像，能保留照片或其他连续色调图像中存在的亮度和色相的显著或细微的变化。JPEG 格式最大的优点是节省存储空间、处理速度快，但由于 JPEG 是有损压缩，无论压缩比大小，图像的信息都会有损失，而且被压缩的部分不可恢复，因此图像质量往往有所下降。

由于不同的商家、不同的应用系统，图像文件的格式还有很多，其中一部分获得了足够广泛的应用，某种程度上成了事实上的标准，表 3-3 中列举了其他一些主要的图像数据文件格式。

表 3-3 其他图像数据文件格式

类型	适用系统	说明
PCX	Zsoft image file format	Zsoft 公司 PC Paintbrush 软件格式
TGA	trucvision format	扫描仪生成的图像格式
PICT	Macintosh format	Apple Macintosh 图像格式
PSD	Photoshop format	Photoshop 图像格式
PNG	portable network graphics format	便携式网络图形格式

大多数商业化的图像处理程序可以读写几种流行的图像文件格式,可以通过利用文件扩展名或文件自身包含的格式信息来自动检测指定输入文件的格式,在将一幅显示的图像存为文件时,用户也可以指定文件存储为某种特定的格式。

习题

3.1 如何对一幅图像进行数字化处理?影响数字图像质量的关键因素有哪些?

3.2 举例说明图像的灰度级与图像深度有什么关系?

3.3 一幅图像的成像质量通常用哪些指标进行评价?

3.4 试分析几种图像基本运算(加、减、乘、除)分别具有哪些用途。

3.5 设 $g(x,y)$ 为无噪声图像 $f(x,y)$ 被噪声图像 $\eta(x,y)$ 污染后的图像,即

$$g(x,y) = f(x,y) + \eta(x,y)$$

则 M 幅图像相加后的均值为

$$\overline{g}(x,y) = \frac{1}{M}\sum_{i=1}^{M} g_i(x,y)$$

试证明下面的结论,并描述该结论说明什么了问题。

$$\begin{cases} E\{\overline{g}(x,y)\} = f(x,y) \\ \sigma^2_{\overline{g}(x,y)} = \dfrac{1}{M}\sigma^2_n \end{cases}$$

其中, E 代表期望; $\sigma^2_{\overline{g}(x,y)}$ 和 σ^2_n 分别表示 $\overline{g}(x,y)$ 和 $\eta(x,y)$ 的方差。

编程练习

3.1 利用 MATLAB 工具读取一幅等长宽图像,对其分别进行采样点数为 256×256、64×64、32×32、16×16 的采样,观察并分析各自的图像质量变化。对输入图像分别进行 64 级、16 级和 2 级的量化处理,观察并分析图像质量的变化。

3.2 利用 MATLAB 工具分别读取两幅长宽尺寸一致的彩色图像,编程实现两幅图像的加运算,分别显示输入图像和处理结果。

3.3 利用 MATLAB 工具编写一段代码,实现一幅小尺寸彩色照片居中叠加于一幅大尺寸的彩色背景图上,彩色照片保留 50%的透明度。要求:

(1)分别画出叠加前的两幅原图像及叠加后的效果图。

(2)提交 MATLAB 源代码,以.m 文件形式保存。

以上测试图像,可以自行选择。

第四章　空间域图像增强

在图像的生成、传输和变换过程中，由于受到种种条件的限制和随机干扰，使得图像质量会有所降低，这种现象也叫作图像退化。除了采取灰度校正、噪声滤除等方法，使输出的图像在视觉感知或某种准则下尽量恢复到原始图像的水平之外，还需要有目的性地增强图像中的某些信息而抑制另一些信息，以便更好地利用图像。图像增强就是这样的一种技术，它能改善图像的对比度低、模糊等降质状况，强调或突出图像的某些局部特性，使图像更适合于人眼观察或机器进行分析处理。值得注意的是，图像增强并不能增加原始图像的信息。

图像增强可以分为空间域处理和频率域处理两大类，其中，空间域处理是直接对图像中的像素进行处理，常以灰度变换为基础，它可以是一幅图像内的像素点之间的运算处理，也可以是多幅图像间的对应像素点之间的运算处理；频率域处理是通过某种变换(如傅里叶变换)将图像变换到频率域，用数字滤波方法修改图像频谱后再反变换得到增强后的图像。

4.1　灰　度　变　换

在曝光不足或过度的情况下，图像中所有像素的灰度可能会集中在一个很小的范围内，此时图像就表现为对比度低、缺少层次、细节模糊。若能将图像的灰度分布范围进行扩展，常常能显著改善图像的视觉质量。灰度变换是一种简单实用的方法，它通过把输入图像 $f(x, y)$ 每一点的灰度函数进行某种映射来达到增强图像的目的。常见的映射函数有线性、分段线性、非线性等多种形式。

4.1.1　线性灰度变换

灰度图像的线性变换能将输入图像的灰度值的动态范围按线性关系变换至指定范围或整个动态范围。令 $f(x, y)$ 为输入图像，$g(x, y)$ 为变换后的图像，将 $f(x, y)$ 的灰度范围 $[a, b]$ 变换到灰度范围 $[c, d]$，如图 4-1 所示。

线性灰度变换的公式如下：

$$g(x, y) = \begin{cases} d, & f(x, y) > b \\ \dfrac{d-c}{b-a}\big[f(x, y) - a\big] + c, & a \leqslant f(x, y) \leqslant b \\ c, & f(x, y) < a \end{cases} \tag{4-1-1}$$

在线性灰度变换中有一种比较特殊的情况，就是图像的反色变换，其变换关系如图 4-2 所示，并有 $s = L - 1 - r$，其中，r 为变换前的像素值；L 为最大灰度级；s 为变换后的像素值。对图像求反就是将原图像的灰度值翻转，简单地说就是将黑的变成白的，将白的变成黑的。普通黑白照片和底片就是这种关系。

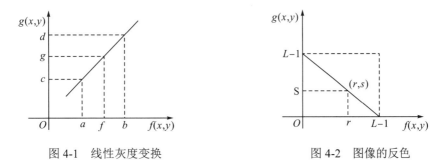

图 4-1　线性灰度变换　　　　　　　　　　　图 4-2　图像的反色

4.1.2　分段线性变换

分段线性变换可以根据需要突出感兴趣的目标或灰度区，抑制不感兴趣的灰度区。最常用的方法是分三段做线性变换，如图 4-3 所示，设 $f(x, y)$ 灰度范围为 $[0, L_f]$，$g(x, y)$ 灰度范围为 $[0, L_g]$，则数学表达式为

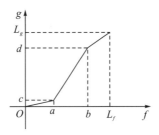

图 4-3　分段线性变换

$$g(x,y)=\begin{cases} f(x,y)c/a, & 0\leqslant f(x,y)<a \\ (d-c)\big[f(x,y)-a\big]/(b-a)+c, & a\leqslant f(x,y)\leqslant b \\ (L_g-d)\big[f(x,y)-b\big]/(L_f-b)+d, & b<f(x,y)\leqslant L_f \end{cases} \tag{4-1-2}$$

由图 4-3 可以看出，$[a, b]$ 的对比度被拉大，而 $[0, a]$ 和 $[b, L_f]$ 的对比度被压缩。根据此思路，调整式 (4-1-2) 中的各个参数，可以达到不同的变换要求。

图 4-4 中，分别用线性灰度变换和分段线性变换对一幅图像进行了增强处理。其中，(a) 和 (b) 分别是原图像和它的直方图；(c) 表示还未对 (a) 进行灰度变换的线性变换曲线；(d) 和 (e) 分别是线性变换处理后的图像和直方图；(f) 是所采用的线性变换曲线；(g) 和 (h) 分别是分段线性变换后的图像和直方图；(i) 是变换所采用的分段变换示意图。由于原图像中大部分的像素都集中在直方图的低端，即 [0, 100] 左右，在分段线性变换中就着重对这一部分的像素进行了拉伸，使得图像的对比度有了明显的改善。

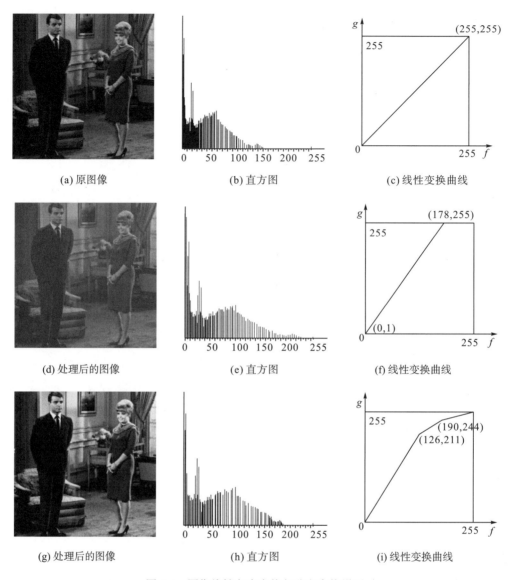

(a) 原图像	(b) 直方图	(c) 线性变换曲线
(d) 处理后的图像	(e) 直方图	(f) 线性变换曲线
(g) 处理后的图像	(h) 直方图	(i) 线性变换曲线

图 4-4　图像线性灰度变换与分段变换增强

4.1.3　非线性灰度变换

如果图像灰度变换所采用的数学函数是非线性的，如对数函数，就可实现图像灰度的非线性变换。非线性拉伸不是对图像的所有灰度值进行扩展，而是有选择地对某一灰度值范围进行扩展，其他范围的灰度值则有可能被压缩。非线性拉伸在整个灰度值范围内采用统一的变换函数，不同于分段线性变换在不同的灰度值区间采用不同的变换方程来实现不同灰度值区间的扩展和压缩。这里介绍两种最常用的非线性变换，即对数变换和幂律变换。

对数变换的一般形式为

$$g(x,y)=c\log\left[1+f(x,y)\right] \tag{4-1-3}$$

其中，f 为输入的灰度级；g 为变换后的灰度级；c 为比例因子。对数变换可以将图像的低亮度值区域拉伸并且压缩图像的高灰度值区域，从而使低灰度值的图像细节更容易看清楚。图像的对数变换函数曲线如图 4-5(a)所示。

幂律变换的一般形式为

$$g(x,y) = cf(x,y)^{\gamma} \tag{4-1-4}$$

其中，f 为输入的灰度级；g 为变换后的灰度级；c 为比例因子，幂律变换的效果随着 γ 的变化而变化。当 $\gamma>1$ 时，图像的高灰度区对比度被拉伸，低灰度区被压缩，图像整体变暗；$\gamma<1$ 时则相反。不同 γ 值的变换函数曲线如图 4-5(b)所示。

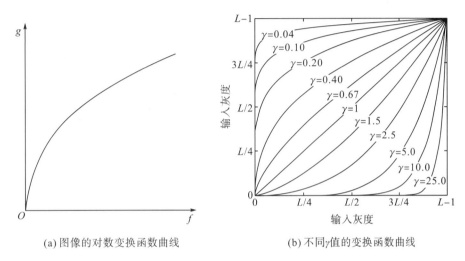

(a) 图像的对数变换函数曲线　　　　(b) 不同 γ 值的变换函数曲线

图 4-5　对数和幂律变换曲线

图 4-6 分别对图 4-4(a)进行了对数变换($c=2$)、$\gamma=0.2$ 的幂律变换、$\gamma=0.5$ 的幂律变换和 $\gamma=1$ 的幂律变换($c=1$)，其中，(a1)～(a4)为变换结果；(b1)～(b4)表示(a1)～(a4)的直方图；(c1)～(c4)为对应的变换函数曲线。由于原图像大部分像素值都集中在灰度值50 以下，对数变换以及 $\gamma=0.5$ 的幂律变换能够拉伸低灰度区域，因此可以有效地增强原图像，提升对比度，并且对数变换的拉伸效果相较于幂律变换而言更好。相反，对于 $\gamma=0.2$ 的幂律变换，它压缩低灰度区，拉伸高灰度区，对于此幅图而言，图像效果就会更糟糕。$\gamma=1$ 的幂律变换的变换函数为 $g(x,y)=f(x,y)$，因此不改变原图像。

 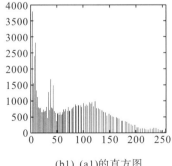 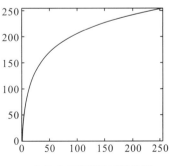

(a1) 处理后的图像(对数变换)　　　(b1) (a1)的直方图　　　(c1) (a1)的变换函数曲线

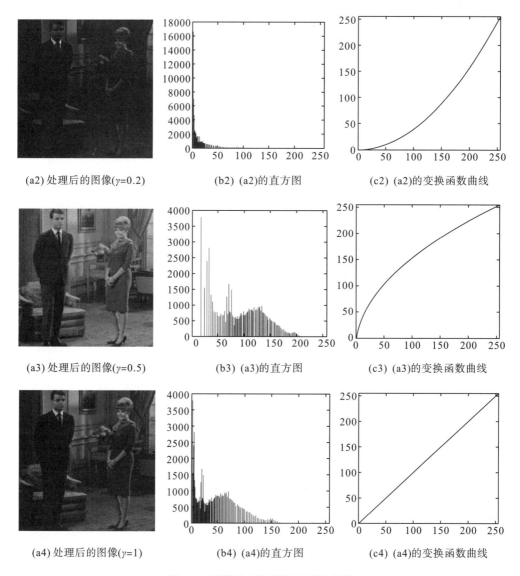

(a2) 处理后的图像($\gamma=0.2$)	(b2) (a2)的直方图	(c2) (a2)的变换函数曲线
(a3) 处理后的图像($\gamma=0.5$)	(b3) (a3)的直方图	(c3) (a3)的变换函数曲线
(a4) 处理后的图像($\gamma=1$)	(b4) (a4)的直方图	(c4) (a4)的变换函数曲线

图 4-6 图像的对数变换和幂律变换

4.2 直方图处理

在数字图像处理中，灰度直方图是对图像灰度分布进行分析的重要手段，它能反映图像中所有像素的亮度分布情况，为图像的进一步处理提供了重要依据。对于一些灰度集中分布在较窄的区间、缺乏细节信息的图像，通过直方图修正后可以使图像的灰度间距拉开或分布得更为均匀，从而使图像的对比度提高，达到了图像增强的目的。直方图修正法主要有直方图均衡化和直方图匹配两种方法。

4.2.1　直方图定义

直方图是反映一幅图像中的灰度级与出现这种灰度级的概率之间关系的统计图表。直方图的横坐标是灰度级 r_k，纵坐标是图像中具有该灰度级的像素个数 $h(r_k)$ 或出现这个灰度级的概率 $p(r_k)$。直方图是图像的重要统计特征，是图像灰度密度函数的近似，它直观地表示出图像具有某种灰度级的像素个数，是对图像灰度值分布情况的整体描述。设一幅数字图像的灰度级为 $[0, L-1]$，则基于统计个数的灰度直方图的定义为

$$h(r_k) = n_k \tag{4-2-1}$$

基于统计概率的灰度直方图的定义为

$$p(r_k) = n_k / n \tag{4-2-2}$$

式中，n 是一幅图像中像素的总数；n_k 是第 k 级灰度的像素数；r_k 是第 k 个灰度级，$k = 0,1,2,\cdots,L-1$。

同一幅图在两种定义下的直方图如图 4-7 所示。

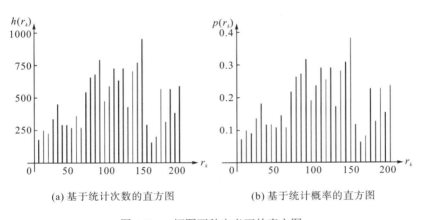

(a) 基于统计次数的直方图　　　　　(b) 基于统计概率的直方图

图 4-7　一幅图两种定义下的直方图

通过观察一幅图像的直方图，可以判断这幅图像的对比度和清晰度，也可以掌握图像的明暗程度。如图 4-8 所示，a1 的灰度动态分布范围显然大于 a2，也就是说 a1 的对比度和清晰度比 a2 高，b1 的灰度值集中于低灰度区，而 b2 的灰度值集中于高灰度区，不难判定 b2 的平均亮度比 b1 高。但是，直方图体现的只是某个灰度级的出现概率，而不能反映像素的空间分布情况，也就是说一幅二维图像在直方图中就失去了其空间信息。不同的图像可能具有相同的直方图分布，或者说具有相同直方图分布的两幅图像不一定是相同的。例如，对于一幅只具有两个灰度级且分布密度相同的直方图[图 4-9(a)]，就可能对应着所有只有灰度级 r_1 和 r_2 且概率相等的图像[图 4-9(b)]。

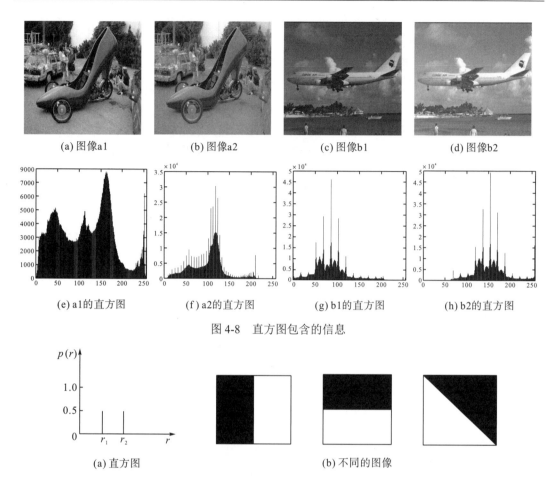

(a) 图像a1　　　　　(b) 图像a2　　　　　(c) 图像b1　　　　　(d) 图像b2

(e) a1的直方图　　　(f) a2的直方图　　　(g) b1的直方图　　　(h) b2的直方图

图 4-8　直方图包含的信息

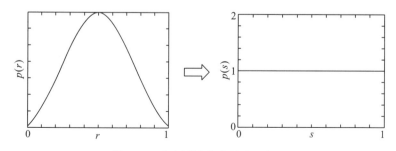

(a) 直方图　　　　　　　　　　　　　(b) 不同的图像

图 4-9　不同图像具有相同直方图实例

4.2.2　直方图均衡化

　　直方图均衡化是将原图像的直方图通过变换函数修正为均匀的直方图,然后按均衡直方图修正原图像。图像均衡化处理后,图像的直方图是平直的,即各灰度级具有近似相同的出现频数。由于灰度级具有均匀的概率分布,图像看起来就更清晰。如图 4-10 所示,假定连续灰度级的情况,令 r、s 分别代表变换前后的灰度级,$p(r)$、$p(s)$ 为对应灰度级出现的概率,设 r、s 分别表示归一化了的原图像灰度和经直方图均衡化后的图像灰度,

图 4-10　直方图均衡化的直观描述

即

$$0 \leqslant r, s \leqslant 1 \qquad (4\text{-}2\text{-}3)$$

在[0,1]内的任一个 r 值都可产生一个 s 值，且

$$s = T(r) \qquad (4\text{-}2\text{-}4)$$

这里，$T(r)$ 为变换函数，满足：

(1) 在 $0 \leqslant r \leqslant 1$ 内是单值单调递增函数。

(2) 对于 $0 \leqslant r \leqslant 1$，有 $0 \leqslant T(r) \leqslant 1$。

条件(1)保证变换后灰度级从黑到白的次序不变，条件(2)确保灰度变换后的像素处于允许的范围内。

从 s 到 r 的反变换关系为

$$r = T^{-1}(s) \qquad (4\text{-}2\text{-}5)$$

$T^{-1}(s)$ 对 r 同样满足上述条件。

由概率论知，已知灰度概率密度函数 $p_r(r)$，且 s 是 r 的函数，则 s 的概率密度函数 $p_s(s)$ 可以由 $p_r(r)$ 求出。设 s 的分布函数为 $f(s)$，根据分布函数的定义：

$$f(s) = \int_{-\infty}^{s} p_s(s)\mathrm{d}s = \int_{-\infty}^{r} p_r(r)\mathrm{d}r \qquad (4\text{-}2\text{-}6)$$

由于密度函数是分布函数的导数，上式两边对 s 求导得

$$p_s = \frac{\mathrm{d}}{\mathrm{d}s}\left[\int_{-\infty}^{r} p_r(r)\mathrm{d}r \right] = p_r(r)\frac{\mathrm{d}r}{\mathrm{d}s} = p_r(r)\frac{\mathrm{d}}{\mathrm{d}s}\left[T^{-1}(s) \right] \qquad (4\text{-}2\text{-}7)$$

上式表明，通过变换函数 $T(r)$ 可以控制图像灰度级的概率密度函数，从而改变图像的灰度分布，这就是直方图均衡化的基本原理。

对于连续图像，变换函数 $T(r)$ 和原图像概率密度函数 $p_r(r)$ 之间的关系为

$$s = T(r) = \int_{0}^{r} p_r(r)\mathrm{d}r \qquad (4\text{-}2\text{-}8)$$

式中，$\int_{0}^{r} p_r(r)\mathrm{d}r$ 是 r 的累积分布函数，且从 0 到 1 单调递增，所以式(4-2-8)满足关于 $T(r)$ 在 $0 \leqslant r \leqslant 1$ 内单值单调增加，在 $0 \leqslant r \leqslant 1$ 内有 $0 \leqslant T(r) \leqslant 1$ 的两个条件。

对式(4-2-8)中的 r 求导得

$$\frac{\mathrm{d}s}{\mathrm{d}r} = p_r(r) \qquad (4\text{-}2\text{-}9)$$

把求导的结果代入式(4-2-7)得

$$\begin{aligned}
p_s(s) &= \left[p_r(r) \cdot \frac{\mathrm{d}r}{\mathrm{d}s} \right] \\
&= \left[p_r(r) \cdot \frac{1}{\dfrac{\mathrm{d}s}{\mathrm{d}r}} \right] = \left[p_r(r) \cdot \frac{1}{p_r(r)} \right] = 1
\end{aligned} \qquad (4\text{-}2\text{-}10)$$

上面的推导表明变换后的变量 s 在定义域内的概率密度函数是均匀分布的。即用 r 的累积分布函数作为变换函数产生了一幅灰度分布具有均匀概率分布的图像。

对于离散图像，可以用频数近似代替概率值，设第 k 个灰度级 r_k 出现的频数为 n_k，其所对应的概率值为

$$p_r(r_k) = \frac{n_k}{n}, \quad 0 \leqslant r_k \leqslant 1, \quad k = 0, 1, \cdots, L-1 \tag{4-2-11}$$

式中，L 是图像的灰度级。可以写出离散图像的变换函数表达式：

$$s_k = T(r_k) = \sum_{j=0}^{k} p_r(r_j) = \sum_{j=0}^{k} \frac{n_k}{n} \tag{4-2-12}$$

相应的反变换为

$$r_k = T^{-1}(s_k) \tag{4-2-13}$$

最后，给出进行直方图均衡化的简要步骤如下：

(1) 计算原图像中各个灰度级出现的频率 $p_r(r_k)$。

(2) 由 $p_r(r_k)$ 计算变换函数 s_k，即归一化累积直方图。

(3) 把计算得到的 s_k 按就近准则舍入到有效的灰度级。

(4) 归并相同灰度级的像素数，计算均衡化直方图 $p_s(s_k)$。

(5) 根据均衡化直方图 $p_s(s_k)$ 调整原图像灰度级，得到均衡化处理后的图像。

例 4-1 已知一幅图像大小为 64×64，有 8 个灰度级，各灰度级所对应的像素个数及概率 $p_r(r_k)$ 如表 4-1 所示，对其进行直方图均衡化处理，并绘制出均衡化前后的直方图。

表 4-1　各灰度级对应的概率分布

灰度级	$r_0=0$	$r_1=1/7$	$r_2=2/7$	$r_3=3/7$	$r_4=4/7$	$r_5=5/7$	$r_6=6/7$	$r_7=1$
n_i	790	1023	850	656	329	245	122	81
$p_r(r_k)$	0.19	0.25	0.21	0.16	0.08	0.06	0.03	0.02

计算过程如下：

第一步：求变换函数，即累积直方图。

$$s_0 = p_r(r_0)$$
$$s_1 = p_r(r_0) + p_r(r_1)$$
$$s_2 = p_r(r_0) + p_r(r_1) + p_r(r_2)$$
$$\vdots$$
$$s_{L-1} = p_r(r_0) + p_r(r_1) + \cdots + p_r(r_{L-1})$$

根据表 4-1 中的 $p_r(r_k)$，计算得到累积直方图为

$$s_0 = 0.19, \quad s_1 = 0.44, \quad s_2 = 0.65, \quad s_3 = 0.81$$
$$s_4 = 0.89, \quad s_5 = 0.95, \quad s_6 = 0.98, \quad s_7 = 1.00$$

根据以上计算结果，绘制变换函数 s_k 曲线，如图 4-11 (b) 所示，它具有阶梯形式。

第二步：对 s_k 进行舍入处理。由于原图像灰度级为 8 级，因此上述 s_k 需要以 1/7 为量化单位进行舍入运算，然后归并到最接近的灰度级上，即

$$s_0 = 0.19 \rightarrow 1/7 , \quad s_1 = 0.44 \rightarrow 3/7 , \quad s_2 = 0.65 \rightarrow 5/7 , \quad s_3 = 0.81 \rightarrow 6/7$$

$$s_4 = 0.89 \rightarrow 6/7 , \quad s_5 = 0.95 \rightarrow 1 , \quad s_6 = 0.98 \rightarrow 1 , \quad s_7 = 1.00 \rightarrow 1$$

以上可以看出，归并以后的灰度级只有在 1/7，3/7，5/7，6/7 和 1 共计 5 个灰度级上有像素分布。0，2/7，4/7 三个灰度级被合并。

在新的灰度级分布中，s_1 是由原始图像 r_0 映射得到的，所以 $p_s(s_1) = p_r(r_0) = 0.19$，该灰度级有 790 个像素；同理，$s_3$ 由原始图像 r_1 映射而来，$p_s(s_3) = p_r(r_1) = 0.25$，有 1023 个像素；$s_5$ 由原始图像 r_2 映射而来，$p_s(s_5) = p_r(r_2) = 0.21$，共 850 个像素；$s_6$ 由原始图像 r_3 和原始图像 r_4 合并而来，$p_s(s_6) = p_r(r_3) + p_r(r_4) = 0.16 + 0.08 = 0.24$，共 $656 + 329 = 985$ 个像素；最后，s_7 由原始图像 r_5、原始图像 r_6 和原始图像 r_7 合并得到，$p_s(s_7) = p_r(r_5) + p_r(r_6) + p_r(r_7) = 0.06 + 0.03 + 0.02 = 0.11$，共计 $245 + 122 + 81 = 448$ 个像素。均衡化处理后的直方图分布如表 4-2 所示。

表 4-2　各灰度级对应的概率分布

灰度级	$r_0=0$	$r_1=1/7$	$r_2=2/7$	$r_3=3/7$	$r_4=4/7$	$r_5=5/7$	$r_6=6/7$	$r_7=1$
n_i	—	790	—	1023	—	850	985	448
$p_r(r_k)$	—	0.19	—	0.25	—	0.21	0.24	0.11

第三步：绘制直方图。根据表 4-1，绘制的图像原始直方图[图 4-11（a）]，根据表 4-2，绘制均衡化的直方图[图 4-11（c）]。

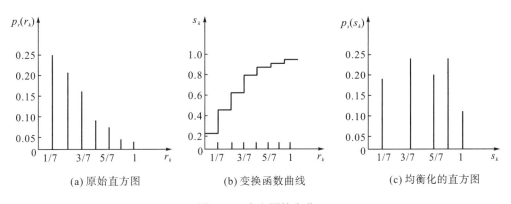

（a）原始直方图　　　　　　　（b）变换函数曲线　　　　　　　（c）均衡化的直方图

图 4-11　直方图均衡化

综上所述，在离散情况下，直方图仅能接近于均匀概率密度函数，并不是完全均匀分布的。原图像中，含有像素多的几个灰度级都集中在低值部分，经过灰度均衡变换后，彼此的间隔被拉大，这样的效果是将原本偏暗的图像整体拉伸，使亮度得到较大的提高，灰度值分布比较均衡。同时也看到灰度均衡后原有的 7 个灰度级减少为 5 个灰度级，这是由于均衡过程中要进行近似舍入造成的，这样的后果会造成图像中部分细节信息的丢失。

例 4-2　直方图均衡化实例。

由图 4-12 可以看出，由于原图像的灰度级主要集中在灰度级的中间部分，图像对比度比较低，缺乏高灰度值，图像平均亮度也不高。经过直方图均衡后，灰度值的动态范围明显增加，对比度提升，图像的平均亮度也得到了明显提升。值得注意的是，从处理前后直方图分布可以看出，均衡后的直方图缺失了部分灰度层次，使得处理结果丢失细节而变得粗糙。这就是直方图均衡化方法的局限性所在，即靠牺牲部分灰度级来换取图像对比度的拉伸。

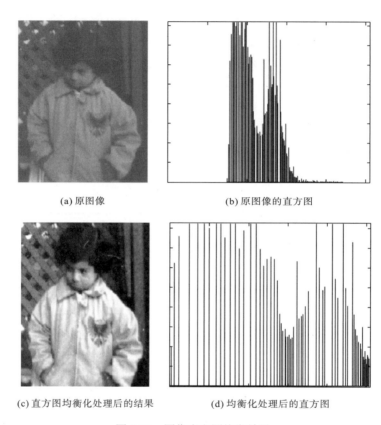

(a) 原图像　　　　　　　　　　　　　(b) 原图像的直方图

(c) 直方图均衡化处理后的结果　　　　　(d) 均衡化处理后的直方图

图 4-12　图像直方图均衡效果

4.2.3　直方图匹配

直方图均衡化能自动拉伸整个图像的对比度，但它的增强效果不易控制，所得到的直方图是在整个灰度级动态范围内近似均匀分布的直方图。而在实际应用中，人们往往只对图像的某一个部分感兴趣，希望处理后的图像能充分增强这一部分，而均衡化处理后的图像虽然整体对比度得到提升，但它并不能按照需要突出人们感兴趣的区域。直方图匹配就是根据这一需要提出来的一种增强技术，也叫直方图规定化，它的直观表示如图 4-13 所示。匹配可以按预先设定好的某个形状来调整图像的直方图。可以说，它是对直方图均衡化处理的一种推广，而直方图均衡化则可以看成是直方图匹配的一个特例。下面，仍然从灰度连续的概率密度函数出发来讨论直方图匹配技术。

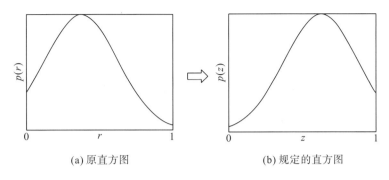

(a) 原直方图　　　　　(b) 规定的直方图

图 4-13　直方图匹配的直观表示

假设 $p_r(r)$ 和 $p_z(z)$ 分别表示原始图像和目标图像的灰度分布概率密度函数，直方图匹配的目的就是调整 $p_r(r)$，使之具有 $p_z(z)$ 所表示的形状。首先对已归一化的原始图像（即 $0 \leqslant r \leqslant 1$）进行直方图均衡化处理，求变换函数：

$$s = T(r) = \int_0^r p_r(w)\mathrm{d}w \tag{4-2-14}$$

目标图像的灰度级也可以用同样的变换函数来进行均衡化处理，即

$$v = G(z) = \int_0^z p_z(t)\mathrm{d}t \tag{4-2-15}$$

式（4-2-14）的逆变换为

$$z = G^{-1}[T(r)] = G^{-1}(v) \tag{4-2-16}$$

式（4-2-14）和式（4-2-15）表明可以从均衡化后的灰度级 v 得到目标图像的灰度级 z。因为对原始图像和目标图像都作了均衡化处理，所以 $p_s(s)$ 和 $p_v(v)$ 具有相同的概率密度，可以用原始图像均衡化后的灰度级 s 来代替式（4-2-16）中的 v，即有

$$z = G^{-1}(v) = G^{-1}(s) \tag{4-2-17}$$

这就表明可以由原始图像均衡化后的图像的灰度值来求得目标图像的灰度级 z。根据上面的分析，总结出直方图匹配增强处理的步骤如下：

（1）对原始图像作直方图均衡化处理。

（2）由式（4-2-15）求得变换函数 $G(z)$。

（3）用（1）得到的灰度级 s 作逆变换 $z = G^{-1}(s)$。

经过以上处理的图像的灰度级分布将具有规定的概率密度函数 $p_z(z)$ 的形状。

在上面的处理过程中包含了两个变换函数 T[式（4-2-14）]和 G^{-1}[式（4-2-17）]，实际应用中可将这两个函数组合成一个函数关系，利用它可以从原始图像产生所希望的灰度分布，即

$$z = G^{-1}(s) = G^{-1}[T(r)] \tag{4-2-18}$$

上式说明，只要求出 $T(r)$ 并和 $G^{-1}(s)$ 组合在一起，然后对原始图像进行变换就可以实现直方图匹配，而不需要对一幅图像再进行直方图均衡化处理。

将以上直方图匹配原理推广到离散图像，计算公式为

$$p_z(z_k) = \frac{n_k}{n} \tag{4-2-19}$$

$$v_k = G(z_k) = \sum_{i=0}^{k} p_z(z_i) \tag{4-2-20}$$

$$z_k = G^{-1}(s_k) = G^{-1}[T(r_k)] \tag{4-2-21}$$

下面举例说明直方图匹配的处理过程。

例 4-3 采用与例 4-1 相同的 64×64 大小的图像，共有 8 个灰度级，其灰度级分布见表 4-1。规定的直方图数据见表 4-3，对其进行直方图的匹配处理，并绘制匹配前后的直方图进行对比。

表 4-3   规定化直方图和结果直方图数据

规定直方图		结果直方图		
z_k	$p_z(z_k)$	z_k	n_k	$p_z(z_k)$
$z_0 = 0$	0.00	$z_0 = 0$	0	0.00
$z_1 = 1/7$	0.00	$z_1 = 1/7$	0	0.00
$z_2 = 2/7$	0.00	$z_2 = 2/7$	0	0.00
$z_3 = 3/7$	0.15	$z_3 = 3/7$	790	0.19
$z_4 = 4/7$	0.20	$z_4 = 4/7$	1023	0.25
$z_5 = 5/7$	0.30	$z_5 = 5/7$	850	0.21
$z_6 = 6/7$	0.20	$z_6 = 6/7$	985	0.24
$z_7 = 1$	0.15	$z_7 = 1$	448	0.11

具体计算步骤为如下：

(1)重复例 4-1 的均衡化过程，将原始直方图的 8 个灰度级并为 5 个灰度级。

(2)对规定的直方图用同样的方法进行均衡化处理，$v_k = G(z_k) = \sum\limits_{i=0}^{k} p_z(z_i)$，得到它的累积直方图的分布如下：

$$v_0 = G(z_0) = 0.00 \quad v_1 = G(z_1) = 0.00 \quad v_2 = G(z_2) = 0.00 \quad v_3 = G(z_3) = 0.15$$

$$v_4 = G(z_4) = 0.35 \quad v_5 = G(z_5) = 0.65 \quad v_6 = G(z_6) = 0.85 \quad v_7 = G(z_7) = 1.00$$

上面的数值确定了 v_k 和 z_k 之间的对应关系。

(3)用(1)中均衡化后得到的 s_k 代替(2)中的 v_k，并用 $G^{-1}(s)$ 求逆变换得到 z_k 和 s_k 之间的对应关系。

在离散情况下，逆变换常常作近似处理，用最靠近 v_k 的 s_k 代替 v_k。例如，最接近 $v_3 = 0.15$ 的是 $s_0 = 1/7 = 0.14$。因此，用 s_0 代替 v_3 作逆变换 $G^{-1}(0.15) = z_3$，得到 s_0 和 z_3 之间的映射。

通常有两种近似处理方式，即单映射准则(single mapping law，SML)和组映射准则

(group mapping law，GML)。

单映射准则。设原始图像和规定图像的灰度级为 L，首先找到能使下式达到最小的灰度级索引位置 k 和位置 l，即

$$\left|\sum_{i=0}^{k}p_s\left(s_i\right)-\sum_{j=0}^{l}p_z\left(z_j\right)\right|, \quad k=0,1,\cdots,L-1; l=0,1,\cdots,L-1$$

然后将原始图像的 $p_s(s_i)$ 映射到对应的目标图像 $p_z(z_j)$ 上去。简单来说，对于每一个灰度级 $p_s(s_i)$，要在 $p_z(z_j)$ 上找出两种累积直方图最先出现最接近值时的灰度级索引位置 l。

组映射准则。设定一个整数序列 $E(k)$，$k=0,1,\cdots,L-1$，满足 $0\leqslant E(0)\leqslant\cdots\leqslant E(k)\cdots\leqslant E(L-1)\leqslant L-1$。首先确定能使下式达到最小值时的 $E(k)$，即

$$\left|\sum_{i=0}^{E(k)}p_s\left(s_i\right)-\sum_{j=0}^{l}p_z\left(z_j\right)\right|, \quad k=0,1,\cdots,L-1$$

如果 $k=0$，则将 i 从 0 到 $E(0)$ 的 $p_s(s_i)$ 对应到 $p_z(z_0)$ 上去；如果 $k\geqslant 1$，则将 i 从 $E(k-1)+1$ 到 $E(k)$ 的 $p_s(s_i)$ 映射到对应到 $p_z(z_j)$ 上去。与 SML 不同的是，对于每一个灰度级 $p_z(z_j)$，GML 是先在原始直方图 $p_s(s_i)$ 找到两种累积直方图最先出现最接近值时的索引位置 $E(k)$。

实际应用中，通常采用 SML。因此，我们可以得到以下的映射关系：

$$s_0=1/7\rightarrow z_3=3/7$$
$$s_1=3/7\rightarrow z_4=4/7$$
$$s_2=5/7\rightarrow z_5=5/7$$
$$s_3=6/7\rightarrow z_6=6/7$$
$$s_4=1\rightarrow z_7=1$$

(4) 由式 (4-2-20) 得到 r_k 和 z_k 的映射关系：

$$r_0=0\rightarrow z_3=3/7 \qquad r_4=4/7\rightarrow z_6=6/7$$
$$r_1=1/7\rightarrow z_4=4/7 \qquad r_5=5/7\rightarrow z_7=1$$
$$r_2=2/7\rightarrow z_5=5/7 \qquad r_6=6/7\rightarrow z_7=1$$
$$r_3=3/7\rightarrow z_6=6/7 \qquad r_7=1\rightarrow z_7=1$$

绘制原图像直方图与规定的直方图分别如图 4-14(a) 与图 4-14(b) 所示。根据这些映射关系重新分配像元的灰度级，得到原始图像经过直方图匹配处理后的最终结果。图 4-14(d) 是规定化(匹配)处理后图像对应的直方图。

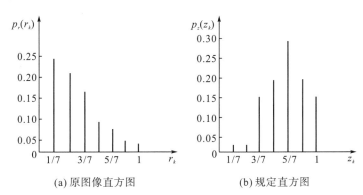

(a) 原图像直方图 (b) 规定直方图

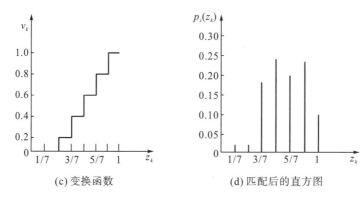

(c) 变换函数   (d) 匹配后的直方图

图 4-14   直方图匹配

直方图匹配的实际效果如图 4-15 所示。由结果可以看出，在经过直方图匹配后，原图像的直方图与规定的直方图类似，但仍存在一定的差异。

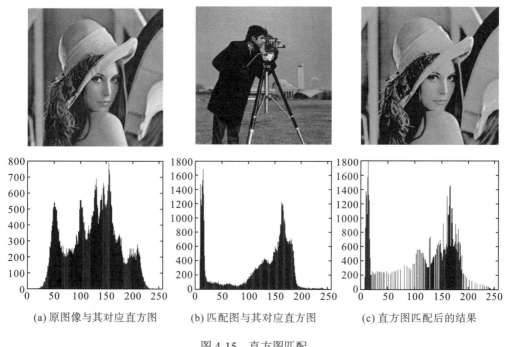

(a) 原图像与其对应直方图   (b) 匹配图与其对应直方图   (c) 直方图匹配后的结果

图 4-15   直方图匹配

从图 4-14(d) 和图 4-15(c) 可以看出，最终得到的结果直方图和预先规定的直方图并非完全相同，这是由于从连续到离散的转换引入了离散误差以及采用"只合并不分离"原则处理。只有在连续情况下才能得到与规定直方图完全一致的效果。然而，尽管在数字图像处理中，均衡化和规定化只得到与期望分布近似的直方图，但仍能产生较明显的增强效果。

4.3 空间域滤波基础

通常，"滤波"是指接受(通过)或拒绝一定的频率分量。空间域滤波的实现是采用模板卷积方法对图像中的像素一一进行运算得到的。模板本身被称为空间域滤波器。空间域滤波的机理就是在待处理的图像中逐点地移动模板，滤波器在该点的响应通过事先定义的滤波器系数与滤波模板扫过区域的相应像素值的关系来进行计算。空间域滤波器又分为空间域平滑滤波器和空间域锐化滤波器，常用的平滑模板有平均模板、加权平均模板、高斯模板等。

4.3.1 模板运算

模板运算是数字图像处理中经常用到的一种运算方式，其基本思想是将模板与待处理的图像做卷积/相关运算，达到图像平滑、锐化及边缘检测等目的。图 4-16 为图像 $f(x,y)$ 及其空间域模板 $w(s,t)$ 进行滤波处理的示意图。

$f(x-1,y-1)$	$f(x,y-1)$	$f(x+1,y-1)$
$f(x-1,y)$	$f(x,y)$	$f(x+1,y)$
$f(x-1,y+1)$	$f(x,y+1)$	$f(x+1,y+1)$

$w(-1,-1)$	$w(0,-1)$	$w(1,-1)$
$w(-1,0)$	$w(0,0)$	$w(1,0)$
$w(-1,1)$	$w(0,1)$	$w(1,1)$

(a) 原图像   (b) 空域模板

图 4-16 空间域滤波模板

假设原图像为 f，滤波结果为 g，图 4-16(a)是 f 的一部分，$f(x+s,y+t)$ 表示像素的灰度值($s=-1,0,1$ ； $t=-1,0,1$)，图 4-16 (b)表示一个 3×3 的模板，其中的元素 $w(s,t)$ 是模板系数，模板的大小根据需要来选择，一般取奇数，如 3×3、5×5 等。进行运算时把模板在图像中移动，当 $f(x,y)$ 与 $w(0,0)$ 重合时，滤波模板中的每个系数依次与 $f(x,y)$ 邻域中的像素相乘并累加：

$$g(x,y) = \sum_{s=-1}^{1}\sum_{t=-1}^{1}w(s,t)f(x+s,y+t) \tag{4-3-1}$$

对于一个大小为 $m\times n$ 的任意尺寸的模板，设 $m=2a+1$，$n=2b+1$，其中 a 和 b 是正整数，则使用该模板对大小为 $M\times N$ 的图像进行空间滤波时，可由下式表示：

$$g(x,y) = \sum_{s=-a}^{a}\sum_{t=-b}^{b}w(s,t)f(x+s,y+t) \tag{4-3-2}$$

实际上，上式就是 4.3.3 节中介绍的空间域图像的相关运算。

4.3.2　边界处理

图 4-17(a)是模板滑动位置的示意图，其中，虚线框内表示模板中心经过的位置；f、w 和 g 分别表示原图像、模板和处理结果。由于模板本身具有一定的尺寸，显然，在处理过程中，模板中心不能经过虚线框外的位置，即边界像素不能被处理。如果不对图像的边界进行一定的处理，所得到的处理结果就会比原图像小，如图 4-17(b)所示。假设图像 f 的大小为 $M \times N$，模板 w 的大小为 $m \times n$，那么，最后得到的 g 的大小则为 $(M+m-1) \times (N+n-1)$。例如，当模板大小取 3×3 和 5×5 时，上下左右分别有宽度为 1 和 2 个像素的边界区域不能被处理。为了保持与原图像大小相等，一般情况下是对模板无法处理的位置填充 0，这就是处理后的图像出现"黑边"的原因。

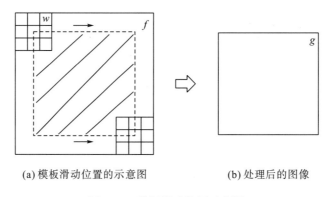

(a) 模板滑动位置的示意图　　　　　　　　(b) 处理后的图像

图 4-17　模板滑动位置示意图

为了避免这种情况的发生，在实际进行空间域模板滤波之前，应先对图像进行边界处理，使得模板能够处理图像的每一个像素。边界处理即对原图像进行边界填充，如图 4-18 所示，根据模板的尺寸扩大原图像，保证处理结果与原图像大小相等。仍假设图像 f 的大小为 $M \times N$，模板 w 的大小为 $m \times n$，那么，填充后的图像 f' 的大小为 $(M+m-1) \times (N+n-1)$。边界填充的方式有多种，包括零填充、镜像(symmetric)填充、复制(replicate)填充和循环(circular)填充等，默认情况是零填充。几种不同的填充方式如图 4-19，其中模板的大小为 5×5。

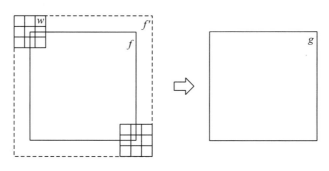

图 4-18　边界处理示意图

(a)矩阵　　(b)零填充　　(c)镜像填充　　(d)复制填充　　(e)循环填充

图 4-19　几种边界填充方式

4.3.3　空间域相关与卷积

在执行线性空间滤波时，相关和卷积是非常重要的两个概念。相关是滤波器模板从图像上移动时，计算模板系数与所覆盖的图像对应位置的像素值乘积并求和，再赋值给处理区域中心位置的像素。卷积的过程是类似的，但是滤波器模板首先要旋转 180°。图 4-20 表示的是利用滤波器 w 对图像进行相关或者卷积的过程(填充方式为零填充)。

对于卷积运算，预先旋转模板 w，然后按照同相关一样的方法作滑动求和操作，图 4-20(f)~(h)显示了相应的结果。可以看到，对于相关操作，其结果旋转了 180°，卷积操作所得结果与模板相同，由此不难发现，若滤波器模板是对称的，则相关与卷积运算是等效的。

以数学公式的形式总结一下前面的计算过程。一个大小为 $m \times n$ 的滤波器 $w(x,y)$ 与一幅图像 $f(x,y)$ 做相关运算时，可以表示为 $w(x,y) \circ f(x,y)$，且有

$$w(x,y) \circ f(x,y) = \sum_{s=-a}^{a} \sum_{t=-b}^{b} w(s,t) f(x+s,y+t) \tag{4-3-3}$$

(a)原始图像与滤波器模板　　　　　　　(b)零填充后的图像

(c)滤波器的初始位置　　(d)相关操作后的结果　(e)裁剪后的处理结果

$$\begin{matrix} 9 & 8 & 7 & 0 & 0 & 0 & 0 \\ 6 & 5 & 4 & 0 & 0 & 0 & 0 \\ 3 & 2 & 1 & 0 & 0 & 0 & 0 \\ 0 & 0 & 0 & 1 & 0 & 0 & 0 \\ 0 & 0 & 0 & 0 & 0 & 0 & 0 \\ 0 & 0 & 0 & 0 & 0 & 0 & 0 \\ 0 & 0 & 0 & 0 & 0 & 0 & 0 \end{matrix}$$

(f) 滤波器的初始位置

$$\begin{matrix} 0 & 0 & 0 & 0 & 0 & 0 & 0 \\ 0 & 0 & 0 & 0 & 0 & 0 & 0 \\ 0 & 0 & 1 & 2 & 3 & 0 & 0 \\ 0 & 0 & 4 & 5 & 6 & 0 & 0 \\ 0 & 0 & 7 & 8 & 9 & 0 & 0 \\ 0 & 0 & 0 & 0 & 0 & 0 & 0 \\ 0 & 0 & 0 & 0 & 0 & 0 & 0 \end{matrix}$$

(g) 卷积操作后的结果

$$\begin{matrix} 0 & 0 & 0 & 0 & 0 \\ 0 & 1 & 2 & 3 & 0 \\ 0 & 4 & 5 & 6 & 0 \\ 0 & 7 & 8 & 9 & 0 \\ 0 & 0 & 0 & 0 & 0 \end{matrix}$$

(h) 裁剪后的处理结果

图 4-20 图像的相关(中间一行)与卷积(最后一行)

其中，s 和 t 为滤波器 w 的尺寸(行和列)。一般情况下，m 和 n 取奇数，$a=(m-1)/2$，$b=(n-1)/2$，且 f 已经被适当地填充。类似地，$w(x,y)$ 和 $f(x,y)$ 的卷积表示为 $w(x,y)*f(x,y)$，即

$$w(x,y)*f(x,y)=\sum_{s=-a}^{a}\sum_{t=-b}^{b}w(s,t)f(x-s,y-t) \tag{4-3-4}$$

其中，等式右侧的减号表示翻转 f(即旋转 180°)。实际计算中，翻转和平移的是 w 而不是 f，但结果是一样的。

相关和卷积可以说是图像处理最基本的操作，但却非常有用。这两个操作有两个非常关键的特点：它们是线性的且具有平移不变性，即在图像的每个位置都执行相同的操作。线性指这个操作是线性的，也就是用每个像素邻域的线性组合来代替这个像素。这两个属性使得这个操作非常简单，因为线性操作是最简单的，如果在所有地方都做同样的操作就更简单了。

4.4 空间域平滑滤波

由于图像在形成、传输和接收的过程中，不可避免地存在外部干扰和内部干扰，因此图像中存在大量的噪声，使得图像模糊，质量下降，对于图像处理、特征分析十分不利，因此需要抑制噪声、改善图像质量。图像平滑就是消除噪声的一个重要手段。图像平滑对图像的低频分量进行增强，同时可以抑制高频段的噪声，平滑滤波可以在空间域进行，也可以在频率域进行。空间域常用的方法有简单平均法、阈值平均法、梯度倒数加权滤波、中值滤波等方法。

4.4.1 简单平均法

简单平均法即邻域平均法，是用一个像素邻域内所有像素灰度值的平均来代替该像素灰度值的方法，也称为均值滤波，是一种线性滤波方法。

令 $g(x,y)$为一幅含噪声图像，即

$$g(x,y)=f(x,y)+\eta(x,y) \tag{4-4-1}$$

其中，$f(x,y)$ 为原始图像；$\eta(x,y)$ 为噪声。假设①图像由许多灰度恒定的小块组成；②图

像上的噪声是加性的，均值为零，且与图像信号互不相关。则平滑后的图像为

$$\overline{g}(x,y) = \frac{1}{M}\sum_{(i,j)\in s} g(i,j) = \frac{1}{M}\sum_{(i,j)\in s} f(i,j) + \frac{1}{M}\sum_{(i,j)\in s} \eta(i,j) \tag{4-4-2}$$

式中，S 为像素的邻域；M 为邻域 S 中像素点的个数。根据假设①，平滑公式的第一项接近于 $f(x,y)$。则平滑后噪声方差为

$$D\left\{\frac{1}{M}\sum_{(i,j)\in s} n(i,j)\right\} = \frac{1}{M^2}\sum_{(i,j)\in s} D\{n(i,j)\} = \frac{1}{M}\sigma_n^2 \tag{4-4-3}$$

从上式可以看出，对于加性噪声，平滑后的噪声方差为处理前的 $\dfrac{1}{M}$。

　　假设一幅图像 $f(x,y)$ 的局部灰度值如图 4-21(a) 所示，中心像素灰度值为 202，选用 3×3 邻域做简单平均，四舍五入后得到处理结果为 $g(x,y)$，它的中心像素变为 203，邻域其他像素保持不变，如图 4-21(b) 所示。

$$f(x,y) = \begin{bmatrix} \ddots & \cdots & \cdots & \cdots & \cdot \\ \vdots & 212 & 200 & 198 & \vdots \\ \vdots & 206 & \boxed{202} & 201 & \vdots \\ \vdots & 208 & 205 & 207 & \vdots \\ \cdot & \cdots & \cdots & \cdots & \ddots \end{bmatrix}, \quad g(x,y) = \begin{bmatrix} \ddots & \cdots & \cdots & \cdots & \cdot \\ \vdots & 212 & 200 & 198 & \vdots \\ \vdots & 206 & \boxed{203} & 201 & \vdots \\ \vdots & 208 & 205 & 207 & \vdots \\ \cdot & \cdots & \cdots & \cdots & \ddots \end{bmatrix}$$

(a) 原始图像　　　　　　　　　　　　　(b) 滤波结果

图 4-21　简单平均法

　　以上邻域简单平均可以用模板运算(相关)来代替。选用一个 3×3 滤波模板 h，模板的系数全为 1，当 h 覆盖上述 $f(x,y)$ 的 3×3 邻域时，做如下相关运算，即

$$g(x,y) = \sum_{i=-1}^{1}\sum_{j=-1}^{1} h(i,j)f(x+i,y+j) \tag{4-4-4}$$

则当前(中心)像素的计算结果刚好是 3×3 邻域内所有元素之和，最后除以邻域总像素数，得到平均值。这与简单平均的计算过程是完全等效的。

　　上述的模板可以直接定义为 $h = \dfrac{1}{9}\begin{bmatrix} 1 & 1 & 1 \\ 1 & 1 & 1 \\ 1 & 1 & 1 \end{bmatrix}$，叫作平均模板或均值滤波器。

　　平均模板对图像有平滑作用，因此，也称为平滑模板或平滑滤波器。除此之外，还有加权平均模板、高斯平滑模板等，如图 4-22 所示。

$$h_{wavg} = \frac{1}{10}\begin{bmatrix} 1 & 1 & 1 \\ 1 & 2 & 1 \\ 1 & 1 & 1 \end{bmatrix} \qquad h_g = \frac{1}{253}\begin{bmatrix} 1 & 3 & 6 & 3 & 1 \\ 3 & 15 & 25 & 15 & 3 \\ 6 & 25 & 41 & 25 & 6 \\ 3 & 15 & 25 & 15 & 3 \\ 1 & 3 & 6 & 3 & 1 \end{bmatrix}$$

(a) 加权平均模板　　　　　　　　　　　　(b) 高斯模板

图 4-22　常用的平滑滤波器模板

平滑模板的尺寸大小影响处理图像的平滑或模糊程度。一般来说，模板尺寸越大，处理后的图像越平滑。图 4-22(b)是由二维高斯函数 $\exp\left[\left(x^2+y^2\right)/2\sigma^2\right]$（$\sigma=1$）离散化的一种近似，模板尺寸和高斯函数的标准差 σ 都会影响处理结果的图像平滑度。

邻域平均法算法简单，计算速度快，但是会造成图像在一定程度上的模糊，特别在边缘和细节处。而且邻域越大，在去噪能力增强的同时模糊程度也越加严重。图 4-23 给出了邻域平均法的处理结果。可以看出，5×5 模板得到的平滑图像比 3×3 模板得到的平滑图像更加模糊。

(a) 含高斯噪声的图像　(b) 3×3模板得到的　(c) 5×5模板得到的　(d) 7×7模板得到的
　　　　　　　　　　　 平滑图像　　　　　 平滑图像　　　　　 平滑图像

图 4-23　邻域平均法滤波实例

4.4.2　阈值平均法

为了克服邻域平均处理的不足，可以在平滑过程中采用以下准则：

$$\overline{G}(x,y)=\begin{cases}\overline{g}(x,y), & \left|g(x,y)-\overline{g}(x,y)\right|>T \\ g(x,y), & \text{其他}\end{cases} \qquad (4\text{-}4\text{-}5)$$

式中，T 是预先设定的阈值，当某些点的灰度值与其邻域点的灰度平均值之差不超过阈值时，它们是噪声点的可能性比较小，因此可以保留原值，当某些点的灰度值与其邻域点灰度值之差比较大时，它们是噪声点的可能性很大，就用邻域平均值作为这些点的灰度值。阈值 T 的选择非常重要，如果 T 选得太大，抑制噪声的效果会减弱；如果 T 选得太小，保持细节清晰的能力又会下降。

阈值平均法对抑制椒盐噪声比较有效，可保护仅有微小灰度差的图像细节。如图 4-24 所示，由(c)和(d)可以明显看出，阈值平均法在去除噪声与保护图像边缘等细节方面优于简单平均法。

(a) 原图像　　(b) 加入椒盐噪声后的图像　(c) 均值滤波后的结果　(d)阈值平均法处理后的结果

图 4-24　阈值平均法滤波实例

4.4.3　梯度倒数加权滤波

梯度倒数加权滤波也是为了克服简单平均滤波造成的图像模糊而提出的一种改进方法。这里的梯度，即相邻两像素灰度差的绝对值。

在一个 $n \times n$ 的窗口内，若把中心像素与其各相邻像素之间梯度倒数定义为各相邻像素的权，则在区域内部的相邻像素权大，而在一条边缘附近的以及区域外的像素的权比较小。采用这种加权平均得到的结果即可以使图像平滑，又不至于使边缘和细节有明显的模糊。为了使平滑后像素的灰度值在原图像的灰度范围内，加权系数应该作归一化处理。设点 (x, y) 的灰度值为 $f(x, y)$，其 3×3 邻域内的像素梯度倒数为

$$g(x, y; i, j) = \frac{1}{\left| f(x+i, y+j) - f(x, y) \right|} \tag{4-4-6}$$

式中，$i, j = -1, 0, 1$，且 $i \neq j \neq 0$。若 $f(x, y) = f(x+i, y+j)$，梯度为 0，则定义 $g(x, y; i, j) = 2$。此时 $g(x, y; i, j)$ 的值域为 $(0, 2]$。设归一化的权矩阵为

$$\boldsymbol{W} = \begin{bmatrix} w(x-1, y-1) & w(x, y-1) & w(x+1, y-1) \\ w(x-1, y) & w(x, y) & w(x+1, y) \\ w(x-1, y+1) & w(x, y+1) & w(x+1, y+1) \end{bmatrix} \tag{4-4-7}$$

规定中心像素 $w(x, y) = 1/2$，其余 8 个像素的加权和为 $1/2$，这样使 W 各元素总和等于 1。除中心像素外的计算为

$$w(x+i, y+j) = \frac{1}{2} \frac{g(x, y; i, j)}{\sum_i \sum_j g(x, y; i, j)}, \quad i, j = -1, 0, 1, i \neq j \neq 0 \tag{4-4-8}$$

最后，用求得的权矩阵对图像进行处理，得到平滑后的图像。

图 4-25 给出了梯度倒数加权滤波的处理结果。可以看出，与邻域平均法相比，梯度倒数加权法保持边缘的能力更强。

(a) 含高斯噪声的图像　(b) 3×3模板得到的平滑图像　(c) 5×5模板得到的平滑图像　(d) 7×7模板得到的平滑图像

图 4-25　梯度倒数加权滤波实例

4.4.4　中值滤波

中值滤波是一种基于排序统计理论的非线性滤波技术，由 J. W. Tukey（1971）首先提出，并应用于一维信号处理中，后来，应用于二维图像处理技术领域，它的目的是在消除

噪声的同时保持图像中的边缘和细节。中值滤波法是把邻域内所有像素按序排列，然后用中间值作为中心像素的输出。例如，如果窗口长度为 5，窗口中像素的灰度值分别为 100、110、190、106、116，按从小到大排序得到该窗口内各像素的中值为 110，于是原来窗口中心点的灰度值 190 就由 110 代替，如果 190 是一个尖锐的噪声，此时就被滤除。

二维中值滤波的定义为

$$g(x,y) = \underset{(m,n)\in S}{\text{median}}\left\{f(x-m,y-n)\right\} \tag{4-4-9}$$

式中，S 为邻域范围；$f(x,y)$ 为原始图像；$\text{median}\{\cdot\}$ 为中值滤波算子，为邻域内所有像素灰度值排序后的中间值；$g(x,y)$ 为中值滤波后的当前像素灰度值。通常窗口的大小选取奇数，以便确定中间像素位置。若窗口大小为偶数，则中值可取中间两像素的平均值。由于中值滤波输出的像素是由邻域图像的中间值决定的，因此中值滤波对个别与周围像素灰度差异较大的点不如取平均值那么敏感，从而可以消除一些孤立的噪声点，又不容易产生模糊。

中值滤波窗口的大小和形状对于滤波效果都有着密切关系。一般说来，小于滤波器面积一半的亮的或暗的物体基本上会被滤除，而较大的物体或被保存下来。因此，滤波器的大小要根据所处理的图像进行选择。具体选取什么样形状的滤波模板也要根据图像内容选取，通常有线形、方形、十字形、圆形等。一般说来，对于变化缓慢、具有较长轮廓线物体的图像，可选用方形或圆形，而对于有尖角物体的图像则宜采用十字形窗口。

图 4-26 是用窗口为 5 的中值滤波器对几种信号的处理结果。可以看到中值滤波不影响阶跃信号和斜坡信号，因而对图像的边缘有保护作用。但会抑制掉持续周期小于窗口尺寸 1/2 的脉冲[图 4-26(c) 和 4-26(d)]，因此会破坏图像中的某些细节。

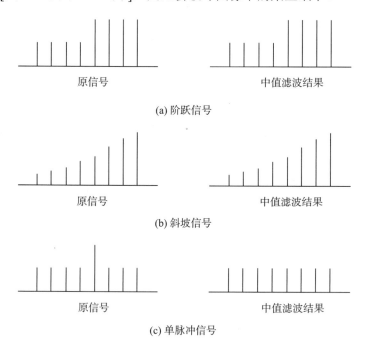

(a) 阶跃信号

(b) 斜坡信号

(c) 单脉冲信号

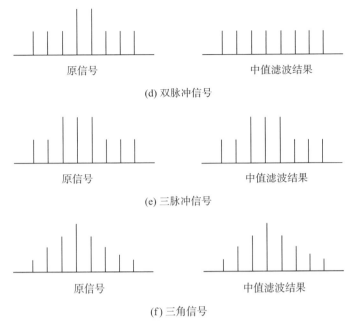

(d) 双脉冲信号

(e) 三脉冲信号

(f) 三角信号

图 4-26 几种信号的中值滤波示例（窗口为 5）

图 4-27 是不同尺寸滤波窗口对同一幅图像的中值滤波对比结果。

(a) 含椒盐噪声的原图像　　(b) 3×3窗口下的中值滤波结果　　(c) 7×7窗口下的中值滤波结果

图 4-27 不同尺寸滤波窗口的中值滤波

从图中可以看到，中值滤波对椒盐噪声的滤除效果较好，能很好地保持图像细节。但随着窗口尺寸的增加，还是会存在对图像的平滑。另外，中值滤波也可以对同一幅图像进行多次重复处理，随着滤波次数的增加图像会变得越来越模糊。因此，中值滤波器也属于平滑滤波器。

一般而言，中值滤波对点状噪声和脉冲干扰有良好的抑制作用，且能较好地保持图像边缘。但对一些细节多，特别是点、线、尖顶细节较多的图像，采用中值滤波时，一些有效信号会被滤除，同时，它对高斯噪声也无能为力，对离散阶跃信号、斜声信号等不产生作用。此外，中值滤波中的排序计算比较费时，需要用到快速算法来提升运算效率。

中值滤波是一种基于像素灰度值统计排序的空间域非线性滤波方法，在本书第六章图像复原中，还会详细介绍与中值滤波同属于统计排序滤波类型的最大值滤波、最小值滤波及中点滤波等。

4.5 空间域图像锐化

空间域平滑处理虽然会滤除图像中的高频噪声,但会使图像的边缘以及纹理信息变得模糊。在图像的判读或识别中如果需要突出边缘和轮廓信息,可以通过锐化滤波器来实现。图像锐化和平滑恰恰相反,是通过增强空间高频分量来减少图像中的模糊。因此,锐化也称为高通滤波。边缘、轮廓处的灰度具有突变特性,从频谱角度出发可以将灰度突变视作一个高频分量,而微分运算可以使图像的边缘或轮廓更加突出,本节将介绍两种基于微分运算的图像锐化方法。

4.5.1 梯度法

考察正弦函数 $\sin 2\pi\alpha x$,它的微分为 $2\pi\alpha\cos 2\pi\alpha x$,二者具有相同的频率,幅度上升 $2\pi\alpha$ 倍。空间频率越高,幅度增加就越大。这表明微分是可以加强高频成分的,从而使图像轮廓变清晰。微分运算用来求取信号的变化率(梯度),具有加强高频分量的作用。

图像 $f(x, y)$ 在点 (x, y) 处的一阶梯度是一个矢量:

$$\nabla f(x, y) = \left[\frac{\partial f}{\partial x}, \frac{\partial f}{\partial y}\right]^{\mathrm{T}} \tag{4-5-1}$$

梯度矢量的大小和幅角为

$$\left|\nabla f(x, y)\right| = \sqrt{\left(\frac{\partial f}{\partial x}\right)^2 + \left(\frac{\partial f}{\partial y}\right)^2} \tag{4-5-2}$$

$$\theta = \arctan\left[\frac{\partial f}{\partial y} \middle/ \frac{\partial f}{\partial x}\right] \tag{4-5-3}$$

在点 (x, y) 处的梯度,方向指向 $f(x, y)$ 最大变化率的方向,幅度 M 等于 $f(x, y)$ 的最大变化率,即

$$M(x, y) = \mathrm{mag}\left[\nabla f(x, y)\right] = \sqrt{\left(\frac{\partial f}{\partial x}\right)^2 + \left(\frac{\partial f}{\partial y}\right)^2}$$
$$= \sqrt{g_x^2 + g_y^2} \approx |g_x| + |g_y| \tag{4-5-4}$$

一维函数 $f(x)$,在点 x 处导数的近似,可将函数 $f(x + \Delta x)$ 展开为关于 x 的泰勒级数,令 $\Delta x = 1$,且仅保留该级数的线性项,得到数字差分 $\frac{\partial f}{\partial x} = f(x+1) - f(x)$ 以及 $\frac{\partial^2 f}{\partial x^2} = f(x+1) + f(x-1) - 2f(x)$。同理,在数字图像中,某点的微分也可以用差分来近似代替。对于二维图像,沿 x 方向和 y 方向的一阶差分(图 4-28)可以表示为

$$g_x(x, y) = \frac{\partial f(x, y)}{\partial x} = f(x+1, y) - f(x, y)$$

$$g_y(x,y) = \frac{\partial f(x,y)}{\partial y} = f(x,y+1) - f(x,y) \tag{4-5-5}$$

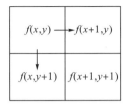

图 4-28　沿 x 方向和 y 方向的一阶差分

利用式(4-5-5)对图 4-29(a)所示的图像计算一阶差分，$g_x(x,y)$ 和 $g_y(x,y)$ 分别如图 4-29(b)和图 4-29(c)所示。可见一阶差分的结果为梯度矢量，具有方向性，且分别对应垂直和水平边缘线。

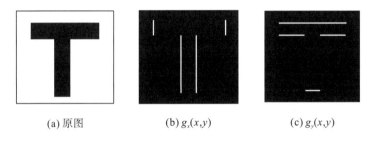

(a) 原图　　　　　　(b) $g_x(x,y)$　　　　　(c) $g_y(x,y)$

图 4-29　图像的一阶差分结果

对于数字图像，式(4-5-1)按差分运算近似后的梯度表达式为

$$\left| \nabla f(x,y) \right| = \sqrt{\left[f(x,y) - f(x+1,y) \right]^2 + \left[f(x,y) - f(x,y+1) \right]^2} \tag{4-5-6}$$

实际运算中，为了便于计算机编程，在计算精度允许的情况下，可采用绝对差算法近似为

$$\left| \nabla f(x,y) \right| = \left| f(x,y) - f(x+1,y) \right| + \left| f(x,y) - f(x,y+1) \right| \tag{4-5-7}$$

梯度幅度与相邻像素的灰度级差值成比例。在灰度变化剧烈的地方，梯度值大；在灰度变化比较平缓的地方，梯度值小；在灰度没有变化的地方，梯度值为零。在计算出梯度值后，可以用多种方法来突出图像的轮廓：

(1) 直接幅值显示。用各点的梯度幅值直接代替各点的灰度，即

$$g(x,y) = M\left[f(x,y) \right] \tag{4-5-8}$$

这种方法简单直接，但增强的图像仅显示灰度变化比较剧烈的边缘，在灰度变化平缓的地方呈黑色。

(2) 背景保留。梯度幅值小于某一阈值的点灰度值不变：

$$g(x,y) = \begin{cases} M\left[f(x,y) \right], & M\left[f(x,y) \right] \geqslant T \\ f(x,y), & \text{其他} \end{cases} \tag{4-5-9}$$

其中，T 为非负阈值。这种方法通过适当选取 T，既可以明显突出边缘轮廓，又不会破坏原来灰度变化比较平缓的背景。

(3) 背景保留，轮廓取单一灰度值。即给边缘规定一个特定的值：

$$g(x,y)=\begin{cases} L_G, & M\big[f(x,y)\big]\geq T \\ f(x,y), & \text{其他} \end{cases} \tag{4-5-10}$$

这种方法对梯度变化大于某一阈值的点都指定一个固定的灰度值。

(4) 轮廓保留，背景取单一灰度值。即给背景规定一个特定的值：

$$g(x,y)=\begin{cases} M\big[f(x,y)\big], & M\big[f(x,y)\big]\geq T \\ L_B, & \text{其他} \end{cases} \tag{4-5-11}$$

(5) 轮廓、背景分别取单一灰度值。对梯度值大于和小于某一阈值的点分别赋予两个固定的灰度值，生成二值图像：

$$g(x,y)=\begin{cases} L_G, & M\big[f(x,y)\big]\geq T \\ L_B, & \text{其他} \end{cases} \tag{4-5-12}$$

其中，L_G 和 L_B 分别代表指定轮廓和背景的灰度值。这五种方法的处理结果如图 4-30 所示。

(a) 原图　　　　　　　　(b) 直接幅值显示　　　　　　(c) 背景保留

(d) 背景保留，轮廓取单一　　(e) 轮廓保留，背景取 单一　　(f) 轮廓、背景分别取单一
　　灰度值　　　　　　　　　　灰度值　　　　　　　　　　灰度值

图 4-30　梯度法锐化图像

4.5.2 高通滤波

边缘是由灰度级跳变点构成的,一般具有较高的空间频率。因此,采用高通滤波的方法让高频分量顺利通过,使低频分量得到抑制,就可增强高频分量,使图像的边缘或线条变得清晰,实现图像的锐化。在空间域中,对图像和高通滤波器的冲激响应函数进行相关/卷积的方法称为掩模法。在掩模法中,常用的算子有 Roberts 算子、Prewitt 算子、Sobel 算子和 Laplacian 算子等,其中前三个为一阶梯度算子,最后一个为二阶梯度算子。

为简化讨论,我们使用图 4-31(a)中的符号来表示图像中一个 3×3 区域内图像点的灰度,z_5 表示任意位置 (x, y) 处的 $f(x, y)$,z_1 表示 $f(x-1, y-1)$,其余以此类推。利用式(4-5-5)可以得到一阶微分的近似是 $g_x = z_8 - z_5$ 和 $g_y = z_6 - z_5$。在早期的数字图像处理中,Roberts 提出另一种利用局部差分寻找边缘的交叉算子,称为 Roberts 算子,如图 4-31(b)所示。由 Roberts 算子计算得到 x 方向和 y 方向的梯度分别为

$$g_x = z_9 - z_5, g_y = z_8 - z_6 \tag{4-5-13}$$

利用式(4-5-4)和式(4-5-13),可以计算得到梯度图像的表达式为

$$M(x, y) = \sqrt{(z_9 - z_5)^2 + (z_8 - z_6)^2} \tag{4-5-14}$$

同样,可以采用绝对差算法近似为

$$M(x, y) \approx |z_9 - z_5| + |z_8 - z_6| \tag{4-5-15}$$

偶数尺寸的模板很难实现,因为它们没有对称中心。与 Roberts 算子不同,Prewitt 算子是 3×3 算子模板,如图 4-31(c)所示。Prewitt 算子利用像素点上下、左右邻点的灰度差,在边缘处达到极值检测边缘,去掉部分伪边缘,对噪声具有平滑作用。其原理是在图像空间利用两个方向模板与图像进行邻域卷积,这两个方向模板一个检测水平边缘,一个检测垂直边缘。由它近似的 x 方向和 y 方向的偏微分分别为

$$g_x = (z_3 + z_6 + z_9) - (z_1 + z_4 + z_7)$$
$$g_y = (z_7 + z_8 + z_9) - (z_1 + z_2 + z_3) \tag{4-5-16}$$

有了以上差分结果,就能利用同样的方法计算出梯度幅值。

另一种常用的模板是 Sobel 算子,对应的模板如图 4-31(d)所示。Sobel 算子考虑了水平、垂直和两个对角共计 4 个方向上梯度的距离加权求和,是一个 3×3 各向异性梯度算子。与 Prewitt 算子、Roberts 算子相比,Sobel 算子对像素位置的影响做了加权,具有较好的边缘表征性能,因此可以降低边缘模糊程度。Sobel 算子两个方向上的 g_x 和 g_y 梯度值计算如下:

$$g_x = (z_3 + 2z_6 + z_9) - (z_1 + 2z_4 + z_7)$$
$$g_y = (z_7 + 2z_8 + z_9) - (z_1 + 2z_2 + z_3) \tag{4-5-17}$$

图 4-32(b),(c)和(d)分别是用 Roberts 算子、Prewitt 算子和 Sobel 算子对原图像 [图 4-32(a)]按式(4-5-14)计算得到的梯度图。可以看出,Roberts 算子处理得到的图像边缘不是很平滑,边缘处强度响应(梯度幅度)相对较弱。相比之下,Prewitt 算子和 Sobel 算子对边缘定位较准确,得到的边缘也更为平滑,连续性较好。

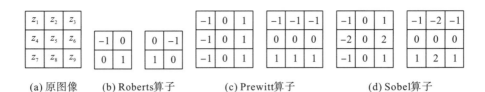

z_1	z_2	z_3
z_4	z_5	z_6
z_7	z_8	z_9

(a) 原图像　　　(b) Roberts算子　　　(c) Prewitt算子　　　(d) Sobel算子

图 4-31　几种典型的梯度算子

(a) 原图像　　　(b)Roberts算子　　　(c) Prewitt算子　　　(d) Sobel算子

图 4-32　图像的梯度计算

Laplacian 算子是一种常用的边缘增强算子，它是图像函数对空间坐标求二阶偏导数的结果，即

$$\nabla^2 f(x,y) = \frac{\partial^2 f}{\partial x^2} + \frac{\partial^2 f}{\partial y^2} \tag{4-5-18}$$

对离散的数字图像而言，二阶偏导数可以用二阶差分近似表示为

$$\frac{\partial^2 f}{\partial x^2} = \left[f(x+1,y) - f(x,y) \right] - \left[f(x,y) - f(x-1,y) \right]$$
$$= f(x+1,y) + f(x-1,y) - 2f(x,y) \tag{4-5-19}$$

$$\frac{\partial^2 f}{\partial y^2} = \left[f(x,y+1) - f(x,y) \right] - \left[f(x,y) - f(x,y-1) \right]$$
$$= f(x,y+1) + f(x,y-1) - 2f(x,y) \tag{4-5-20}$$

因此，Laplacian 算子可以按下式计算：

$$\nabla^2 f(x,y) = f(x+1,y) + f(x-1,y) + f(x,y+1) + f(x,y-1) - 4f(x,y) \tag{4-5-21}$$

上式的运算可以用图像滤波(相关)形式表示，即

$$\nabla^2 f(x,y) = \sum\sum f(x+r,y+s)h(r,s) \tag{4-5-22}$$

其中，$h(r,s) = \begin{bmatrix} 0 & 1 & 0 \\ 1 & -4 & 1 \\ 0 & 1 & 0 \end{bmatrix}$，是一种空间滤波的形式。从模板形式可以看到，如果图像中一个较暗的区域内出现了一个亮点，那么用 Laplacian 算子就会使这个亮点变得更亮。该性质在孤立点和边缘检测中非常有用。

由于 Laplacian 算子是一种各向同性的二阶微分算子，因此其应用强调的是图像中各个方向的灰度突变，并不强调灰度缓慢变化的区域。这将产生把浅灰色边线和突变点叠加到暗色背景中的图像。将原图像和拉普拉斯图像叠加在一起的简单办法，可以复原背景特

性并保持拉普拉斯锐化处理的效果。如果使用的定义具有负的中心系数，那么必须将原图像减去经 Laplacian 变换后的图像而不是加上它，从而得到锐化效果。因此，使用 Laplacian 算子对图像增强的基本方法可以表示为

$$g(x,y) = f(x,y) + c\left[\nabla^2 f(x,y)\right] \tag{4-5-23}$$

其中，$f(x,y)$ 和 $g(x,y)$ 分别表示输入图像和锐化后的图像。若 $c = -1$，则滤波器模板如图 4-33(a) 所示；若 $c = 1$，则滤波器模板如图 4-33(b) 所示。

$$\begin{bmatrix} 0 & 1 & 0 \\ 1 & -4 & 1 \\ 0 & 1 & 0 \end{bmatrix} \quad \begin{bmatrix} 1 & 1 & 1 \\ 1 & -8 & 1 \\ 1 & 1 & 1 \end{bmatrix} \qquad \begin{bmatrix} 0 & -1 & 0 \\ -1 & 4 & -1 \\ 0 & -1 & 0 \end{bmatrix} \quad \begin{bmatrix} -1 & -1 & -1 \\ -1 & 8 & -1 \\ -1 & -1 & -1 \end{bmatrix}$$

$$\text{(a) } c = -1 \qquad\qquad\qquad \text{(b) } c = 1$$

图 4-33　c 取 1 或 -1 时对应的 Laplacian 模板

图 4-34 是用 Laplacian 算子对图像进行处理的结果，与一阶算子相比，它对图像边缘有明显增强作用，且对边缘的定位更为精细准确。但是可以看到，由于二阶导数对噪声存在明显增强，因此，Laplacian 算子对噪声很敏感。在实际使用中，应该结合某些平滑算子一起使用。

(a) 原图像　　　　　　　　　(b) 二阶梯度　　　　　　　　　(c) 锐化结果

图 4-34　图像的 Laplacian 算子锐化

4.5.3　反锐化掩模

反锐化掩模技术最早应用于摄影技术中，以增强图像的边缘和细节。光学上的操作方法是将聚焦的正片和散焦的负片在底片上进行叠加，结果是增强了正片的高频成分，从而增强了轮廓，散焦的负片相当于"模糊"模板(掩模)，它与锐化的作用正好相反，因此，该方法被称为反锐化掩模法。反锐化掩模将原图像进行模糊预处理(相当于采用低通滤波)后与原图像逐点做差值运算，然后再乘上修正因子与原图像求和，以达到提高图像中高频成分、增强图像轮廓的目的。

令 $\bar{f}(x,y)$ 表示模糊图像，反锐化掩模以公式的形式描述如下。

$$g_{\text{mask}}(x,y) = f(x,y) + \bar{f}(x,y) \tag{4-5-24}$$

锐化结果为

$$g(x,y) = f(x,y) + k * g_{\text{mask}}(x,y) \tag{4-5-25}$$

式中，k 为权重系数，影响着最后的锐化的程度。当 $k=1$ 时，所得到的是非锐化掩模处理结果；当 $k>1$ 时，该处理称为高提升滤波；当 $k<1$ 时，不强调非锐化掩模的贡献。

图 4-35 显示了反锐化掩模的实施过程，可以看到，高提升滤波的结果锐化效果比非锐化掩模更明显。

(a) 原图像   (b) 模糊图像   (c) 反锐化掩模   (d) $k=1$时的锐化结果   (e) $k=3$时的锐化结果

图 4-35   反锐化掩模处理

特别地，当 $k=-1$ 时，由式(4-5-25)可知，锐化结果为 $g(x,y)=f(x,y)-g_{\text{mask}}(x,y)$，如果 $g_{\text{mask}}(x,y)$ 视为 Laplacian 算子 $\boldsymbol{h}_{\text{lap}}$ 对原图像的滤波结果，则有 $g(x,y)=f(x,y)*(1-h_{\text{lap}})$，这样就可得到等效的反锐化模板 $\boldsymbol{h}_{\text{unmask}}$，即

$$\boldsymbol{h}_{\text{umask}}=\begin{bmatrix}0&0&0\\0&1&0\\0&0&0\end{bmatrix}-\boldsymbol{h}_{\text{lap}}=\begin{bmatrix}0&0&0\\0&1&0\\0&0&0\end{bmatrix}-\begin{bmatrix}0&1&0\\1&-4&1\\0&1&0\end{bmatrix}=\begin{bmatrix}0&-1&0\\-1&5&-1\\0&-1&0\end{bmatrix}$$

利用上述模板直接与图像做滤波，就可以得到反锐化结果。

习题

4.1 为了拉伸一幅图像的灰度，使其最低灰度为 C、最高灰度为 $L-1$，试求满足此要求的一个单调的灰度变换函数。

4.2 利用线性灰度变换，试写出把灰度范围从[0, 30]拉伸到[0, 50]，把灰度范围从[30, 60]移动到[50, 80]，把灰度范围从[60, 90]压缩到[80, 90]的变换方程。

4.3 直方图均衡化处理中，为什么均衡后的直方图是一种近似均衡，而不能得到严格意义上的均衡(平直)直方图？

4.4 对例 4-3 按组映射准则(GML)重新计算直方图匹配结果。

4.5 均值滤波和中值滤波都属于平滑滤波范畴，试分析两种滤波方式的本质差异是什么？对滤波结果会产生什么样的影响？

4.6 试求标准差 $\sigma=2$ 时的 5×5 高斯滤波器近似模板，要求模板元素取整数值。

4.7 Sobel 算子中的模板系数 2 是如何得来的？请简述其原理。

4.8 在什么情况下，卷积和相关运算的结果是一致的？

4.9 已知灰度级 $L=16$ 的原始图 f_o 和规定的标准图 f_r 分别如下所示。试求出 f_o 按 f_r 规定化后的直方图及图像数据。

$$f_o = \begin{bmatrix} 0 & 6 & 7 & 8 & 9 & 10 & 13 \\ 4 & 1 & 5 & 6 & 13 & 11 & 14 \\ 2 & 3 & 6 & 7 & 5 & 8 & 10 \\ 1 & 0 & 3 & 6 & 7 & 7 & 8 \\ 7 & 3 & 4 & 8 & 10 & 11 & 9 \\ 7 & 9 & 10 & 14 & 15 & 9 & 12 \\ 12 & 5 & 8 & 15 & 12 & 11 & 9 \end{bmatrix} \qquad f_r = \begin{bmatrix} 9 & 8 & 10 & 11 & 9 & 10 & 9 \\ 8 & 9 & 10 & 11 & 10 & 11 & 10 \\ 8 & 10 & 9 & 11 & 12 & 13 & 12 \\ 11 & 11 & 9 & 12 & 13 & 14 & 12 \\ 10 & 12 & 13 & 15 & 15 & 13 & 14 \\ 13 & 11 & 11 & 14 & 15 & 14 & 13 \\ 12 & 11 & 12 & 15 & 12 & 13 & 14 \end{bmatrix}$$

要求：按单映射准则(SML)计算结果，分别画出原始直方图、规定直方图及规定化后的直方图。

4.10 给定以下图像数据：

$$f = \begin{bmatrix} 2 & 7 & 6 & 1 & 3 & 6 & 9 & 5 \\ 4 & 2 & 3 & 4 & 2 & 7 & 6 & 8 \\ 8 & 9 & 6 & 5 & 3 & 7 & 3 & 2 \\ 6 & 4 & 5 & 3 & 2 & 9 & 4 & 3 \\ 5 & 4 & 6 & 9 & 4 & 3 & 7 & 4 \\ 3 & 2 & 4 & 7 & 5 & 6 & 3 & 1 \\ 4 & 5 & 6 & 4 & 3 & 5 & 7 & 7 \\ 1 & 3 & 5 & 2 & 4 & 6 & 8 & 9 \end{bmatrix}$$

(1)试求用 3×3 均值滤波器对该图进行平滑后的结果，要求以补零的方式处理边界问题。

(2)试求出用如下加权均值滤波器 M 对该图进行平滑后的结果，要求以重复像素方式处理边界问题。

$$M = \frac{1}{16} \begin{bmatrix} 1 & 2 & 1 \\ 2 & 4 & 2 \\ 1 & 2 & 1 \end{bmatrix}$$

4.11 证明下式给出的 Laplacian 变换是各向同性(旋转不变)的，即

$$\nabla f(x,y) = \frac{\partial^2 f}{\partial x^2} + \frac{\partial^2 f}{\partial y^2}$$

证明过程中涉及坐标轴旋转 θ 角后的坐标方程为 $x = x'\cos\theta - y'\sin\theta$, $y = x'\cos\theta + y'\sin\theta$，其中，$(x,y)$ 为旋转前的坐标 (x',y') 为旋转后的坐标。

编程练习

4.1 利用 MATLAB 实现灰度图像的直方图匹配，具体要求如下：

(1)任意读取一幅待处理灰度图像 g，计算和显示该图像直方图 Hg。按单映射准则(SML)修改它的直方图，使其呈如下所示的高斯分布(参数可自行设定)，观察经过直方图修改后的原图像灰度变化，并展示结果。

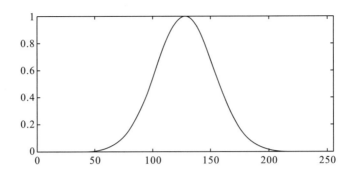

（2）读取另一幅作为规定（标准）化直方图的灰度图像 s（与 g 的尺寸可以不一致），计算和显示该参考直方图 Hs。

（3）按灰度图像 s 为参考标准，按单映射准则（SML）对图像 g 进行直方图匹配处理，计算直方图匹配结果 gs，显示匹配后的直方图 Hgs。要求自行编写代码实现以上要求，包括直方图统计、直方图均衡化等匹配涉及的中间计算过程。

（4）如果直接调用 MATLAB 函数实现直方图匹配，代码如下：

gs＝imhisteq（imhist（g），imhist（s））；% g 为待匹配图像，s 为规定图像，gs 为匹配结果。

试比较（3）自行编写代码处理结果与（4）调用函数处理结果的一致性，以便检查编写代码的合理性。

4.2 利用 MATLAB 语言编写代码，按以下要求实现图像的空间域滤波。

（1）任意读取一幅 8bit 灰度图像，利用 5×5 高斯低通滤波器（可用现成模板或利用高斯函数生成模板）进行滤波处理，显示滤波结果。

（2）利用高斯滤波结果，进行反锐化掩蔽处理，显示滤波结果。

（3）利用拉普拉斯滤波器实现该图像的锐化处理。

要求：自行编写以上滤波处理的 MATLAB 代码，不允许直接调用 filter2（）/imfilter（）等现有滤波函数进行计算。要求考虑边界处理问题，处理方式可不限（如补零、像素重复、镜像或循环周期边界等）。

4.3 图像处理中经常用到韦伯（Weber）对比度，定义如下：

$$C_W(x,y) = \frac{I(x,y) - I_S(x,y)}{I_S(x,y)}$$

式中，C_W 表示像素点 (x,y) 的韦伯对比度；$I(x,y)$ 是该像素像的灰度值；$I_S(x,y)$ 是以 (x,y) 为中心的一个邻域 S 的灰度平均值或局部平滑滤波值。编程实现提取图像的韦伯对比度响应图并显示结果。若采用 5×5 高斯平滑滤波器，试比较标准差分别为 0.5、2、10 时的对比度响应差异，要求采用镜像对称方式处理边界问题。

第五章　图像变换及应用

数字图像处理可以在空间域和频率域内进行,但很多时候图像的特征在空间域内的表现不是很明显,或在空间域处理计算量较大,此时频率域处理就变得有效和重要。空间域和频率域作为两个不同的表征空间,就像是用两种不同的语言来描述同一个函数,在表达某些观点时,一种语言会优于另一种语言。因此,在对图像进行处理时常常需要在两个不同的空间来回切换,以便能更有效地利用图像本身携带的信息,达到更好的处理效果。图像变换的方法有很多,本章将重点介绍二维离散傅里叶变换(discrete Fourier transform,DFT)、离散余弦变换(discrete cosine transform,DCT)及频率域滤波等,同时,也会简要介绍其他的图像变换,如沃尔什变换、哈达玛变换、K-L 变换、小波变换和 S 变换等。

5.1　二维连续线性系统

系统是能够对信息(信号)进行某种变换的功能体。常常用时间作为参数来描述一维系统,而图像是用空间作为参数来描述的,通常记为二维(x,y)系统。设输入函数 $f(x,y)$ 为原始图像,它经过系统后被映射为另一个函数 $g(x,y)$,即经过处理后的图像。二维线性系统的输入和输出的关系表示为

$$g(x,y)=\Psi\big[f(x,y)\big] \tag{5-1-1}$$

1. 叠加原理和齐次性

二维线性系统服从叠加原理,即线性系统对于输入信号的加权和的响应等于单个输入信号响应的加权和:

$$\begin{aligned}\Psi\big[af_1(x,y)+bf_2(x,y)\big]&=a\Psi\big[f_1(x,y)\big]+b\Psi\big[f_2(x,y)\big]\\&=ag_1(x,y)+bg_2(x,y)\end{aligned} \tag{5-1-2}$$

式中,a 和 b 为常数,可以是复数。二维线性系统的齐次性可描述为

$$\Psi\big[af(x,y)\big]=a\Psi\big[f(x,y)\big] \tag{5-1-3}$$

可以把叠加性和齐次性条件写到一个式子中:

$$\Psi\big[a_1f_1(x,y)+a_2f_2(x,y)\big]=a_1\Psi\big[f_1(x,y)\big]+a_2\Psi\big[f_2(x,y)\big] \tag{5-1-4}$$

2. δ 函数

δ 函数常用来表示点脉冲、点光源等物理现象。二维 δ 函数定义为

$$\sigma(x,y)=\begin{cases}\infty,&x=0,y=0\\0,&其他\end{cases} \tag{5-1-5}$$

且满足：

$$\sigma(x-\alpha, y-\beta) = \begin{cases} \infty, & x=\alpha, y=\beta \\ 0, & \text{其他} \end{cases} \tag{5-1-6}$$

$$\iint_{-\infty}^{+\infty} \delta(x,y)\,\mathrm{d}x\mathrm{d}y = \iint_{-\varepsilon}^{\varepsilon} \delta(x,y)\,\mathrm{d}x\mathrm{d}y = 1 \tag{5-1-7}$$

式中，ε 为任意小的正数。

需要说明的是，式(5-1-7)具有筛选性：

$$\iint_{-\infty}^{+\infty} g(x,y)\,\delta(x-\alpha, y-\beta)\,\mathrm{d}x\mathrm{d}y = g(\alpha, \beta) \tag{5-1-8}$$

当 $\alpha = \beta = 0$ 时

$$g(0,0) = \iint_{-\infty}^{+\infty} g(x,y)\,\delta(x,y)\,\mathrm{d}x\mathrm{d}y \tag{5-1-9}$$

可分性：

$$\delta(x,y) = \delta(x)\delta(y) \tag{5-1-10}$$

偶数性：

$$\delta(x-x_0) = \delta(x_0-x) \tag{5-1-11}$$

比例性：

$$\delta(ax) = \frac{1}{a}\delta(x) \tag{5-1-12}$$

一幅图像由多个像素构成，每个像素都可以看作一个点光源，此时图像 $f(x,y)$ 上任意一点 (x_0, y_0) 的亮度或灰度可以表示为 $f(x,y)\delta(x-x_0, y-y_0)$。

3. 二维冲激响应函数

当二维线性系统的输入为单位脉冲 $\delta(x,y)$ 时，系统的输出函数称为二维冲激响应函数，用 $h(x,y)$ 表示，在图像处理中它便是对点源的响应，称为点扩散函数（Point Spread Function，PSF）。

4. 线性移不变系统

当输入的脉冲单位函数延迟了 α、β 个单位，如果系统输出为 $h(x-\alpha, y-\beta)$，则称此系统为线性移不变系统。它表示输出仅在 x 方向和 y 方向分别移动 α 和 β，函数形状不变。

对于一个二维线性移不变系统来说，有

$$\begin{aligned} g(x,y) &= \Psi\big[f(x,y)\big] \\ &= \Psi\left[\iint_{-\infty}^{+\infty} f(\alpha,\beta)\delta(x-\alpha, y-\varphi)\,\mathrm{d}x\mathrm{d}y\right] \\ &= \iint_{-\infty}^{+\infty} f(\alpha,\beta)\Psi\big[\delta(x-\alpha, y-\beta)\big] \\ &= \iint_{-\infty}^{+\infty} f(\alpha,\beta)h(x-\alpha, y-\beta)\,\mathrm{d}\alpha\mathrm{d}\beta \end{aligned} \tag{5-1-13}$$

可记为

$$g(x,y) = f(x,y) * h(x,y) \tag{5-1-14}$$

上式表明线性移不变系统的输出等于系统的输入和系统脉冲响应的卷积。

二维线性系统具有移不变性,即如果输入序列进行移位,则输出序列进行相应的移位:

$$g(x-m,y-n)=\Psi\big[f(x-m,y-n)\big] \tag{5-1-15}$$

5.2　傅里叶变换

傅里叶变换是信号处理领域中一个重要的里程碑,它在图像处理中同样起着十分重要的作用,被广泛应用于图像增强与恢复、噪声抑制、图像特征提取和纹理分析等多个方面。

5.2.1　一维傅里叶变换

1. 一维连续傅里叶变换

当一个一维信号 $f(t)$ 满足狄里赫利条件,即 $f(t)$ 满足:①具有有限个间断点;②具有有限个极值点;③绝对可积。则 $f(t)$ 的傅里叶变换对一定存在。在实际应用中,这些条件一般总是可以满足的。

函数 $f(t)$ 的一维连续傅里叶变换对定义为

$$\Im\{f(t)\}=F(u)=\int_{-\infty}^{+\infty}f(t)\mathrm{e}^{-\mathrm{j}2\pi ut}\mathrm{d}t \tag{5-2-1}$$

$$\Im^{-1}\{F(u)\}=f(t)=\int_{-\infty}^{+\infty}F(u)\mathrm{e}^{\mathrm{j}2\pi ut}\mathrm{d}u \tag{5-2-2}$$

式中,$\mathrm{j}=\sqrt{-1}$;t 为时间域变量;u 为频率域变量。

当 $f(t)$ 是实函数时,它的傅里叶变换 $F(u)$ 通常是复函数,即

$$F(u)=R(u)+\mathrm{j}I(u) \tag{5-2-3}$$

其中,实部 $R(u)=\int_{-\infty}^{+\infty}f(t)\cos(2\pi ut)\mathrm{d}t$;虚部 $I(u)=\int_{-\infty}^{+\infty}f(t)\sin(2\pi ut)\mathrm{d}t$;振幅谱 $|F(u)|=\sqrt{R^2(u)+I^2(u)}$,也称为幅度谱;功率谱 $P(u)=|F(u)|^2=R^2(u)+I^2(u)$,也称能量谱;相位谱 $\varphi(u)=\arctan\dfrac{I(u)}{R(u)}$。

例 5-1　试求下述函数的傅里叶幅度谱。

$$f(t)=A,-W/2\leqslant t\leqslant W/2$$

解　$f(t)$ 的傅里叶变换为

$$F(u)=\int_{-\infty}^{+\infty}f(t)\mathrm{e}^{-\mathrm{j}2\pi ut}\mathrm{d}t=\int_{-W/2}^{W/2}A\mathrm{e}^{-\mathrm{j}2\pi ut}\mathrm{d}t$$

$$=\frac{-A}{\mathrm{j}2\pi u}\Big[\mathrm{e}^{-\mathrm{j}2\pi ut}\Big]_{-W/2}^{W/2}=\frac{-A}{\mathrm{j}2\pi u}\Big[\mathrm{e}^{-\mathrm{j}\pi uW}-\mathrm{e}^{\mathrm{j}\pi uW}\Big]$$

$$=\frac{E}{\mathrm{j}2\pi u}\Big[\mathrm{e}^{\mathrm{j}\pi uW}-\mathrm{e}^{-\mathrm{j}\pi uW}\Big]=AW\frac{\sin(\pi uW)}{\pi uW}$$

其傅里叶幅度谱由下式给出:

$$\left|F(u)\right| = AW \left|\frac{\sin(\pi u W)}{\pi u W}\right|$$

2. 一维离散傅里叶变换

连续函数的傅里叶变换是连续波形分析的有力工具，但要把傅里叶变换应用到数字图像处理中，就必须要处理离散数据，而离散傅里叶变换(discrete Fourier transform，DFT)的提出使得这种数学方法能够和计算机技术联系起来。

对一维连续信号 $f(t)$ 进行 N 次间隔为 Δx 的抽样，得到离散函数 $\{f(x_0), f(x_0+\Delta x),$ $f(x_0+2\Delta x),\cdots,f(x_0+(N-1)\Delta x)\}$，它的离散傅里叶变换对为

$$\Im\{f(x)\} = F(u) = \sum_{x=0}^{N-1} f(x) e^{-j2\pi ux/N} \tag{5-2-4}$$

$$\Im^{-1}\{F(u)\} = f(x) = \frac{1}{N}\sum_{u=0}^{N-1} F(u) e^{j2\pi ux/N} \tag{5-2-5}$$

式中，$x,u = 0,1,2,\cdots,N-1$。

离散序列的傅里叶变换 $F(u)$ 是一个取 N 个等量间隔取样后的离散函数。由欧拉公式有：$e^{j\theta} = \cos\theta + j\sin\theta$，代入离散傅里叶正变换公式[式(5-2-4)]，得

$$F(u) = \sum_{u=0}^{N-1} f(x)\left(\cos\frac{2\pi ux}{N} - j\sin\frac{2\pi ux}{N}\right) \tag{5-2-6}$$

可见每一个 u 对应的傅里叶变换结果是所有输入序列 $f(x)$ 乘以不同频率的正弦和余弦值的加权和且可以证明空间域和频率域取样间隔 Δx 和 Δu 的关系为

$$\Delta u = \frac{1}{N\Delta x} \tag{5-2-7}$$

离散傅里叶变换总是存在的，它不必考虑连续傅里叶变换所需的可积的条件要求。

例 5-2 试求如图 5-1 所示函数的离散傅里叶变换。

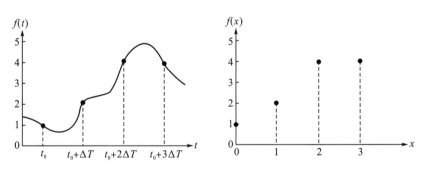

图 5-1 一个简单函数及其采样

解：由采样后的 $f(x)$ 以及 $f(x)$ 的离散傅里叶变换公式[式(5-2-4)]得

$$F(0) = \sum_{x=0}^{3} f(x) = \left[f(0) + f(1) + f(2) + f(3)\right] = 1 + 2 + 4 + 4 = 11$$

$$F(1) = \sum_{x=0}^{3} f(x) e^{-j2\pi x/4} = e^0 + 2e^{-j\pi/2} + 4e^{-j\pi} + 4e^{-j3\pi/2} = -3 + 2j$$

$$F(2) = \sum_{x=0}^{3} f(x) e^{-j2\pi \times 2x/4} = -(1+0j) = -1$$

$$F(3) = \sum_{x=0}^{3} f(x) e^{-j2\pi \times 3x/4} = -(3+2j)$$

同样，根据式(5-2-5)可以求出它的傅里叶反变换结果。

5.2.2 二维傅里叶变换

1. 二维连续傅里叶变换

一维傅里叶变换很容易推广到二维，如果二维函数满足狄里赫利条件，则它的傅里叶变换对为

$$\Im\{f(x,y)\} = F(u,v) = \int_{-\infty}^{+\infty}\int_{-\infty}^{+\infty} f(x,y) e^{-j2\pi(ux+vy)}\mathrm{d}x\mathrm{d}y \tag{5-2-8}$$

$$\Im^{-1}\{F(u,v)\} = f(x,y) = \int_{-\infty}^{+\infty}\int_{-\infty}^{+\infty} F(u,v) e^{j2\pi(ux+vy)}\mathrm{d}u\mathrm{d}v \tag{5-2-9}$$

式中，x、y 为时间域变量；u、v 为频率域变量。二维傅里叶函数的傅里叶幅度谱、傅里叶相位谱和傅里叶能量谱分别为

$$|F(u,v)| = \sqrt{R^2(u,v) + I^2(u,v)} \tag{5-2-10}$$

$$\phi(u,v) = \arctan\frac{I(u,v)}{R(u,v)} \tag{5-2-11}$$

$$P(u,v) = R^2(u,v) + I^2(u,v) \tag{5-2-12}$$

例 5-3 试求下述连续函数的傅里叶幅度谱。

$$f(x,y) = \begin{cases} A, & 0 \leqslant x \leqslant X, 0 \leqslant y \leqslant Y \\ 0, & x > X, x < 0, y > Y, y < 0 \end{cases}$$

解 根据式(5-2-8)，$f(x,y)$的傅里叶变换为

$$\begin{aligned} F(u,v) &= \int_{-\infty}^{+\infty}\int_{-\infty}^{+\infty} f(u,v) e^{-j2\pi(ux+vy)}\mathrm{d}x\mathrm{d}y \\ &= \int_{0}^{Y}\int_{0}^{X} A e^{-j2\pi(ux+vy)}\mathrm{d}x\mathrm{d}y = A\int_{0}^{X} e^{-j2\pi ux}\mathrm{d}x\int_{0}^{Y} e^{-j2\pi vy}\mathrm{d}y \\ &= A\left[\frac{e^{-j2\pi ux}}{-j2\pi u}\right]_{0}^{X}\left[\frac{e^{-j2\pi vy}}{-j2\pi v}\right]_{0}^{Y} \\ &= AXY\left[\frac{\sin(\pi uX)e^{-j\pi uX}}{\pi uX}\right]\left[\frac{\sin(\pi vY)e^{-j\pi vY}}{\pi vY}\right] \end{aligned}$$

其傅里叶幅度谱为

$$F(u,v) = AXY\left|\frac{\sin(\pi uX)}{\pi uX}\right|\left|\frac{\sin(\pi vY)}{\pi vY}\right|$$

2. 二维离散傅里叶变换

与连续傅里叶变换一样，考虑两个变量的情况，就可以推出二维离散傅里叶变换：

$$\Im\left\{f(x,y)\right\} = F(u,v) = \sum_{x=0}^{M-1}\sum_{y=0}^{N-1} f(x,y)e^{-j2\pi\left(\frac{ux}{M}+\frac{vy}{N}\right)} \tag{5-2-13}$$

$$\Im^{-1}\left\{F(u,v)\right\} = f(x,y) = \frac{1}{MN}\sum_{u=0}^{M-1}\sum_{v=0}^{N-1} F(u,v)e^{j2\pi\left(\frac{ux}{M}+\frac{vy}{N}\right)} \tag{5-2-14}$$

式中，$u,x = 0,1,2,\cdots,M-1$；$v,y = 0,1,2,\cdots,N-1$。

二维连续函数的取样是在二维的取样间隔上进行的，对空间域的取样间隔为 Δx 和 Δy，对频率域的取样间隔为 Δu 和 Δv。

二维离散函数的傅里叶频谱、相位谱和能量谱分别为

$$\left|F(u,v)\right| = \sqrt{R^2(u,v) + I^2(u,v)} \tag{5-2-15}$$

$$\varphi(u,v) = \arctan\frac{I(u,v)}{R(u,v)} \tag{5-2-16}$$

$$P(u,v) = R^2(u,v) + I^2(u,v) \tag{5-2-17}$$

式中，$R(u,v)$ 和 $I(u,v)$ 分别是 $F(u,v)$ 的实部和虚部。

5.2.3 离散傅里叶变换的性质

离散傅里叶变换（DFT）在数字图像处理中有着十分重要的地位，因此，掌握它的一些重要性质是非常必要的。在这一节，我们将以二维傅里叶变换为例，介绍 DFT 的一些性质。表 5-1 列出了二维 DFT 的若干性质。

表 5-1 二维离散傅里叶变换的性质

性质	数学定义表达式
线性性质	$\Im\left[a_1 f_1(x,y) + a_2 f_2(x,y)\right] = a_1\Im\left[f_1(x,y)\right] + a_2\Im\left[f_2(x,y)\right]$
可分离性	$F(u,v) = \Im_x\left\{\Im_y\left[f(x,y)\right]\right\} = \Im_y\left\{\Im_x\left[f(x,y)\right]\right\}$ $f(x,y) = \Im_u^{-1}\left\{\Im_v^{-1}\left[F(u,v)\right]\right\} = \Im_v^{-1}\left\{\Im_u^{-1}\left[F(u,v)\right]\right\}$
比例性质	$f(ax,by) \leftrightarrow \dfrac{1}{\|ab\|}F\left(\dfrac{u}{a},\dfrac{v}{b}\right)$
空间位移 频率位移	$f(x-x_0,y-y_0) \leftrightarrow F(u,v)e^{-j2\pi(ux_0/M + vy_0/N)}$ $f(x,y)e^{-j2\pi(u_0x/M + v_0y/N)} \leftrightarrow F(u-u_0,v-v_0)$
对称性 共轭对称性	若 $f(x,y) = f(-x,-y)$ 则 $F(u,v) = F(-u,-v)$ $f^*(x,y) \leftrightarrow F^*(-u,-v)$
旋转性	$f(r,\theta+\theta_0) \leftrightarrow F(\rho,\varphi+\theta_0)$
周期性	$F(u,v) = F(u+aM,v+bN)$ $f(x,y) = f(x+aM,y+bN)$

性质	数学定义表达式
平均值	$\overline{f}(x,y) = \dfrac{1}{MN}\displaystyle\sum_{x=0}^{M-1}\sum_{y=0}^{N-1}f(x,y) = \dfrac{1}{MN}F(0,0)$
卷积定理	$f(x,y)*g(x,y) \leftrightarrow F(u,v) \cdot G(u,v)$ $f(x,y) \cdot g(x,y) \leftrightarrow F(u,v)*G(u,v)$
相关定理	互相关：$f(x,y) \circ g(x,y) \leftrightarrow F(u,v) \cdot G^*(u,v)$ $f(x,y) \cdot g^*(x,y) \leftrightarrow F(u,v) \circ G(u,v)$ 自相关：$f(x,y) \circ f(x,y) \leftrightarrow \left|F(u,v)\right|^2$ $\left|f(x,y)\right|^2 \leftrightarrow F(u,v) \circ F(u,v)$

其中，旋转性中的 r、ρ 均为半径，只是 r 是空间域的半径，而 ρ 是频率域的半径；θ、φ 为与坐标轴形成的夹角。周期性中的 M、N 为频率域网格中的最小间隔。

下面进一步介绍表 5-1 所列出的一些具有重要意义的性质。

1. 线性及比例性

傅里叶变换对的线性性质表明将一个函数 $f_1(x,y)$ 与另一个函数 $f_2(x,y)$ 相加，则叠加后的函数其傅里叶变换相当于把函数 $f_1(x,y)$ 和函数 $f_2(x,y)$ 分别进行傅里叶变换再相加。而比例性表明对一个函数 $f(x,y)$ 在空间域放大或缩小，其傅里叶变换在频率域中将会缩小或放大，如图 5-2 说明了傅里叶变换的比例性。

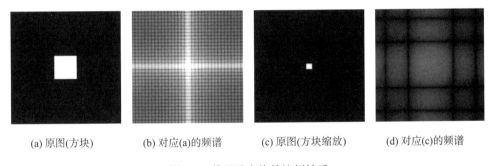

(a) 原图(方块)　　　(b) 对应(a)的频谱　　　(c) 原图(方块缩放)　　　(d) 对应(c)的频谱

图 5-2　傅里叶变换的比例性质

2. 可分离性

式(5-2-13)、式(5-2-14)中的指数项可以分成只含有 x、u 和 y、v 的二项乘积，因此可以把二维离散傅里叶变换分离成两个部分的乘积，即

$$F(u,v) = \sum_{x=0}^{M-1} \mathrm{e}^{-\mathrm{j}2\pi\frac{ux}{M}} \sum_{y=0}^{N-1} f(x,y) \mathrm{e}^{-\mathrm{j}2\pi\frac{vy}{N}} \tag{5-2-18}$$

$$f(x,y) = \frac{1}{MN}\sum_{u=0}^{M-1} \mathrm{e}^{\mathrm{j}2\pi\frac{ux}{M}} \sum_{v=0}^{N-1} F(u,v) \mathrm{e}^{\mathrm{j}2\pi\frac{vy}{N}} \tag{5-2-19}$$

由上述的分离形式看出，一个二维傅里叶变换或反变换都可以分解为两步进行运算，即先沿 $f(x,y)$ 的列方向求一维离散傅里叶变换得到 $F(x,v)$ ，再对 $F(x,v)$ 的每一行求傅里叶变换就可得到 $F(u,v)$ ，过程如图 5-3 所示。

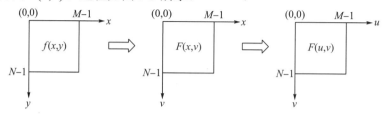

图 5-3 由两步一维变换计算二维变换

同理，傅里叶变换的逆变换也具有可分离性。

3. 平移性质

傅里叶变换对的平移性质表明将 $f(x,y)$ 与一个指数项 $\mathrm{e}^{\mathrm{j}\pi(x+y)}$ 相乘就相当于把其变换后的频谱原点 $(0,0)$ 移动到图像中心 $(M/2,N/2)$ 处。在数字图像处理中，常常需要把 $F(u,v)$ 的原点移到 $M\times N$ 频率域方阵的中心，以便能清楚地分析傅里叶变换的情况，此时傅里叶变换的平移性质就非常有用，只要令 $u_0=M/2$ ， $v_0=N/2$ ，则有

$$\mathrm{e}^{\mathrm{j}2\pi(u_0 x/M+v_0 y/N)}=\mathrm{e}^{\mathrm{j}\pi(x+y)}=(-1)^{x+y} \tag{5-2-20}$$

根据平移性质有

$$f(x,y)(-1)^{x+y} \leftrightarrow F(u-M/2,v-N/2) \tag{5-2-21}$$

图 5-4 展示了简单长方形图像的傅里叶谱平移后的情况。

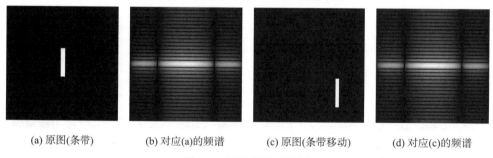

(a) 原图(条带)　　　(b) 对应(a)的频谱　　　(c) 原图(条带移动)　　　(d) 对应(c)的频谱

图 5-4 图像谱移动示例

4. 卷积定理

卷积性质是研究两个函数的傅里叶变换之间的关系。对于两个二维连续函数 $f(x,y)$ 和 $g(x,y)$ 的卷积定义为

$$f(x,y)*g(x,y)=\int_{-\infty}^{+\infty}\int_{-\infty}^{+\infty}f(a,\beta)g(x-a,y-\beta)\mathrm{d}a\mathrm{d}\beta \tag{5-2-22}$$

其二维卷积定理描述如下：

设 $f(x,y) \leftrightarrow F(u,v)$ ， $g(x,y) \leftrightarrow G(u,v)$ ，则

$$\Im\{f(x,y)g(x,y)\}=F(u,v)*G(u,v)$$
$$\Im^{-1}\{F(u,v)G(u,v)\}=f(x,y)*g(x,y) \tag{5-2-23}$$

综上所述,两个二维连续函数在空间域中的卷积可用其相应的两个傅里叶变换乘积的反变换得到。反之,在频率域中的卷积可以用空间域中乘积的傅里叶变换得到。卷积定理可以避免直接卷积运算的麻烦。

5. 旋转性

在极坐标下,二维函数及其傅里叶变换存在如下旋转关系,即

$$f(\rho,\theta) \leftrightarrow F(\omega,\varphi)$$
$$f(\rho,\theta+\theta_0) \leftrightarrow F(\omega,\varphi+\theta_0)$$

(5-2-24)

其中,$x = \rho\cos\theta$,$y = \rho\sin\theta$,$u = \omega\cos\varphi$,$v = \omega\sin\varphi$。

旋转性表明,如果离散函数 $f(x, y)$ 在空间域中旋转 θ_0 后,相应的离散傅里叶变换在频率域中也同样旋转 θ_0。反之,$F(u, v)$ 在频率域中旋转 θ_0,其反变换在空间域中也旋转 θ_0。这一性质的具体证明过程将在习题 5.7 中完成。图 5-5 直观说明了傅里叶变换的旋转性。

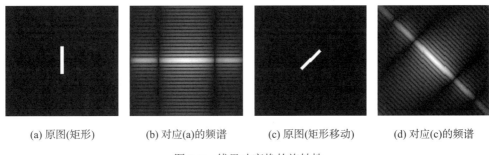

(a) 原图(矩形)　　　(b) 对应(a)的频谱　　　(c) 原图(矩形移动)　　　(d) 对应(c)的频谱

图 5-5　傅里叶变换的旋转性

5.2.4　快速傅里叶变换

离散傅里叶变换运算量巨大,计算时间长,其运算次数正比于 N^2,当 N 较大时,运算时间更是迅速增长。而快速傅里叶变换的提出将傅里叶变换的复杂度由 N^2 降到了 $N\log_2 N$,当 N 很大时计算量可大大减少。

由于二维傅里叶变换可以分解成两次一维离散傅里叶变换,因此,这里只研究一维离散傅里叶变换的快速算法。

设 $F(u) = \sum_{x=0}^{N-1} f(x)W_N^{ux}$,其中 $W_N = \mathrm{e}^{-\mathrm{j}2\pi/N}$,称为旋转因子,并假定 N 为 2 的正整数次幂,即满足 $N = 2^n$,令 $M = N/2$,离散傅里叶变换公式可以写为

$$\begin{aligned} F(u) &= \sum_{x=0}^{2M-1} f(x)W_{2M}^{ux} \\ &= \sum_{x=0}^{M-1} f(2x)W_{2M}^{u(2x)} + \sum_{x=0}^{M-1} f(2x+1)W_{2M}^{u(2x+1)} \end{aligned}$$

(5-2-25)

其中,上式的含义为将所有的傅里叶变换因子按照奇数项和偶数项分成两个部分。

由旋转因子 W 的定义可以知道 $W_{2M}^{2ux} = W_M^{ux}$,所以有

$$F(u) = \sum_{x=0}^{M-1} f(2x)W_M^{ux} + \sum_{x=0}^{M-1} f(2x+1)W_M^{ux}W_{2M}^{u}$$

(5-2-26)

定义：

$$F_e(u) = \sum_{x=0}^{M-1} f(2x)W_M^{ux}, \quad u = 0,1,2,\cdots,M-1 \tag{5-2-27}$$

$$F_o(u) = \sum_{x=0}^{M-1} f(2x+1)W_M^{ux}, \quad u = 0,1,2,\cdots,M-1 \tag{5-2-28}$$

其中，$F_e(u)$和$F_o(u)$分别表示偶数项和奇数项，则式(5-2-28)可以简化为

$$F(u) = F_e(u) + F_o(u)W_{2M}^u \tag{5-2-29}$$

考虑到 W 的周期性和对称性可知$W_M^{u+M} = W_M^u$ 和$W_{2M}^{u+M} = -W_{2M}^u$，得

$$F(u+M) = F_e(u) - F_o(u)W_{2M}^u \tag{5-2-30}$$

上式可归纳为

$$F_e(u) = \frac{1}{M}\sum_{x=0}^{M-1} f(2x)W_M^{ux}, \quad u = 0,1,2,\cdots,M-1 \tag{5-2-31}$$

$$F_o(u) = \sum_{x=0}^{M-1} f(2x+1)W_M^{ux}, \quad u = 0,1,2,\cdots,M-1 \tag{5-2-32}$$

$$F(u) = F_e(u) + F_o(u)W_{2M}^u \tag{5-2-33}$$

$$F(u+M) = F_e(u) - F_o(u)W_{2M}^u \tag{5-2-34}$$

分析式(5-2-31)～式(5-2-34)，可以发现：一个 N 点的变换可以通过将原始变换式分成两个 $N/2$ 短序列的离散傅里叶变换，即分别对原始序列的奇、偶两个部分实行变换。由此可以推出：两点变换由两个一点变换算出，四点变换由两个两点变换算出，依次类推，任意长度的序列都可以从最简单的两点变换计算得到。以计算 $N/8$ 的 DFT 为例，计算可以分解为两个四点 DFT：

$$\begin{cases} F(0) = F_e(0) + W_8^0 F_o(0) \\ F(1) = F_e(1) + W_8^1 F_o(1) \\ F(2) = F_e(2) + W_8^2 F_o(2) \\ F(3) = F_e(3) + W_8^3 F_o(3) \\ F(4) = F_e(0) - W_8^0 F_o(0) \\ F(5) = F_e(1) - W_8^1 F_o(1) \\ F(6) = F_e(2) - W_8^2 F_o(2) \\ F(7) = F_e(3) - W_8^3 F_o(3) \end{cases} \tag{5-2-35}$$

$F_e(u)$和$F_o(u)$同样可以把它们再按奇偶分成两点 DFT：

$$\begin{cases} F_e(0) = F_{ee}(0) + W_8^0 F_{eo}(0) \\ F_e(1) = F_{ee}(1) + W_8^2 F_{eo}(1) \\ F_e(2) = F_{ee}(0) - W_8^0 F_{eo}(0) \\ F_e(3) = F_{ee}(1) - W_8^2 F_{eo}(1) \end{cases} \tag{5-2-36}$$

$$\begin{cases} F_o(0) = F_{oe}(0) + W_8^0 F_{oo}(0) \\ F_o(1) = F_{oe}(1) + W_8^2 F_{oo}(1) \\ F_o(2) = F_{oe}(0) - W_8^0 F_{oo}(0) \\ F_o(3) = F_{oe}(1) - W_8^2 F_{oo}(1) \end{cases}$$

上面讲的是如何分解的过程，实际计算时和分解的过程相反，第一步先计算四个两点变换，第二步用以上的四个结果计算两个四点变换，第三步再用以上两个结果计算一个八点变换。综上所述，一个八点 DFT 的完整蝶形计算图如图 5-6 所示。

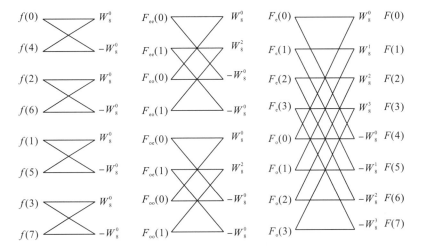

图 5-6　八点 DFT 的蝶形流程图

由图 5-6 可以看出，输出序列 $F(u)$ 是按照 u 从小到大顺序排列的，而输入序列 $f(x)$ 是按照码位倒序排列的，即把输入序列 $f(x)$ 中的自变量值 x 表示成二进制后左右对换，当 $N=8$ 时，表 5-2 说明了其排序规则。

如果在计算 FFT 时输入序列采用码位倒序后的顺序输入，则其结果的傅里叶变换的诸元素将排成正确的次序。如果对输入序列不进行重新排序，那么输出结果就需要重新排序以得到正常的次序。

表 5-2　FFT 输入序列的重新排序规则

十进制数	二进制数	二进制数的码位倒序	码位倒序后的十进制数
0	000	000	0
1	001	100	4
2	010	010	2
3	011	110	6
4	100	001	1
5	101	101	5
6	110	011	3
7	111	111	7

5.2.5 频率域滤波及应用

图像滤波可以在空间域内完成也可以在频率域内完成,在频率域内完成图像滤波的优势主要有两个方面:①有效信号和噪声干扰的频带范围一般是服从不同分布规律的,在频率域可以通过设定不同的抑制(截止)频率规则,更有利于滤除不需要的成分,保留有效信号;②空间域滤波是通过图像与滤波器进行卷积运算来完成的,如果图像和滤波器尺寸比较大,运算会很耗时。由卷积定理可知,空间域卷积等效于频率域点乘,因此,频率域滤波的计算效率会更高,尤其是对高分辨图像的处理,利用 FFT 使得频率域运算的效率优势会更加凸显。

1. 频率域滤波基础

第四章介绍了信号与空间滤波器作卷积/相关操作可以完成空间域滤波。如果要进行频率域滤波,则先将信号的傅里叶变换与频率域滤波器做点乘,然后计算其反变换完成滤波操作。如果给定一个空间域滤波器,如何在频率域进行滤波从而达到与空间域滤波一样的结果呢?下面我们以具体例子来说明其实现过程以及涉及的一些关键问题。

1)滤波器填充

以二维图像为例,设一幅大小为 $A \times B$ 的图像 $f(x,y)$,使用大小为 $C \times D$ 的空间滤波器 $h(x,y)$ 对该图像进行频率域滤波。考虑到在频率域滤波中可能出现频率缠绕(混叠)错误,需要对图像 $f(x,y)$ 和空间滤波器 $h(x,y)$ 进行零填充,再进行傅里叶变换。具体填充方法如下:

$$f_p(x,y) = \begin{cases} f(x,y), & 0 \leqslant x \leqslant A-1, 0 \leqslant y \leqslant B-1 \\ 0, & A \leqslant x \leqslant P-1, B \leqslant y \leqslant Q-1 \end{cases} \tag{5-2-37}$$

$$h_p(x,y) = \begin{cases} h(x,y), & 0 \leqslant x \leqslant C-1, 0 \leqslant y \leqslant D-1 \\ 0, & C \leqslant x \leqslant P-1, D \leqslant y \leqslant Q-1 \end{cases} \tag{5-2-38}$$

其中,$P \geqslant A+C-1$ 和 $Q \geqslant B+D-1$。则填充后的图像尺寸为 $P \times Q$。如果图像 $f(x,y)$ 和空间滤波器 $h(x,y)$ 尺寸相同,则需满足:$P \geqslant 2M-1$,$Q \geqslant 2N-1$。为了计算方便,实际处理中通常取 $P=2M$,$Q=2N$。

2)给定空间域滤波器的频率域滤波的实现

简单来说,对填充后的空间域滤波器进行傅里叶变换,将其与信号或图像的傅里叶变换做点乘即可完成频率域滤波。实际操作过程中,并不是这样简单的计算流程。为了保持空间域滤波和频率域滤波结果的一致性,还需要进行一些特殊处理。

简单起见,以一个一维数字信号的滤波过程为例加以说明。

例 5-4 给定信号 $x = [1\ 2\ 2\ 4\ 4]$,滤波器 $h = [1\ 2\ 3]$,分别完成 x 的空间域和频率域的滤波。

利用 MATLAB 函数 $\mathrm{conv}(x, h, '\mathrm{same}')$,容易得到空间域滤波的结果为 $y = [4\ 9\ 14\ 18\ 20]$。

在频率域滤波中,为了避免发生 FFT 频率混叠,需要对空间域数据做延拓,若采用后端补零的方式。将信号进行数据延拓，得 $\boldsymbol{x}_p = [1\,2\,2\,4\,4\,0\,0\,0\,0]$。

滤波器与延拓后的信号应具有一样的长度，有两种方式：①双边延拓，滤波器居中：$\boldsymbol{h}_p = [0\,0\,0\,1\,2\,3\,0\,0\,0]$；②单边延拓，滤波器居左：$\boldsymbol{h}_p = [1\,2\,3\,0\,0\,0\,0\,0\,0]$。两种方式得到滤波结果分别为 $\boldsymbol{y}_1 = [12\,0\,0\,0\,1]$ 和 $\boldsymbol{y}_2 = [1\,4\,9\,14\,18]$。

可以看出，第一种延拓，滤波结果与空间域结果完全不一致。第二种延拓与空间域结果基本一致，但在左右短点处(边界部分)是不一致的。从傅里叶变换的时间域性质知道，两种延拓的频谱是一样的，但相位谱会发生变化。因此，第一种延拓(两端补零方式，h 居中)是不可取的。第二种延拓与空间域滤波结果基本一致，但边界上有差异。那么，如何消除这种边界差异，达到与空间域滤波完全一致的结果呢？

如果在滤波器 h 延拓方式上稍做改动，即把空间域滤波器中心元素放到最前段，左端被挤出的元素放在尾部，即 $\boldsymbol{h}_p = [2\,3\,0\,0\,0\,0\,0\,0\,1]$。再按以上的相同步骤进行滤波处理，可得 $\boldsymbol{y} = [4\,9\,14\,18\,20]$。

按以上处理方式，可以使频率域滤波与空间域滤波的结果保持一致。假如空间域做的是相关运算来完成滤波，那么，只要滤波器旋转 $180°$ 后，采取同样的后端补零方式得到一致的结果。

对于以上计算，可以从信号理论角度进行解释。由于时间域滤波属于有限序列的线性卷积，频率域滤波方式实际上是利用离散傅里叶变换求时间域线性卷积的过程，而 DFT 本质上是对应时间域滤波中针对周期序列的循环卷积。因此，信号及滤波器均需要在时间域进行补零延拓(padding)，且滤波器延拓后还要做循环移位(circularly shift)。

以上延拓方式容易推广到二维情况。假设给定滤波器为

$$\boldsymbol{h} = \begin{bmatrix} -1 & -2 & -1 \\ 0 & 0 & 0 \\ 1 & 2 & 1 \end{bmatrix}$$

由于图像的模板运算默认为相关运算，而频率域的乘积对应空间域卷积。要达到一致性，以上滤波器需要上颠倒(旋转 $180°$)，即

$$\boldsymbol{h}' = \begin{bmatrix} 1 & 2 & 1 \\ 0 & 0 & 0 \\ -1 & -2 & -1 \end{bmatrix}$$

这样，模板在频率域进行点乘就可对应 $\boldsymbol{h}$ 的相关运算。

若需要以补零的方式扩大到 10×10(根据滤波图像的尺寸而定)，则填充方式为

$$
h_p = \begin{bmatrix}
1 & 2 & 1 & 0 & 0 & 0 & 0 & 0 & 0 & 0 & 0 \\
0 & 0 & 0 & 0 & 0 & 0 & 0 & 0 & 0 & 0 & 0 \\
-1 & -2 & -1 & 0 & 0 & 0 & 0 & 0 & 0 & 0 & 0 \\
0 & 0 & 0 & 0 & 0 & 0 & 0 & 0 & 0 & 0 & 0 \\
0 & 0 & 0 & 0 & 0 & 0 & 0 & 0 & 0 & 0 & 0 \\
0 & 0 & 0 & 0 & 0 & 0 & 0 & 0 & 0 & 0 & 0 \\
0 & 0 & 0 & 0 & 0 & 0 & 0 & 0 & 0 & 0 & 0 \\
0 & 0 & 0 & 0 & 0 & 0 & 0 & 0 & 0 & 0 & 0 \\
0 & 0 & 0 & 0 & 0 & 0 & 0 & 0 & 0 & 0 & 0 \\
0 & 0 & 0 & 0 & 0 & 0 & 0 & 0 & 0 & 0 & 0
\end{bmatrix}
\qquad
h'_p = \begin{bmatrix}
0 & 0 & 0 & 0 & 0 & 0 & 0 & 0 & 0 & 0 & 0 \\
-2 & -1 & 0 & 0 & 0 & 0 & 0 & 0 & 0 & 0 & -1 \\
0 & 0 & 0 & 0 & 0 & 0 & 0 & 0 & 0 & 0 & 0 \\
0 & 0 & 0 & 0 & 0 & 0 & 0 & 0 & 0 & 0 & 0 \\
0 & 0 & 0 & 0 & 0 & 0 & 0 & 0 & 0 & 0 & 0 \\
0 & 0 & 0 & 0 & 0 & 0 & 0 & 0 & 0 & 0 & 0 \\
0 & 0 & 0 & 0 & 0 & 0 & 0 & 0 & 0 & 0 & 0 \\
0 & 0 & 0 & 0 & 0 & 0 & 0 & 0 & 0 & 0 & 0 \\
0 & 0 & 0 & 0 & 0 & 0 & 0 & 0 & 0 & 0 & 0 \\
2 & 1 & 0 & 0 & 0 & 0 & 0 & 0 & 0 & 0 & 1
\end{bmatrix}
$$

理由很简单，因为空间域模板运算的当前像素(原点)一般是在滤波模板的中心像素，即

$$
g(x) = \sum_{s=-a}^{a} f(x-s)h(s) \tag{5-2-39}
$$

频率域乘积(点乘)对应空间域卷积的情况下，是按以下公式计算得到的。

$$
G(u) = \Im\big[g(x)\big] \equiv \sum_{x=0}^{M-1}\left[\sum_{s=0}^{M-1} f(x-s)h(s)\right]e^{-j2\pi ux/M} = H(u)F(u) \tag{5-2-40}
$$

其中，符号 $\Im[\cdot]$ 表示傅里叶变换。也就是说，原点是从左上角开始的。

因此，从空间域小模板转化到频率域滤波时，为了保持空频滤波的一致性，需要合理处理空间域滤波器的延拓问题。一般做法是，先将小模板的中心通过循环移位后置于补零延拓矩阵的左上角，再做傅里叶变换，得到对应的频率域滤波器，最后与延拓后的图像在频率域与滤波器做乘法运算。其主要步骤如下：

(1)给定一幅大小为 $M \times N$ 的输入图像 $f(x,y)$，从式(5-2-37)和式(5-2-38)得到填充参数 P 和 Q。典型地，我们选择 $P=2M$，$Q=2N$。

(2)对 $f(x,y)$ 添加必要数量的 0，形成大小为 $P \times Q$ 的填充后的图像 $f_p(x,y)$。

(3)对 $h(x,y)$ 进行零填充[若要保持空间域滤波和频率域滤波一致性，则选择式(5-2-37)所示的填充方法]得到大小为 $P \times Q$ 的填充后的空间域滤波器 $h_p(x,y)$。

(4)用 $(-1)^{x+y}$ 乘以 $f_p(x,y)$ 移到其变换的中心。

(5)对 $f_p(x,y)$ 和 $h_p(x,y)$ 进行离散傅里叶变换得到 $F_p(u,v)$ 和 $H_p(u,v)$，利用矩阵相乘得到乘积 $G(u,v)=H(u,v)F(u,v)$。

(6)得到处理后的图像：$g_p(x,y) = \big(\mathrm{real}\{\Im^{-1}\big[G_p(u,v)\big]\}\big)(-1)^{x+y}$，其中 $\mathrm{real}[\cdot]$ 为取实部。

(7)通过从 $g_p(x,y)$ 的左上象限提取 $M \times N$ 区域，得到最终处理结果 $g(x,y)$。

图像的边缘、细节以及噪声对应于高频部分，背景区域则对应于低频部分，因此如果 $H(u,v)$ 突出 $F(u,v)$ 的低频分量，就可以使图像显得比较平滑，即低通滤波；如果 $H(u,v)$ 突出 $F(u,v)$ 的高频分量，就可以增强图像的边缘信息，即高通滤波。

2. 频率域低通滤波器

图像的噪声对应图像频谱的高频成分，因此可以用低通滤波器 $H(u,v)$ 来抑制高频成

分，从而实现图像的平滑。不同的 $H(u,v)$ 可以产生不同的平滑效果，常用的频率域低通滤波器有理想低通滤波器、巴特沃兹低通滤波器和高斯低通滤波器等。

1）理想低通滤波器

一个理想的低通滤波器的传递函数可用下式表示：

$$H(u,v) = \begin{cases} 1, & D(u,v) \leqslant D_0 \\ 0, & D(u,v) > D_0 \end{cases} \tag{5-2-41}$$

式中，D_0 是一个预先设定的非负量，称为理想低通滤波器的截止频率；$D(u,v)$ 代表从频率平面的原点到点 (u,v) 的距离，即

$$D(u,v) = \sqrt{u^2 + v^2} \tag{5-2-42}$$

图 5-7 给出了理想低通滤波器的剖面图和三维透视图。理论上讲，$F(u,v)$ 在 D_0 内的频率分量无损通过；而在 $D > D_0$ 的分量却被完全衰减。这种理想低通滤波器是无法用硬件实现的，这是因为实际的元器件无法实现 $H(u,v)$ 从 1 到 0 如此陡峭的突变。另外，理想低通滤波器在消减噪声的同时，随所选截止频率 D_0 的不同，会发生不同程度的振铃 (ring) 效应。由于高频成分含有大量的边缘信息，因此采用该低通滤波器会导致边缘信息损失而使图像边缘模糊，截止频率 D_0 越低，滤除噪声越彻底，高频分量损失就越严重，图像越模糊。

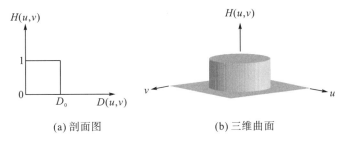

(a) 剖面图　　　　　　　(b) 三维曲面

图 5-7　理想低通滤波器传递函数

2）巴特沃兹 (Butterworth) 低通滤波器

n 阶 Butterworth 低通滤波器的传递函数为

$$H(u,v) = \frac{1}{1 + \left[D(u,v) / D_0 \right]^{2n}} \tag{5-2-43}$$

式中，D_0 为截止频率。特别地，当 $D(u,v) = D_0$ 时，$H(u,v)$ 峰值下降至原来的 50%。图 5-8 给出了 $n=1$ 时的 Butterworth 低通滤波器的剖面及三维响应示意图。从图中可以看出，传递函数 H 是连续性衰减的，在通过频率与截止频率之间没有明显的不连续性，因此，它没有引起振铃现象，模糊程度减少。但随着 n 的增大，振铃现象会逐渐明显。$n=2$ 时，有轻微振铃和负值；$n=5$ 则出现明显振铃和负值；$n=20$ 时，基本上接近于理想低通滤波器。

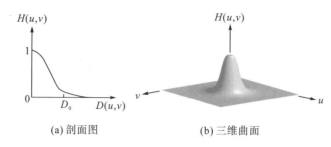

(a) 剖面图   (b) 三维曲面

图 5-8　Butterworth 低通滤波器传递函数

3）高斯低通滤波器

高斯低通滤波器的传递函数为

$$H(u,v) = e^{\frac{-D^2(u,v)}{2D_0^2}} \tag{5-2-44}$$

式中，D_0 为截止频率，等效于高斯函数的标准差 σ。特别地，当 $D(u,v) = D_0$ 时，H 幅值降到其最大值的 0.667 处，其剖面图和三维曲面如图 5-9 所示。高斯低通滤波器有比较平滑的过渡带，因此平滑后的图像没有引起振铃现象，且具有更快的衰减特性，因此其处理的图像要比 Butterworth 低通滤波器处理的图像稍模糊些。

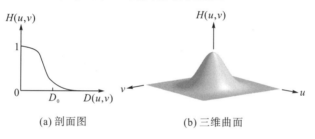

(a) 剖面图   (b) 三维曲面

图 5-9　高斯低通滤波器传递函数

频率域滤波需要对输入 $M \times N$ 图像进行补零填充，因此，频率滤波器 H 的尺寸大小是与输入图像的尺寸有关的，一般取 $P = 2M$、$Q = 2N$，即保持与补零填充后的图像尺寸一致，便于滤波过程矩阵的点乘运算。此时，式 (5-2-42) 变为 $D(u,v) = \sqrt{\left(u - \dfrac{P}{2}\right)^2 + \left(v - \dfrac{Q}{2}\right)^2}$，以便产生中心化的对称滤波器响应。否则，按定义的传递函数只能计算出图 5-7、图 5-8 和图 5-9 左侧所示的半个周期的数据，得不到右侧所示的整个周期 3D 响应图（图 5-10）。

(a) 303×404的原始灰度图像   (b) 3阶Butterworth低通滤波器响应，
　　　　　　　　　　　　　　　　　　　　　　尺寸为606×808(显示时有缩放)

(c)原始图像扩充到606×808后的滤波结果 (d)裁剪为303×404后的最终滤波结果

图 5-10 Butterworth 低通滤波示例

为了直观说明频率域滤波的实现过程,仍以 Butterworth 低通滤波器为例。从图 5-10 中可以看出,图像变得模糊,且伴有一定的振铃现象。

3. 频率域高通滤波器

图像中边缘或线条等细节部分与图像频谱的高频分量相对应,因此,在频率域中可以采用高通滤波方法让高频分量通过,使图像的边缘或轮廓变得清楚,实现图像锐化。对应 5.2.5 节介绍的常见的频率域低通滤波器,也存在相应的频率域高通滤波器。

为简化起见,本节与前一节低通滤波器对应的高通滤波器传递函数的同类变量和参数,如截止频率 D_0、距离 D 及滤波器阶数 n 等物理意义,给出的公式中不再一一说明。

二维理想高通滤波器的传递函数为

$$H(u,v) = \begin{cases} 0, & D(u,v) \leq D_0 \\ 1, & D(u,v) > D_0 \end{cases} \tag{5-2-45}$$

由式(5-2-45)可以看出,它正好与理想低通滤波器相反。对于在 D_0 内的频率分量完全去掉,而在 $D > D_0$ 的分量则无损通过。理想低通滤波器的剖面图和三维曲面如图 5-11 所示。

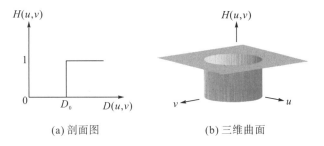

(a) 剖面图 (b) 三维曲面

图 5-11 理想低通滤波器传递函数

1)Butterworth 高通滤波器

Butterworth 高通滤波器的传递函数为

$$H(u,v) = \frac{1}{1 + \left[D_0 / D(u,v) \right]^{2n}} \tag{5-2-46}$$

式中，n 为函数的阶。传递函数 $(n=1)$ 的剖面图和三维曲面如图 5-12 所示。截止频率 D_0 的取值和其对应的低通滤波器完全类似，在通过频率和截止频率之间没有明显的不连续性，其增强图像的振铃现象不明显。但在高阶时，也同样会存在振铃现象。

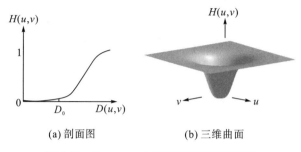

(a) 剖面图　　　　　　　(b) 三维曲面

图 5-12　Butterworth 高通滤波器传递函数

2) 高斯高通滤波器

高斯高通滤波器可由高斯低通滤波器构成，传递函数可写为

$$H(u,v) = 1 - \exp\left[\frac{-D^2(u,v)}{2D_0^2}\right] \tag{5-2-47}$$

式中，参量的物理意义与式 (5-2-44) 一致。等式右边第二项为高斯低通滤波器，其剖面图和三维曲面如图 5-13 所示。

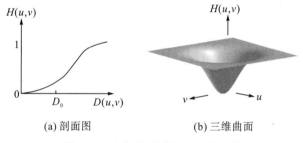

(a) 剖面图　　　　　　　(b) 三维曲面

图 5-13　高斯高通滤波器传递函数

与空间域高通滤波一样，频率域高通滤波也是强化图像的高频成分，产生图像锐化的效果。值得注意的是，利用频率域高通对图像进行滤波处理时，应尽量避免 $H(0,0)$ 等于 0。因为图像的绝大多数频率成分处于低频，$H(0,0)$ 代表了图像的平均亮度，如果为 0，则滤波结果会使得整个图像变暗。实际处理中，可以给传递函数 $H(u,v)$ 整体加一个小的常数来解决这一问题。

5.3　离散余弦变换

由于傅里叶变换包含复数运算，在数据描述上相当于实数的两倍，不易计算。作为 DFT 的特殊形式，离散余弦变换 (DCT) 的变换核仅为实数，运算速度要比 DFT 快得多，其逆变换 (inverse discrete cosine transform，IDCT) 在语音、图像信号的变换中更被认为是一种准最佳变换。早期颁布的一系列视频压缩国际标准建议中，都把 DCT 作为其中的一个基本处理模块。此外，DCT 变换也具有可分离的性质。

5.3.1　一维 DCT

一维 DCT 正、逆变换定义如下：

$$F(u) = C(u)\sqrt{\frac{2}{N}}\sum_{x=0}^{N-1} f(x)\cos\frac{(2x+1)u\pi}{2N} \tag{5-3-1}$$

$$f(x) = \sqrt{\frac{2}{N}}\sum_{u=0}^{N-1} C(u)F(u)\cos\frac{(2x+1)u\pi}{2N} \tag{5-3-2}$$

式中，$x, u = 0, 1, \cdots, N-1$，系数

$$C(u) = \begin{cases} 1/\sqrt{2}, & u = 0 \\ 1, & u \neq 0 \end{cases} \tag{5-3-3}$$

令 $g(x, u)$ 为变换核函数，则变换公式又可写为

$$F(u) = \sum_{x=0}^{N-1} f(x)g(x,u) \tag{5-3-4}$$

$$f(x) = \sum_{u=0}^{N-1} F(u)g(x,u) \tag{5-3-5}$$

$$g(x,u) = \sqrt{\frac{2}{N}}C(u)\cos\frac{(2x+1)u\pi}{2N} \tag{5-3-6}$$

式中，$x, u = 0, 1, 2, \cdots, N-1$。将变换式整理后，可以写成矩阵的形式，即

$$F = Gf \tag{5-3-7}$$

$$\boldsymbol{G} = \sqrt{\frac{2}{N}}\begin{bmatrix} 1/\sqrt{2} & 1/\sqrt{2} & \cdots & 1/\sqrt{2} \\ \cos\dfrac{\pi}{2N} & \cos\dfrac{3\pi}{2N} & \cdots & \cos\dfrac{(2N-1)\pi}{2N} \\ \cos\dfrac{2\pi}{2N} & \cos\dfrac{6\pi}{2N} & \cdots & \cos\dfrac{(2N-1)2\pi}{2N} \\ \vdots & \vdots & & \vdots \\ \cos\dfrac{(N-1)\pi}{2N} & \cos\dfrac{(N-1)3\pi}{2N} & \cdots & \cos\dfrac{(N-1)(2N-1)\pi}{2N} \end{bmatrix} \tag{5-3-8}$$

5.3.2　二维 DCT

对于一个 $N \times N$ 图像 $f(x, y)$，其二维 DCT 正、逆变换为

$$F(u,v) = \frac{2C(u)C(v)}{N}\sum_{x=0}^{N-1}\sum_{y=0}^{N-1} f(x,y)\cos\frac{(2x+1)u\pi}{2N}\cos\frac{(2y+1)v\pi}{2N} \tag{5-3-9}$$

$$f(x,y) = \sum_{u=0}^{N-1}\sum_{v=0}^{N-1}\frac{2C(u)C(v)}{N}F(u,v)\cos\frac{(2x+1)u\pi}{2N}\cos\frac{(2y+1)v\pi}{2N} \tag{5-3-10}$$

式中，$x, y = 0, 1, 2, \cdots, N-1$；$u, v = 1, 2, \cdots, N-1$。

$$C(u)C(v) = \begin{cases} \dfrac{1}{2}, & u,v = 0 \\ 1, & u,v \neq 0 \end{cases} \tag{5-3-11}$$

令 $g(x, y, u, v)$ 为变换核函数，则 DCT 变换公式也可以写为

$$F(u,v) = \sum_{x=0}^{N-1} \sum_{y=0}^{N-1} f(x,y) g(x,y,u,v) \tag{5-3-12}$$

$$f(x,y) = \sum_{u=0}^{N-1} \sum_{v=0}^{N-1} F(u,v) g(x,y,u,v) \tag{5-3-13}$$

式中，$x, y, u, v = 1, 2, \cdots, N-1$，变换核函数为

$$g(x,y,u,v) = \frac{2}{N} C(u) C(v) \cos \frac{(2x+1)u\pi}{2N} \cos \frac{(2y+1)v\pi}{2N} \tag{5-3-14}$$

二维 DCT 的矩阵形式：

$$\boldsymbol{F} = \boldsymbol{G}f\boldsymbol{G}^{\mathrm{T}} \tag{5-3-15}$$

由二维 DCT 变换的正变换、逆变换定义可以看出它们的变换核是相同的，且是可以分离的，即

$$\begin{aligned} g(x,y,u,v) &= g_1(x,u) g_2(y,v) \\ &= \sqrt{\frac{2}{N}} C(u) \cos \frac{(2x+1)u\pi}{2N} \cdot \sqrt{\frac{2}{N}} C(v) \cos \frac{(2y+1)v\pi}{2N} \end{aligned} \tag{5-3-16}$$

其中，$C(u)$ 和 $C(v)$ 的定义同式 (5-3-3)，$x, u, y, v = 0, 1, 2, \cdots, N-1$。

利用可分离性，二维 DCT 可以分解成两次一维 DCT 来完成，其流程与二维 DFT 变换类似：

$$\begin{aligned} f(x,y) &\rightarrow F_r\big[f(x,y)\big] = F(x,v) \\ &\xrightarrow{\text{Trans.}} F(x,v)^{\mathrm{T}} \rightarrow F_c\big[F(x,v)^{\mathrm{T}}\big] = F(u,v)^{\mathrm{T}} \\ &\xrightarrow{\text{Trans.}} F(u,v) \end{aligned}$$

其中，F_r 和 F_c 分别为沿行和列的 DCT；Trans.代表矩阵转置。

5.3.3 DCT 快速算法

一维快速 DCT (fast DCT，FCT) 可以由式 (5-3-1) 推导出：

$$\begin{aligned} F(u) &= C(u) \sqrt{\frac{2}{N}} \sum_{x=0}^{N-1} f(x) \cos \frac{(2x+1)u\pi}{2N} \\ &= C(u) \sqrt{\frac{2}{N}} \sum_{x=0}^{N-1} f(x) \mathrm{Re}\left\{ \mathrm{e}^{-\mathrm{j}\frac{(2x+1)u\pi}{2N}} \right\} \\ &= C(u) \sqrt{\frac{2}{N}} \mathrm{Re}\left\{ \sum_{x=0}^{N-1} f(x) \mathrm{e}^{-\mathrm{j}\frac{(2x+1)u\pi}{2N}} \right\} \end{aligned} \tag{5-3-17}$$

式中，$x, u = 0, 1, \cdots, N-1$；$\mathrm{Re}\{\cdot\}$ 表示括号内项的实部；系数

$$C(u) = \begin{cases} \dfrac{1}{\sqrt{2}}, & u = 0 \\ 1, & u \neq 0 \end{cases} \tag{5-3-18}$$

对 $f(x)$ 进行数据延拓，即

$$f_e(x) = \begin{cases} f(x), & x = 0, 1, 2, \cdots N-1 \\ 0, & x = N, N+1, \cdots, 2N-1 \end{cases} \tag{5-3-19}$$

则 $f_e(x)$ 的 DCT 可以写为

$$\begin{aligned} F_e(u) &= C(u)\sqrt{\frac{2}{N}} \sum_{x=0}^{2N-1} f_e(x) \cos\frac{(2x+1)u\pi}{2N} \\ &= C(u)\sqrt{\frac{2}{N}} \sum_{x=0}^{2N-1} f_e(x) \operatorname{Re}\left\{ e^{-j\frac{(2x+1)u\pi}{2N}} \right\} \\ &= C(u)\sqrt{\frac{2}{N}} \operatorname{Re}\left\{ \sum_{x=0}^{2N-1} f_e(x) e^{-j\frac{(2x+1)u\pi}{2N}} \right\} \\ &= C(u)\sqrt{\frac{2}{N}} \operatorname{Re}\left\{ e^{-j\frac{u\pi}{2N}} \sum_{x=0}^{2N-1} f_e(x) e^{-j\frac{2xu\pi}{2N}} \right\} \end{aligned} \tag{5-3-20}$$

其中，$\operatorname{Re}\{\cdot\}$ 代表括号内项的实部，求和的项就是 $2N$ 个点的离散傅里叶变换。所以 DCT 可以直接从 FFT 算法中求得。

因此一维 FCT 的计算步骤如下：①把信号 $f(x)$ 延拓成 $f_e(x)$，长度为 $2N$；②求 $f_e(x)$ 的 $2N$ 点 FFT，即 $F_e(u)$；③除 $F_e(0)$ 以外的其他 $F_e(u)$ 各项乘以对应的因子，即 $\sqrt{2}\exp\left(\dfrac{-j\pi u}{2N}\right)$，$u = 1, 2, \cdots, 2N-1$；④取实部，并乘以因子 $\sqrt{1/N}$；⑤取 $F_e(u)$ 的前 N 项，得 $f(x)$ 的 DCT，即 $F(u)$。

同样地，进行逆变换时，把 $F(u)$ 作延拓：

$$F_e(x) = \begin{cases} F(u), & u = 0, 1, 2, \cdots, N-1 \\ 0, & u = N, N+1, \cdots, 2N-1 \end{cases} \tag{5-3-21}$$

则 $f_e(x)$ 的 DCT 可写成为

$$\begin{aligned} f_e(u) &= \sum_{u=0}^{2N-1} C(u)\sqrt{\frac{2}{N}} F_e(u) \cos\frac{(2x+1)u\pi}{2N} \\ &= \sum_{u=0}^{2N-1} C(u)\sqrt{\frac{2}{N}} F_e(u) \operatorname{Re}\left\{ e^{-j\frac{(2x+1)u\pi}{2N}} \right\} \\ &= \operatorname{Re}\left\{ \sum_{u=0}^{2N-1} C(u)\sqrt{\frac{2}{N}} F_e(u) e^{j\frac{(2x+1)u\pi}{2N}} \right\} \\ &= 2N\operatorname{Re}\left\{ \frac{1}{2N} \sum_{u=0}^{2N-1} C(u)\sqrt{\frac{2}{N}} F_e(u) e^{j\frac{u\pi}{2N}} e^{j\frac{2xu\pi}{2N}} \right\} \end{aligned} \tag{5-3-22}$$

所以离散余弦逆变换(IDCT)可以利用 $C(u)\sqrt{\dfrac{2}{N}}F_{\mathrm{e}}(u)\mathrm{e}^{\mathrm{j}\frac{u\pi}{2N}}$ 的 $2N$ 点 IFFT 算法来实现。

因此一维快速余弦逆变换(IFCT)的计算步骤如下：①把信号 $F(u)$ 延拓成 $F_{\mathrm{e}}(u)$，长度为 $2N$；②$F_{\mathrm{e}}(u)$ 各项乘以对应的因子，即 $\sqrt{2}\exp(\mathrm{j}\pi u/2N),\ u=1,2,\cdots,2N-1$；③$F_{\mathrm{e}}(0)$ 乘以因子 $2\sqrt{N}$，其他各项乘以 $2\sqrt{2N}$；④求 $F_{\mathrm{e}}(u)$ 的 $2N$ 点 IFFT，取实部，即 $f_{\mathrm{e}}(x)$；⑤取 $f_{\mathrm{e}}(x)$ 的前 N 项，得 $F(u)$ 的 IDCT，即 $f(x)$。

图 5-14 为一幅磁共振(MRI)图像的离散余弦变换实例。从图中可以看出，DCT 非零系数大都集中在了图的左上角。利用这一特性，可以用于信号或图像的稀疏表示和压缩。与 DFT 类似，DCT 变换系数也具有频率域的分布特性，原则上也可以用于信号的滤波等，但不是很常用。实际应用中，由于 DCT 正反变换核是固定的，这使得我们可以预先计算不同规模下阵列的变换核矩阵，以适应不同的数据压缩应用。

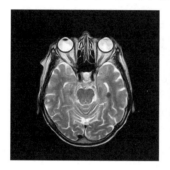 

(a) 原始图像   (b) 变换结果

图 5-14   二维离散余弦变换实例

5.4   沃尔什-哈达玛变换

傅里叶变换和余弦变换都是由正弦和余弦函数为基本正交函数展开而成的，但是计算机运行时，实、虚部分开运算会使运算速度受到影响。而沃尔什变换是由+1 或-1 为基函数的级数展开而成的，它也满足完备正交特性。由于沃尔什函数是二值正交函数，与数字逻辑的两个状态相对应，因此它更适合于计算机技术和数字信号处理。

沃尔什(Walsh)函数其实是一组矩形波，其取值分别为+1 和-1，它有三种排列或编号方式，即按列率排列或沃尔什排列、佩利(Paley)排列和哈达玛(Hadamard)排列。这三种排列各有特点，而哈达玛排列具有简单的递推关系、最便于快速计算，因此哈达玛排列定义的沃尔什变换最为常用。

5.4.1   离散沃尔什变换

设 $N=2^{n}$，一维离散沃尔什变换的核为

$$g\left(x,u\right)=\frac{1}{N}\prod_{i=0}^{n-1}\left(-1\right)^{b_{i}(x)b_{n-1-i}(u)} \tag{5-4-1}$$

函数 $f(x)$ 的离散沃尔什正变换为

$$W(u) = \frac{1}{N}\sum_{x=0}^{N-1} f(x)\prod_{i=0}^{n-1}(-1)^{b_i(x)b_{n-1-i}(u)} \tag{5-4-2}$$

式中， $u, x = 0,1,\cdots,N-1$ ； $b_i(x)$ 是 x 的二进制表示的第 i 位。如 $n=4$ 和 $x=8$ ，8 的二进制表示为 1000，则 $b_0(x)=0$ ， $b_1(x)=0$ ， $b_2(x)=0$ ， $b_3(x)=1$ 。

沃尔什反变换核为

$$h(x,u) = \prod_{i=0}^{n-1}(-1)^{b_i(x)b_{n-1-i}(u)} \tag{5-4-3}$$

反变换公式为

$$f(x) = \sum_{x=0}^{N-1} W(u)\prod_{i=0}^{n-1}(-1)^{b_i(x)b_{n-1-i}(u)} \tag{5-4-4}$$

从上式可以看出正反沃尔什变换核除相差 $1/N$ 这个常数项以外是完全一致的，因此，任何计算沃尔什正变换的算法都可以用来求反变换，只需要对结果乘以 N 即可。

沃尔什变换具有一定的规律，当 $n=1,2,3$ ， $N=2,4,8$ 时的 $b_i(x)$ 值如表 5-3 所示，对应的沃尔什变换核如表 5-4 所示，其中+表示 1，-表示-1，省略了常数项 $1/N$ 。

表 5-3 $N=2,4,8$ 时的 $b_i(x)$ 值

N	2（$n=1$）		4（$n=2$）				8（$n=3$）							
x	0	1	0	1	2	3	0	1	2	3	4	5	6	7
x 二进制	0	1	00	01	10	11	000	001	010	011	100	101	110	111
$b_0(x)$	0	1	0	1	0	1	0	1	0	1	0	1	0	1
$b_1(x)$	—	—	0	0	1	1	0	0	1	1	0	0	1	1
$b_2(x)$	—	—	—	—	—	—	0	0	0	0	1	1	1	1

沃尔什变换的快速计算方法和 FFT 的方法是类似的，只是把 FFT 中所有的 W_N 在快速沃尔什变换（fast Walsh transform，FWT）中变成 1。FWT 的基本关系为

$$W(u) = W_e(u) + W_o(u) \tag{5-4-5}$$

$$W(u+M) = W_e(u) - W_o(u) \tag{5-4-6}$$

式中， $M=N/2$ ， $u=0; 1,2,\cdots,M-1$ 。

下面举例说明式 (5-4-5)、式 (5-4-6) 和式 (5-4-2) 的效果是一样的。

表 5-4 $N=2,4,8$ 时的沃尔什变换核

N		2（$n=1$）		4（$n=2$）				8（$n=3$）							
X		0	1	0	1	2	3	0	1	2	3	4	5	6	7
u	0	+	+	+	+	+	+	+	+	+	+	+	+	+	+
	1	+	−	+	+	−	−	+	+	+	+	−	−	−	−
	2			+	−	+	−	+	+	−	−	+	+	−	−
	3			+	−	−	+	+	+	−	−	−	−	+	+
	4							+	−	+	−	+	−	+	−

续表

N		2(n=1)		4(n=2)				8(n=3)							
X		0	1	0	1	2	3	0	1	2	3	4	5	6	7
	5							+	−	+	−	−	+	−	+
	6							+	−	−	+	+	−	−	+
u	7							+	−	−	+	−	+	+	−

例 5-5　如果 $N=4$，应用式 (5-4-2) 得

$$W(0) = \frac{1}{4}\sum_{x=0}^{3}\left[f(x)\prod_{i=0}^{1}(-1)^{b_i(x)b_{1-i}(0)}\right] = \frac{1}{4}\left[f(0)+f(1)+f(2)+f(3)\right]$$

$$W(1) = \frac{1}{4}\sum_{x=0}^{3}\left[f(x)\prod_{i=0}^{1}(-1)^{b_i(x)b_{1-i}(1)}\right] = \frac{1}{4}\left[f(0)+f(1)-f(2)-f(3)\right]$$

$$W(2) = \frac{1}{4}\sum_{x=0}^{3}\left[f(x)\prod_{i=0}^{1}(-1)^{b_i(x)b_{1-i}(2)}\right] = \frac{1}{4}\left[f(0)-f(1)+f(2)-f(3)\right]$$

$$W(3) = \frac{1}{4}\sum_{x=0}^{3}\left[f(x)\prod_{i=0}^{1}(-1)^{b_i(x)b_{1-i}(3)}\right] = \frac{1}{4}\left[f(0)-f(1)-f(2)+f(3)\right]$$

应用式 (5-4-5) 和式 (5-4-6) 进行计算：

$$W_e(0) = \frac{1}{4}\left[f(0)+f(2)\right],\quad W_o(0) = \frac{1}{4}\left[f(1)+f(3)\right]$$

$$W_e(1) = \frac{1}{4}\left[f(0)-f(2)\right],\quad W_o(1) = \frac{1}{4}\left[f(1)-f(3)\right]$$

由式 (5-4-5) 得

$$W(0) = W_e(0)+W_o(0) = \frac{1}{4}\left[f(0)+f(1)+f(2)+f(3)\right]$$

$$W(1) = W_e(1)+W_o(1) = \frac{1}{4}\left[f(0)+f(1)-f(2)-f(3)\right]$$

由式 (5-4-6) 得

$$W(2) = \frac{1}{2}\left[W_e(0)-W_o(0)\right] = \frac{1}{4}\left[f(0)-f(1)+f(2)-f(3)\right]$$

$$W(3) = \frac{1}{2}\left[W_e(1)-W_o(1)\right] = \frac{1}{4}\left[f(0)-f(1)-f(2)+f(3)\right]$$

可以看出，式 (5-4-5)、式 (5-4-6) 和式 (5-4-2) 计算得到的结果是一样的，通过这个例子，说明 DFT 的快速算法可以应用于快速沃尔什变换。

对于二维的正向和反向沃尔什变换，其变换核是完全一样的，可以写为

$$g(x,y,u,v) = h(x,y,u,v) = \frac{1}{N}\prod_{i=0}^{n-1}(-1)^{\left[b_i(x)b_{n-1-i}(u)+b_i(y)b_{n-1-i}(v)\right]} \tag{5-4-7}$$

二维离散沃尔什正变换和反变换的公式为

$$W(u,v) = \frac{1}{N}\sum_{x=0}^{N-1}\sum_{y=0}^{N-1}f(x,y)\prod_{i=0}^{n-1}(-1)^{\left[b_i(x)b_{n-1-i}(u)+b_i(y)b_{n-1-i}(v)\right]},\quad u,v=0,1,2,\cdots,N-1 \tag{5-4-8}$$

$$f(x,y)=\frac{1}{N}\sum_{u=0}^{N-1}\sum_{v=0}^{N-1}W(u,v)\prod_{i=0}^{n-1}(-1)^{[b_i(x)b_{n-1-i}(u)+b_i(y)b_{n-1-i}(v)]},u,v=0,1,2,\cdots,N-1 \qquad (5\text{-}4\text{-}9)$$

和傅里叶变换一样，沃尔什变换的核是可分离和对称的，即

$$g(x,y,u,v)=g_1(x,u)g_2(y,v)=h_1(x,u)h_2(y,v)$$

$$=\left[\frac{1}{\sqrt{N}}\prod_{i=0}^{n-1}(-1)^{b_i(x)b_{n-1-i}(u)}\right]\left[\frac{1}{\sqrt{N}}\prod_{i=0}^{n-1}(-1)^{b_i(y)b_{n-1-i}(v)}\right] \qquad (5\text{-}4\text{-}10)$$

因此，二维离散沃尔什变换可以采用和二维 DFT 一样的方法，即分成两步一维沃尔什变换。二维沃尔什变换的矩阵表示为

$$W=\frac{1}{N^2}GfG \qquad (5\text{-}4\text{-}11)$$

式中，G 为 N 阶沃尔什变换核矩阵。

二维沃尔什反变换的矩阵表示为

$$f=GWG \qquad (5\text{-}4\text{-}12)$$

例 5-6　两个二维数字图像信号矩阵分别为

$$f_1=\begin{bmatrix}1&3&3&1\\1&3&3&1\\1&3&3&1\\1&3&3&1\end{bmatrix} \qquad f_2=\begin{bmatrix}1&1&1&1\\1&1&1&1\\1&1&1&1\\1&1&1&1\end{bmatrix}$$

求它们的二维 DWT。

求解过程：先写出 $N=4$ 时的沃尔什变换核

$$G=\begin{bmatrix}1&1&1&1\\1&1&-1&-1\\1&-1&1&-1\\1&-1&-1&1\end{bmatrix}$$

根据式(5-4-11)，有

$$W_1=\frac{1}{N^2}Gf_1G=\frac{1}{4^2}\begin{bmatrix}1&1&1&1\\1&1&-1&-1\\1&-1&1&-1\\1&-1&-1&1\end{bmatrix}\begin{bmatrix}1&3&3&1\\1&3&3&1\\1&3&3&1\\1&3&3&1\end{bmatrix}\begin{bmatrix}1&1&1&1\\1&1&-1&-1\\1&-1&1&-1\\1&-1&-1&1\end{bmatrix}$$

$$=\frac{1}{16}\begin{bmatrix}1&1&1&1\\1&1&-1&-1\\1&-1&1&-1\\1&-1&-1&1\end{bmatrix}\begin{bmatrix}8&0&0&-4\\8&0&0&-4\\8&0&0&-4\\8&0&0&-4\end{bmatrix}$$

$$=\frac{1}{16}\begin{bmatrix}32&0&0&-16\\0&0&0&0\\0&0&0&0\\0&0&0&0\end{bmatrix}=\begin{bmatrix}2&0&0&-1\\0&0&0&0\\0&0&0&0\\0&0&0&0\end{bmatrix}$$

同样地，有

$$W_2 = \frac{1}{N^2}Gf_2G = \frac{1}{4^2}\begin{bmatrix}1&1&1&1\\1&1&-1&-1\\1&-1&1&-1\\1&-1&-1&1\end{bmatrix}\begin{bmatrix}1&1&1&1\\1&1&1&1\\1&1&1&1\\1&1&1&1\end{bmatrix}\begin{bmatrix}1&1&1&1\\1&1&-1&-1\\1&-1&1&-1\\1&-1&-1&1\end{bmatrix}$$

$$= \begin{bmatrix}1&0&0&0\\0&0&0&0\\0&0&0&0\\0&0&0&0\end{bmatrix}$$

图 5-15 是一幅 MRI 图像和它的二维离散沃尔什变换结果。可以看出，二维离散沃尔什变换具有某种能量集中特性，而且原始数据越是均匀分布，变换后的数据越集中于矩阵的左上角。利用此特性，沃尔什变换可以用于数据压缩。

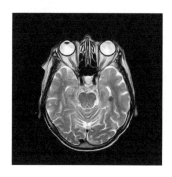 

(a) 原图像   (b) 沃尔什变换结果

图 5-15   图像的离散沃尔什变换

5.4.2   离散哈达玛变换

采用哈达玛排列的沃尔什函数进行的变换称为沃尔什-哈达玛变换（Walsh-Hadamard transform，WHT），有时直接叫哈达玛变换。$N = 2^n (n = 0,1,2\cdots)$ 阶哈达玛矩阵每一行的符号变化规律对应于一个离散沃尔什函数，哈达玛矩阵和沃尔什函数的不同之处仅仅是行的次序不同。

哈达玛变换具有简单的递推关系，即高阶矩阵可以用两个低阶矩阵的直积求得，现已证明，$N < 200$ 的哈达玛变换均存在。

一维哈达玛的正反变换核为

$$g(x,u) = \frac{1}{N}(-1)^{\sum_{i=0}^{n-1}b_i(x)b_i(u)} \qquad (5\text{-}4\text{-}13)$$

$$h(x,u) = (-1)^{\sum_{i=0}^{n-1}b_i(x)b_i(u)} \qquad (5\text{-}4\text{-}14)$$

式中，$N = 2^n$；$x,u = 0,1,2,\cdots,N-1$；$b_k(x)$ 表示 x 的二进制码的第 k 位值。

哈达玛变换核的构造具有递推形式，$2N$ 阶的哈达玛矩阵 $\boldsymbol{H}_{2N}$ 与 N 阶哈达玛矩阵 $\boldsymbol{H}_N$

的递推关系为

$$H_{2N} = \begin{bmatrix} H_N & H_N \\ H_N & -H_N \end{bmatrix} = H_N \otimes H_2 \tag{5-4-15}$$

式中，$\otimes$ 称为克罗内克(Kronecker)积，利用哈达玛矩阵的递推关系式可以产生任意 $2N$ 阶的哈达玛矩阵。

最低阶($N=2$)的哈达码矩阵为

$$H_2 = \begin{bmatrix} 1 & 1 \\ 1 & -1 \end{bmatrix} \tag{5-4-16}$$

则

$$H_4 = \begin{bmatrix} H_2 & H_2 \\ H_2 & -H_2 \end{bmatrix} = \begin{bmatrix} 1 & 1 & 1 & 1 \\ 1 & -1 & 1 & -1 \\ 1 & 1 & -1 & -1 \\ 1 & -1 & -1 & 1 \end{bmatrix} \tag{5-4-17}$$

$$H_8 = \begin{bmatrix} H_4 & H_4 \\ H_4 & -H_4 \end{bmatrix} = \begin{bmatrix} 1 & 1 & 1 & 1 & 1 & 1 & 1 & 1 \\ 1 & -1 & 1 & -1 & 1 & -1 & 1 & -1 \\ 1 & 1 & -1 & -1 & 1 & 1 & -1 & -1 \\ 1 & -1 & -1 & 1 & 1 & -1 & -1 & 1 \\ 1 & 1 & 1 & 1 & -1 & -1 & -1 & -1 \\ 1 & -1 & 1 & -1 & -1 & 1 & -1 & 1 \\ 1 & 1 & -1 & -1 & -1 & -1 & 1 & 1 \\ 1 & -1 & -1 & 1 & -1 & 1 & 1 & -1 \end{bmatrix} \tag{5-4-18}$$

在哈达玛矩阵中，沿某一列符号改变的次数通常称为这个列的列率，式(5-4-18)表示的 8 阶哈达玛矩阵的列率分别为 0、7、3、4、1、6、2、5。在实际使用中，通常对列率有序增加的函数感兴趣，此时称为定序哈达玛变化。定序哈达玛变换的正反变换核为

$$g(x,u) = \frac{1}{N} (-1)^{\sum_{i=0}^{n-1} b_i(x) p_i(u)} \tag{5-4-19}$$

$$h(x,u) = (-1)^{\sum_{i=0}^{n-1} b_i(x) p_i(u)} \tag{5-4-20}$$

其中，

$$\begin{aligned} p_0(u) &= b_{n-1}(u) \\ p_1(u) &= b_{n-1}(u) + b_{n-2}(u) \\ &\vdots \\ p_{n-1}(u) &= b_1(u) + b_0(u) \end{aligned} \tag{5-4-21}$$

根据修改的定义，$N=8$ 的定序哈达玛变换核如表 5-5 所示。表中，+表示 1；-表示-1。显然，此时的列率变化为 0、1、2、3、4、5、6、7。

沃尔什函数的值只是正负交替，不具有周期性，可以用列率来表征它的变化的"快慢"。列率是频率概念的推广，也称为"广义频率"，它表示某个函数在单位区间上函数值为零的零点个数之半。对于周期函数，列率和频率的定义一致，因此它既适用于周期函

数，也适用于非周期函数。

表 5-5　　$N=8$ 的定序哈达玛变换核

u / x	0	1	2	3	4	5	6	7
0	+	+	+	+	+	+	+	+
1	+	+	+	+	−	−	−	−
2	+	+	−	−	−	−	+	+
3	+	+	−	−	+	+	−	−
4	+	−	−	+	+	−	−	+
5	+	−	−	+	−	+	+	−
6	+	−	+	−	−	+	−	+
7	+	−	+	−	+	−	+	−

5.4.3　离散沃尔什-哈达玛变换

由于哈达玛变换具有简单的递推关系，因此沃尔什-哈达玛变换（WHT）的计算十分方便。离散沃尔什-哈达玛变换的定义可以直接由沃尔什变换得到，只是用按哈达玛排列的沃尔什函数代替了按沃尔什排列的沃尔什函数，其计算矩阵如下：

$$\begin{bmatrix} W(0) \\ W(1) \\ \vdots \\ W(N-1) \end{bmatrix} = \frac{1}{N} \boldsymbol{H}_N \begin{bmatrix} f(0) \\ f(1) \\ \vdots \\ f(N-1) \end{bmatrix} \tag{5-4-22}$$

式中，$[W(0),W(1),\cdots,W(N-1)]^{\mathrm{T}}$ 是沃尔什-哈达玛变换系数序列；$\boldsymbol{H}_N$ 为 N 阶哈达玛矩阵；$[f(0),f(1),\cdots,f(N-1)]^{\mathrm{T}}$ 是时间序列。上式的逆变换为

$$\begin{bmatrix} f(0) \\ f(1) \\ \vdots \\ f(N-1) \end{bmatrix} = \boldsymbol{H}_N \begin{bmatrix} W(0) \\ W(1) \\ \vdots \\ W(N-1) \end{bmatrix} \tag{5-4-23}$$

由哈达玛矩阵的特点可知，沃尔什-哈达玛变换的本质是将离散序列 $f(x)$ 各项值的符号按一定规律改变后，进行加减运算，因此它比采用复数运算的 DFT 和采用余弦运算的 DCT 要简单得多。

例 5-7　将时间序列[0, 0, 1, 1, 0, 0, 1, 1]做沃尔什变换及逆变换。

$$
\begin{bmatrix} W(0) \\ W(1) \\ W(2) \\ W(3) \\ W(4) \\ W(5) \\ W(6) \\ W(7) \end{bmatrix} = \frac{1}{8} \begin{bmatrix} 1 & 1 & 1 & 1 & 1 & 1 & 1 & 1 \\ 1 & -1 & 1 & -1 & 1 & -1 & 1 & -1 \\ 1 & 1 & -1 & -1 & 1 & 1 & -1 & -1 \\ 1 & -1 & -1 & 1 & 1 & -1 & -1 & 1 \\ 1 & 1 & 1 & 1 & -1 & -1 & -1 & -1 \\ 1 & -1 & 1 & -1 & -1 & 1 & -1 & 1 \\ 1 & 1 & -1 & -1 & -1 & -1 & 1 & 1 \\ 1 & -1 & -1 & 1 & -1 & 1 & 1 & -1 \end{bmatrix} \begin{bmatrix} 0 \\ 0 \\ 1 \\ 1 \\ 0 \\ 0 \\ 1 \\ 1 \end{bmatrix} = \begin{bmatrix} \dfrac{1}{2} \\ 0 \\ -\dfrac{1}{2} \\ 0 \\ 0 \\ 0 \\ 0 \\ 0 \end{bmatrix}
$$

逆变换为

$$
\begin{bmatrix} f(0) \\ f(1) \\ f(2) \\ f(3) \\ f(4) \\ f(5) \\ f(6) \\ f(7) \end{bmatrix} = \begin{bmatrix} 1 & 1 & 1 & 1 & 1 & 1 & 1 & 1 \\ 1 & -1 & 1 & -1 & 1 & -1 & 1 & -1 \\ 1 & 1 & -1 & -1 & 1 & 1 & -1 & -1 \\ 1 & -1 & -1 & 1 & 1 & -1 & -1 & 1 \\ 1 & 1 & 1 & 1 & -1 & -1 & -1 & -1 \\ 1 & -1 & 1 & -1 & -1 & 1 & -1 & 1 \\ 1 & 1 & -1 & -1 & -1 & -1 & 1 & 1 \\ 1 & -1 & -1 & 1 & -1 & 1 & 1 & -1 \end{bmatrix} \begin{bmatrix} \dfrac{1}{2} \\ 0 \\ -\dfrac{1}{2} \\ 0 \\ 0 \\ 0 \\ 0 \\ 0 \end{bmatrix} = \begin{bmatrix} 0 \\ 0 \\ 1 \\ 1 \\ 0 \\ 0 \\ 1 \\ 1 \end{bmatrix}
$$

很容易将一维 WHT 的定义推广到二维 WHT 中。

图 5-16 是一幅 MRI 图像和它的二维 WHT 结果。从图中可以看出，变换结果具有良好的稀疏分布特性。

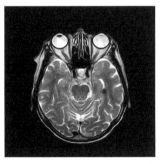

(a) 原图像　　　　　　　　　　(b) WHT结果

图 5-16　图像的沃尔什-哈达玛变换

5.5　K-L 变换

在图像数据的变换中，K-L 变换具有重要的地位。K-L 变换是以图像的统计性质为基础的，其变换矩阵核由图像阵列的协方差矩阵的特征值和特征向量决定，而图像的协方差矩阵体现了图像的结构特征，因此 K-L 变换也可以称为特征域变换。傅里叶变换是频率域变换的典型代表，而 K-L 变换则是特征域内正交变换的典型代表。

5.5.1 图像的协方差矩阵

设一幅大小为 $N \times N$ 的图像 $f(x, y)$ 在某个图像传输通道上传输了 M 次，接收到一个图像集合：

$$\{f_1(x,y), f_2(x,y), \cdots, f_i(x,y), \cdots, f_M(x,y)\} \tag{5-5-1}$$

可以将接收到的图像集合写成 M 个 N^2 维的向量，生成向量的方法可以用行堆叠或列堆叠的方法。例如，第 i 次获得的图像用 N^2 维的向量表示为

$$\boldsymbol{X}_i = \{f_i(0,0), f_i(0,1), \cdots, f_i(0,N-1), f_i(1,0), f_i(1,1), \cdots, f_i(1,N-1), f_i(N-1,0), \cdots, f_i(N-1,N-1)\}^{\mathrm{T}} \tag{5-5-2}$$

式中，T 表示转置。向量 $\boldsymbol{X}$ 的协方差矩阵为

$$\boldsymbol{C}_X = E\left\{ (\boldsymbol{X} - \boldsymbol{m}_X)(\boldsymbol{X} - \boldsymbol{m}_X)^{\mathrm{T}} \right\} \tag{5-5-3}$$

$$\boldsymbol{m}_X = E\{\boldsymbol{X}\} \approx \frac{1}{M} \sum_{i=1}^{M} \boldsymbol{X}_i \tag{5-5-4}$$

式中，$E\{\cdot\}$ 表示求均值；$\boldsymbol{m}_X$ 是平均值向量。协方差矩阵可进一步表示为

$$\boldsymbol{C}_X \approx \frac{1}{M} \sum_{i=1}^{M} (\boldsymbol{X} - \boldsymbol{m}_X)(\boldsymbol{X} - \boldsymbol{m}_X)^{\mathrm{T}} \approx \frac{1}{M} \left[\sum_{i=0}^{M} \boldsymbol{X}_i \boldsymbol{X}_i^{\mathrm{T}} \right] - \boldsymbol{m}_X \boldsymbol{m}_X^{\mathrm{T}} \tag{5-5-5}$$

式中，$\boldsymbol{m}_X$ 是 N^2 维的向量，而 $\boldsymbol{C}_X$ 是 $N^2 \times N^2$ 维的向量。

5.5.2 离散 K-L 变换

令 e_i 和 λ_i 分别表示协方差矩阵 $\boldsymbol{C}_X$ 的特征值和特征向量，其中，$i = 1, 2, \cdots, N^2$，λ_i 按降序排列，即

$$\lambda_1 > \lambda_2 > \lambda_3 > \cdots > \lambda_{N^2} \tag{5-5-6}$$

那么 K-L 变换的核矩阵 $\boldsymbol{A}$ 的行可以用 $\boldsymbol{C}_X$ 的特征向量构造，即

$$\boldsymbol{A} = \begin{bmatrix} e_{11} & e_{12} & \cdots & e_{1N^2} \\ e_{21} & e_{22} & \cdots & e_{2N^2} \\ \vdots & \vdots & & \vdots \\ e_{N^2 1} & e_{N^2 2} & \cdots & e_{N^2 N^2} \end{bmatrix} \tag{5-5-7}$$

式中，e_{ij} 代表 $\boldsymbol{C}_X$ 第 i 个特征量的第 j 个分量。

离散 K-L 变换定义为

$$\boldsymbol{Y} = \boldsymbol{A}(\boldsymbol{X} - \boldsymbol{m}_X) \tag{5-5-8}$$

式中，$\boldsymbol{Y}$ 为新产生的图像向量；$\boldsymbol{X} - \boldsymbol{m}_X$ 被称为中心化图像向量，其中，$\boldsymbol{X}$ 表示原始图像向量；$\boldsymbol{m}_X$ 表示均值向量。

5.5.3 离散 K-L 变换的基本性质

K-L 变换具有以下特性：

(1)向量 $\boldsymbol{Y}$ 的均值 $\boldsymbol{m}_Y$ 为零向量。

证明：

$$\boldsymbol{m}_Y = E\{\boldsymbol{Y}\} = E\{\boldsymbol{A}(\boldsymbol{X} - \boldsymbol{m}_X)\} = \boldsymbol{A} \cdot E\{\boldsymbol{X}\} - \boldsymbol{A}\boldsymbol{m}_X = 0 \tag{5-5-9}$$

(2)K-L 变换后的图像向量 $\boldsymbol{Y}$ 的协方差 $\boldsymbol{C}_Y = \boldsymbol{A}\boldsymbol{C}_X\boldsymbol{A}^{\mathrm{T}}$。

证明：

$$\boldsymbol{C}_Y = E\left\{(\boldsymbol{Y} - \boldsymbol{m}_Y)(\boldsymbol{Y} - \boldsymbol{m}_Y)^{\mathrm{T}}\right\} = E\{\boldsymbol{Y} \cdot \boldsymbol{Y}^{\mathrm{T}}\} \tag{5-5-10}$$

将式(5-5-8)代入式(5-5-10)，得

$$\begin{aligned} \boldsymbol{C}_Y &= E\left\{[\boldsymbol{A}\boldsymbol{X} - \boldsymbol{A}\boldsymbol{m}_X][\boldsymbol{A}\boldsymbol{X} - \boldsymbol{A}\boldsymbol{m}_X]^{\mathrm{T}}\right\} \\ &= E\left\{\boldsymbol{A}[\boldsymbol{X} - \boldsymbol{m}_X][\boldsymbol{X} - \boldsymbol{m}_X]^{\mathrm{T}}\boldsymbol{A}^{\mathrm{T}}\right\} \\ &= \boldsymbol{A}E\left\{[\boldsymbol{X} - \boldsymbol{m}_X][\boldsymbol{X} - \boldsymbol{m}_X]^{\mathrm{T}}\right\}\boldsymbol{A}^{\mathrm{T}} \end{aligned} \tag{5-5-11}$$

将式(5-5-3)代入上式，则有

$$\boldsymbol{C}_Y = \boldsymbol{A}\boldsymbol{C}_X\boldsymbol{A}^{\mathrm{T}} \tag{5-5-12}$$

(3)K-L 变换后得图像向量 $\boldsymbol{Y}$ 的协方差是对角矩阵，其矩阵元素是 $\boldsymbol{C}_X$ 的特征值，也是向量 $\boldsymbol{Y}$ 的方差。矩阵 $\boldsymbol{C}_X$ 非对角线上的元素称协方差，协方差为零说明向量 $\boldsymbol{Y}$ 中各元素的相关性很小。而 $\boldsymbol{C}_X$ 的协方差元素不为零，说明原始图像元素之间具有较强的相关性。这就是采用 K-L 变换可以进行图像压缩且压缩比大的原因。

$$\boldsymbol{C}_X = \begin{bmatrix} \lambda_1 & & & \\ & \lambda_2 & & 0 \\ & & \ddots & \\ 0 & & & \lambda_{N^2} \end{bmatrix} \tag{5-5-13}$$

(4)因为 $\boldsymbol{C}_X$ 是实对称矩阵，总可以找到标准正交的特征向量集合构成 $\boldsymbol{A}$，使得 $\boldsymbol{A}^{-1} = \boldsymbol{A}^{\mathrm{T}}$，因此 K-L 逆变换的公式为

$$\boldsymbol{X} = \boldsymbol{A}^{\mathrm{T}}\boldsymbol{Y} + \boldsymbol{m}_X \tag{5-5-14}$$

完全重建需要全部的特征量，即数据未进行压缩。若要对压缩的数据进行重建，只需选择 $k(k < N^2)$ 个大的特征值 λ_i，利用它们对应的特征向量构造 $\boldsymbol{A}_K$，此时的反变换为

$$\boldsymbol{X} = \boldsymbol{A}_K^Y\boldsymbol{Y} + \boldsymbol{m}_X \tag{5-5-15}$$

当然，此时的重建具有误差，重建误差为

$$\boldsymbol{R} = E\left\{(\boldsymbol{X} - \hat{\boldsymbol{X}})^2\right\} = \sum_{j=1}^{N^2}\lambda_j - \sum_{j=1}^{k}\lambda_j = \sum_{j=k+1}^{N^2}\lambda_j \tag{5-5-16}$$

因此，K-L 变换是在均方误差最小意义上的最优变换，去相关性好，可用于数据压缩、图像旋转。但它存在一些明显的缺点，如必须计算 $\boldsymbol{C}_X$ 及其特征值、特征向量，计算量巨

大，还有离散 K-L 变换是非分离的，二维运算无法像 DFT 一样分解成两个一维运算，因此 K-L 变换没有快速算法。这些缺点影响了它在信息压缩中的使用。

如在静态人脸图像识别中，有一种方法称为特征脸法，它就是利用 K-L 变换减少数据量和运算量。其主要步骤如下：

(1)将所有的人脸样本标准化，只取正面标准像，转换成大小一致的图像，如 64×64。

(2)将每幅标准化后的图像用列矢量表示，计算图像的均方差矩阵并求出特征值。

(3)特征值从大到小排列，保留最大的 N 个，使能量保留在 95%以上。

(4)求出与上述特征值相对应的特征矢量，构造变换矩阵。

(5)用变换矩阵重新计算样本图像的特征，此时每幅图像只有 $N(N<64×64)$ 个特征，这些图像被称为"特征脸"。

(6)待识别的人脸图像用转换矩阵处理，得到特征矢量，并将它们与样本库中的"特征脸"进行相似性分析，确认身份。

5.6　小波变换

小波分析的概念最早见于 1910 年 Haar 提出的小波正交基。由于 Haar 正交基存在不连续性，故在其后的 50 余年内并未得到真正的推广应用。1981 年，法国地质物理学家 Jean Morlet 在分析地震波的局部性质时，希望使用在高频处时窗变窄，低频处频窗变窄的自适应变换，但传统的傅里叶变换难以达到这一要求，因此他引用了高斯余弦调制函数，将其伸缩和平移得到一组函数系，后来被称为"Morlet 小波基"。1986 年著名数学家 Meyer 对 Morlet 方法进行了系统研究，首次在理论上建立了确定的函数，构造出了真正的小波基。20 世纪 80 年代末，小波分析取得突破性成就——Mallat 提出小波变换的快速分解与重构算法，现在称之为 Mallat 算法，该算法在小波分析中的作用相当于 FFT 在傅里叶变换中的作用。1988 年 Daubechies 提出结构具有紧支集的光滑小波，使小波分析理论得到了系统化。自此，有关小波的研究不断取得重大突破，小波的应用也几乎涉及信息领域的所有学科。其中引人注意的是 90 年代中期提出的小波变换是完全基于提升方法的和多小波理论，而提升小波已经被 ISO 所采纳，JPEG2000 采用的小波变换就是完全基于提升方法的。

5.6.1　小波分析基础

傅里叶变换是以正弦函数作为正交基函数，离散傅里叶变换也是以整个域中的非零基向量作为变换核向量，因此傅里叶变换只适合处理时空无限延伸的信号。要得到任意一个频率分量的谱值都必须在整个时空间域中运算，而实际的信号大多是时空有限的，如图像总是取有限的尺寸。在对图像进行分析时，常常要求分析图像中的某些局部特征(如边缘、线条等)，它们同傅里叶变换核函数的周期性质相距甚远，因此傅里叶变换难以用于局部信号分析。

小波变换就是为了克服傅里叶变换的上述缺陷而提出的，小波变换在时间域和频率域都具有良好的局部化特性,对观测信号的高频成分可逐渐精细地调整时间域或频率域的步长,即实现对观测信号的多尺的细化分析,聚焦到信号或图像函数的任意细节,从而被称为"数学显微镜"。此外,通过小波变换和分解,可以探测识别并提取非常复杂和奇异的信号(傅里叶变换在时间域中无局部化特性,而在频率域中仅是一个滤波器)。

1. 小波定义

小波的定义为:设 $\psi(t)$ 为一平方可积函数,即 $\psi(t) \in L^2(R)$,若其傅里叶变换 $\psi(w)$ 满足容许性条件:

$$C_\psi = \int_{-\infty}^{+\infty} \frac{\left| \psi(w) \right|^2}{w} \mathrm{d}w < \infty \tag{5-6-1}$$

则称 $\psi(t)$ 为一个基本小波或小波母函数。小波函数一般具有以下特点:

(1)小:在时间域都具有紧支撑集或近似紧支集。

(2)振荡性:根据 $\psi(w)$ 的有限性,可知 $\psi(0)=0$,由此可知小波必须具有正负交替的波动性,同时

$$\int_{-\infty}^{+\infty} \psi(t)\mathrm{d}t = 0 \tag{5-6-2}$$

即平均值为零。

对小波 $\psi(t)$ 进行平移、伸缩可得到一个小波基函数集合 $\left\{ \psi_{a,b}(t) \right\}$

$$\psi_{a,b}(t) = (a)^{-\frac{1}{2}} \psi\left(\frac{t-b}{a}\right) \tag{5-6-3}$$

式中,$a,b \in R$,$a > 0$。a 为尺度因子(scale),反映一个具体基函数的伸缩尺度,a 越小,小波越窄,如图 5-17 所示。b 为平移因子,指明函数沿 t 轴平移的位置,正常情况下,$\psi(t)$ 的中心位于原点处,所以 $\psi_{a,b}(t)$ 的中心位于 $t=b$ 处。

从小波的定义可以看出,小波是一个具有振荡性和迅速衰减的波。母小波函数 $\psi(t)$ 的选择不是唯一的,也不是任意的,必须满足紧支撑集要求和容许性条件。

基本小波函数 $\psi(t)$ 的伸缩变换和平移操作如图 5-17 和图 5-18 所示。伸缩就是压缩或伸展基本小波;平移就是小波的延迟或超前,在数学上函数 $f(t)$ 延迟 k 的表达式为 $f(t-k)$。

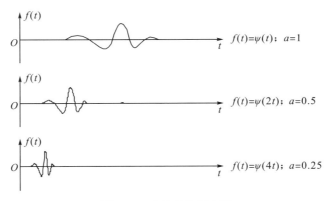

图 5-17　小波的伸缩变换

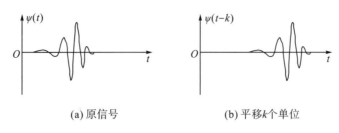

(a) 原信号   (b) 平移k个单位

图 5-18   小波的平移操作

2. 一维小波的基本性质

(1)线性。小波变换是线性变换,它把一维信号分解成不同尺度的分量。设 $W_{f_1}(a,b)$ 为 $f_1(t)$ 的小波变换,若

$$f(t) = \alpha f_1(t) + \beta f_2(t) \tag{5-6-4}$$

其中, $f_1(t)$ 和 $f_2(t)$ 为独立的子信号; α 和 β 为相应的系数。则有

$$W_f(a,b) = \alpha W_{f_1}(a,b) + \beta W_{f_2}(a,b) \tag{5-6-5}$$

(2)平移和伸缩的共变性。连续小波变换在任何平移之下是共变的,若 $f(t) \leftrightarrow W_f(a,b)$ 是小波变换对,则 $f(t-b_0) \leftrightarrow W_f(a,b-b_0)$ 也是小波变换对。

同样的,对于伸缩变换有

$$f(a_0 t) \leftrightarrow \frac{1}{\sqrt{a_0}} W_f(a_0 a, a_0 b) \tag{5-6-6}$$

另外,小波变换还具有局部正则性、能量守恒性、空间-尺度局部化等特性。

小波的选取具有很大的灵活性,各个领域可以根据所讨论问题的自身特点选取不同的基本小波,从这个方面看,小波变换比经典的傅里叶变换具有更加广泛的适应性。迄今为止,人们已经构造了各种各样的小波及小波基,下面列举几种常用的小波:

1) Haar 小波

$$\psi(t) = \begin{cases} 1, & 0 \leqslant t \leqslant \frac{1}{2} \\ -1, & \frac{1}{2} < t < 1 \\ 0, & \text{其他} \end{cases}, \quad \phi(t) = \begin{cases} 1, & 0 \leqslant t \leqslant 1 \\ 0, & \text{其他} \end{cases} \tag{5-6-7}$$

该正交函数 $\psi(t)$ 是由 Haar(1909)提出的,也称为母函数, $\phi(t)$ 为对应的尺度函数(父函数),其波形如图 5-19 所示。进一步的有

$$\psi_{m,n}(t) = 2^{\frac{m}{2}} \psi(2^m t - n), \quad m, n \in Z \tag{5-6-8}$$

构成 $L^2(R)$ 中的一个正交小波基,称为 Haar 基。Haar 小波也是最简单的小波,其缺点是不连续,因此不可微,然而这种特性对于分析具有突变的信号也许是它的优势。

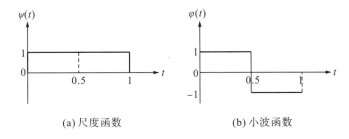

(a) 尺度函数　　　　　　　　　　　　(b) 小波函数

图 5-19　Haar 小波及尺度函数

2) Shannon 小波

实数 Shannon 小波可表示为

$$\psi(t) = \frac{\sin(\pi t / 2)}{\pi t / 2} \cos \frac{3\pi t}{2} \tag{5-6-9}$$

波形如图 5-20 所示。

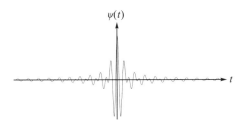

图 5-20　Shannon 小波

Shannon 小波还有对应的复数形式，即 $\psi(t) = \text{sinc}(t)\,\mathrm{e}^{-\mathrm{j}2\pi t}$。

3) Mexican Hat 小波

因其波形像墨西哥草帽而得名，在数学和数值分析中也称为雷克(Ricker)子波，函数表达式为

$$\psi(t) = \left(\frac{2}{\sqrt{3}}\pi^{-1/4}\right)\left(1 - t^2\right)\mathrm{e}^{-t^2/2} \tag{5-6-10}$$

它是高斯函数的二阶梯度，在图像的边缘提取中具有重要的应用，波形如图 5-21 所示。能量呈指数级衰减，属于非紧支撑，具有良好的时间频率局部化特性。

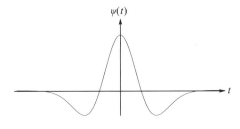

图 5-21　Mexican Hat 小波

4）Morlet 小波

法国学者 J. Morlet（1984）把 Gabor 变换的思想引入到地球物理信号分析领域，后来称之为 Morlet 小波，波形如图 5-22 所示，其实数形式如下：

$$\psi(t) = c\,\mathrm{e}^{-t^2/2}\cos(5t) \tag{5-6-11}$$

Morlet 小波不存在尺度函数，波形能量快速衰减但非紧支撑。其复数形式为 $\psi(t) = \mathrm{e}^{-t^2/2}\,\mathrm{e}^{\mathrm{j}w_0 t}$。

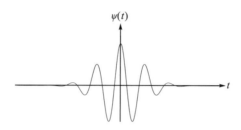

图 5-22　Morlet 小波

实际上 Morlet 小波是 Gabor 小波的一个特例。一维 Gabor 小波是通过一个复指数调制高斯函数后得到，即

$$\psi(t) = \frac{1}{\left(\sigma^2\pi\right)^{\frac{1}{4}}}\,\mathrm{e}^{-\frac{t^2}{2\sigma^2}}\,\mathrm{e}^{\mathrm{i}\omega_0 t} \tag{5-6-12}$$

当 $\sigma=1$，$w_0=5$ 时，就是 Morlet 小波。

迄今，已有很多学者从理论和实际应用的角度构建了各种不同的性能优良的小波函数，这里不再一一赘述。

5.6.2　连续小波变换

傅里叶变换的物理意义是把一个周期振动信号分解为若干具有简单频率的简谐振动的叠加，也就是将一个分解成一系列正弦信号与余弦信号。同傅里叶变换一样，小波分析是把一个信号分解为将母小波经过缩放和平移之后的一系列小波。

设函数 $f(t)$ 具有有限能量，则连续小波变换（continue wavelet transform，CWT）的定义为

$$W_f(a,b) = \int_{-\infty}^{+\infty} f(t)\psi_{a,b}(t)\mathrm{d}t = \int_{-\infty}^{+\infty} f(t)\frac{1}{\sqrt{a}}\psi\left(\frac{t-b}{a}\right)\mathrm{d}t \tag{5-6-13}$$

其中，a 为伸缩因子；b 为平移因子。式（5-6-13）表示小波变换是信号 $f(t)$ 与被伸缩和平移的小波函数 $\psi(t)$ 之积在信号存在的整个区间内求和的结果。连续小波变换的结果是一系列的小波系数，这些系数是缩放因子（scale）和平移因子（position）的函数。

由 CWT 的定义可知，小波变换同傅里叶变换一样，都是一种积分变换，同傅里叶变换相似，我们称 $W_f(a,b)$ 为小波变换系数。

连续小波的逆变换为

$$f(t) = \frac{1}{C_\varphi} \int_{-\infty}^{+\infty} \int_{-\infty}^{+\infty} \frac{1}{a^2} W_f(a,b) \psi_{a,b}(t) \mathrm{d}b \mathrm{d}a \qquad (5\text{-}6\text{-}14)$$

连续小波变换就是在每个可能的伸缩尺度和平移参数下计算小波与原始信号的相似程度，即小波系数。一维信号的小波变换可以概括为下面的五个步骤：

(1)选取一个小波，将其与原始信号的开始一节进行比较。

(2)计算数值 C，C 表示小波与被进行比较信号的相似程度，其计算结果取决于所选小波的形状。

(3)向右移动小波，重复(1)和(2)，直至覆盖整个信号。

(4)膨胀(伸缩)小波，重复(1)～(3)。

(5)在所有的尺度下，重复(1)～(4)。

小波变换具有时间-频率域都局部化的特点，在小波变换中，时间窗函数的宽度与变换域中频率窗函数的宽度都是 a 的函数，其乘积是一个常数。在对低频分析时可加宽时间窗，减小频率窗；而对高频分析时可加宽频率窗，减小时间窗。如图 5-23 所示。图中每个窗口的面积都是常数，对应较高频率的窗比较窄(时间范围小)，而对应较低频率的窗比较宽(时间范围大)。小波的这种特性也称为"变焦"(zooming)特性，它是小波变换能提供多分辨率分析的基础。

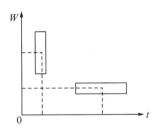

图 5-23　对应不同频率的窗口

对二维函数 $f(x,y)$，参照一维连续小波变换，二维连续小波变换可定义为

$$W_f(a, b_x, b_y) = \int_{-\infty}^{+\infty} \int_{-\infty}^{+\infty} f(x,y) \psi_{a,b_x,b_y}(x,y) \mathrm{d}x \mathrm{d}y \qquad (5\text{-}6\text{-}15)$$

式中，b_x 和 b_y 表示在两个维度上的平移，而

$$\psi_{a,b_x,b_y}(x,y) = \frac{1}{|a|} \psi\left(\frac{x-b_x}{a}, \frac{x-b_y}{a} \right) \qquad (5\text{-}6\text{-}16)$$

式中，$\psi(x,y)$ 为一个二维基本小波。

二维小波逆变换为

$$f(x,y) = \frac{1}{C_\varphi} \int_0^{+\infty} \int_{-\infty}^{+\infty} \int_{-\infty}^{+\infty} \frac{1}{a^3} W_f(a,b_x,b_y) \psi_{a,b_x,b_y}(x,y) \mathrm{d}b_x \mathrm{d}b_y \mathrm{d}a \qquad (5\text{-}6\text{-}17)$$

同样的产生方法可以推广到变量超过两个的函数上。对于变量超过一个的函数来说，小波变换总比待变换函数多一个变量。

5.6.3 离散小波变换

在连续小波变换中，伸缩参数和平移参数连续取值，其计算量是相当大的，多用于理论分析。在实际应用中，为了方便计算机运算，采用的是离散小波变换。即对伸缩参数和平移参数都进行离散化处理，可以选取 $a = a_0^m$，m 是整数，a_0 是大于 1 的固定伸缩步长，选取 $b = nb_0 a_0^m$，其中 $b_0 > 0$ 且与小波 $\varphi(t)$ 的具体形式有关。于是离散小波可以定义为

$$\psi_{m,n}(t) = \frac{1}{\sqrt{a_0^m}} \varphi\left(\frac{t - nb_0 a_0^m}{a_0^m}\right) = a^{-m/2} \varphi\left(a_0^{-m} t - nb_0\right) \tag{5-6-18}$$

相应的离散小波变换定义为

$$W_f(m,n) = a_0^{-m/2} \int_{-\infty}^{+\infty} f(t) \varphi\left(a_0^{-m} t - nb_0\right) \mathrm{d}t \tag{5-6-19}$$

离散小波变换公式 [式 (5-6-18)] 也是一种时频分析，它从集中在某个区间上的基本函数开始，以规定步长向左或向右移动基本波形，并用尺度因子来扩张或压缩以构造其函数系，从而产生一系列小波。

如果伸缩参数 $a_0 = 2$，$b_0 = 1$ 及 $m = j$，将其代入式 (5-6-18)，得到在 $L^2(R)$，该小波正交基为如下形式的函数族：

$$\psi_{j,n}(t) = \left\{ 2^{-\frac{j}{2}} \psi\left(2^{-j} t - n\right) \mid (j,n) \in Z^2 \right\} \tag{5-6-20}$$

将此函数族代入离散小波变换公式，就得到非常重要的离散正交二进小波变换：

$$W_j = 2^{-\frac{j}{2}} \int_{-\infty}^{+\infty} f(t) h\left(2^{-j} t - n\right) \mathrm{d}t = \left\langle f(t), \psi_{2^j}(t) \right\rangle \tag{5-6-21}$$

令 $\widehat{\psi}_{2^j}(t) = \psi_{2^j}(-t)$，函数 $f(t)$ 可以由它的二进小波变换重建：

$$f(t) = \sum_{-\infty}^{+\infty} W_{j,n} \hat{\psi}_{j,n}(t) \tag{5-6-22}$$

5.6.4 小波多分辨率分析

观察发现，图像中的物体是出现在不同大小尺度上的，例如，一条边缘可以是由黑到直接变成白的陡峭边缘，也可以是一条跨越相当距离的缓变边缘。图像表示和分析中的多分辨率方法就是基于这种考虑，这种多分辨率分析方法又称为多尺度分析，其思想来源于计算机视觉理论。为了更好地理解一个物体，需要更多地掌握物体局部的灰度变化，常常希望刻画局部变化的尺度与物体的大小相配，然而在一般的图像中，存在各种不同大小的结构，不可能预先固定一个最佳分辨率去描述所有的局部变化。为了解决这一难题，在计算机视觉中采用了不同的分辨率来处理图像中不同的信息，利用不同的分辨率，提取出各种分辨率下的细节变化，相当于对图像信息进行了分层描述：在分辨率较低时描述了大的结构信息，在分辨率较高时则更多地表现图像细节部分的变化。这种由粗到精的分析过程与人眼对物体的观察和分析过程是非常相似的。

Mallat 将多分辨率分析的思想巧妙的引入的小波分析中，建立了离散正交小波的一种快速算法，被称为 Mallat 算法。

Mallat 算法如图 5-24 所示，其设计过程如下：

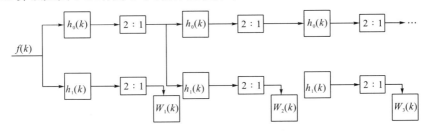

图 5-24 离散小波变换算法

(1) 设计或寻找一个满足规定条件的序列 $h_0(k)$，$h_0(k)$ 称为低通滤波器或尺度向量。

(2) 由尺度向量构造相应的尺度函数：

$$\varphi(t) = \sum_k h_0(k)\varphi(2t-k) \tag{5-6-23}$$

即尺度函数可以通过自身半尺度复制后的加权和来构造，$h_0(k)$ 为权系数。

(3) 由 $h_0(k)$ 构造高通滤波器：

$$h_1(N-1-k) = (-1)^k h_0(k) \tag{5-6-24}$$

式中，N 为滤波器的长度。

(4) 由 $h_1(k)$ 和 $\varphi(t)$ 生成基小波 $\psi(t)$，随之得到正交归一小波集。

$$\psi(t) = \sum_k h_1(k)\varphi(2t-k) \tag{5-6-25}$$

$$\psi_{j,k}(t) = 2^{\frac{j}{2}}\psi(2^j t - k), \quad j,k \in Z \tag{5-6-26}$$

可以看出，低通滤波器 $h_0(k)$ 的设计是离散小波变换设计中最重要的一步。

Mallat 算法是以迭代的方式自底向上的实现小波变换，即先计算小尺度系数，后计算大尺度系数。以一维信号为例，根据设计得到的低通滤波器 $h_0(k)$ 和高通滤波器 $h_1(k)$ 对输入信号 $f(k)$ 滤波，再进行间隔抽样产生两个长度为原信号长度一半的子带信号：

$$A^1_{(n)} = \sum_{k \in Z} h_0(k-2n)f(k) \tag{5-6-27}$$

$$W^1_{(n)} = \sum_{k \in Z} h_1(k-2n)f(k) \tag{5-6-28}$$

式中，$A^1_{(n)}$ 和 $W^1_{(n)}$ 分别为信号的低子带(低频近似)信号和高子带(高频细节)信号，低子带信号 $A^1_{(n)}$ 作为下一级的输入继续进行子带分解，而高子带信号 $W^1_{(n)}$ 则留作最终的小尺度信号，可以一直如此进行下去，直至得到只有一个点的低子带信号，此时的小波变换系数就是该点系数和各个高子带信号。这种离散算法有时又叫作快速小波变换。

5.6.5 图像的小波变换

一维信号的 Mallat 算法可以很容易推广到二维图像处理中。假定二维尺度函数可分离，则有 $\varphi(x,y)=\varphi(x)\varphi(y)$ ，其中， $\varphi(x)$ 和 $\varphi(y)$ 是两个一维尺度函数，若 $\psi(x)$ 、$\psi(y)$ 是相对应的一维小波。则二维的二进小波可表示为以下三个可分离的正交基函数：

$$\psi^1_{(x,y)}=\varphi(x)\psi(y)$$
$$\psi^2_{(x,y)}=\psi(x)\varphi(y) \qquad (5\text{-}6\text{-}29)$$
$$\psi^3_{(x,y)}=\psi(x)\psi(y)$$

它们与 $\varphi(x,y)$ 一起建立了二维小波变换基，有函数集：

$$\left\{\psi^l_{j,m,n}(x,y)\right\}=\left\{2^j\psi^l\left(x-2^jm,y-2^jn\right)\right\},\quad j\geqslant 0,l=1,2,3,\cdots \qquad (5\text{-}6\text{-}30)$$

式中， j、 l、 m、 n 是整数，函数集是 $L^2(R)$ 下的正交归一集。

1. 正变换

一幅图像经过二维小波变换的实质就是将图像分解为 4 个子带的过程，每变换一次，图像都被分解为 4 个 1/4 大小的图像，如图 5-25 表示。分解的 4 个子带图像分别来自频率平面上不同的区域，L 表示低频，H 表示高频，同时由于在二维平面中，共有 4 种组合，即 LL、HL、LH、HH 子图像。这也称为金字塔结构小波分解。从多分辨率分析出发，每次分解只对上一级的低频子带图像 LL 进行小波变换（再分解）。

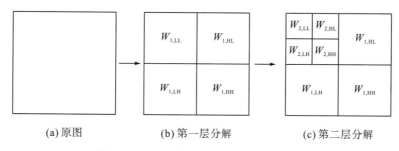

(a) 原图   (b) 第一层分解   (c) 第二层分解

图 5-25   2-D 图像的二级小波分解示意图

在每一层，4 个图像中的每一个都是近似原图像（第一层为原图像）与一个小波函数的内积后，再经过在 x 方向和 y 方向进行二倍的间隔抽样而生成。对于第一个层次（ $j=1$ ）可写为

$$f^0_2(m,n)=\left\langle f^0_1(x,y),\varphi(x-2m,y-2n)\right\rangle$$
$$f^1_2(m,n)=\left\langle f^0_1(x,y),\psi^1(x-2m,y-2n)\right\rangle$$
$$\qquad (5\text{-}6\text{-}31)$$
$$f^2_2(m,n)=\left\langle f^0_1(x,y),\psi^2(x-2m,y-2n)\right\rangle$$
$$f^3_2(m,n)=\left\langle f^0_1(x,y),\psi^3(x-2m,y-2n)\right\rangle$$

式中， f 的上标表示 4 个分解图像的序号，下标表示分解层次，按照规范应该表示为 2^j ，在第一层分解中，由于 $j=1$ ，上式左边 f 的下标为 2^1 ，简写为 2，上式右边为原图像，$j=0$ ，简写为 1。对于 $j>1$ 的层次， $f^0_{2^j}(x,y)$ 都以完全相同的方式分解成 4 个在尺度 2^{j+1} 上更小的图像，如图 5-25(c)。

将上式内积改写成卷积形式，就得到离散小波变换的 Mallat 算法的通用公式：

$$f_{2^{j+1}}^0(m,n)=\sum_{x,y}f_{2^j}^0(x,y)h_0(2m-x)h_0(2n-y)$$

$$f_{2^{j+1}}^1(m,n)=\sum_{x,y}f_{2^j}^0(x,y)h_0(2m-x)h_1(2n-y)$$

$$f_{2^{j+1}}^2(m,n)=\sum_{x,y}f_{2^j}^0(x,y)h_1(2m-x)h_0(2n-y)$$ (5-6-32)

$$f_{2^{j+1}}^3(m,n)=\sum_{x,y}f_{2^j}^0(x,y)h_1(2m-x)h_1(2n-y)$$

式中，h_0 和 h_1 分别表示低通和高通滤波器。

由于尺度函数和小波函数都是可分离的，因此和傅里叶变换一样，可以采用两次一维小波变换来实现二维小波变换。在具体实现过程中，二维图像的小波变换是一个滤波和重采样的过程。先沿行方向分别做低通和高通滤波，将图像分解成近似图像和细节图像两部分，并进行 2：1 采样；然后再对行运算结果沿列方向用高通和低通滤波器运算并进行 2：1 采样，这样就得到了四路输出，即 4 个子带图像。具体过程如图 5-26 所示。

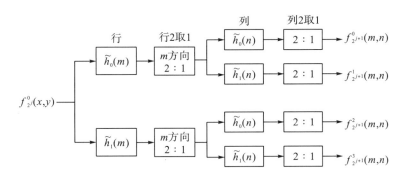

图 5-26　二维小波变换的 Mallat 算法

在图 5-26 中，$f_{2^{j+1}}^0$ 对应于 $f_{2^j}^0$ 的低频部分，为 $f_{2^j}^0$ 的逼近图像；$f_{2^{j+1}}^1$ 对应于水平方向上的细节图像；$f_{2^{j+1}}^2$ 对应于垂直方向上的细节图像；$f_{2^{j+1}}^3$ 对应于 45°、135° 对角方向上的细节图像。

2. 逆变换

逆变换的实现过程与正变换正好相反，首先每一层都在子带图像的每两列之间插入一列零，并用重构低通滤波器 h_0 和重构高通滤波器 h_1 与各行作卷积，再把卷积得到的阵列成对的加起来；然后在每两行之间插入一行零，再用 h_0 和 h_1 与各列作卷积，把卷积得到的两个阵列相加就得到这个层次重建的结果，这一过程可以用图 5-27 来表示。

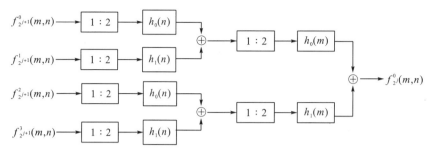

图 5-27　Mallat 算法的图像小波重构过程

下面对图像进行小波分解，各个子带频道图像的位置参见图 5-28。

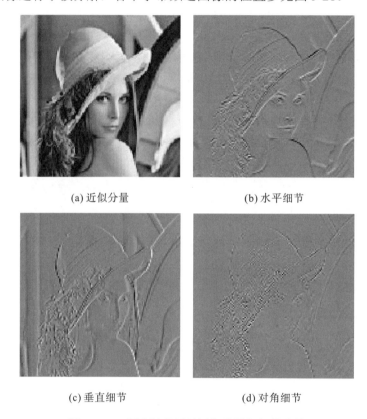

(a) 近似分量　　　　　　　　　(b) 水平细节

(c) 垂直细节　　　　　　　　　(d) 对角细节

图 5-28　一层小波分解的近似分量与细节分量

5.6.6　提升小波变换

Sweldens 等学者于 90 年代中期提出第二代小波变换技术——基于提升方法的小波变换，它可以实现从整数到整数的小波变换，摆脱了传统离散小波变换滤波器和傅里叶变换的概念。

假设原信号 s_j（有 2^j 个采样值），要将它分解成一个近似信号 s_{j-1} 和一个细节信号 d_{j-1} 通过提升方法分解包括分裂(split)、预测(predict)和更新(update)三个步骤，如图 5-29 和图 5-30 所示。

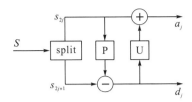 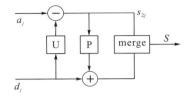

图 5-29　提升小波的分析过程　　　　图 5-30　提升小波的重构过程

1. 分裂

将原信号按位置分为奇索引 s_{2j} 和偶索引 s_{2j+1} 两部分,可以定义分割算子 Split 来实现:

$$\left(\text{even}_{j-1}, \text{odd}_{j-1}\right) = \text{split}\left(S_j\right) \tag{5-6-33}$$

式中,even_{j-1} 和 odd_{j-1} 分别为奇序列和偶序列。这一步在提升方法中称为惰性小波变换(lazzy Wavelet transform),因为它只是将信号简单地分为两个部分,并没有做其他的操作。

2. 预测

经分割得到的两个奇偶子信号集,它们应该是相互关联的,因此可以用一个子集对另一个子集进行预测。定义预测算子 P,预测操作可表示为

$$d_{j-1} = \text{odd}_j - P\left(\text{even}_{j-1}\right) \tag{5-6-34}$$

式中,$P\left(\text{even}_{j-1}\right)$ 是用偶数部分的数据来预测奇数部分的数据,之后用 odd_{j-1} 与预测值之间的误差 $\nabla = \text{odd}_{j-1} - P\left(\text{even}_{j-1}\right)$ 来表示信号的细节信息 d_{j-1}。这一步在提升方法中称为对偶提升(dual lifting)。在信号相关性很强时,预测十分有效。

3. 更新

为了使预测信 s_{j-1} 号能更加接近原 s_j,需要用 d_{j-1} 进行更新。更新操作用来计算得到低频信号,定义更新操作算子 U,则低频信号可以表示为

$$s_{j-1} = \text{even}_j - U\left(d_{j-1}\right) \tag{5-6-35}$$

这一步在提升方法中称为原始提升(primal lifting)。

提升方案用来实现小波变换的一个最大的优点在于它能将小波滤波器分解成简单的步骤,且分解的每一步都是可逆的,所以提升方案的重构过程是分解过程的逆过程。图 5-30 是提升小波的重构过程。

5.6.7　小波变换的优势及应用

作为一种信号的多分辨分析工具,小波变换具有如下优势:

(1)小波变换是一种满足能量守恒定理的线性变换,它能将一个信号分解成对时间和频率有独立贡献的成分,而又不丢失原有信息。

(2)小波分析具有自适应性,犹如一个具有放大、缩小、平移等功能的"数字显微镜",可以检查到不同"放大"倍数下的信号变化,研究信号的动态特性。

（3）小波变换不要求变换核一定是正交的，且小波基也不唯一。另外，小波函数系的时宽-带宽乘积很小，且在时间轴和频率轴上很集中，即展开后系数的能量较为集中。

（4）小波变换为多分辨率分析、时-频分析和子带编码等建立了统一的分析方法。

小波分析的应用领域十分广泛，包括数学领域的许多学科，如数值分析、曲线曲面构造、微分方程求解、控制论等；信号分析、图像处理方面，如滤波、去噪、分类、识别与诊断等；医学成像与诊断领域，能减少 B 超、CT、磁共振成像的时间，提高分辨率等；此外还有量子力学、理论物理；军事电子对抗与武器的智能化；计算机分类与识别；音乐与语言的人工合成；地震勘探数据处理等多个方面。

用于信号与图像压缩是小波分析应用的一个重要方面。它的特点是压缩比高，压缩速度快，压缩后能保持信号与图像的特征不变，且在传递中可以抗干扰。基于小波分析的压缩方法很多，比较成功的有小波包最优基、小波域纹理模型、小波变换零树压缩及小波变换向量压缩等方法。此外，近年来随着数据融合技术的发展，小波在图像融合领域也得到了广泛的应用。

5.7 S 变 换

随机信号可以用其统计特性作描述，根据 K 阶矩阵是否与时间有关，可分为平稳信号和非平稳信号。实际信号的某个统计量往往是时间的函数，即非平稳信号，所以对它的研究主要集中在局部统计性能的分析，这依靠信号的局部变换。

传统的傅里叶变换是信号的全局变换，只能将信号从时间域映射到一维频率域，不能有效检测非平稳信号的频率随时间的局部变化特性。

信号的局部性能需要使用时间域和频率域的二维联合表示，即使用时频分析才能得到精确的描述。时频分析将一维时间域信号和频率域信号映射到二维时频平面上，获得信号的时频分布，从而能在时频域区分并提取信号分量。常用的时频分析方法有短时傅里叶变换、Gabor 变换、小波变换和 Wigner-Ville 时频分布等。

Stockwell 等人吸收并发展了短时傅里叶变换和连续小波变换，提出了一种新的时频分析方法——Stockwell 变换（简称 S 变换），它是非平稳信号时频分析的有力工具。为了提高 S 变换的实用性和灵活性，高静怀等人在此基础上改造出时频分辨率可调的广义 S 变换。

5.7.1 S 变换的基本原理

Stockwell 通过吸收和发展短时傅里叶变换和小波变换，于 1996 年首次提出了 S 变换，其变换公式为

$$S(\tau,f,\sigma)=\int_{-\infty}^{+\infty}h(t)\frac{|f|}{\sigma\sqrt{2\pi}}\mathrm{e}^{\frac{-f^2(t-\tau)^2}{2\sigma^2}}\mathrm{e}^{-\mathrm{i}2\pi ft}\,\mathrm{d}t \tag{5-7-1}$$

式中，$h(t)$ 是时间序列；τ 是时移因子；σ 是尺度因子。当 $\sigma=\dfrac{1}{f}$ 时，有

$$S(\tau,f) = \int_{-\infty}^{+\infty} h(t) \frac{|f|}{\sqrt{2\pi}} \mathrm{e}^{\frac{-f^2(t-\tau)^2}{2\sigma^2}} \mathrm{e}^{-\mathrm{i}2\pi ft}\, \mathrm{d}t \tag{5-7-2}$$

因此，S 变换的基本小波为

$$W(t,f) = \frac{|f|}{\sqrt{2\pi}} \mathrm{e}^{\frac{-f^2 t^2}{2}} \mathrm{e}^{-\mathrm{i}2\pi ft} \tag{5-7-3}$$

为了深入理解 S 变换原理与特点，下面我们分别讨论 S 变换与傅里叶变换及小波变换的关系。

1. S 变换与傅里叶变换

时间序列 $h(t)$ 的傅氏变换谱（以下简称傅氏谱）为

$$H(f) = \int_{-\infty}^{+\infty} h(t) \mathrm{e}^{-\mathrm{i}2\pi ft}\, \mathrm{d}t \tag{5-7-4}$$

由此可见，傅氏谱为一"平均时间谱"。用傅里叶变换提取信号的频谱需要全部的时间域信息。傅里叶变换没有反映出信号频率成分随时间的变化情况，因此它不具有时频局部性。时间域和频率域构成了观察一个信号的两种方式。傅里叶变换是在整体上将信号分解成不同的频率分量，缺乏局部性信息，即不告知某种频率分量发生在哪些时间，而这对于非平稳信号十分重要。

为了得到信号的局部频谱信息，引入窗函数 $g(t)$，即对信号 $h(t)$ 进行窗口化，得到改进的傅氏谱如下：

$$H(f) = \int_{-\infty}^{+\infty} h(t) g(t) \mathrm{e}^{-\mathrm{i}2\pi ft}\, \mathrm{d}t \tag{5-7-5}$$

称为加窗傅里叶变换（Gabor 变换）。

当 $g(t)$ 是一个时间宽度很窄的窗函数时，它沿时间轴滑动，$h(t)$ 点乘 $g(\tau-t)$ 等价于取出信号在分析时间点 t 附近的一个切片，再进行傅里叶变换（称之为"局部频谱"），可得到短时傅里叶变换（STFT），其定义如下：

$$H(\tau,f) = \int_{-\infty}^{+\infty} h(t) g(\tau-t) \mathrm{e}^{-\mathrm{i}2\pi ft}\, \mathrm{d}t \tag{5-7-6}$$

此时，将 $g(t)$ 取为归一化的高斯窗：

$$g(t) = \frac{1}{\sqrt{2\pi}} \mathrm{e}^{\frac{-t^2}{2}} \tag{5-7-7}$$

再进行 σ 尺度伸缩和 τ 时间平移，得到新的窗函数：

$$g(t,\sigma,\tau) = \frac{1}{\sigma\sqrt{2\pi}} \mathrm{e}^{\frac{-(t-\tau)^2}{2\sigma^2}} \tag{5-7-8}$$

代入式 (5-7-6)，即可得

$$S(\tau,f,\sigma) = \int_{-\infty}^{+\infty} h(t) \frac{1}{\sigma\sqrt{2\pi}} \mathrm{e}^{\frac{-(t-\tau)^2}{2\sigma^2}} \mathrm{e}^{-\mathrm{i}2\pi ft}\, \mathrm{d}t \tag{5-7-9}$$

由此可见，S 变换谱与傅氏谱具有直接的联系，可认为是多分辨率加窗傅氏变换的一个特例。因此，在仿真试验中，可以直接利用现有的快速傅里叶变换算法实现 S 变换。

2. S 变换与小波变换

STFT 和 Gabor 变换都属于"加窗傅里叶变换"，即都是以固定的滑动窗对非平稳信号进行分析，随着窗函数的滑动，可以表征信号的局域频率特性。但是，在滑动过程中，基函数的包络不变。由于基函数具有固定的时间采样间隔 T 和频率采样间隔 F，所以窗函数和这两种变换在时间域具有等时宽，在频率域具有等带宽，即在时频平面里各处的分辨率均相同。

显然，这种固定的滑动窗处理并不是对所有信号都适用。从时频不相容原理的角度看，许多非平稳信号的高频分量应具有高的时间分辨率，而低频分量的时间分辨率可以较低。所以，对此类信号的线性时频分析应该在时频平面不同位置具有不同的分辨率，即它应该是一种多分辨(率)分析方法。小波变换(WT)就是这样一种多分辨率分析方法，其目的是"既要看到森林(信号全貌)，又要看到树木(信号的细节)"，因此，它被称为数学显微镜。

一个时间序列 $h(t)$ 的小波变换定义为

$$W_\varphi(a,\tau) = \int_{-\infty}^{+\infty} h(t)\varphi_{a,\tau}^*(t)\mathrm{d}t = \int_{-\infty}^{+\infty} h(t)\frac{1}{\sqrt{|a|}}\varphi^*\left(\frac{t-\tau}{a}\right)\mathrm{d}t \tag{5-7-10}$$

其中，

$$\varphi_{a,\tau}(t) = \frac{1}{\sqrt{|a|}}\varphi\left(\frac{t-\tau}{a}\right) \tag{5-7-11}$$

式中，$\varphi(t)$ 称为基本小波(或小波母函数)，由 $\varphi(t)$ 伸缩平移得到的函数族 $\{\varphi_{a,\tau}(t)\}$ 统称为小波。值得注意的是，$\varphi(t)$ 必须满足允许性条件：

$$\int_{-\infty}^{+\infty} \varphi(t)\mathrm{d}t = 0 \tag{5-7-12}$$

式中，a 和 τ 分别被称为尺度因子和平移因子。

尺度因子在频率域上将窗函数的频率特性拉伸压缩，变化频带；平移因子仅是使小波基函数滑动。在时频平面上，尺度因子大对应于低频端，且频率分辨率高，时间分辨率低；反之，尺度因子小对应于高频端，且频率分辨率低，时间分辨率高。由此可见，小波变换具有多分辨特性。

当基本小波选为 Morlet 小波 $\mathrm{e}^{-\frac{t^2}{2}}\mathrm{e}^{\mathrm{i}\omega_0 t}$，令 $\omega_0 = 2\pi$，取

$$\varphi(t) = \sqrt{\frac{f}{2\pi}}\mathrm{e}^{-\frac{t^2}{2}}\mathrm{e}^{\mathrm{i}2\pi t} \tag{5-7-13}$$

再令尺度因子 $a = \dfrac{1}{f}$，代入小波变换公式，可得

$$W_\varphi(f,\tau) = \int_{-\infty}^{+\infty} h(t)\frac{|f|}{\sqrt{2\pi}}\mathrm{e}^{\frac{-(t-\tau)^2 f^2}{2\sigma^2}}\mathrm{e}^{-\mathrm{i}2\pi f(t-\tau)}\mathrm{d}t = \mathrm{e}^{\mathrm{i}2\pi f\tau}\int_{-\infty}^{+\infty} h(t)\frac{|f|}{\sqrt{2\pi}}\mathrm{e}^{\frac{-(t-\tau)^2 f^2}{2}}\mathrm{e}^{-\mathrm{i}2\pi ft}\mathrm{d}t \tag{5-7-14}$$

即

$$S(\tau,f) = \mathrm{e}^{-\mathrm{i}2\pi f\tau}W_\varphi(f,\tau) \tag{5-7-15}$$

由此可见，S 变换可以看作是对小波变换的一种相位修正，即以 Morlet 小波为基本小

波的连续小波变换 $W_\varphi(f,\tau)$ 乘上一个相移因子 $\mathrm{e}^{-\mathrm{i}2\pi f\tau}$。在 S 变换中，基本小波是由简谐波 $\mathrm{e}^{-\mathrm{i}2\pi ft}$ 与 Gaussian 函数 $\dfrac{|f|}{\sqrt{2\pi}}\mathrm{e}^{\frac{-f^2(t-\tau)^2}{2}}$ 的乘积构成，简谐波在时间域仅作伸缩变换，而 Gaussian 函数则进行伸缩和平移，其功能相当于连续小波变换的一个相位校正。故 S 变换具有自适应的时频窗。

因此，S 变换是介于短时傅里叶变换（STFT）和小波变换（WT）之间的一种时频分析方法，与 STFT 和 WT 有着密切联系和区别。S 变换的结果是一时间局部谱，克服了 STFT 不能调节分析窗口频率的缺点，与傅氏谱（傅里叶变换频谱）保持直接联系，且引进了小波的多分辨分析，具有小波变换的自适应时频窗、输入长度不受时窗的限制，且基本小波不必满足容许性条件等优越性质。

5.7.2　二维 S 变换

同样是一种线性的时频分析方法，S 变换具有很多类似于傅氏变换和小波变换的时频域性质。比如，它是一种可逆的无损变换，通过逆变换能够完全重构原信号，时频不变性保证了变换后的信号具有面向特定应用的特征不变性。

二维 S 变换是在一维 S 变换的基础上发展起来的，变换公式如下：

$$S(x,y,k_x,k_y)=\int_{-\infty}^{+\infty}\int_{-\infty}^{+\infty}h(x',y')\frac{|k_x||k_y|}{2\pi}\mathrm{e}^{-\left[(x'-x)^2k_x^2+(y'-y)^2k_y^2\right]/2}\,\mathrm{e}^{-\mathrm{i}2\pi(k_xx'+k_yy')}\,\mathrm{d}x'\mathrm{d}y' \quad (5\text{-}7\text{-}16)$$

式中，$h(x',y')$ 表示二维图像，(x',y') 表示空间域变量。变换后的 S 变换谱包含四个变量 (x,y,k_x,k_y)，其中，(x,y) 表示空间域变量；(k_x,k_y) 表示变换域变量，又称为波数或波长的倒数，即 $k_x=1/\lambda_x$。

与二维傅氏变换和小波变换相类似，二维 S 变换也可以表示成两个一维 S 变换的级联：

$$
\begin{aligned}
&S(x,y,k_x,k_y)\\
&=\int_{-\infty}^{+\infty}\left[\int_{-\infty}^{+\infty}h(x',y')\frac{|k_x|}{\sqrt{2\pi}}\mathrm{e}^{-(x'-x)^2k_x^2/2}\,\mathrm{e}^{-\mathrm{i}2\pi k_xx'}\,\mathrm{d}x'\right]\frac{|k_y|}{\sqrt{2\pi}}\mathrm{e}^{-(y'-y)^2k_y^2/2}\,\mathrm{e}^{-\mathrm{i}2\pi k_yy'}\,\mathrm{d}y'
\end{aligned} \quad (5\text{-}7\text{-}17)
$$

令

$$U(x,y',k_x)=\int_{-\infty}^{+\infty}h(x',y')\frac{|k_x|}{\sqrt{2\pi}}\mathrm{e}^{-(x'-x)^2k_x^2/2}\,\mathrm{e}^{-\mathrm{i}2\pi k_xx'}\,\mathrm{d}x' \quad (5\text{-}7\text{-}18)$$

将式（5-7-18）代入式（5-7-17），可得

$$S(x,y,k_x,k_y)=\int_{-\infty}^{+\infty}U(x,y',k_x)\frac{|k_y|}{\sqrt{2\pi}}\mathrm{e}^{-(y'-y)^2k_y^2/2}\,\mathrm{e}^{-\mathrm{i}2\pi k_yy'}\,\mathrm{d}y' \quad (5\text{-}7\text{-}19)$$

也就是说，式（5-7-16）即式（5-7-17），可以表示为先进行一次 x 轴的 S 变换，将空间变量 x' 变换到 S 域 (x,k_x)。然后，再进行 y 轴的 S 变换，从 (x,y',k_x) 变换到 (x,y,k_x,k_y)。

5.7.3 广义 S 变换

在式(5-7-2)所示的基本 S 变换表达式中，基本小波为

$$w(t) = \frac{|f|}{\sqrt{2\pi}} \mathrm{e}^{\frac{-t^2 f^2}{2}} \mathrm{e}^{-\mathrm{i}2\pi ft} \tag{5-7-20}$$

它是高斯函数与简谐波的乘积，由此可见基本小波是固定的，这使其在应用中受到限制。如果将窗函数推广为任意可变形状的一般函数（并不仅限于基本高斯函数），得到的 S 变换统称为广义 S 变换。

与基本 S 变换相比，广义 S 变换的窗口形态可调，时频分辨能力进一步提高。

基于以上思想，可以在二维高斯窗函数 $g(t_x, t_y, \sigma_x, \sigma_y)$（其中，$t_x$ 和 t_y 是时间变量）中引入调节参数 μ 和 η 来改造尺度因子 σ_x 和 σ_y，以达到调节时频分辨率的目的。令 $\sigma_x = \mu/k_x$，$\sigma_y = \eta/k_y$，将其代入式(5-7-16)得到二维广义 S 变换的表达式：

$$S(x, y, k_x, k_y) = \int_{-\infty}^{+\infty}\int_{-\infty}^{+\infty} h(x', y') \frac{|k_x/\mu||k_y/\eta|}{2\pi} \mathrm{e}^{-\left[(x'-x)^2\left(\frac{k_x}{\mu}\right)^2 (y'-y)^2\left(\frac{k_y}{\eta}\right)^2\right]/2} \mathrm{e}^{-\mathrm{i}2\pi(k_x x' + k_y y')} \mathrm{d}x'\mathrm{d}y' \tag{5-7-21}$$

当 μ 和 η 均取 1 时，即为基本的二维 S 变换。在实际应用中，可以根据具体非平稳信号时频分析的侧重点，适当地选择 μ 和 η 的取值。

5.7.4 离散信号广义 S 变换算法实现

已知二维傅氏变换谱与二维 S 变换谱的关系为

$$S(x, y, k_x, k_y) = \int_{-\infty}^{+\infty}\int_{-\infty}^{+\infty} H(u+k_x, v+k_y) \mathrm{e}^{-2\pi^2 u^2/k_x^2} \mathrm{e}^{-2\pi^2 v^2/k_y^2} \mathrm{e}^{-\mathrm{i}2\pi(ux+vy)} \mathrm{d}u\,\mathrm{d}v \tag{5-7-22}$$

式中，x、y 表示空间域变量；k_x、k_y、u、v 表示频率域变量且 k_x、$k_y \neq 0$，$H(u+k_x, v+k_y)$ 是二维傅氏谱。

由此可得二维 S 变换的离散形式：

$$S\left[pT_x, qT_y, \frac{n}{NT_x}, \frac{n}{MT_y}\right]$$

$$= \sum_{n'=0}^{N-1}\sum_{m'=0}^{M-1} H\left(\frac{n'+n}{NT_x}, \frac{m'+m}{MT_y}\right) \mathrm{e}^{-2\pi^2 n'^2/n^2} \mathrm{e}^{\mathrm{i}2\pi n'p/N} \mathrm{e}^{-2\pi^2 m'^2/m^2} \mathrm{e}^{\mathrm{i}2\pi m'q/M} \tag{5-7-23}$$

其中，$h(pT_x, qT_y)$ 相当于二维图像，$p = 0, 1, \cdots, N-1$，$q = 0, 1, \cdots, M-1$，T_x，T_y 分别为空间域的采样间隔，且 $n, m \neq 0$

最后，得到广义 S 变换的离散形式如下：

$$S\left[pT_x, qT_y, \frac{n}{\mu NT_x}, \frac{n}{\mu MT_y}\right]$$

$$= \sum_{n'=0}^{N-1}\sum_{m'=0}^{M-1} H\left(\frac{n'+n}{\mu NT_x}, \frac{m'+m}{\eta MT_y}\right) \mathrm{e}^{-2\mu^2\pi^2 n'^2/n^2} \mathrm{e}^{\mathrm{i}2\pi n'p/N} \mathrm{e}^{-2\eta^2\pi^2 m'^2/m^2} \mathrm{e}^{\mathrm{i}2\pi m'q/M} \tag{5-7-24}$$

由于 S 变换是一种可逆的无损变换，所以通过逆变换后，原始图像可以重构为

$$h\left(pT_x, qT_y\right) = \left(\frac{1}{\eta M}\right)^2 \sum_{q'=0}^{M-1} \sum_{m=0}^{M-1} \left(\frac{1}{\mu N}\right)^2 \sum_{p'=0}^{N-1} \sum_{n=0}^{N-1} S\left(p'T_x, q'T_y, \frac{n}{\mu NT_x}, \frac{m}{\eta MT_y}\right) \mathrm{e}^{\frac{\mathrm{i}2\pi np}{N}} \mathrm{e}^{\frac{\mathrm{i}2\pi mq}{M}} \quad (5\text{-}7\text{-}25)$$

上述算法的具体实现如图 5-31 所示。

算法：二维广义 S 变换

输入：待处理图像 $I(x,y)$

输出：S 变换结果

1. 对图像进行快速傅氏变换（FFT）：$I(x,y) \to F(u,v)$

2. for 所有频率 (k_x, k_y)，其中，$k_x, k_y \neq 0$，do：

3. 　　在频率点 (k_x, k_y)，计算高斯局部窗函数：$\exp\left[-2\pi^2\left(\dfrac{\alpha^2}{k_x^2 u^2} + \dfrac{\beta^2}{k_y^2 \eta^2}\right)\right] \to W(u,v)$

4. 　　移动傅氏谱：$F(u,v) \to F(u+k_x, v+k_y)$。

5. 　　计算 $F(u+k_x, v+k_y)$ 与 $W(u,v)$ 的点积，表示为 $M_{k_x,k_y}(u,v)$

6. 　　计算 $M_{k_x,k_y}(u,v)$ 的傅氏反变换：$M_{k_x,k_y}(u,v) \to S_{k_x,k_y}(x,y)$

7. end for

8. 对于频率点 $(k_x, 0)$ 和 $(0, k_y)$，高斯局部窗函数为 $\exp\left[-2\pi^2\left(\dfrac{\alpha^2}{k_x^2 u^2}\right)\right]$ 和 $\exp\left[-2\pi^2\left(\dfrac{\beta^2}{k_y^2 \eta^2}\right)\right]$，再重复 4～6。

9. 对频率点 $(0,0)$，$S_{0,0}(x,y)$ 就是 $I(x,y)$ 的均值。

图 5-31　二维广义 S 变换的算法实现

5.7.5　S 变换实例分析

1. 一维多分量信号

一种典型的非平稳信号就是线性调频信号（linear frequency modulation，LFM），即频率随时间线性变化的信号。衡量一种时频分析是否适合作为非平稳信号时频分析的工具，就是看它能否为 LFM 提供良好的时频聚焦性能。

例 5-8　下面我们构造一个含有 LFM 的多分量信号。设多分量信号的采样频率为 1kHz，采样时间为 1000ms，由 4 个信号分量组成，分别为

（1）分量 $f_1(t)$ 是频率变化范围为 20～80Hz 的 LFM 信号，LFM 信号模型如下：

$$f_1(t) = \mathrm{e}^{\mathrm{j}2\pi\left(f_0 t + \frac{1}{2}\beta t^2\right)} \quad (5\text{-}7\text{-}26)$$

其中，f_0 为起始频率；β 为调谐率，即 $\beta = (f_c - f_0)/T$，f_c 为截止频率；T 为采样时间。这里，$f_0 = 20\text{Hz}$，$f_c = 80\text{Hz}$，$T = 1000\text{ms}$。

（2）分量 $f_2(t)$ 也是与分量 $f_1(t)$ 类似的 LFM 信号，只是起始频率和截止频率的取值不一样。这里，$f_0 = 100\text{Hz}$，$f_c = 20\text{Hz}$。

(3) 分量 $f_3(t)$ 为脉宽 20ms 的 150Hz 正弦信号，即

$$f_3(t) = \begin{cases} \sin(300\pi t), & 490 < t \leqslant 510 \\ 0, & \text{其他} \end{cases}$$

(4) 分量 $f_4(t)$ 为脉宽 160ms 的 10Hz 正弦信号，即

$$f_4(t) = \begin{cases} \sin(20\pi t), & 400 < t \leqslant 560 \\ 0, & \text{其他} \end{cases}$$

最后合成多分量信号为 $f(t) = f_1(t) + f_2(t) + f_3(t) + f_4(t)$。四个信号分量及合成的多分量信号波形如图 5-32 所示。

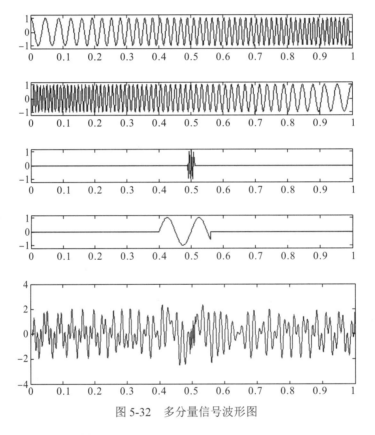

图 5-32　多分量信号波形图

图 5-33 为一维信号经过基本 S 变换后的时频等值线和三维分布图。图 5-33(a) 是 S 变换谱的等高线图，即将 S 变换后时频平面能量分布(类似于二维傅氏谱中的幅度分布)相同的点连成线，并以归一化的能量分布(右侧颜色条)表示。图 5-33(b) 是 S 变换谱的三维网格图。在不需要绘制特别精细的三维曲面结构图时，可以通过绘制三维网格图来表示立体三维模型。它能较好地解决时间域-频率域-S 变换谱三者之间的能量分布关系，并通过三维空间的可视化，便于人眼观测。

从图 5-33 可知，该一维信号由四个频率成分组成：在整个时频平面都存在两个 LFM，在局部位置叠加了一个高频成分和一个低频成分。图中不仅能够清晰地分离出各个信号分量，而且可以知道它们在何时如何变化。比如，频率为160Hz 的高频成分叠加在时间区间

[400,560]；频率为 10Hz 的低频成分叠加在时间区间[490,510]。观察图 5-33（a），低频分量具有较高的频率分辨率，而高频分量具有较高的时间分辨率，因此 S 变换具有类似小波变换的多分辨率特性。

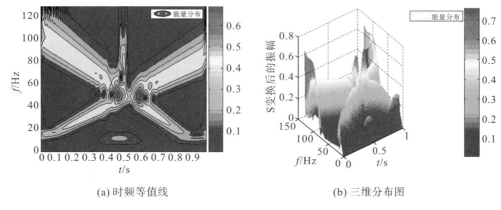

(a) 时频等值线　　　　　　　　　(b) 三维分布图

图 5-33　一维信号经过基本 S 变换后的时频等值线与三维分布图

图 5-34 是一维信号经过广义 S 变换（$k=3$，$k=6$）处理后的时频等值线[图 5-34（a）、(c)]和三维分布图[图 5-34（b）、(d)]。由 $\sigma=k/f$ 可知，改变 k 值可以改变高斯可调窗函数，进而改变时频分辨率。比较各图，随着 k 值的增加，高频分量的时间分辨率逐渐变差，但频率分辨率有所改善[图 5-33（a）、图 5-34（a）和图 5-34（c）]，表现为牺牲部分时间分辨

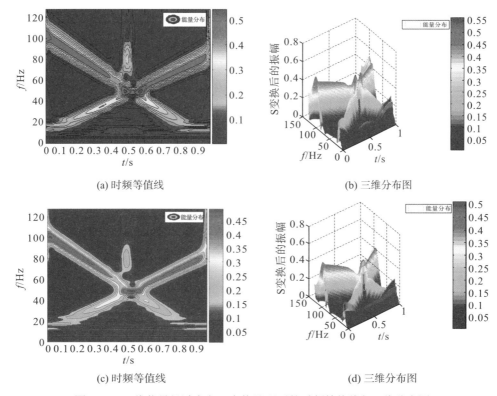

(a) 时频等值线　　　　　　　　　(b) 三维分布图

(c) 时频等值线　　　　　　　　　(d) 三维分布图

图 5-34　一维信号经过广义 S 变换处理后的时频等值线与三维分布图

率以获得良好的频率分辨率。同理，随着 k 值的增加，低频分量的时间分辨率逐渐变好，表现为牺牲部分频率分辨率以获得良好的时间分辨率。但是当 k 值大于一定阈值(一般为 6～10)后，低频分量会大量失真，因此，在试验中恰当地选择阈值是十分重要的。

由此可见，S 变换具有很好的时频聚焦特性，适合用于一维非平稳信号的时频分析。它不但准确检测到包含在一维信号中的任意频率分量，而且能看出频率是如何随时间变化以及频率变化过程中的能量分布情况。同时，广义 S 变换比基本 S 变换具有更灵活的时频聚焦性能，更便于多尺度特征分析。

2. 二维图像 S 变换

一般地，图像信号可以看作是一个二维信号，其二维 S 变换的结果将得到一个四维的数据体。对于那些具有内部轮廓的数据体来说，我们可以借助不同的灰度值、颜色值、透明度以及等高线等现代计算机图形学中的表示方式将数据体有效、直观地表达出来。但是对于一个四维数据来说，将其以一种让人容易理解的方式表示出来并非一件容易的事。

1) 高维数据的可视化

科学数据可视化是一门以对科学计算数据实现有效地可视化观察为目的新兴应用学科。科学数据可视化的目标是要将由传感器、数值计算或者科学实验获得的大量科学数据转换为人们视觉系统可以直接感知的图形图像。

科学数据可视化主要的研究方向包括：体可视化(volume visualization)、流场数据可视化(flow visualization)、可视化的人机交互研究以及可视化的数据建模等方面。二维图像的 S 变换谱是一个四维数据体，属于体可视化的研究范围。但是，一般的体可视化研究的对象都是三维体数据，目前还没有有效的方法可以很容易地实现四维数据的可视化。

容易想到的一种显示四维数据的方法是，可以将四维数据分割成为一个个三维的体数据“块”，再将这一系列体数据块切割成为一系列连续的数据“切片”，通过分时地遍历这些不同的数据切片，就可以实现整个四维数据的可视化。

为了有效地显示二维图像信号的广义 S 变换特征数据 $S(x, y, k_x, k_y)$，可以先固定这四个自变量中的其中一维，如可以先将 k_y 设置为我们感兴趣的数值 k_{y0}，相应地，二维 S 变换的表达式变成了如下式子：

$$S(x, y, k_x)$$
$$= \int_{-\infty}^{+\infty} \int_{-\infty}^{+\infty} h(x', y') \frac{|k_x||k_{y0}|}{2\pi} \mathrm{e}^{-\left[(x'-x)^2 k_x^2 + (y'-y)^2 k_{y0}^2\right]/2} \mathrm{e}^{-\mathrm{j}2\pi\left(k_x x' + k_{y0} y'\right)} \mathrm{d}x' \mathrm{d}y' \tag{5-7-27}$$

此时，二维信号的 S 变换就变成了一个具有内部轮廓结构的三维体数据，通过改变频率值 k_{y0}，便可以实现对整个四维体数据的可视化。

2) 图像 S 变换域数据切片显示方式

对于那些具有内部轮廓结构的三维体数据，可以把它分割成为一系列连续的数据切片，每一个数据切片便是一个二维的图像，在这些图像中，我们使用不同的颜色或者灰度值表示特征值的相对大小，就可以完成该数据切片的可视化，再通过分时地遍历这些数据切片，就可以实现 S 变换中三维体数据块的可视化，如图 5-35 所示。

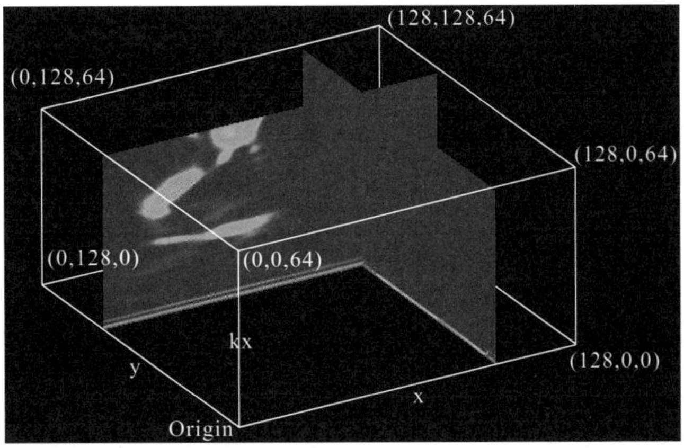

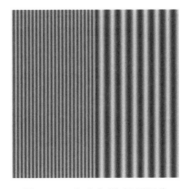

图 5-35　三维数据体的切片可视化显示

在上图中，分别显示了一个垂直于 x 方向和垂直于 y 方向的数据切片，在切片图像中，不同的颜色值代表了该点对应的数据值在三维体数据中的相对大小，通过分时的移动这两个数据切片，可以分别沿着这两个方向（即 x 方向和 y 方向）遍历所有的三维体数据中的内部轮廓结构。然后通过改变频率值 k_{y0}，可以很容易实现整个二维图像信号 S 变换的四维变换谱数据的可视化。

利用这种数据切片的显示方式，可以方便地观察到二维图像信号中任意坐标位置对应于 S 变换域中的频率特性，便于后续提取图像的能量特征以及其他方面的分析处理。

例 5-9　图 5-36 所示图像为一个合成图像数据，图像的大小为 128×128 像素，在水平方向上，图像的左半部分灰度值变化较快，包含有相对较高的频率成分；图像的右半部分的灰度值相对左半部分的灰度值变化较慢，包含有相对较低的频率成分。在竖直方向上，该图像的灰度值无变化。该图可以用下式表示：

$$
\begin{cases}
h(x,y) = 100\cos\left(\dfrac{90\pi x}{128}\right) + 100, & x = [0:63]; \ y = [0:127] \\[3mm]
h(x,y) = 100\cos\left(\dfrac{30\pi x}{128}\right) + 100, & x = [64:127]; \ y = [0:127]
\end{cases}
$$

图 5-36　合成高频-低频图像

对该图像做二维信号 S 变换，并固定 y 方向上频率分量大小为 0，可以得到一个三维 S 变换谱的体数据。滤除该三维 S 变换谱的直流分量后，将其以数据切片方式显示出来，如图 5-37 所示。

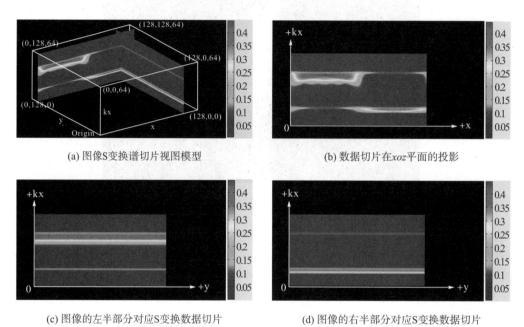

(a) 图像S变换谱切片视图模型

(b) 数据切片在 xoz 平面的投影

(c) 图像的左半部分对应S变换数据切片

(d) 图像的右半部分对应S变换数据切片

图 5-37　图 5-36 合成图像的 S 变换结果

从上图(a)、(b)中可以看出，在图像左侧对应的二维信号 S 变换域中，存在着一个幅度值较高的高频信号，在图像右侧对应的二维信号 S 变换域中，存在着一个幅度值较高的低频信号。从上图(c)、(d)中可以看出，沿着图像信号垂直方向，不论是图像左侧对应的二维信号 S 变换域中的高频信号，还是图像右侧对应的二维信号 S 变换域中的低频信号，其频率值的高低以及幅度值的大小都没有任何改变。上图所体现出来的图像信号 S 变换域的性质，正好与图像信号本身及其表达式所表达的一致，所以以上图像正好证明了该数据切片显示方式用来展示图像信号的 S 变换谱，其展示结果是正确的。

图 5-38 所示的图像为将一维线性调频信号扩展到二维图像信号以后得到的图像信号，图像的大小为 128×128 像素，由一维线性调频信号到二维图像信号的数据扩展方式为，沿着图像的水平方向，图像的像素灰度值变化规律为按照一个线性调频信号的规律变化，沿着图像的水平方向取出图像的任何一行数据，将得到一个线性调频信号；沿着图像的竖直方向，图像的像素灰度值不产生任何变化，即图像的像素灰度值保持一个常量不变。同时，在图像整体上都叠加了一个直流分量，即对图像中每个像素的灰度值，都加上一个相同的固定常数。该图像可以用下式表示：

$$h(x,y)=100\cos\frac{2\pi\left(10+\dfrac{x}{7}\right)x}{128}, \quad x=[0:127]; \quad y=[0:127]$$

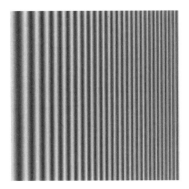

图 5-38 合成的二维线性调频信号

从图 5-38 可以看出，沿着图像信号的水平方向，在图像信号的左边部分，图像像素灰度值的大小变化较慢；在图像信号的右边部分，图像像素灰度值的大小变化较快；在从左到右的移动过程之中，图像像素灰度值的变化频率由小到大以一个线性的速度逐渐加快。

对上图所示的图像信号做二维信号的 S 变换处理，并且固定竖直方向上的空间频率分量大小为 0，以这种方式，可以得到一个图像信号的三维 S 变换谱的体数据。在滤除该图像信号的三维 S 变换谱中存在的直流分量后，可以将其以数据切片的方式显示出来，如图 5-39 所示。

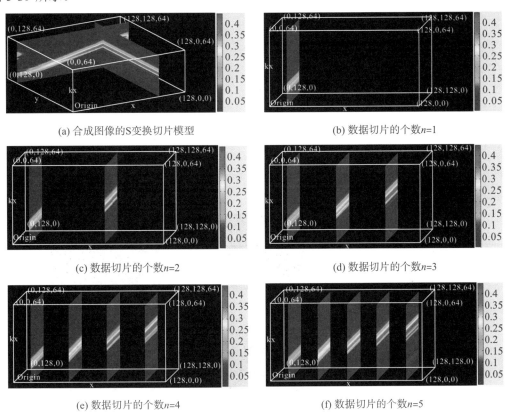

图 5-39 图像 S 变换谱的多数据切片视图模型

图 5-39 是以多数据切片的显示方式来展示图像信号 S 变换谱的,在图 5-39(a)中,图像展示了分别沿 x 方向和 y 方向的两个图像信号 S 变换域的数据切片,可以看出,沿 x 方向,即对应原始图像信号的水平方向,图像的空间频率按照线性调频信号的方式,空间频率由小到大逐渐地变化提高;沿 y 方向,即对应原始的图像信号的竖直方向,图像信号的空间频率保持一个常数,没有任何变化。这与原始图像信号所表达的性质一样。在图 5-39(b)~(f)中,存在着分别沿 y 方向,即对应于原始图像信号中的竖直方向,取 1~5 个不同的数据切片,每个数据切片在沿 x 方向上的空间均匀地分布着。从这一系列图像中可以看出与原始图像信号所表达的意思相同。通过这种多数据切片的表示方式,同样可以有效地展示图像信号 S 变换谱的特征数据,便于对图像信号进行后续的分析和处理。

接下来以实际的图像信号对数据切片显示模型的有效性进行分析。图 5-40 所示的图像信号为一个含有弱小目标(见图中矩形框)的红外灰度图像,图像的大小为 128×128 像素,微弱目标的位置处于图像信号的中央部位,表现为一个模糊斑点状的白色物体,由于其信号能量非常微弱,几乎淹没于背景杂波中,很难直接被观察到。

图 5-40　包含微弱目标的原始图像

对上图所示的实际图像信号进行二维信号的 S 变换处理,处理的时候,固定图像竖直方向上的空间频率大小为 0,可以得到一个图像信号对应的三维 S 变换谱的数据体,滤除这个 S 变换谱三维数据体中的直流分量后,将其以数据切片方式显示出来,如图 5-41 所示。

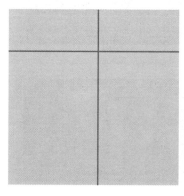

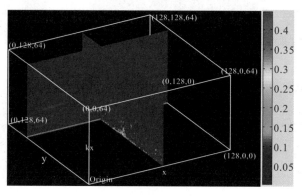

(a) 对应于非目标区切片位置　　　　　　　　　(b) 非目标区S变换的数据切片

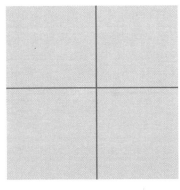
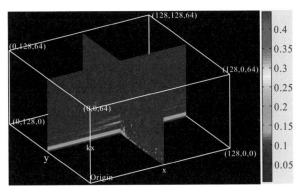

(c) 对应于目标区切片位置　　　　　　　　　　(d) 目标区 S 变换的数据切片

图 5-41　实际图像的二维 S 变换数据切片

　　图 5-41(a) 所示的图像中，水平方向和竖直方向上的直线段用于指示数据切片对应原始图像信号中的位置，在图 5-41(a) 中，对应于图像信号中的非目标所在区域。图 5-41(b) 为图像信号 S 变换谱的切片观测模型，其中，数据切片对应图像信号中的位置由图 5-41(a) 确定，在该图中，数据切片对应于原始图像信号中非目标所在区域的 S 变换谱的能量特征。从图中可以看出，在非目标区域中，各个频率成分的幅度值都非常小，几乎为零(数据切片图像中的颜色与右边色标中零值的颜色相同或接近)，可见在图像信号非目标所在区域，各个频率成分，尤其是高频部分，其幅度值都非常小，与常规分析一致。图 5-41(c) 显示在水平方向和竖直方向上的两条直线段对应于原始图像信号中目标所在的区域，其对应的观测模型中的数据切片就是取自目标所对应的 S 变换谱，如图 5-41(d) 所示。从图中可以看出，目标所在区域含有一定数量的非零幅度值的频率成分，这正好与常规分析中，目标所在区域存在一定量的幅度值非零的高频频率分量相吻合。综合以上分析，图像信号 S 变换谱特征信号的数据切片观测模型是正确的，可以应用于实际资料的分析和处理中。

　　3) 主值频率及谐波能量累加值显示

　　利用前一节描述的数据切片观测模型，可以方便地观察到图像信号在任意坐标位置对应的 S 变换谱特征能量的分布情况，但是上述方法有一个缺点，那就是要观察与比较不同区域的能量特征分布时，需要移动数据切片，分时地显示各个位置的数据切片，以达到想要的观察效果。这就给我们观察图像信号的整体能量特征分布情况带来了难题。为了解决这个问题，可以通过显示图像信号 S 变换谱各个空间位置的主值频率分量，来实现对图像信号整体能量分布特征的观察。

　　主值频率是这样定义的，如果在一幅图像信号中的某一位置的各个谐波分量中，某个谐波分量的能量值大小(或幅度值大小)相比于该图像位置的其他谐波分量的能量值大小(或幅度值大小)都更大，那么，可以认为该谐波分量为图像中该位置的主值频率，相应地，其对应的瞬时能量、瞬时相位和瞬时振幅值被称作是主值能量、主值相位和主值振幅值。

　　图 5-42 所示的图像为某光学探测系统获取的含有一个空中飞行目标(见图中矩形框)

的可见光图像，图像的大小为 128×128 像素，空中飞行目标位于图像视场的中央部位，它的位置由图中的黑色方框标出，在原始图像信号中，还存在着大量的云层，从图中可以看到，它们分别分布于图像视场的四周。

图 5-42　包含目标的可见光图像

对图 5-42 进行二维的 S 变换处理，处理时设置 S 变换谱竖直方向的频率分量大小为零，可以得到一个三维的 S 变换谱数据体。排除数据体中的直流分量后，在 S 变换谱的各个空间位置，搜索该位置对应的主值频率值，将主值频率的分布图像以伪彩色图的方式显示出来，如图 5-43(a)所示，图 5-43(b) 为主值频率伪彩色图的三维透视图，可以更加直观地观察各个点的主值频率分布情况。

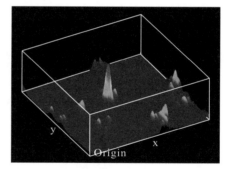

(a) 主值频率图像　　　　　　　　　　(b) 图(a)的三维透视图

图 5-43　主值频率伪彩色图像

由理论分析可知，在空中飞行目标所在的位置，由于飞行目标与周围的空中环境之间没有任何的相关性，在该位置的图像像素灰度值将会有比较快的变化，对应于图像信号中的频率域来说，在这些位置将具有较高幅度值的高频谐波分量，且这些位置的主值频率比较大，而对应于图像背景所在的位置，由于每个像素与它相邻像素之间的相关性比较大，故其像素灰度值的变化将会比较缓慢，其对应的主值频率值将比较小。从上图所示的图像可以看到，主值频率的分布情况正好与本节前面的分析一致，所以，图像 S 变换域主值频率观察模型是正确的，可以用于实际图像信号 S 变换谱的可视化应用中。

同上述主值频率观察模型类似，可以选择图像信号各个位置的谐波能量累加值作为一种数据特征来观察图像信号 S 变换域的能量分布特征。在这里，还可以更加灵活地选择，在进行谐波分量能量求和时，哪一些谐波分量将作为有效谐波参与求和，而另外的一些将被排除在外，或者也可以给出一个谐波求和的频率范围，即在该频率范围之内的，将参与谐波能量求和，在该频率范围之外的，将不参与谐波能量求和。

对图 5-42 所示图像信号进行二维的 S 变换处理后，在得到的 S 变换谱的各个空间位置进行高频谐波能量求和，将得到的能量和分布图像以伪彩色图像显示出来，如图 5-44(a)所示，图 5-44(b)为能量分布伪彩色图像的三维透视图。

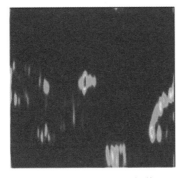 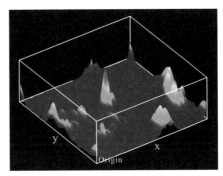

(a) 各高频谐波能量累加值　　　　　　　(b) 图(a)的三维透视图

图 5-44　谐波分量能量累加值特征分布图像

通过之前的分析可以知道，在飞行目标所在的图像位置，由于飞行目标与周围环境的相关性不大，其对应图像像素的灰度值变化较快，其结果就是这些位置存在着幅度值较大的高频谐波分量，再对其求和后，得到的谐波分量能量累加值也会相应地比较大，而背景对应的谐波分量能量累加值将会较小。图 5-44 正好表现出了这种性质，所以，高频谐波能量累加值的图像显示方式也被证明是正确的。

习题

5.1　简要描述数字信号的离散傅里叶变换有什么作用？

5.2　相对空间域滤波来说，频率域滤波具有哪些优势？

5.3　简要描述数字信号的离散余弦变换有什么作用？

5.4　沃尔什变换使得变换结果图像的大部分非零值聚焦于左上角，这一特性可以用于图像或数据压缩，那么为什么还需要进一步采用沃尔什-哈达玛变换，其优势有哪些？

5.5　简要描述数字图像的小波变换有什么作用？小波变换与傅里叶变换相比有哪些优势？

5.6　试证明傅里叶变换的共轭对称性，即

$$F^*(u,v) = F(-u,-v)$$

5.7　试证明傅里叶变换的旋转性，即

$$f(r,\theta+\theta_0) \leftrightarrow F(\rho,\varphi+\theta_0)$$

5.8　试求下述波形 $f(t)$ 的傅里叶频谱(包括幅度谱和相位谱)：

$$f(t) = \begin{cases} A, & -\dfrac{\tau}{2} \leqslant t \leqslant \dfrac{\tau}{2} \\ 0, & \text{其他} \end{cases}$$

其中，A、τ 为常数。

5.9 试求下述二维函数的傅里叶幅度谱：

$$f(x,y) = \begin{cases} A, & 0 \leqslant t \leqslant M, 0 \leqslant x \leqslant N \\ 0, & x < 0, x > M, y < 0, y > N \end{cases}$$

其中，A、M、N 为常数。

5.10 证明离散函数 $f(x,y) = \cos(2\pi u_0 x + 2\pi v_0 y)$ 的 DFT 为

$$F(u,v) = \frac{1}{2}\Big[\delta(u + Mu_0, v + Nu_0) + \delta(u - Mu_0, v - Nu_0)\Big]$$

式中，M、N 分别是 x 方向、y 方向的采样点数。

5.11 在连续频率域中，一个连续高斯低通滤波器有如下传递函数：

$$H(u,v) = \exp\Big[-\big(u^2 + v^2\big)\Big]$$

试证明其相应的空间滤波器为

$$h(t,z) = \pi\exp\Big[-\pi^2\big(t^2 + z^2\big)\Big]$$

5.12 试推导频率域的拉普拉斯滤波器的传递函数。

5.13 写出一维和二维离散余弦变换（DCT）的正变换核，并计算 8×8 DCT 变换矩阵系数。

5.14 计算一个 $N=8$ 的哈尔变换矩阵。

5.15 已知图像 $\boldsymbol{F} = \begin{bmatrix} 2 & 5 \\ -3 & 4 \end{bmatrix}$，计算该图像的哈尔变换。

5.16 已知哈尔尺度向量 $\boldsymbol{h}_\varphi(0) = \boldsymbol{h}_\varphi(1) = \dfrac{1}{\sqrt{2}}$，计算相应的小波向量 $\boldsymbol{h}_\psi(0)$ 和 $\boldsymbol{h}_\psi(1)$。

5.17 设图像目标区域由 4 个像素构成，分别是

$$\boldsymbol{x}_1 = \begin{bmatrix} -2 \\ 1 \end{bmatrix}, \boldsymbol{x}_2 = \begin{bmatrix} -1 \\ 1 \end{bmatrix}, \boldsymbol{x}_3 = \begin{bmatrix} 1 \\ 3 \end{bmatrix}, \boldsymbol{x}_4 = \begin{bmatrix} 2 \\ 4 \end{bmatrix}$$

利用 K-L 变换实现二维目标的旋转。

编程练习

5.1 利用 MATLAB 快速傅里叶变换函数 FFT 编程实现如下图所示的一维音频信号的快速余弦变换。将计算结果与直接调用离散余弦变换（DCT）函数的计算结果进行对比分析。

5.2 读取一幅 8bit 灰度图像，利用 MATLAB 语言编程实现该图像的快速傅里叶变换，分别计算其幅度谱、功能谱和相位谱，分别绘图显示结果。

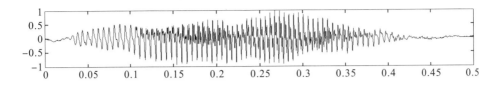

5.3 分别读取两幅尺寸一致的灰度图像，进行傅里叶变换，再用第一幅图像的幅度及第二幅图像的相位重构图像，利用 MATLAB 语言编程实现，分别绘图显示结果，并对结果进行必要的分析。

5.4 读取一幅 8bit 灰度图像，要求：

(1)计算其 DFT 并画出此图像的中心化频率谱。

(2)分别用理想低通滤波器(ILPF)和巴特沃兹低通滤波器(BLPF)对图像进行频率域滤波处理，分析两种滤波结果及其产生差异的原因。

(3)用频率域拉普拉斯算子对输入原图像进行锐化处理。

5.5 利用 MATLAB 语言编程实现对一幅 8bit 灰度图像的离散余弦变换(DCT)，利用快速傅里叶变换(FFT)实现 DCT 的快速算法，绘图展示各计算结果。

5.6 利用 MATLAB 语言编程实现对一幅 8bit 灰度图像的离散沃尔什变换、沃尔什-哈达玛变换(WHT)及反变换，绘图展示各计算结果。

5.7 利用 MATLAB 语言编程实现对一幅 8bit 灰度图像的离散 Haar 小波的正、反变换，计算反变换与原始图像的残差，绘图显示各计算结果。

第六章　图像复原与重建

　　图像复原是图像处理的主要内容之一，所谓图像复原就是指去除或减轻在图像获取过程中造成的图像质量的下降。成像过程中的图像"退化"（degradation），是指由于受成像系统各种因素的影响，图像质量降低。图像复原可以看作图像退化的逆过程，是将图像退化的过程加以估计，建立退化的数学模型后，补偿退化过程造成的失真。图 6-1 为因大气湍流引起退化后的图像复原例子。

(a) 湍流退化图像　　　　　　　　　　　　　　　(b) 复原图像

图 6-1　图像的退化与复原

　　图像复原与图像增强有类似的地方，二者都是为了改善图像的质量。从第三、四章介绍的空间域、频率域滤波可知，图像增强不考虑图像是如何退化的，也不考虑增强后的图像是否失真，只要满足人眼或机器的视觉要求即可。所不同的是，图像复原需要了解图像退化的机制和过程，据此找出一种相应的逆处理方法，从而得到恢复的图像。复原过程实际上是一个估计过程，是在研究图像退化原因的基础上，以退化图像为依据，根据一定的先验知识，建立一个系统退化的数学模型，然后用相反的运算，以最大的保真度恢复原始景物图像。表 6-1 给出了两种方法的异同。

表 6-1　图像复原与图像增强的异同

	图像增强	图像复原
目的	改善图像质量	改善图像质量
先验信息	未考虑退化模型	考虑退化模型
处理手段	空间域（卷积/convolution）或频率域滤波。$g=h*f+n$，求 g	空间域（反卷积/deconvolution）或频率域滤波。$H*f+n=g$，求 f 的估计
处理结果	提供便于人眼观察或机器识别的结果	恢复原始图像的最优估计
目标评价	主观评价	客观评价

一般的图像处理(如图像增强)解决的是正问题,即基于某个模型对输入的图像进行相应处理得到所需的输出结果。图像复原则是一个不适定问题求解,即求逆问题。逆问题一般要比正问题的求解困难得多,常常得不到唯一解,甚至无解。为了得到逆问题的有用解,经常需要一些额外的先验知识及对解的一些其他附加约束条件。可见图像复原是一个复杂的数学求解过程,必要时需要采用人机结合的方法进行交互式图像恢复。

图像复原在初级视觉处理中占有极其重要的地位,在航空航天、国防建设、公共安全、生物医学、文物修复等领域具有广泛的应用。

6.1　图　像　退　化

图像退化是一种常见的物理现象,其含义并不是单纯地指常见的数字图像的模糊、变形等变化,而是指现实世界中的真实图像经过成像过程中的"退化",即由于成像系统中各种因素的影响,使得图像质量降低,退化为成像质量不理想图像的过程。

6.1.1　图像退化过程

图像在形成、记录、处理和传输过程中,由于受到成像系统、记录设备、传输介质和处理方法不完善等多方面的影响,不可避免地造成图像质量的退化。图像退化是一种普遍的物理现象,广泛存在于图像采集、传输等过程中。图 6-2 较为全面地反映和描述了图像退化的具体过程。

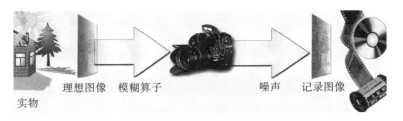

图 6-2　图像退化过程

通过相机等成像系统采集得到的记录图像(recorded image)并不直接等同于真实世界中的景物图像(ideal image),而是施加了模糊算子 h 和噪声 n 作用之后得到的结果。正是由于图像的退化,使得在图像接收端显示的图像不再是传输的原始图像,图像质量会明显变差,影响最终的观测效果和使用体验。

造成图像退化的原因很多,概括起来主要有:①射线辐射、大气湍流等造成的照片畸变;②模拟图像数字化过程中,会损失部分细节,造成质量下降;③镜头聚焦不准产生的散焦模糊;④成像系统存在的噪声干扰;⑤相机与景物之间的相对运动,产生模糊;⑥底片感光、胶片颗粒噪声以及图像显示时会造成记录显示失真;⑦成像系统的相差、非线性畸变、有限带宽等造成的图像失真;⑧摄像扫描的非线性,携带遥感仪器的飞机或卫星运动的不稳定,以及地球自转等因素引起的照片几何失真等。图 6-3 为常见的几种图像退化实例。

(a) 原图一　　　　　　　　　(b) 噪声污染

(c) 原图二　　　　　　　　　(d) 运动模糊

(e) 原图三　　　　　　　　　(f) 枕形畸变

(g) 原图四　　　　　　　　　(h) 桶形畸变

图 6-3　几种图像退化实例

6.1.2 图像退化与复原模型

连续图像退化的一般模型如图 6-4 所示。输入图像 $f(x,y)$ 经过一个退化系统或退化算子 $H(x,y)$ 后产生的退化图像 $g(x,y)$ 可以表示为

$$g(x,y) = H\left[f(x,y)\right] \tag{6-1-1}$$

如果仅考虑加性噪声的影响，则退化图像可以表示为

$$g(x,y) = H\left[f(x,y)\right] + n(x,y) \tag{6-1-2}$$

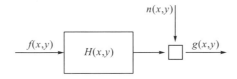

图 6-4 图像退化一般模型

退化图像是由成像系统的退化加上额外的系统噪声形成的，图像复原是在退化图像 $g(x,y)$ 的基础上进行的。根据此模型，若已知 $H(x,y)$ 和 $n(x,y)$，对 $g(x,y)$ 作逆运算得到 $f(x,y)$ 的一个最佳估计 $\hat{f}(x,y)$。之所以说是"最佳估计"而非求"真实值"，是由于以下两个原因可能导致图像复原问题的病态性。

(1) 逆问题的存在性，即奇异问题。

(2) 逆问题的多解性。

连续图像可以表示为

$$f(x,y) = \int_{-\infty}^{+\infty}\int_{-\infty}^{+\infty} f(\alpha,\beta)\delta(x-\alpha,y-\beta)\mathrm{d}\alpha\mathrm{d}\beta \tag{6-1-3}$$

式中，δ 表示空间上点脉冲的冲激函数。

将式(6-1-3)代入式(6-1-1)得

$$g(x,y) = H[f(x,y)] = H\left[\int_{-\infty}^{+\infty}\int_{-\infty}^{+\infty} f(\alpha,\beta)\delta(x-\alpha,y-\beta)\mathrm{d}\alpha\mathrm{d}\beta\right] \tag{6-1-4}$$

退化算子 H 线性和空间不变系统下，输入图像 $f(x,y)$ 经退化后的输出为

$$
\begin{aligned}
g(x,y) &= H\left[f(x,y)\right] \\
&= H\left[\int_{-\infty}^{+\infty}\int_{-\infty}^{+\infty} f(\alpha,\beta)\delta(x-\alpha,y-\beta)\mathrm{d}\alpha\mathrm{d}\beta\right] \\
&= \int_{-\infty}^{+\infty}\int_{-\infty}^{+\infty} f(\alpha,\beta)H\left[\delta(x-\alpha,y-\beta)\right]\mathrm{d}\alpha\mathrm{d}\beta \\
&= \int_{-\infty}^{+\infty}\int_{-\infty}^{+\infty} f(\alpha,\beta)h(x-\alpha,y-\beta)\mathrm{d}\alpha\mathrm{d}\beta
\end{aligned} \tag{6-1-5}
$$

式中，$h(x,y)$ 称为退化系统的冲激响应函数。在图像形成的光学过程中，冲激为一光点。因而又将 $h(x,y)$ 称为退化系统的点扩展函数（point spread function，PSF）。

此时，退化系统的输出就是输入图像 $f(x,y)$ 与点扩展函数 $h(x,y)$ 的卷积，考虑到噪声的影响，即

$$g(x,y) = \int_{-\infty}^{+\infty} \int_{-\infty}^{+\infty} f(\alpha,\beta)h(x-\alpha,y-\beta)\mathrm{d}\alpha\,\mathrm{d}\beta + n(x,y)$$
$$= f(x,y)*h(x,y) + n(x,y)$$
(6-1-6)

对上述方程取傅里叶变换，则式(6-1-6)在频率域上可以写为

$$G(u,v) = F(u,v)H(u,v) + N(u,v)$$
(6-1-7)

式中，$G(u,v)$、$F(u,v)$、$N(u,v)$ 分别是 $g(x,y)$、$f(x,y)$、$n(x,y)$ 的傅里叶变换；$H(u,v)$ 是 $h(x,y)$ 的傅里叶变换，为系统的传递函数。

在本节中，图像的退化过程被建模为两项，分别为退化函数项和加性噪声项。而图像的复原过程就是图像退化过程的逆过程，可以将这两个过程通过图示的方式展示出来，如图 6-5 所示。

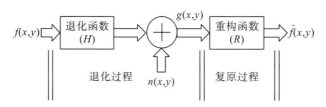

图 6-5　图像退化/复原过程模型

图 6-5 中，$f(x,y)$、$g(x,y)$ 和 $n(x,y)$ 分别表示输入图像、退化图像和噪声；H 表示退化函数；$\hat{f}(x,y)$ 表示恢复后的图像。

6.2　噪　声　模　型

由于成像传感器的性能受到各种因素的影响，如图像采集过程中的环境条件和传感元器件自身的质量，采集设备得到的数字图像往往会受到噪声的干扰。

而对于光学图像来说，噪声主要来源于图像的获取和传输两个过程。例如，在使用 CCD 相机采集图像时，光照和传感器温度均是影响采集结果图像中噪声多少的主要因素。图像在传输中也会受到传输信道中噪声的干扰，如使用无线网络传输的图像可能会受到光或者其他大气因素的影响而受到污染。

6.2.1　噪声的概率密度函数

图像处理中我们讨论的噪声一般情况下是指随机噪声，并假设噪声的空间分布是随机的，且与图像本身不相关(即像素值与噪声分量的值之间不相关)。对于随机噪声来说，我们关心的内容并不是噪声分量的灰度值，而是噪声分量中灰度值的统计特性。通常，我们采用概率密度函数(probability density function，PDF)来表征随机噪声的统计特性。

典型的噪声模型有以下几种：①高斯噪声；②瑞利噪声；③伽马(爱尔兰)噪声；④指数分布噪声；⑤均匀分布噪声；⑥脉冲噪声(椒盐噪声)等。

下面将分别给出以上几种噪声模型的 PDF 形式，并加以说明。

1. 高斯噪声

不论是在空间域还是频率域中，高斯噪声都是非常常见的噪声模型。由于高斯函数十分易于数学处理，所以高斯模型常常应用于分析系统的最佳状态等。

高斯随机变量 z 的 PDF 为

$$p(z) = \frac{1}{\sqrt{2\pi}\sigma} e^{\frac{-(z-\bar{z})^2}{2\sigma^2}} \tag{6-2-1}$$

式中，z 表示灰度值；$\bar{z}$ 表示 z 的均(平均)值；σ 表示 z 的标准差。标准差的平方 σ^2 为方差。它的分布曲线如图 6-6(a)所示。从式(6-2-1)中可以明显看出，高斯噪声就是以高斯函数作为 PDF 的随机噪声。由于概率密度函数为高斯函数，高斯噪声满足 3σ 原则，即高斯噪声灰度值有 70%落在 $\left[(\bar{z}-\sigma),(\bar{z}+\sigma)\right]$ 内，有大约 95%落在 $\left[(\bar{z}-2\sigma),(\bar{z}+2\sigma)\right]$ 内。

2. 瑞利噪声

与高斯噪声不同的是，瑞利噪声是以瑞利分布的概率密度函数作为噪声分量的概率密度函数的噪声。其 PDF 为

$$p(z) = \begin{cases} \dfrac{2}{b}(z-a)e^{-(z-a)^2/b}, & z \geqslant a \\ 0, & z < a \end{cases} \tag{6-2-2}$$

其均值与方差分别为

$$\bar{z} = a + \sqrt{\pi b/4}, \sigma^2 = \frac{b(4-\pi)}{4} \tag{6-2-3}$$

其中，$\bar{z}$ 表示 z 的均(平均)值；σ 表示 z 的标准差，方差为标准差的平方。它的分布曲线如图 6-6(b)所示。瑞利分布的概率密度函数是不对称的函数，也正是这种特性使得其对于近似歪斜的直方图比较适用。

3. 伽马(爱尔兰)噪声

伽马噪声的 PDF 为

$$p(z) = \begin{cases} \dfrac{a^b z^{b-1}}{(b-1)!}e^{-az}, & z \geqslant a \\ 0, & z < a \end{cases} \tag{6-2-4}$$

其中，$a > 0$；b 为正整数；! 表示阶乘。其均值和方差分别为

$$\bar{z} = \frac{b}{a}, \sigma^2 = \frac{b}{a^2} \tag{6-2-5}$$

它的分布曲线如图 6-6(c)所示。虽然经常称式(6-2-4)为伽马密度，但严格来说，只有当分布为伽马函数时才是合理的。当分母如式(6-2-4)所示时，该密度称为爱尔兰密度更合适。

4. 指数分布噪声

指数分布噪声的 PDF 为

$$p(z) = \begin{cases} a\mathrm{e}^{-az}, & z \geq 0 \\ 0, & z < 0 \end{cases} \qquad (6\text{-}2\text{-}6)$$

其中，$a > 0$。其均值和方差分别为

$$\overline{z} = \frac{1}{a}, \sigma^2 = \frac{1}{a^2} \qquad (6\text{-}2\text{-}7)$$

它的分布曲线如图 6-6(d) 所示。指数分布噪声的 PDF 是当 $b=1$ 时爱尔兰噪声的 PDF 的特殊情况。

5. 均匀分布噪声

均匀分布噪声的 PDF 为

$$p(z) = \begin{cases} \dfrac{1}{b-a}, & a \leq z \leq b \\ 0, & \text{其他} \end{cases} \qquad (6\text{-}2\text{-}8)$$

其均值和方差分别为

$$\overline{z} = \frac{a+b}{2}, \sigma^2 = \frac{(b-a)^2}{12} \qquad (6\text{-}2\text{-}9)$$

它的分布曲线如图 6-6(e) 所示。

6. 脉冲噪声(椒盐噪声)

脉冲噪声(椒盐噪声)的 PDF 为

$$p(z) = \begin{cases} P_a, & z = a \\ P_b, & z = b \\ 0, & \text{其他} \end{cases} \qquad (6\text{-}2\text{-}10)$$

若 $b > a$，则灰度级 b 在图像中为一个亮点；反之，灰度级 a 在图像中为一个暗点。若 P_a 或 P_b 为 0，此时的脉冲噪声称为单极脉冲；而当两者均不为 0 时，称之为双极脉冲。更加特别的是，$P_a \approx P_b$ 时，脉冲噪声值将类似于在图像上随机分布的胡椒(黑)和盐粉(白)微粒，所以也称为椒盐噪声。椒盐噪声的概率密度函数曲线如图 6-6(f) 所示。通过一个具体的示例来说明：一个 8bit 图像意味着 $a=0$ 和 $b=255$ 分别对应黑点和白点。

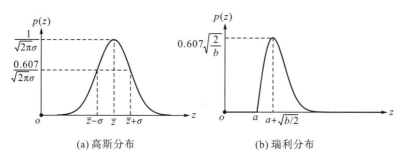

(a) 高斯分布   (b) 瑞利分布

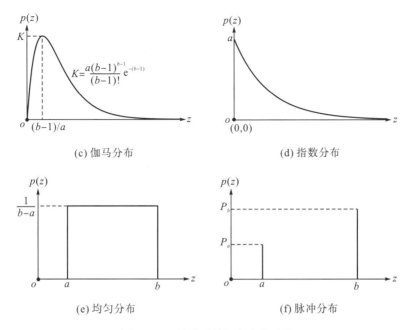

(c) 伽马分布　　　　　　　　　　　　　　(d) 指数分布

(e) 均匀分布　　　　　　　　　　　　　　(f) 脉冲分布

图 6-6　一些重要的概率密度函数

　　噪声模型在实践中是很有用的工具，主要用于建立宽带噪声污染状态模型。例如，高斯噪声模型源于类似于电子电路噪声以及由低照明度或高温带来的传感器噪声；瑞利噪声模型有助于在深度成像中表征噪声状态；指数分布噪声模型和伽马分布噪声模型在激光成像中十分普遍；而脉冲噪声模型在快速过渡情况下出现，等等。

　　图 6-7(a) 显示了一幅用于讨论噪声模型的测试图像。它由简单的、恒定的区域组成，是一幅典型的理想测试图像，其从黑到近似于白仅仅包含三个灰度级增长跨度。这便于在视觉上观察添加各种噪声分量之后图像的变化，也便于在直方图分析中预留足够宽的灰度跨度，图 6-7(b) 为测试图像的直方图。

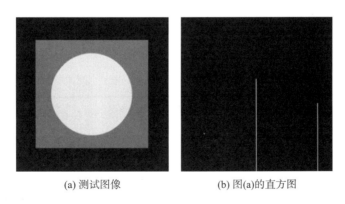

(a) 测试图像　　　　　　　　　(b) 图(a)的直方图

图 6-7　用于说明噪声 PDF 特性的测试图案

　　图 6-8 为叠加了本节讨论的 6 种噪声的测试图像。每幅图像下面所示的是其对应的直方图。在每种情况下选择了合适的噪声参数，以便对应于测试图案中三种灰度级的直方图

会开始合并，这有利于突出噪声，同时不至于掩盖底层图像的基本结构。

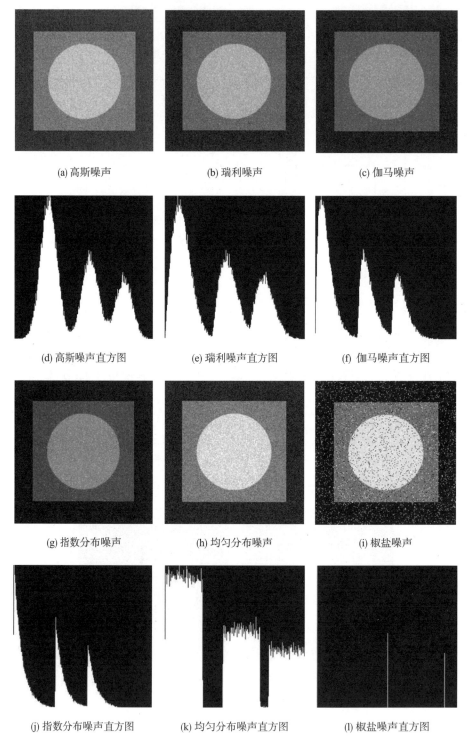

(a) 高斯噪声　　　　　　　　(b) 瑞利噪声　　　　　　　　(c) 伽马噪声

(d) 高斯噪声直方图　　　　　(e) 瑞利噪声直方图　　　　　(f) 伽马噪声直方图

(g) 指数分布噪声　　　　　　(h) 均匀分布噪声　　　　　　(i) 椒盐噪声

(j) 指数分布噪声直方图　　　(k) 均匀分布噪声直方图　　　(l) 椒盐噪声直方图

图 6-8　对图 6-7(a) 添加各种噪声后的图像及其直方图

6.2.2　周期噪声

　　周期噪声一般是由于图像采集期间的电力或者机电干扰导致的,这也是本章中讨论的唯一一种空间相关噪声。图 6-9(a)显示的是一幅受到正弦噪声(周期噪声)干扰的图像,图 6-9(b)显示的是受干扰图像对应的频谱图像。

(a) 被正弦噪声干扰的图像　　　　　　　　　(b) 频谱图像

图 6-9　受正弦噪声干扰的图像及其对应的频谱图像

　　周期噪声与前述的随机噪声并不相同,通过对比图 6-9(a)和图 6-8 可以明显看出,周期噪声在空间上具有一定的规律,而随机噪声的分布与空间坐标无关。同时由于图 6-9 中的周期噪声为正弦噪声,根据傅里叶变换的性质,任意周期信号都具有唯一的傅里叶变换系数表示。数学上可以描述为

$$\sin\left(2\pi\mu_0 x+2\pi v_0 y\right)\underset{\text{IDFT}}{\overset{\text{DFT}}{\rightleftharpoons}}\mathrm{j}\frac{1}{2}\left[\delta\left(\mu+M\mu_0,v+Nv_0\right)-\delta\left(\mu-M\mu_0,v-Nv_0\right)\right] \quad (6\text{-}2\text{-}11)$$

其中,u_0、v_0 分别表示正弦噪声在 x 方向、y 方向上的空间频率;M 与 N 分别表示图像的行数与列数。式(6-2-11)说明正弦噪声在频率域(傅里叶域)中表现为冲激信号,所以在频率域中去除正弦干扰要更加的容易。同时由于傅里叶变换的对称性,一个纯正弦波的傅里叶变换是位于正弦波共轭频率处的一对共轭脉冲,所以在图 6-9(b)中的脉冲点是成对出现,而非孤立出现,且每对点都是关于中心对称。

6.2.3　噪声估计

　　从前述内容,我们了解到各种噪声模型的具体表达式和噪声在实际工程中的具体体现方式,本节主要解决另一个关于噪声模型应用的问题:如何估计噪声模型中的各种参数。一般来说,噪声模型的参数估计主要有两种方法:通过视觉分析的直接估计法和借助统计方法的间接估计法。例如,周期噪声的参数估计就是典型的直接估计法,通过视觉分析来检测频谱中的频率尖峰,但是这种方法只能应用在非常简单的情况中。在复杂的情况下,人眼很难捕捉到真正合适的噪声频率尖峰。

　　而另一种噪声参数估计方法则是通过合理地选择原图像中的小部分图像来估计 PDF 的参数。当然,如果直接具有可用的成像系统,则可以直接对一个光照均匀的纯色灰度板

成像，获得系统噪声图像。然而通常情况下，我们只能直接获得传感器的生成图像，此时就需要合理的从噪声图像中截取小部分的图像来估计 PDF 的参数。

图 6-10 中的垂直条带是从图 6-8 中所示的高斯、瑞利和均匀噪声图像中截取的，所显示的直方图则是通过垂直条带图像计算出来的，这些直方图非常接近于图 6-8 中的直方图形状。而截取这些垂直条带的目的是计算灰度级的均值与方差，具体计算公式如下：

$$\bar{z} = \sum_{i=0}^{L-1} z_i p_s(z_i), \sigma^2 = \sum_{i=0}^{L-1} (z_i - \bar{z})^2 p_s(z_i) \tag{6-2-12}$$

其中，$\bar{z}$ 为小条带图像的均值；σ^2 为小条带图像的方差。$p_s(z_i)$，$i = 0,1,2,\cdots,L-1$ 为条带中像素灰度的概率估计(归一化直方图值)，L 为整个图像中可能的灰度级数(例如，对于 8bit 的图像，L 为 256)。

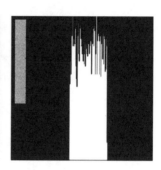

图 6-10   使用小条带计算的噪声图像的直方图

通过直方图的形状，我们可以确定噪声图像中 PDF 的类型。如果形状类似于高斯函数，那么均值与方差就是需要估计的参数，并且得到这两个参数的估计值之后就可以确认图像的噪声 PDF，而参数估计方法如上述所示。如果形状类似于其他的分布函数，则需要通过其他方式来估计分布函数中需要确定的参数，从而得到噪声图像 PDF 的估计。虽然具体参数的计算公式可能有所不同，但是取条带图像进行参数估计的方法却是共通的。

6.3   去噪声复原

根据 6.1.3 节中介绍的图像退化模型，我们可以了解到图像的退化主要由两个部分构成：一个是退化函数 $H(x, y)$，另一个是噪声项 $n(x, y)$。本节主要是针对退化图像的噪声项进行复原，得到近似无噪声的图像，也就是去噪声复原。

本节介绍的去噪声复原主要是去除图像退化模型中的加性噪声(即以叠加的方式影响图像质量的噪声)，对于图像中的乘性噪声暂不做考虑。而当仅存在加性噪声的情况下，可以选择空间滤波方法。下面将介绍三种不同的空间滤波器，分别为：

(1)均值滤波器。

(2)统计排序滤波器。

(3)自适应滤波器。

　　均值滤波器是一种线性滤波器,其本质是对滤波区域内进行线性运算从而得到滤波器响应,滤波器参数往往是线性运算所需要的权重等系数;而统计排序滤波器则是一种非线性滤波器,与均值滤波器相同的是都需要获取滤波区域的数据,但不同的是此时进行的是非线性运算;最后的自适应滤波器则与之前的两种都不相同,它是一种根据滤波区域数据自适应调整滤波器参数的滤波器,而前面两种滤波器不能根据滤波区域自行调节滤波器参数。

　　由于在之前的章节已经讨论过空间域滤波器具体的实现步骤和操作方式,所以在本节中,我们主要关注空间域滤波器的设计对于去噪声复原的影响。

6.3.1　均值滤波器

　　在本节中,我们将主要讨论均值滤波器,并且给出 4 种具体的均值滤波器的设计方法,分别为:算术均值滤波器、几何均值滤波器、谐波均值滤波器和逆谐波均值滤波器。在给出具体的滤波器设计原理后,我们会给出一个具体的运用示例来验证滤波器的性能与去噪声复原效果。

1. 算术均值滤波器

　　算术均值滤波器是最简单的均值滤波器。令 S_{xy} 表示中心在 (x,y) 点处、大小为 $m \times n$ 的矩形子图像窗口(邻域)的一组坐标,则算术均值滤波器就是在 S_{xy} 定义的区域中计算被污染图像 $g(x,y)$ 的平均值, 如下式所示:

$$\hat{f}(x,y) = \frac{1}{mn} \sum_{(s,t) \in S_{xy}} g(s,t) \tag{6-3-1}$$

其中, $\hat{f}(x,y)$ 表示复原图像在 (x,y) 点处的值,系数 $1/mn$ 是为了约束滤波器响应在可行范围内(例如, 8bit 图像的算术均值滤波响应可行范围为[0, 255])。

　　均值滤波器的本质是对一幅图像中的局部变化进行了平滑处理,虽然降低了噪声,但是同时使图像变得模糊。

2. 几何均值滤波器

　　几何均值滤波器与算术均值滤波器较为相似,但算术均值滤波器计算的是区域中图像的算术均值,而几何均值滤波器计算的则是区域中图像的几何均值,即每一个复原的像素为子图像窗口中像素乘积的 $1/mn$ 次幂, 其表达式如下:

$$\hat{f}(x,y) = \left(\prod_{(s,t) \in S_{xy}} g(s,t) \right)^{\frac{1}{mn}} \tag{6-3-2}$$

其中, $\hat{f}(x,y)$ 表示复原图像在 (x,y) 点处的值; $g(x,y)$ 表示被污染图像; m, n 表示滑动窗的尺寸。与算术均值滤波器相比,使用几何均值滤波器进行图像平滑,丢失的图像细节更少。

3. 谐波均值滤波器

谐波均值滤波操作如下式所示：

$$\hat{f}(x,y) = \frac{mn}{\displaystyle\sum_{(s,t)\in S_{xy}} \frac{1}{g(s,t)}} \tag{6-3-3}$$

其中，$\hat{f}(x,y)$ 和 $g(x,y)$ 分别表示原图像和被污染图像；m，n 表示滑动窗的尺寸。谐波均值滤波器对于盐(亮)噪声的效果比较好，但并不适用于椒(暗)噪声。

4. 逆谐波均值滤波器

逆谐波均值滤波的公式如下：

$$\hat{f}(x,y) = \frac{\displaystyle\sum_{(s,t)\in S_{xy}} g(s,t)^{Q+1}}{\displaystyle\sum_{(s,t)\in S_{xy}} g(s,t)^{Q}} \tag{6-3-4}$$

其中，Q 表示滤波器的阶数。这种滤波器与谐波均值滤波器相比，可以有效地消除椒盐噪声，但是其消除椒盐噪声的功能是通过滤波器阶数的正负来控制的。Q 为正时，该滤波器可以有效消除椒(暗)噪声；Q 为负时，该滤波器可以有效地消除盐(亮)噪声。更加特别的是，当 $Q=0$ 时，该滤波器退化为算术均值滤波器；而当 $Q=-1$ 时，该滤波器退化为谐波均值滤波器。

6.3.2　统计排序滤波器

本节将介绍空间滤波器中的统计排序滤波器，这种空间滤波器的响应基于由该滤波器包围的图像区域中的像素值的排序。排序的结果决定滤波器的响应。由于大多数排序的操作均为非线性操作，所以统计排序滤波器也常常为非线性滤波器。

1. 中值滤波器

最著名的统计排序滤波器就是中值滤波器。正如其名字所述，它使用一个像素邻域中的所有灰度级的中值来作为滤波器的输出，即替代该位置处像素的值。用公式表示如下：

$$\hat{f}(x,y) = \operatorname*{median}_{(s,t)\in S_{xy}} \{g(s,t)\} \tag{6-3-5}$$

其中，在 (x,y) 处的像素值是计算的中值。

中值滤波器的应用非常普遍，尤其是对于椒盐噪声的抑制效果尤为突出。

2. 最大值滤波器和最小值滤波器

最大值滤波器和最小值滤波器与中值滤波器一样都是基于排序的滤波器，不同之处在于最大值滤波器是取所有灰度级的最大值作为滤波器的输出，而最小值滤波器则是取最小值。两种滤波器可分别表示为

$$\hat{f}(x,y) = \max_{(s,t)\in S_{xy}} \{g(s,t)\} \tag{6-3-6}$$

$$\hat{f}(x,y) = \min_{(s,t) \in S_{xy}} \{g(s,t)\} \tag{6-3-7}$$

最大值滤波器对于发现图像中的局部亮点非常有用,所以可以有效地减少图像中的椒(暗)噪声,但是对于盐(亮)噪声就无能为力。而最小值滤波器恰恰相反,对于图像中的盐(亮)噪声的去除非常有效,而对于椒(暗)噪声无效。

3. 中点滤波器

中点滤波器计算公式如下:

$$\hat{f}(x,y) = \frac{1}{2} \left\{ \max_{(s,t) \in S_{xy}} \{g(s,t)\} + \min_{(s,t) \in S_{xy}} \{g(s,t)\} \right\} \tag{6-3-8}$$

由于这种滤波器既使用了统计排序操作,又使用了算术运算操作,使得其对于随机分布噪声的效果很好,例如,高斯噪声和均匀噪声。

4. 阿尔法截断均值滤波器

假设在邻域 S_{xy} 内去掉 $g(s,t)$ 最低灰度值的 $d/2$ 和最高灰度值的 $d/2$,令 $g_r(s,t)$ 表示剩余的 $(mn-d)$ 个像素。由这些剩余像素的平均值形成的滤波器称为修正的阿尔法均值滤波器。计算公式如下:

$$\hat{f}(x,y) = \frac{1}{mn-d} \sum_{(s,t) \in S_{xy}} g_r(s,t) \tag{6-3-9}$$

其中,d 的取值范围为 0 到 $(mn-1)$。当 $d=0$ 时,修正的阿尔法均值滤波器退化为前一节讨论的算术均值滤波器;当 $d=mn-1$ 时,修正的阿尔法均值滤波器退化为中值滤波器;当 d 取其他值时,修正的阿尔法均值滤波器在包括多种噪声的情况下非常有用,如高斯噪声和椒盐噪声。

6.3.3 自适应滤波器

之前讨论的两种空间域滤波器并没有考虑图像中的一点对于邻域点特征的影响,即滤波器的参数不随处理图像的不同而不同。在本节中,我们主要讨论两种简单的自适应滤波器,需要说明的是,本节中讨论的自适应滤波器还是以 $m \times n$ 的矩形窗口 S_{xy} 定义的滤波器区域内图像的统计特性为基础的。一般来说,自适应滤波器的性能在大多数情况下要优于之前讨论过的两种类型的空间域滤波器,而改善滤波器性能的代价是增大了滤波器的复杂度。

自适应滤波需要计算局部均值和局部方差,即

$$m_L = \frac{1}{mn} \sum_{(s,t) \in S_{xy}} g(s,t) \tag{6-3-10}$$

$$\sigma_L^2 = \frac{1}{mn} \sum_{(s,t) \in S_{xy}} \left[g(s,t) - m_L \right]^2 \tag{6-3-11}$$

其中,S_{xy} 为滤波器区域;m 和 n 分别为滤波器区域的行数和列数(即滑动窗的尺寸)。

值得注意的是，我们讨论的这三种空间域滤波器都是在处理退化图像中的噪声项问题，进行的依旧是去噪声复原，还没有考虑其他类型的退化。

1. 自适应局部去噪滤波器

自适应局部去噪滤波器的关键在于通过比较滤波器区域的局部方差与噪声方差的相对关系来确定滤波器的最终输出。计算公式如下：

$$\hat{f}(x,y) = g(x,y) - \frac{\sigma_\eta^2}{\sigma_L^2}\big[g(x,y) - m_L\big] \tag{6-3-12}$$

式中，σ_η^2 为噪声方差；σ_L^2 为局部方差；$g(x,y)$ 为含有噪声的图像在 (x,y) 处的灰度值。

由上式可知，若 σ_η^2 为零，则图像 $g(x,y)$ 中不含有噪声，此时滤波器的结果为 $g(x,y)$，即有 $g(x,y) = f(x,y)$；若 σ_L^2 与 σ_η^2 高度相关，则该滤波器区域应该位于需要被保留的边缘处，滤波器的输出与 $g(x,y)$ 非常接近；若 σ_L^2 与 σ_η^2 相等，则滤波器返回处理窗口区域内像素灰度的算术平均值。

2. 自适应中值滤波器

对于 6.3.2 节中讨论的中值滤波器，在处理椒盐噪声方面性能很好，但存在限制——要求椒盐噪声的空间密度较低。当椒盐噪声的空间密度较高时，即滤波器区域中包含较多的椒盐噪声时，一般的中值滤波器效果会大打折扣。而自适应中值滤波器就可以很好地解决问题，能实现在更高椒盐噪声密度的情况下去噪声复原。自适应中值滤波器的另一个优点是平滑非椒盐噪声时可以尽可能保留细节，而这是传统中值滤波器无法实现的。

正如之前所述，自适应中值滤波器与前几节的均值滤波器和排序滤波器一样，也工作于矩形窗口区域 S_{xy} 内。然而，与这些滤波器不同的是自适应中值滤波器在进行滤波器处理时会根据本节列举的某些条件而改变 S_{xy} 的尺寸。但滤波器的输出依旧是一个单值，且依旧用于代替点 (x,y) 处的像素值，点 (x,y) 是给定时刻窗口 S_{xy} 的中心。

首先，定义几个重要参数。$z_{\min}$ 为 S_{xy} 中的最小灰度值；$z_{\max}$ 为 S_{xy} 中的最大灰度值；z_T 为 S_{xy} 中的灰度值中值；z_{xy} 为坐标 (x,y) 的灰度值；$S_{\max}$ 为 S_{xy} 允许的最大尺寸。

该算法分两个进程工作，分别命名为进程 A 和进程 B。

进程 A：

$$A_1 = z_T - z_{\min}$$
$$A_2 = z_T - z_{\max}$$

如果 $A_1 > 0$ 且 $A_2 < 0$，则进入进程 B；否则增大窗口尺寸。如果窗口尺寸 $\leqslant S_{\max}$，则重复进程 A；否则输出 z_T。

进程 B：

$$B_1 = z_{xy} - z_{\min}$$
$$B_2 = z_{xy} - z_{\max}$$

如果 $B_1 > 0$ 且 $B_2 < 0$ ，则输出 z_{xy} ；否则输出 z_T 。

该算法的主要目的是：去除椒盐噪声，平滑其他的非椒盐噪声，并减少类似于物体边界细化或者粗化等失真。z_{min} 和 z_{max} 在统计上常被认为是类脉冲噪声分量(椒盐噪声分量)，因为它们在图像中并不一定是最低和最高的像素值。

从上述的具体算法流程中，可以发现进程 A 的目的就是确定中值滤波器的输出 z_T 是否为一个脉冲。如果 $z_{min} < z_T < z_{max}$ 有效，则 z_T 必然不是脉冲。此时转到进程 B，而进程 B 的操作类似于进程 A，所以可以合理地推断出进程 B 的目的就是确定窗口中心点 z_{xy} 本身是不是一个脉冲。同样若 $z_{min} < z_{xy} < z_{max}$ 有效，则说明算法输出的滤波结果必然不是一个脉冲，从而实现对脉冲噪声(椒盐噪声)的去除。

若进程 A 确实是找到一个脉冲，则算法会扩大窗口的尺寸直到找到一个非脉冲的中值，或达到之前约定的最大尺寸。由于扩大窗口并不能保证该值是不是一个脉冲，但是确实是可以降低这个中值是脉冲的概率，毕竟脉冲噪声的像素数是要小于非脉冲噪声的像素数的。最后算法每输出一个值就会挪动一次窗口位置，直到得到整张图像的滤波结果。

相对普通中值滤波来说，自适应中值滤波在去除噪声的同时，具有对图像细节良好的保持特性，但运算量会相应增加。图 6-11 为两种方法滤波效果的对比。相对来说，自适应滤波在去除噪声的同时，较好地保留了图像的细节，一定程度减少了对图像的平滑。

(a) 噪声污染图　　　　　　　　(b) 中值滤波　　　　　　　　(c) 自适应中值滤波

图 6-11　中值滤波与自适应中值滤波的效果对比

6.4　退化函数估计

在上一节中，我们主要介绍了去噪声复原方法，解决的是图像退化过程中的噪声估计问题。本节我们将讨论图像退化过程中的另一个问题，即退化函数的估计问题。实际应用中，我们并不真正清楚引起图像退化的原因，退化函数是未知的，但可以通过一些近似的方法对它进行估计和建模，通常采用观察估计、实验估计及建模估计等。

6.4.1　观察估计

本质上，图像复原是希望通过观测到的退化图像 $g(x, y)$ 来恢复期望图像 $f(x, y)$。然而退化函数 H 通常是未知的。在这种情况下，通过观察 $g(x, y)$ 局部退化过程来估计全局退化函数 H 是一种简单可行的思路，如图 6-12 所示。

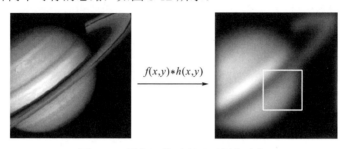

图 6-12　图像退化过程及子图像选择

假设不考虑退化模型中的噪声影响，根据式 (6-1-2)，则图中 $f(x, y)$ 的退化过程可简化为如下的频率域表达式：

$$G(u, v) = F(u, v) H(u, v) \tag{6-4-1}$$

其中，$F(u, v)$、$G(u, v)$ 分别表示 $f(x, y)$、$g(x, y)$ 的傅里叶变换；$H(u, v)$ 为退化函数。如果考虑从退化图像中选取具有明显特征的子图像 $g_s(x, y)$（右图矩形区域）为观察对象，利用锐化滤波或人工方法处理子图像来获得清晰图像 $\hat{f}_s(x, y)$ 的估计，那么根据式 (6-4-1)，有

$$H_s(u, v) = \frac{G_s(u, v)}{\hat{F}_s(u, v)} \tag{6-4-2}$$

其中，$H_s(u, v)$ 是子图像的退化函数。最后，基于退化模型位置不变的假设就可以还原整幅图像的退化函数 $H(u, v)$。

如果仅仅知道退化图像 $g(x, y)$，则可以采用这种简单估计方法，但是该方法没法重复使用，通常只是应用于一些特殊的环境下，如复原一幅有历史价值的老照片。

6.4.2　实验估计

从理论上来说，如果使用与观测退化图像的设备相似的实验装置，是有可能得到一个相对准确的退化函数估计的。据此思路，我们可以设计如下的实验来估计退化函数。

图 6-13 (a) 为一个冲激 $A\delta$，(b) 是它的退化图像 g。根据退化模型 [式 (6-1-7)]，可得退化函数：

$$H(u, v) = \frac{G(u, v)}{A} \tag{6-4-3}$$

其中，$G(u, v)$ 是观测冲激 $g(x, y)$ 的傅里叶变换；A 是一个描述冲激强度的常量，且 $\mathrm{DFT}[A\delta(x, y)] = A$。

(a) 冲激Aδ　　　　　　(b) 退化图像g

图 6-13　冲激特性的退化估计

这个过程，可以通过物理实验进行模拟，从而估计出退化函数。这种估计方法适用于相同设备条件下可以重复开展实验测试的情况。

6.4.3　建模估计

所谓建模估计，就是根据实际问题建立合理的数学模型，对数学模型进行求解。由于引起退化的原因很多，应具体问题具体分析。在某些情况下，模型甚至可以考虑引起退化的环境条件。例如，大气湍流模型就是基于大气湍流的物理特性（Hufnagel and Stanley，1964）提出的，其表达式为

$$H\left(u,v\right) = \exp\left[-k\left(u^{2} + v^{2}\right)^{\frac{5}{6}}\right] \tag{6-4-4}$$

其中，k 是与湍流性质有关的常数。式(6-4-4)可写为如下频谱中心化形式：

$$\begin{aligned}H\left(u,v\right) &= \exp\left\{-k\left[\left(u - \frac{M}{2}\right)^{2} + \left(v - \frac{N}{2}\right)^{2}\right]^{\frac{5}{6}}\right\} \\ &= \exp\left[-kD\left(u,v\right)^{\frac{5}{6}}\right]\end{aligned} \tag{6-4-5}$$

其中，M, N 为滤波器尺寸；$D\left(u,v\right)$ 为任意频点到零频点 $(0,0)$ 的距离。图 6-14 给出了不同 k 值下的传递函数 $H\left(u,v\right)$。单从公式来看，大气湍流的模型公式与高斯低通滤波器非常类似，k 值类似于高斯低通滤波的截止频率。事实上，高斯低通滤波器也常常用于模型淡化和均匀模糊等。

图 6-15 显示了 $k = 0.0025$（剧烈湍流）、$k = 0.001$（中等湍流）和 $k = 0.00025$（轻微湍流）时，模拟模糊一幅图像得到的例子。

(a) $k=0.0025$ (b) $k=0.001$ (c) $k=0.00025$

图 6-14   不同 k 取值下的传递函数

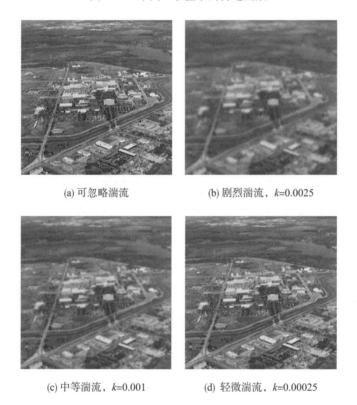

(a) 可忽略湍流   (b) 剧烈湍流，$k=0.0025$

(c) 中等湍流，$k=0.001$ (d) 轻微湍流，$k=0.00025$

图 6-15   不同程度湍流引起图像模糊

　　建模估计的另一个方法是从基本原理开始推导数学模型，将通过建模运动模糊这个实例进行说明。假设图像 $f(x,y)$ 进行平面运动，$x_0(t)$ 和 $y_0(t)$ 分别是在 x 方向和 y 方向上随时间变化的分量。图像传感器上任意点的灰度值是通过对时间间隔内瞬间曝光量的积分得到的，而在该时间段内相机的快门都是开着的。若假定快门开启和关闭的时间非常短，那么光学成像过程不会受到图像运动的干扰。则模糊图像可以表示为

$$g(x,y)=\int_0^T f\big[x-x_0(t),y-y_0(t)\big]\mathrm{d}t \tag{6-4-6}$$

其中，T 为曝光时间。对上式进行傅里叶变换，调整积分顺序，得

$$G(u,v) = \int_{-\infty}^{+\infty} \int_{-\infty}^{+\infty} g(x,y) e^{-j2\pi(ux+vy)} \, dx \, dy$$

$$= \int_{-\infty}^{+\infty} \int_{-\infty}^{+\infty} \left\{ \int_0^T f\left[x - x_0(t), y - y_0(t)\right] dt \right\} e^{-j2\pi(ux+vy)} \, dx \, dy \qquad (6\text{-}4\text{-}7)$$

$$= \int_0^T \left\{ \int_{-\infty}^{+\infty} \int_{-\infty}^{+\infty} f\left[x - x_0(t), y - y_0(t)\right] e^{-j2\pi(ux+vy)} \, dx \, dy \right\} dt$$

其中，花括号内的积分项就是位移函数 $f\left[x - x_0(t), y - y_0(t)\right]$ 的傅里叶变换，由于 $F(u,v)$ 与 t 无关，故可以写为

$$G(u,v) = \int_0^T F(u,v) e^{-j2\pi[ux_0(t)+vy_0(t)]} \, dt = F(u,v) \int_0^T e^{-j2\pi[ux_0(t)+vy_0(t)]} \, dt \qquad (6\text{-}4\text{-}8)$$

令

$$H(u,v) = \int_0^T e^{-j2\pi[ux_0(t)+vy_0(t)]} \, dt \qquad (6\text{-}4\text{-}9)$$

代入式(6-4-8)得

$$G(u,v) = F(u,v) H(u,v) \qquad (6\text{-}4\text{-}10)$$

对于一般的线性运动，运动变量 $x_0(t)$ 和 $y_0(t)$ 满足 $[x_0(t), y_0(t)] = [at/T, bt/T]$，式 (6-4-8) 可以写为

$$H(u,v) = \int_0^T e^{-\frac{j2\pi(ua+vb)t}{T}} \, dt$$

$$= \frac{T}{\pi(ua+vb)} \sin\left[\pi(ua+vb)\right] e^{-j\pi(ua+vb)} \qquad (6\text{-}4\text{-}11)$$

式中，a，b 分别表示 x，y 两个方向的运动快慢，其不同取值决定了模糊程度和方向。式 (6-4-11) 就是通过建模求得的关于运动模糊的退化函数。

图 6-16 为一个运动模糊的例子。(a) 为原图，(b) 和 (c) 为曝光时间 $T=1$ 下 a 和 b 不同取值时的模糊图像。

(a) 原图像　　　　　(b) 模糊结果($a=0.03,b=0$)　　　　　(c) 模糊结果($a=b=0.1$)

图 6-16　运动模糊

6.5　经典图像复原方法

6.5.1　图像复原基本原理

本节介绍的经典图像复原方法主要分为两大类：无约束复原方法和约束复原方法。为了方便讨论具体算法内容，我们先讨论这两类算法的基本原理，同时补充离散图像的退化模型。本节中介绍的经典图像复原方法有：逆滤波、维纳滤波、约束最小平方滤波、盲图像复原与几何均值滤波法。

1. 图像退化模型

数字图像处理系统处理的图像是离散图像，因此我们对式(6-1-6)的离散形式更感兴趣。因为图像是二维的，这里着重将一维离散退化模型推广到二维。

设输入的数字图像 $f(x,y)$ 大小为 $A \times B$，点扩展函数 $h(x,y)$ 被均匀采样大小为 $C \times D$。为避免交叠误差，采用补零延拓的方法，将它们扩展成 $M = A+C-1$ 和 $N = B+D-1$ 个元素的周期函数。

$$f_e(x,y) = \begin{cases} f(x,y), & 0 \leqslant x \leqslant A-1 \text{且} 0 \leqslant y \leqslant A-1 \\ 0, & \text{其他} \end{cases} \tag{6-5-1}$$

$$h_e(x,y) = \begin{cases} h(x,y), & 0 \leqslant x \leqslant C-1 \text{且} 0 \leqslant y \leqslant D-1 \\ 0, & \text{其他} \end{cases} \tag{6-5-2}$$

其中，$f_e(x,y)$ 和 $h(x,y)$ 分别为数字图像 $f(x,y)$ 和点扩散图像 $h(x,y)$ 的延拓结果，则输出的降质数字图像为

$$g_e(x,y) = \sum_{m=0}^{M-1} \sum_{n=0}^{N-1} f_e(m,n) h_e(x-m, y-n) \tag{6-5-3}$$

式中，$x = 0,1,\cdots,M-1$；$y = 0,1,\cdots,N-1$；$g_e(x,y)$ 为降质图像 $g(x,y)$ 的延拓结果。同时式(6-5-3)的二维离散退化模型可以用矩阵形式表示，即

$$g = Hf \tag{6-5-4}$$

其中，H 是 $MN \times MN$ 维矩阵，由 $M \times M$ 个大小为 $N \times N$ 的子矩阵组成，可进一步表示成式(6-5-5)。将 $g(x,y)$ 和 $f(x,y)$ 中的元素排成列向量，g、f 成为 $MN \times 1$ 维列向量。

$$H = \begin{bmatrix} H_0 & H_{M-1} & H_{M-2} & \cdots & H_1 \\ H_1 & H_0 & H_{M-1} & \cdots & H_2 \\ H_2 & H_1 & H_0 & \cdots & H_3 \\ \vdots & \vdots & \vdots & & \vdots \\ H_{M-1} & H_{M-2} & H_{M-3} & \cdots & H_0 \end{bmatrix} \tag{6-5-5}$$

式中，子矩阵 $H_j (j = 0,1,2,\cdots,M-1)$ 为分块循环矩阵，大小为 $N \times N$。分块矩阵是由延拓函数 $h_e(x,y)$ 的第 j 行构成的，构成方法如下：

$$H_j = \begin{bmatrix} h_e(j,0) & h_e(j,N-1) & h_e(j,N-2) & \cdots & h_e(j,1) \\ h_e(j,1) & h_e(j,0) & h_e(j,N-1) & \cdots & h_e(j,2) \\ \vdots & \vdots & \vdots & & \vdots \\ h_e(j,N-1) & h_e(j,N-2) & h_e(j,N-3) & \cdots & h_e(j,0) \end{bmatrix} \qquad (6\text{-}5\text{-}6)$$

如果将噪声考虑进去，则离散图像退化模型为

$$g_e(x,y) = \sum_{m=0}^{M-1}\sum_{n=0}^{N-1} f_e(m,n)h_e(x-m,y-n)+n(x,y) \qquad (6\text{-}5\text{-}7)$$

写成矩阵形式为

$$\boldsymbol{g} = \boldsymbol{H}\boldsymbol{f} + \boldsymbol{n} \qquad (6\text{-}5\text{-}8)$$

上式表明，给定了退化图像 $g(x,y)$、退化系统的点扩展函数 $h(x,y)$ 和噪声分布 $n(x,y)$，就可以得到原始图像 $\boldsymbol{f}$ 的估计 $\hat{f}(x,y)$。遗憾的是，上面的线性空间不变模型尽管简单，但实际计算的工作量却很大。假设图像大小 $M=N$，则 $\boldsymbol{H}$ 的大小为 N^4，这就意味着要解出 $f(x,y)$ 需要解 N^2 个联立方程组。通常有两种解决途径。

(1)通过对角化简化分块循环矩阵，再利用 FFT 可以大大地降低计算量且能极大地节省存储空间。

(2)分析退化的具体原因，找出 $\boldsymbol{H}$ 的具体简化形式，如匀速运动造成模糊的 PSF 就可以用简单的形式表示，从而使复原问题简单化。

2. 无约束复原

原图像退化模型：

$$\boldsymbol{g} = \boldsymbol{H}\boldsymbol{f} + \boldsymbol{n} \qquad (6\text{-}5\text{-}9)$$

式中，$\boldsymbol{f}$、$\boldsymbol{g}$ 为堆叠向量；$\boldsymbol{H}$ 为分块循环矩阵，若 $\boldsymbol{f}$ 的估计值为 $\hat{f}$，则有

$$\boldsymbol{n} = \boldsymbol{g} - \boldsymbol{H}\hat{f} \qquad (6\text{-}5\text{-}10)$$

在无约束条件下，就是 $\boldsymbol{n}$ 无约束地小。设准则函数：

$$J(\hat{f}) = \|\boldsymbol{n}\|^2 = \boldsymbol{n}^{\mathrm{T}}\boldsymbol{n} = \|\boldsymbol{g}-\boldsymbol{H}\hat{f}\|^2 = (\boldsymbol{g}-\boldsymbol{H}\hat{f})^{\mathrm{T}}(\boldsymbol{g}-\boldsymbol{H}\hat{f}) = 0 \qquad (6\text{-}5\text{-}11)$$

求准则函数 J 最小时对应的 $\boldsymbol{f}$。

$$\frac{\partial J(\hat{f})}{\partial \hat{f}} = -2\boldsymbol{H}^{\mathrm{T}}(\boldsymbol{g}-\boldsymbol{H}\hat{f}) = 0$$

$$\hat{f} = (\boldsymbol{H}^{\mathrm{T}}\boldsymbol{H})^{-1}\boldsymbol{H}^{\mathrm{T}}\boldsymbol{g} = \boldsymbol{H}^{-1}\boldsymbol{g} \qquad (6\text{-}5\text{-}12)$$

3. 有约束复原

在约束最小二乘法复原问题中，令 $\boldsymbol{Q}$ 为 $\hat{f}$ 的线性算子，在满足 $\|\boldsymbol{g}-\boldsymbol{H}\hat{f}\|^2 = \|\boldsymbol{n}\|^2$ 的约束条件下，使形式为 $\|\boldsymbol{Q}\hat{f}\|^2$ 的函数最小。这种有附加条件的最小化问题，可利用拉格朗日(Lagrange)乘子法进行处理。即寻找一个 $\hat{f}$，使下面的目标函数(准则函数)最小。

$$J\left(\hat{f}\right) = \left\|\boldsymbol{Q}\hat{f}\right\|^2 + a\left(\left\|\boldsymbol{g} - \boldsymbol{H}\hat{f}\right\| - \left\|\boldsymbol{n}\right\|^2\right) \tag{6-5-13}$$

其中，a 为一常数，称为拉格朗日乘子。令 $\dfrac{\partial J(\hat{f})}{\partial \hat{f}} = 0$，得到 f 的最佳估计值为

$$\hat{f} = \left(\boldsymbol{H}^{\mathrm{T}}\boldsymbol{H} + \gamma\boldsymbol{Q}^{\mathrm{T}}\boldsymbol{Q}\right)^{-1}\boldsymbol{H}^{\mathrm{T}}\boldsymbol{g} \tag{6-5-14}$$

其中，$\gamma = a^{-1}$；$\boldsymbol{H}$ 为分块循环矩阵。式(6-5-14)是本节讨论的约束最小平方滤波复原的基础，问题的核心是如何选择一个合适的变换矩阵 $\boldsymbol{Q}$。$\boldsymbol{Q}$ 的形式不同，得到约束最小平方滤波复原方法也不同。如选用图像 f 和噪声 n 的自相关矩阵 $\boldsymbol{R}_f$ 和 $\boldsymbol{R}_n$ 表示 $\boldsymbol{Q}$ 就可得到维纳滤波复原方法。

6.5.2　逆滤波

逆滤波复原是最早使用的一种无约束复原方法，成功应用于航天器传来的退化图像处理中。从 6.5.1 节中无约束复原方法的基本原理可知，当不考虑噪声影响的情况下，逆滤波复原的基本原理如下式所示：

$$\hat{f} = \boldsymbol{H}^{-1}\boldsymbol{g} \tag{6-5-15}$$

其中，$\hat{f}$ 表示复原图像；$\boldsymbol{g}$ 表示退化图像；$\boldsymbol{H}$ 表示退化函数(此处的分块循环矩阵是空间域表示)。接着对式(6-5-15)进行傅里叶变换得

$$\hat{F}(u,v) = \frac{G(u,v)}{H(u,v)} \tag{6-5-16}$$

其中，$H(u,v)$ 表示退化函数 $\boldsymbol{H}$ 的傅里叶变换；$\hat{F}(u,v)$ 和 $G(u,v)$ 分别为 $\hat{f}$ 和 $\boldsymbol{g}$ 的傅里叶变换。根据式(6-1-7)可以推导得含有噪声情况下的逆滤波复原基本公式如下：

$$\begin{aligned}
\hat{F}(u,v) &= \frac{F(u,v)H(u,v) + N(u,v)}{H(u,v)} \\
&= F(u,v) + \frac{N(u,v)}{H(u,v)}
\end{aligned} \tag{6-5-17}$$

实际计算中，由于分母不能为零，可限制 $H(u,v)$ 的零点值不参与计算。但由于复原模型中存在噪声，$H(u,v)$ 接近于零可能使噪声项变得很大而掩盖了图像的重要信息。为此，复原常在原点附近有限领域进行。限定 $H(u,v)$ 的取值如下：

$$H(u,v) = \begin{cases} H(u,v), & \sqrt{u^2 + v^2} \leqslant R \\ 1, & \sqrt{u^2 + v^2} > R \end{cases} \tag{6-5-18}$$

其中，$H_R(u,v)$ 表示频率受限的逆滤波器；$H(u,v)$ 为全逆滤波；R 表示截止频率。频率限定范围更直观的表示如图 6-17 所示。

另外，如何得到 $H(u,v)$ 仍是一个关键问题。若图像的成像系统可测，则可以用实验方法求出。在 $f(x,y)$ 端用点冲激函数作输入，则在频率域应为均匀分布常数 $F(u,v) = 1$，这样得到的 $G(u,v)$ 就是 $H(u,v)$。若 $H(u,v)$ 已知，则可复原实际图像。若 $H(u,v)$、$G(u,v)$、$N(u,v)$ 已知，则有

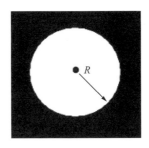

图 6-17　受限逆滤波器频谱示意图

$$\hat{F}(u,v) = \frac{G(u,v)}{H(u,v)} - \frac{N(u,v)}{H(u,v)} \tag{6-5-19}$$

在实际应用中，为了避免噪声的边界效应，我们通常以 (u,v) 为中心，取一个限制在半径为 D_0 的范围内进行滤波。

图 6-18 为采用逆滤波方法对一退化图像进行复原的结果。

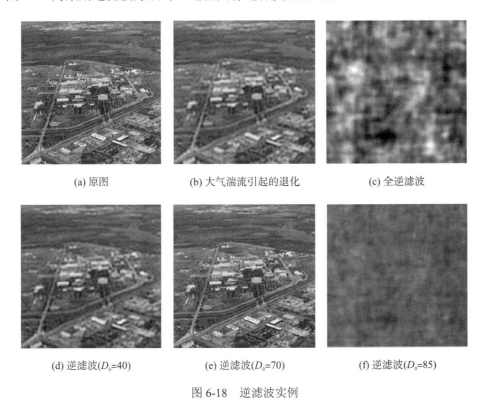

(a) 原图　　　　　　　　　(b) 大气湍流引起的退化　　　　　　　　(c) 全逆滤波

(d) 逆滤波(D_0=40)　　　　　　(e) 逆滤波(D_0=70)　　　　　　(f) 逆滤波(D_0=85)

图 6-18　逆滤波实例

6.5.3　维纳滤波

预先获得图像 f 和噪声 n 的准确先验知识是非常困难的，一种较为合理的假设是将它们近似为平稳随机过程。假设 R_f 和 R_n 分别为 f 和 n 的自相关矩阵，其定义为

$$R_f = E\{ff^{\mathrm{T}}\} \tag{6-5-20}$$

$$R_n = E\left\{nn^{\mathrm{T}}\right\} \tag{6-5-21}$$

式中，$E\{\cdot\}$ 代表数学期望。

定义 $Q^{\mathrm{T}}Q = R_f^{-1}R_n$，代入式 (6-5-14) 得

$$\hat{f} = \left(H^{\mathrm{T}}H + \gamma R_f^{-1}R_n\right)^{-1}H^{\mathrm{T}}g \tag{6-5-22}$$

假设 $M = N$，S_f 和 S_n 分别为图像信号和噪声的功率谱，则有

$$\hat{F}(u,v) = \left\{\frac{H^*(u,v)}{\left|H(u,v)\right|^2 + \gamma\left[S_n(u,v) / S_f(u,v)\right]}\right\}G(u,v)$$
$$= \left\{\frac{1}{H(u,v)} \cdot \frac{\left|H(u,v)\right|^2}{\left|H(u,v)\right|^2 + \gamma\left[S_n(u,v) / S_f(u,v)\right]}\right\}G(u,v) \tag{6-5-23}$$

式中，$u,v = 0,1,2,\cdots,N-1$；$\left|H(u,v)\right|^2 = H^*(u,v)H(u,v)$。

以下分几种情况进行分析。

(1) 如果 $\gamma = 1$，系统函数 $H_w(u,v)$ 是维纳滤波器的传递函数，即

$$H_w(u,v) = \frac{H^*(u,v)}{\left|H(u,v)\right|^2 + S_n(u,v) / S_f(u,v)} \tag{6-5-24}$$

与逆滤波相比，维纳滤波器对噪声的放大有自动抑制作用。如果无法知道噪声的统计性质，则可大致确定 $S_n(u,v)$ 和 $S_f(u,v)$ 的比值范围，则式 (6-5-23) 可以近似为

$$\hat{F}(u,v) \approx \left[\frac{H^*(u,v)}{\left|H(u,v)\right|^2 + K}\right]G(u,v) \tag{6-5-25}$$

式中，K 表示噪声对信号的功率谱密度之比，也称为信噪比 (signal noise ratio，SNR)。

在空间域，SNR 可按下式估计：

$$\mathrm{SNR} = \frac{\displaystyle\sum_{x=0}^{M-1}\sum_{y=0}^{N-1}\hat{f}(x,y)^2}{\displaystyle\sum_{x=0}^{M-1}\sum_{y=0}^{N-1}\left[f(x,y) - \hat{f}(x,y)\right]^2} \tag{6-5-26}$$

其中，$\hat{f}(x,y)$ 为信号的估计值，可视为复原图像；$f(x,y)$ 为信号的测量值，即退化图像；残差 $\left[f(x,y) - \hat{f}(x,y)\right]$ 表示等效噪声；分母为复原估计的均方误差 (MSE)。

在频率域，SNR 可按下式估计：

$$\mathrm{SNR} = \frac{\displaystyle\sum_{\mu=0}^{M-1}\sum_{v=0}^{N-1}\left|F(u,v)\right|^2}{\displaystyle\sum_{\mu=0}^{M-1}\sum_{v=0}^{N-1}\left|N(u,v)\right|^2} \tag{6-5-27}$$

其中，$F(u,v)$ 和 $N(u,v)$ 分别表示有效信号和噪声，而 SNR 则为图像与噪声功率谱之比。

(2) 如果 $\gamma = 0$，系统变成单纯的去卷积滤波器，系统的传递函数即为 H^{-1}。另外一个等效的情况是，尽管 $\gamma \neq 0$ 但无噪声影响，$S_n(u,v) = 0$，复原系统也为理想的逆滤波器，

可以看成是维纳滤波器的一种特殊情况。

（3）若 γ 为可调整的其他参数，此时为参数化维纳滤波器。一般地，可以通过选择 γ 的数值来获得所需要的平滑效果。$H(u,v)$ 由点扩展函数确定，而当噪声是白噪声时，$S_n(u,v)$ 为常数，可通过计算一幅噪声图像的功率谱 $S_g(u,v)$ 求解。由于 $S_g(u,v) = |H(u,v)|^2 S_f(u,v) + S_n(u,v)$，故可以求出 $S_f(u,v)$。研究结果表明，在同样的条件下，单纯去卷积的复原效果最差，维纳滤波器会产生超过人眼所希望的低通效应；$\gamma < 1$ 的参数化维纳滤波器的图像复原效果较好。

如果满足平稳随机过程的模型和变质系统是线性这两个条件，那么维纳滤波器将会取得较为满意的复原效果。但是在信噪比很低的情况下，复原结果还不能令人满意，这可能是由于以下一些因素造成的。

（1）维纳滤波器是假设线性系统。但实际上，图像的记录和评价函数的人类视觉系统往往都是非线性的。

（2）维纳滤波器是根据最小均方误差准则设计的滤波器，这个准则不一定符合人类视觉判决准则。

（3）维纳滤波器是基于平稳随机过程的模型，实际存在的千奇百怪的图像并不一定都符合这个模型。另外，维纳滤波器只利用了图像的协方差信息，可能还有大量的有用信息没有充分利用。

图 6-19 为 X 光照片的维纳滤波复原例子。

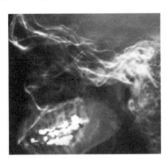 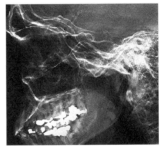

(a) 原图像　　　　　　　　　　　(b) 复原图像

图 6-19　X 光照片的维纳滤波复原

6.5.4　约束最小平方滤波

使用逆滤波器一类的方法进行图像复原时，由于退化算子 H 的病态性质，导致在零点附近的值起伏过大，使复原后的图像产生了人为噪声和边缘振铃效应。若通过选择合理的 $\mathbf{Q}$（高通滤波器），并对 $\|\mathbf{Q}\hat{f}\|^2$ 进行优化，可将这种不平滑性降低至最小。使某个函数的二阶导数最小（如 $\mathbf{Q}$ 选用拉普拉斯算子形式表示），可以推导出以平滑度为基础的约束最小平方滤波（constrained least-squares filtering，CLSF）复原方法，也称为正则滤波（regularized filtering），是一种有约束条件下的迭代复原技术。

我们知道,拉普拉斯算子 $\nabla^2 f = \left(\dfrac{\partial}{\partial x^2} + \dfrac{\partial}{\partial y^2}\right) f$ 具有突出边缘的作用,而 $\iint \nabla^2 f \,\mathrm{d}x\,\mathrm{d}y$ 的积分效应又具有平滑图像的作用。因此,将 $\nabla^2 f$ 作为一种约束,求解使准则函数 $C = \sum\limits_{x=0}^{M-1}\sum\limits_{y=0}^{N-1}\left[\nabla^2 f(x,y)\right]^2$ 达到最小的解,就可能获得相对平滑的复原结果。

在离散情况下,拉普拉斯算子 ∇^2 可用下面的 3×3 模板来近似,即

$$p(x,y) = \begin{bmatrix} 0 & 1 & 0 \\ 1 & -4 & 1 \\ 0 & 1 & 0 \end{bmatrix} \tag{6-5-28}$$

利用 $f(x,y)$ 与上面的模板算子进行卷积。具体实现时,可利用补零延拓 $f(x,y)$ 和 $p(x,y)$ 成 $f_e(x,y)$ 和 $p_e(x,y)$ 来避免交叠误差。在式(6-5-13)中, Q 对应于高通卷积滤波运算,在 $\|g - H\hat{f}\| = \|n\|^2$ 约束条件下,最小化 $\|Q\hat{f}\|^2$。可以证明,此时复原 $\hat{f}$ 的频率域表达式为

$$\hat{F}(u,v) = \left[\frac{H^*(u,v)}{\left|H(u,v)\right|^2 + \gamma P(u,v)}\right] G(u,v) \tag{6-5-29}$$

式中, $u,v = 0,1,2,\cdots N-1$; H^* 为 H 的复共轭矩阵且 $\left|H(u,v)\right|^2 = H^*(u,v)H(u,v)$ 。 γ 的取值控制着对估计图像所加光滑性约束的程度; $P(u,v)$ 为 $p(x,y)$ 的傅里叶变换,对于拉普拉斯算子有

$$P(u,v) = -4\pi^2\left(u^2 + v^2\right) \tag{6-5-30}$$

下面详细分析式(6-5-29)中的 γ 的取值对于约束最小平方滤波方法的影响。在分析之前先介绍残差向量 r 的概念,其具体定义如下:

$$r = g - H\hat{f} \tag{6-5-31}$$

其中, g 和 $\hat{f}$ 分别表示退化图像和复原图像; H 表示退化函数。虽然上式与式(6-5-10)非常相似,但表达的含义完全不同。残差向量 r 具有特殊的性质:其模为单调递增函数,即 $\varphi(\gamma) = r^*r = \|r\|^2$ 是一个单调递增函数。

所以式(6-5-29)中 γ 的取值准则就是不断地调节 γ ,使得残差向量 r 的模满足下式:

$$\|r\|^2 = \|n\|^2 \pm a \tag{6-5-32}$$

其中, n 表示噪声向量; a 表示精度因子,是一个常数,常常取值为1。上式中的残差向量 r 与噪声向量 n 的模长可以使用下式进行计算:

$$\|r\|^2 = \frac{1}{MN}\sum_{x=0}^{M-1}\sum_{y=0}^{N-1} \gamma^2(x,y)$$

$$\|n\|^2 = MN\left[\sigma_n^2 + m_n^2\right] \tag{6-5-33}$$

其中, σ_n 和 m_n 分别为图像的噪声方差和噪声均值。

特别地,当 γ 取特殊值时,约束最小平方滤波方法与逆滤波和维纳滤波可以产生联系,具体如下:

(1)若 $\gamma = 0$,则约束最小平方滤波方法会退化成逆滤波算法。

(2)若 $\gamma = 1$,则约束最小平方滤波复原方法会退化成维纳算法。

图 6-20 给出一个使用约束最小平方滤波方法的实例，对图 6-20（a）进行模糊并添加高斯噪声结果如图 6-20（b）所示，约束最小平方滤波复原结果如图 6-20（c）所示。

（a) 原图像　　　　　　　　　（b) 模糊+噪声污染图像　　　　　　（c)复原图像

图 6-20　　图像平滑约束最小平方滤波复原

6.5.5　盲图像复原

大多数复原技术以图像退化的某种先验知识为基础。但是，很多情况下难以确定退化的点扩展函数和噪声的统计特性。盲图像复原法是在没有图像退化必要的先验知识的情况下，对观察的图像以某种方式提取退化信息，采用盲去卷积算法对图像进行复原。

对具有加性噪声的模糊图像作盲图像复原的方法一般有两种：直接测量法和间接估计法。

1. 直接测量法

用此方法复原图像时，通常需要测量图像的模糊脉冲响应和噪声功率谱或协方差函数。在所观察的景物中，点光源往往能直接指示出冲激响应。另外，图像边缘是否陡峭也能用来推测模糊冲激响应。在背景亮度相对恒定的区域内测量图像的协方差，可以估计出观测图像的噪声协方差函数。

2. 间接估计法

间接估计法复原类似于多图像平均法处理。例如，在电视系统中，观测到的第 i 帧图像为

$$g_i(x,y) = f(x,y) + n_i(x,y) \tag{6-5-34}$$

式中，$f(x,y)$ 为原始图像；$g_i(x,y)$ 为含有噪声的图像；$n_i(x,y)$ 为加性噪声，$i = 1,2,\cdots,N$。如果原始图像在 N 帧观测图像内保持恒定，对 N 帧观测图像求和，得

$$f(x,y) = \frac{1}{N}\sum_{i=1}^{N}g_i(x,y) - \frac{1}{N}\sum_{i=1}^{N}n_i(x,y) \tag{6-5-35}$$

当 N 很大时，式（6-5-35）右边噪声项的值趋近于它的数学期望 $E\{n(x,y)\}$。一般情况下，高斯白噪声在所有 (x,y) 上的数学期望等于零。因此，合理的估计量为

$$\hat{f}(x,y) = \frac{1}{N}\sum_{i=1}^{N}g_i(x,y) \tag{6-5-36}$$

盲图像复原的间接估计法也可利用时间上平均的思想去掉图像中的模糊。假设有一成像系统，其中相继帧含有相对平稳的目标退化，这种退化是由于每帧有不同的线性位移不

变冲激响应 $h_i(x,y)$ 引起的(例如,大气湍流对远距离物体摄影就会产生这种图像退化)。只要物体在帧间没有很大移动并且每帧取短时间曝光,那么第 i 帧的退化图像 $g_i(x,y)$ 可以表示为

$$g_i(x,y) = f_i(x,y) * h_i(x,y) \tag{6-5-37}$$

式中, $f_i(x,y)$ 为原始图像; $g_i(x,y)$ 为退化图像; $h_i(x,y)$ 为点扩展函数;*表示卷积; $i = 1, 2, \cdots, N$ 。退化图像的傅里叶变换为

$$G_i(u,v) = F_i(u,v) H_i(u,v) \tag{6-5-38}$$

利用同态处理方法把原始图像的频谱和退化传递函数分开,可得

$$\ln\left[G_i(u,v)\right] = \ln\left[F_i(u,v)\right] + \ln\left[H_i(u,v)\right] \tag{6-5-39}$$

如果帧间退化冲激响应是不相关的,可得

$$\sum_{i=1}^{N} \ln\left[G_i(u,v)\right] = N\ln\left[F_i(u,v)\right] + \sum_{i=1}^{N} \ln\left[H_i(u,v)\right] \tag{6-5-40}$$

当 N 很大时,传递函数的对数和接近于一恒定值,即

$$K_H(u,v) = \lim_{N \to \infty} \sum_{i=1}^{N} \ln\left[H_i(u,v)\right] \tag{6-5-41}$$

因此,图像的估计量为

$$\hat{F}_i(u,v) = \exp\left\{-\frac{K_H(u,v)}{N}\right\} \prod_{i=1}^{N} \left[G_i(u,v)\right]^{\frac{1}{N}} \tag{6-5-42}$$

对上式取傅里叶逆变换就可得到空间域估计 $\hat{f}(x,y)$ 。

需要说明的是,以上分析没有考虑加性噪声的影响,否则无法进行原始图像与点扩展函数的分量处理,后面的推导也就不成立了。为解决这一问题,可以对观测到的每帧图像先进行滤波处理,消除或降低噪声的影响,再进行以上处理。

6.5.6 几何均值滤波

本节中的几何均值滤波器与前述的滤波器并不相同,这个滤波器表示了一族滤波器,而非单一的某一个滤波器,具体表达式为

$$\hat{F}(u,v) = \left[\frac{H^*(u,v)}{|H(u,v)|^2}\right]^{\alpha} \left\{\frac{H^*(u,v)}{|H(u,v)|^2 + \beta\left[\dfrac{S_\eta(u,v)}{S_f(u,v)}\right]}\right\} G(u,v) \tag{6-5-43}$$

其中,当 $\alpha = 1$ 时,该滤波器为逆滤波器;当 $\alpha = 0$ 时,该滤波器则会转化为参数维纳滤波器;当 $\alpha = 0$ 且 $\beta = 1$ 时,该滤波器则会退化成标准的维纳滤波器;当 $\beta = 1$ 且 $\alpha < 0.5$ 时,该滤波器的效果更加类似于逆滤波器;当 $\beta = 1$ 且 $\alpha > 0.5$ 时,该滤波器的效果更加类似于维纳滤波器。该滤波器又叫谱均衡滤波器。

6.6　其他图像复原方法

除去上述经典的图像复原方法之外，还有一些其他的图像复原方法，比如，最大后验复原、最大熵复原、投影重建、同态滤波等。

6.6.1　最大后验复原

与维纳滤波类似，最大后验复原也是一种统计方法。将原图像 $f(x,y)$ 和退化图像 $g(x,y)$ 都看成是随机场，在已知 $g(x,y)$ 的情况下，求出后验条件概率密度函数 $P[f(x,y)|g(x,y)]$。根据贝叶斯判决理论可知，$P(f|g)=\dfrac{P(g|f)P(f)}{P(g)}$。若 $\hat{f}(x,y)$ 使式

$$\max_{f} P(f|g) = \max_{f} \frac{P(g|f)P(f)}{P(g)} = \max_{f}\left[P(g|f)P(f)\right] \qquad (6\text{-}6\text{-}1)$$

达到最大，则 $\hat{f}(x,y)$ 就代表已知退化图像 $g(x,y)$ 时，最可能的原始图像 $f(x,y)$。

最大后验图像复原方法将图像看作非平稳随机场，把图像模型表示成一个平稳随机过程对于一个不平稳的均值作零均值 Gaussian 起伏，用迭代法求解式(6-6-1)，并将经过多次迭代、收敛到最后的最佳解作为复原的图像。可得出求解迭代序列为

$$\hat{f}_{k+1} = \hat{f}_{k} - h * S_{b}\left\{\sigma_{n}^{-2}\left[g - S\left(h * \hat{f}_{k}\right)\right] - \sigma_{f}^{-2}\left(\hat{f}_{k} - \overline{f}\right)\right\} \qquad (6\text{-}6\text{-}2)$$

式中，k 为迭代次数；*代表卷积；S_{b} 是由 s 的导数构成的函数；σ_{f}^{-2} 和 σ_{n}^{-2} 分别为 f 和 n 方差的倒数；$\overline{f}$ 是随空间而变的均值，可视为常数。

式(6-6-2)表明，一个图像的复原可以通过一个序列的卷积来估算，即使 s 是线性的情况下也是适用的，通过人机交互的手段，可以在完全收敛前选择一个合适的解。

6.6.2　最大熵复原

1. 非负约束条件

光学图像的数值总为正值，而逆滤波器等线性图像复原可能产生无意义的负输出，这样将导致在图像的零背景区域产生假的波纹。因此，将复原后的图像 $\hat{f}(x,y)$ 约束为正值是合理的假设。

2. 基本复原原理

由于逆滤波器法的病态，复原出的图像经常具有灰度变换较大的不均匀区域。最小二乘类约束复原方法是最小化一种反映图像不均匀性的准则函数。最大熵(maximum entropy，ME)复原方法则是通过最大化某种反映图像平滑性的准则函数来作为约束条件，以解决图像复原中逆滤波法存在的病态问题。

在图像复原中，一种基本的图像熵被定义为

$$H_f = -\sum_{m=0}^{M-1}\sum_{n=0}^{N-1} f(m,n)\ln f(m,n) \tag{6-6-3}$$

最大熵复原的原理是将 $f(x,y)$ 写成随机变量的统计模型，然后在一定的约束条件下，找出用随机变量形式表示的熵表达式，运用求极大值的方法，求得最优估计解 $\hat{f}(x,y)$。最大熵复原的含义是对 $\hat{f}(x,y)$ 的最大平滑估计。

然而国内外对图像熵的定义并不统一，除式(6-6-3)中给出的形式，Friend 和 Burg 分别给出了不同的图像熵定义，具体如下。

3. Friend 和 Burg 复原方法

最大熵复原常用 Friend 和 Burg 两种方法，这两种方法基本原理相同，但对模型的假设方法不同，得到的最佳估计值 $\hat{f}$ 也不同。两种最大熵复原都是正性约束条件的图像复原方法，其复原图像的解 $\hat{f}(x,y)$ 是正值，这与光学图像信号要求为正信号相符。最大化问题均采用拉格朗日系数来完成。最大熵复原是对原始图像 f 起平滑作用，得到的最优估计 $\hat{f}$ 实质上是最大平滑估计。

1)Friend 最大熵复原

Friend 法的图像统计模型是将原始图像 $f(x,y)$ 看作由分散在整个图像平面上的离散的数字颗粒组成。首先定义一幅大小为 $M\times N$ 的图像 $f(x,y)$ [显然 $f(x,y)$ 非负]，图像的总能量为

$$E = \sum_{i=0}^{M-1}\sum_{j=0}^{N-1} f(x_i,y_j) \tag{6-6-4}$$

图像的熵为

$$H_f = -\sum_{i=0}^{M-1}\sum_{j=0}^{N-1} f(x_i,y_j)\ln f(x_i,y_j) \tag{6-6-5}$$

类似地定义噪声的熵为

$$H_n = -\sum_{i=0}^{M-1}\sum_{j=0}^{N-1} n'(x_i,y_i)\ln n'(x_i,y_i) \tag{6-6-6}$$

式中，$n'(x,y) = n(x,y)+B$，B 为最大噪声负值。

Friend 最大熵复原的基本原理是在满足式(6-6-4)和图像退化模型的约束条件下，使复原后的图像熵和噪声熵加权之和最大。

Friend 最大熵复原可用迭代方法求解。在应用 Newton-Raphson 迭代法求 N^2+1 个拉格朗日系数时，一般需要 8～40 次迭代。

2)Burg 最大熵复原

最大熵复原是 Burg 于 1967 年在对地震信号的功率谱估计中提出的。假设图像统计模型是将 $f(x,y)$ 看作一个变量 $a(x,y)$ 的平方，它保证了 $f(x,y)$ 是正值，即

$$\hat{f}(x,y) = \big[a(x,y)\big]^2 \tag{6-6-7}$$

Burg 定义的熵与式(6-6-5)定义的熵有所不同，其定义为

$$H_f = -\sum_{m=0}^{M-1}\sum_{n=0}^{N-1}\ln f(m,n) \tag{6-6-8}$$

Burg 最大熵复原的基本原理是通过求式(6-6-8)的最大值来估计 $\hat{f}(x,y)$。Burg 最大熵复原可以不需要迭代得到闭合形式解，因而计算时间短。但此解对噪声比较敏感，如果原始图像中有噪声存在，复原图像可能会被许多小斑点所模糊。

6.6.3　投影重建

投影重建法是用代数方程组来描述线性和非线性退化系统的。退化系统可用式(6-6-9)描述：

$$g(x,y) = D[f(x,y)] + n(x,y) \tag{6-6-9}$$

式中，D 是退化算子，表示对图像进行某种运算；$f(x,y)$ 是原始图像；$g(x,y)$ 是退化图像；$n(x,y)$ 是系统噪声。

投影复原的目的是由不完全图像数据求解式(6-6-9)，找出 $f(x,y)$ 的最佳估计。该法采用迭代法求解与式(6-6-9)对应的方程组。假设退化算子是线性的，并忽略噪声，则式(6-6-9)可写成如下的方程组：

$$\begin{aligned}
a_{11}f_1 + a_{12}f_2 + \cdots + a_{1N}f_N &= g_1 \\
a_{21}f_1 + a_{22}f_2 + \cdots + a_{2N}f_N &= g_2 \\
&\vdots \\
a_{M1}f_1 + a_{M2}f_2 + \cdots + a_{MN}f_N &= g_M
\end{aligned} \tag{6-6-10}$$

式中，f_i 和 g_j（$i=1,2,\cdots,N$；$j=1,2,\cdots,M$）分别是原始图像 $f(x,y)$ 和退化图像 $g(x,y)$ 的采样；a_{ij} 为常数。投影复原法可以从几何学角度进行解释。$f=[f_1,f_2,\cdots,f_N]$ 可看成在 N 维空间中的一个向量，而式(6-6-10)中的每一个方程代表一个超平面。下面采用投影迭代法找到 f_i 的最佳估计值。

迭代法首先假设一个初始估计值 $f^{(0)}(x,y)$，下一个推测值 $f^{(1)}$ 取 $f^{(0)}$ 在第一个超平面 $a_{11}f_1 + a_{12}f_2 + \cdots + a_{1N}f_N = g_1$ 上的投影，即

$$f^{(1)} = f^{(0)} - \frac{\left[f^{(0)} \cdot a_1 - g_1\right]}{a_1 \cdot a_1} \cdot a_1 \tag{6-6-11}$$

其中，$a_1 = [a_{11}, a_{12}, \cdots, a_{1N}]$，圆点代表向量的点积。

再取 $f^{(1)}$ 在第二超平面 $a_{21}f_1 + a_{22}f_2 + \cdots + a_{2N}f_N = g_2$ 上的投影，并称之为 $f^{(2)}$，依次向下，直到得到 $f^{(N)}$ 满足式(6-6-10)中最后一个方程式。这样实现了迭代的第一个循环。

从式(6-6-10)中第一个方程式开始第二次迭代。即取 $f^{(M)}$ 在第一个超平面 $a_{11}f_1 + a_{12}f_2 + \cdots + a_{1N}f_N = g_1$ 上的投影，并称之为 $f^{(M+1)}$，再取 $f^{(M+1)}$ 在 $a_{21}f_1 + a_{22}f_2 + \cdots + a_{2N}f_N = g_2$ 上的投影，$\cdots$，直到式(6-6-10)中最后一个方程式。这样，就实现了迭代的第二次循环。按照上述方法不断地迭代，第 k 次迭代值 $f^{(k)}(x,y)$ 由其前次迭代值 $f^{(k-1)}(x,y)$ 和超平面的参数决定，便可得到一系列向量 $f^{(0)}$，$f^{(M)}$，$f^{(2M)}$，$\cdots$。可以证明，对于任意

给定的 N、M 和 a_{ij}，向量 $\boldsymbol{f}^{(kM)}$ 将收敛于 $\boldsymbol{f}$，即

$$\lim_{k\to\infty}\boldsymbol{f}^{(kM)}=\boldsymbol{f} \tag{6-6-12}$$

投影迭代法要求从一个好的初始值 $\boldsymbol{f}^{(0)}$ 开始迭代。在应用此法进行图像复原时，还可以很方便地引进一些先验信息附加的约束条件，如 $f_i\geqslant0$ 或 f_i 在某一范围之内，可改善图像复原效果。

6.6.4 同态滤波

本节介绍的同态滤波算法是一种基于频率域的图像复原方法，这种方法可以解决光照不均的影响，实现从不均匀光照条件或光强动态范围过大的情况下得到物体清晰成像结果的功能。

自然景物的图像是由照明函数(表示随空间位置不同的光强分量，变化缓慢，频率集中在低频部分)和反射函数(表示自然景物反射到眼睛的图像，主要包含高频信息)两个分量的乘积组成。同态滤波(homomorphic filtering)复原方法是基于上述图像构造理论提出的。而这个图像模型的数学表示如式(6-6-13)所示，下面将从数学模型开始逐步介绍同态滤波算法的推导过程和算法原理。

退化图像 $f(x,y)$ 是由照明函数 $f_i(x,y)$ 和反射函数 $f_r(x,y)$ 组成的，具体表达为

$$f(x,y)=f_i(x,y)f_r(x,y) \tag{6-6-13}$$

取对数，得到如下的两个加性分量：

$$\ln f(x,y)=\ln f_i(x,y)+\ln f_r(x,y) \tag{6-6-14}$$

对式(6-6-14)的左右两边同时进行傅里叶变换，得

$$\Im\{\ln f(x,y)\}=\Im\{\ln f_i(x,y)\}+\Im\{\ln f_r(x,y)\} \tag{6-6-15}$$

其中，$\Im\{\cdot\}$ 表示傅里叶变换。

同态滤波中的滤波操作就是对式(6-6-15)中左边利用频率域滤波器 $H(u,v)$ 进行滤波。而滤波处理后，需要再通过上述三个等式将滤波结果重新转换到空间域，从而得到同态滤波的处理结果，设原图像为 $f(x,y)$，其复原结果为 $g(x,y)$。同态滤波复原过程可用图 6-21 表示。

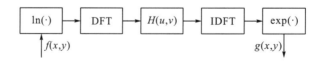

图 6-21 同态滤波器复原

由图 6-21 可知，影响同态滤波复原结果 $g(x,y)$ 最重要的因素就是频率域滤波器 $H(u,v)$，下面将详细介绍该滤波器的设计过程。

在了解滤波器的具体形式之前，需要先讨论滤波器处理对象的一些性质，即退化图像照明函数 $f_i(x,y)$ 和反射函数 $f_r(x,y)$(又称为照明分量和反射分量)的一些性质。根据之

前对照明函数和反射函数的介绍，我们发现照明函数通常表示光强的空间分布，其值主要集中在低频范围中；而反射函数通常表示光强的突变，其值则主要集中在高频范围中。虽然说这个结论只是一个粗略的估计，但是对于设计频率域滤波器却有很强的指导作用。

根据上述讨论，可以利用式(6-6-13)所述的数学模型，将退化图像 $f(x,y)$ 中光照不均匀和光强动态范围过大的问题归结为退化图像 $f(x,y)$ 中的低频分量变化范围过大且高频分量过低或缺失的问题。那么，我们可以利用同态滤波器中的频率域滤波器 $H(u,v)$ 来解决这个问题。

通过上述分析可知，频率域滤波器 $H(u,v)$ 需要达到的目标有两个：①压缩照明(低频)分量 $f_i(x,y)$；②增强反射(高频)分量 $f_r(x,y)$。

符合上述要求的频率域滤波器如图 6-22 所示。

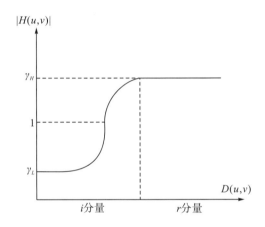

图 6-22　频率域滤波器径向剖面图

图 6-22 中，γ_H 和 γ_L 为滤波器的固有参数，满足 $\gamma_H > 1$ 且 $\gamma_L < 1$；$D(u,v)$ 表示退化函数 $f(x,y)$ 的频谱图像；$|H(u,v)|$ 表示频率域滤波器 $H(u,v)$ 的幅值。图中所示的函数可以利用高斯函数来近似，具体如下：

$$H_g(u,v) = 1 - \exp\left[-c\frac{D^2(u,v)}{D_0^2}\right]$$
$$H(u,v) = (\gamma_H - \gamma_L)H_g(u,v) + \gamma_L \tag{6-6-16}$$
$$\text{s.t.}\ \ \gamma_H > 1, \gamma_L < 1$$

其中，常数 c 控制函数的陡度。

图 6-23 为利用同态滤波对电子计算机断层扫描(computer to mography，CT)图像进行处理的例子。其中，(a)为人体 CT 图像，(b)为经同态滤波处理的结果。可以看出，图像的对比度和清晰度均得到了明显提升，原图不明显的骨架和轮廓信息均得到不同程度的增强。该例子说明了同态滤波对于成像质量不佳，特别是光照不均匀场景的图像恢复具有较好的处理能力和效果。

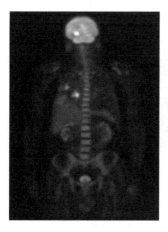 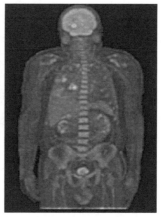

(a) 原图像   (b) 同态滤波后图像

图 6-23   同态滤波示例

　　同态滤波复原方法最大的特点是将非线性问题，例如，光照不均的问题等，转化为线性问题进行处理。对于非线性(乘性)混杂信号，通过某种数学运算转换为加性模型，而后采用线性滤波的方法进行处理。

　　另外，同态滤波也是一种将频率域滤波和灰度变换相结合的图像处理方法，它根据图像的照度/反射模型，利用频率域滤波处理，实现亮度范围的压缩和对比度的增强，从而完成图像质量改善，是一种图像处理中非常常用且效果显著的处理方法。

6.7　几何失真校正

　　当在不同的摄入条件下得到一个物体图像时，图像常会发生几何失真，出现歪斜变形的现象。如从太空中宇航器拍摄地球上的等距平行线，其图像会变为歪斜或平行而不等距；用光学和电子扫描仪摄取的图像常常会有桶形失真和枕形失真；用普通光学摄影与测试雷达拍摄同一地区的景物，二者在几何形状上有较大差异。以上这类现象统称为几何失真。实际工作中常需以某一幅图像为基准，去校正另一种摄入方式的图像，如用大地测量为基准去校正遥感卫星所摄取的地图，以期校正其几何失真，这就叫作图像的几何失真复原或几何失真校正。

6.7.1　典型的几何失真

　　以下以遥感图像为例说明典型的几何失真。由于遥感图像的获取存在许多不稳定的因素，遥感图像最容易产生几何失真，一般可分为两类。

1. 系统失真

　　光学系统、电子扫描系统失真而引起的梯形失真、桶形失真、枕形失真等，都可以使图像产生几何特性失真。典型的系统失真如图 6-24 所示。

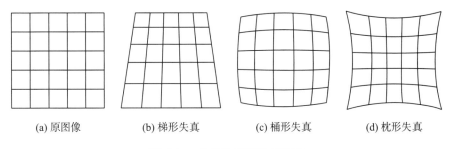

(a) 原图像　　　　(b) 梯形失真　　　　(c) 桶形失真　　　　(d) 枕形失真

图 6-24　典型的系统几何失真

2. 非系统失真

从飞行器上获得的地面图像，由于飞行器的姿态、高度和速度变化引起的不稳定与不可预测的几何失真，这类畸变一般要根据航天器的跟踪资料和地面设置控制点等办法来进行校正，典型的非系统失真如图 6-25 所示。

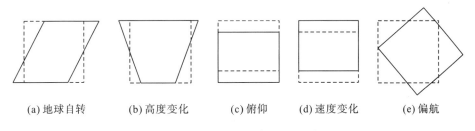

(a) 地球自转　　　(b) 高度变化　　　(c) 俯仰　　　(d) 速度变化　　　(e) 偏航

图 6-25　典型的非系统几何失真

事实上，几何校正就是一种几何变换，是图像几何畸变的反运算。与几何变换类似，几何校正是由输出图像像素坐标反算输入图像坐标，然后通过灰度再采样求出输出像素灰度值。对失真图像进行精确的几何校正一般分两步进行：①图像空间坐标的变换，即对图像平面上的像素进行重新排列以恢复原空间关系；②灰度插值，即对空间变换后的像素赋予相应的灰度值以恢复原位置的灰度值。

6.7.2　空间几何坐标变换

空间几何坐标变换指按照一幅标准图像 $f(x, y)$ 或一组基准点去校正另一幅几何失真图像 $g(x', y')$。根据两幅图像的一些已知对应点对（控制点对）建立起函数关系式，将失真图像的 x' - y' 坐标系变换到标准图像 x - y 坐标系，从而实现校正。

图像按标准图像的几何位置校正，使 $f(x, y)$ 中的每一像点都可在 $g(x', y')$ 中找到对应像点。

设标准图像坐标为 (x, y)，畸变图像坐标为 (x', y')，两个坐标系之间的关系为

$$\begin{cases} x' = h_1(x, y) \\ y' = h_2(x, y) \end{cases} \tag{6-7-1}$$

几何校正方法可以分为两类：一类是在 h_1、h_2 已知情况下的校正方法；另一类是在 h_1、

h_2 未知情况下的校正方法。前者一般通过人工设置标志，如卫星照片通过人工设置小型平面反射镜作为标志；后者通过控制点之间的空间对应关系建立线性(如三角形线性法)或高次(如二元二次多项式法)方程组求解式(6-7-1)中坐标之间的对应关系。下面以三角形线性法为例讨论空间几何坐标变换问题。

某些图像，如卫星所摄天体照片，图像的几何失真从大面积来讲虽然是非线性的，但在一个小区域内可近似认为是线性的。这时就可将畸变系统和校正系统坐标用线性方程联系起来。将标准图像和被校正图像之间的对应点对划分成一系列小三角形区域，三角形顶点为三个控制点，在三角形区域内满足如下线性关系：

$$\begin{cases} x' = ax + by + c \\ y' = dx + dy + f \end{cases} \tag{6-7-2}$$

求解上式，可得 a、b、c、d、e 和 f 六个参数。用式(6-7-2)可实现该三角形区域内其他像点的坐标变换。对于不同的三角形区域，这六个参数的值是不同的。

三角形线性法简单，能满足一定的精度要求，这是因为它是以局部范围内的线性失真去处理大范围内的非线性失真，所以选择的控制点对越多，分布越均匀，三角形的面积越小，其变换精度越高，同时也引起计算量的增加。

6.7.3　空间像素点灰度校正

一般图像经过几何位置校正后，在校正空间中各像素点灰度值等于被校正图像对应点的灰度值。有时校正后图像的某些像素点可能分布不均匀，不会恰好落在坐标点上，因此常用内插法来求解这些像素点的灰度值。常用的方法有：最近邻点法、双线性插值法、三次卷积法，其中，三次卷积法精度最高，但计算量也较大。下面介绍前两种方法。

1. 最近邻点法

最近邻点法的基本原理是取与像素点相邻的 4 个点中距离最近的邻点灰度值作为该点的灰度值，属于零阶插值法，如图 6-26 所示。显然，最近邻点法计算简单，但精度不高，且校正后的图像亮度有明显的不连续性。

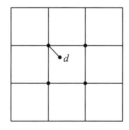

图 6-26　最近邻点法

2. 双线性插值法

如图 6-27 所示，设标准图像像素坐标 (x_0, y_0) 对应于失真图像像素坐标 (x_0', y_0')，而点 (x_0', y_0') 周围 4 个点的坐标分别为 (x_1', y_1')、$(x_1'+1, y_1')$、$(x_1', y_1'+1)$ 和 $(x_1'+1, y_1'+1)$，用点 (x_0', y_0')

周围 4 个邻点的灰度值加权内插作为灰度校正值 $f(x_0, y_0)$，则有

$$
\begin{aligned}
f(x_0, y_0) = g(x_0', y_0') &= (1-\alpha)(1-\beta)g(x_1', y_1') + \alpha(1-\beta)g(x_1'+1, y_1') \\
&+ (1-\alpha)\beta g(x_1', y_1'+1) + \alpha\beta g(x_1'+1, y_1'+1)
\end{aligned}
\tag{6-7-3}
$$

式中，$\alpha = |x_0' - x_1'|$；$\beta = |y_0' - y_1'|$。

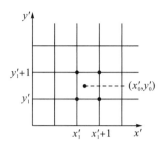

图 6-27　双线性插值法几何校正

与最近邻点法相比，双线性插值法几何校正灰度连续，结果一般满足要求，但计算量大且具有低通特性，图像轮廓模糊。如果要进一步改善图像质量，可以选用三次卷积法。

从上面的讨论可知，图像的几何畸变校正是图像复原技术的组成部分，但从实际运算方法来看，与图像增强技术更相似。因而有些教材将本节内容列入图像增强的章节。

6.8　讨论与总结

图像复原与重建的关键在于退化参数估计和复原滤波器设计。前者利用不同先验知识获取适当的退化参数，后者则根据这些参数估计真实图像。若先验知识事先未知，则需要从观测图像本身进行估计，即为盲复原。复原过程既可以是先估计参数再进行复原的顺序结构，也可以是参数估计和复原滤波交互迭代的过程。

在经典复原算法中，除直接复原法，正则化和自适应滤波在目前的复原应用中仍相当普遍。正则化主要用于解决复原病态问题，但因为全局化限制，在处理过程中会产生振铃，模糊图像边界等副作用。自适应滤波则可以突破全局性限制，起到局部平滑的效果。

图像复原对于成像质量改善至关重要，也直接影响后续图像的识别精度。对图像复原的进一步研究应充分考虑如下几个方面：

（1）退化/复原模型的优化。图像退化/复原模型是一个典型的病态方程，解决多解性是本质问题。一方面，现有的退化模型大都基于线性、空间移不变系统假设，而实际情况并非如此；另一方面，作为约束的先验信息直接影响着复原质量。因此，根据不同的应用环境，进行合理优化，充分挖掘先验知识，将其直接集成到退化模型当中，这是一种值得深

入探索的技术途径。在正则约束方面，引入压缩感知稀疏优化的策略也是值得关注的研究方向。

（2）退化参数的自动辨识。从理论上说，如果退化参数（模糊、噪声）完全已知，便可

精确地复原图像。因此，复原质量在某种程度上取决于退化参数辨识的水平。虽然有文献先后报道过不少关于模糊估计方法的讨论和总结，但至今为止，并无成熟的能够自动辨识退化参数的模型。近年来，大数据和深度学习的兴起，有可能为退化参数的估计和自动复原提供新的技术途径。

(3)复原质量的综合评价。目前，一般采用信噪比(SNR)来衡量复原质量。这种方法只能给出复原前后的客观对比，无法判断复原对真实图像的逼近程度，属于客观评价标准。很多情况下，数学意义上的最佳，并非真实意义上的最佳。例如，视觉效果等主观性因素往往被忽略。此外，算法的复杂性、可靠性，实时性等因素也是评价一个算法质量的重要标准。因此，研究并提出综合的评价准则应该受到重视。

(4)算法实时性的提升。现有迭代复原算法复杂度较高，难于满足实时性要求。一些重要的应用环境对实时性要求是苛刻的。例如，机器视觉、导航与制导等领域，实时性是算法应用的前提。另外，动态复原问题也会对实时性提出新的挑战。目前，GPU 并行计算、超大规模集成电路等对复杂算法实现提供了支撑条件，一定程度上提升了算法效率。复原方法本身的优化和快速算法，也有待跟进。

(5)大气湍流建模复原。作为图像退化的一种特殊类型，湍流模糊在航天、空间探测、遥感等领域普遍存在。图像复原技术起源于解决空间探测图像退化问题，至今已有长足的发展。然而，在大力发展航天事业的时代背景下，图像复原研究显得尤为重要，应给予足够的重视。

综上所述，数字图像复原是一门实践性和应用性很强的技术，有着广泛的应用前景。随着现代信号处理、优化理论、数值分析等方法理论的不断发展，一些新的复原技术将会不断涌现。

习题

6.1 简要概述图像增强和图像复原两种方法的异同。

6.2 常见的引起图像退化的因素有哪些？

6.3 在噪声估计中，主要利用噪声的什么特性进行噪声类型的判别。

6.4 对于图像中的周期噪声，一般需要采用什么方法进行去除？

6.5 给定一幅如下所示的数字图像，如果设定 3×3 大小的滤波窗口，试分别计算以下几种方式的滤波结果，边界用零填充方式。

$$I = \begin{bmatrix} 2 & 2 & 2 & 2 & 2 & 2 \\ 2 & 2 & 2 & 2 & 2 & 2 \\ 2 & 2 & 0 & 7 & 2 & 2 \\ 2 & 2 & 0 & 7 & 2 & 2 \\ 2 & 2 & 2 & 2 & 2 & 2 \\ 2 & 2 & 2 & 2 & 2 & 2 \end{bmatrix}$$

(1)中值滤波。

(2)最大值滤波。

(3)最小值滤波。

(4)中点滤波。

6.6 退化函数的估计有哪些常见的方法，并分别简述基本原理。

6.7 什么是无约束复原和有约束复原？两种方法的主要区别是什么？有约束复原中的正则化的主要作用是什么？

6.8 约束最小平方滤波中，采用拉普拉斯算子的主要作用是什么？

6.9 证明二维连续余弦函数：

$$f(x,y) = A\cos(u_0 x + v_0 y)$$

的傅里叶变换是共轭冲激对：

$$F(u,v) = -\frac{\mathrm{j}A}{2}\left[\delta\left(u - \frac{u_0}{2\pi}, v - \frac{v_0}{2\pi}\right) + \delta\left(u + \frac{u_0}{2\pi}, v + \frac{v_0}{2\pi}\right)\right]$$

6.10 考虑一个线性位置不变的退化系统，其冲激响应为

$$h(x-\alpha, y-\beta) = \mathrm{e}^{-\left[(x-\alpha)^2 + (y-\beta)^2\right]}$$

假设系统的输入是由宽度无限小的一条线组成的图像，这条线位于 $x=a$，$y=b$ 处并由 $f(x,y) = \delta(x-\alpha, y-\beta)$ 建模，其中，δ 为一个冲激函数。假设系统噪声可以忽略，则输出图像 $g(x,y)$ 是什么？

6.11 考虑在 x 方向匀加速运动导致的图像模糊问题。如果图像在 $t=0$ 时静止，在时间 T 内，以匀加速 $x_0(t) = at^2$ 加速，试求模糊函数 $H(u,v)$，快门开关的时间可忽略不计。

编程练习

6.1 利用 MATLAB 函数 fspecial 产生一个空间域运动模糊滤波器 h，即点扩展函数（point spead function，PSF），使图像像素沿顺时针 45° 方向运动 100 个像素，从而可形成一幅模糊退化图像。试编写程序完成以下各项实验内容：

(1)利用 h 对一幅 8bit 灰度图像进行模糊退化滤波，分别画出原始图、PSF 及滤波结果。

(2)编程计算出 h 对应的光学传递函数（optical transfer function，OTF），即频率域滤波器 H，利用 H 对(1)中的原始图进行频率域滤波。分别画出原始图、H 及滤波结果。

(3)试比较两种方式下的滤波结果，并做简单的分析。

6.2 根据下式编写 MATLAB 代码，对一幅 8bit 灰度图像进行匀速直线运动的模糊退化试验。其中，$T=1.0$；a 和 b 可以自行设定。

$$H(u,v) = \frac{T}{\pi(ua+vb)}\sin\left[\pi(ua+vb)\right]\mathrm{e}^{-\mathrm{j}\pi(ua+vb)}$$

对模糊图像加入均值为 0.01、方差为 0.002 的高斯白噪声。试完成以下各项实验内容：

(1)利用全逆滤波对退化图像进行复原。

(2)利用半径(或阈值)限制的逆滤波对退化图像进行复原。

(3)利用 Wiener 滤波对退化图像进行复原。

注：请根据原理自行编写代码，不能直接调用 MATLAB 自带复原函数。

6.3 产生一幅模糊图像，并添加高斯噪声，然后采用维纳滤波方法对图像进行复原处

理。取不同滤波参数 K 重复试验，比较不同 K 值下的复原图像效果。

6.4 利用 MATLAB 语言编程实现利用正则滤波(约束最小二乘)方法对退化图像的复原，要求在同一个窗口下显示原始图像、退化图像、复原结果及复原图像与原始图像的差值图，并对复原结果进行必要的分析。

6.5 利用 MATLAB 语言编程，设计同态滤波算法，实现对一幅光照不均匀彩色图像的复原。

6.6 利用 MATLAB 语言编程实现图像放大 1.5 倍处理，要求用最近邻插值和双线性插值两种方法处理，分别显示处理结果。

6.7 课程设计：设计一种频率域同态滤波算法，实现对一幅光照不均匀彩色图像的增强处理，并对处理结果给出定量化的质量评价。

第七章 图像编码与压缩

7.1 编码及信息论基础

7.1.1 图像压缩概述

1. 图像压缩的必要性

信息时代的新技术革命使人类被日益增多的多媒体信息所包围,其中图像更是成为人们传递信息的重要媒介。日常生活中的许多信息,如电视、视频聊天、安全监控、天气预报、医疗诊断都是以图像的形式展现在人们眼前,同时,各种信息可视化技术也在不断发展。然而图像的数据量是很大的,例如,一幅 640×480 分辨率的 24 位真彩色图像的数据量约为 900kb,一个 100Mb 的硬盘只能存储约 100 幅静止图像画面。对于如此巨大的图像数据量,如果不经过压缩,不仅超出了计算机的存储和处理能力,而且在现有通信信道的传输速率下,是无法完成大量多媒体信息实时传输的。数字图像高速传输和存储需要的巨大容量已成为推广数字图像通信的最大障碍。因此,必须对数据进行有效的压缩,减少表示信号所需要的比特数,从而减少容纳给定信息或数据采样集合的物理存储空间,进而减少数据传输所需要的时间区域与电磁频谱区域。

2. 图像压缩的可能性

图像之所以可以进行压缩是因为原始图像数据是高度相关的,存在很大的数据冗余。在不损害图像有效信息的前提下,通过编码的方法减少或去掉这些冗余信息,可以有效压缩图像。一幅图像内部及视频序列中相邻图像之间的信息冗余主要包括编码冗余、像素间冗余、心理视觉冗余、结构冗余、时间冗余和知识冗余。

编码冗余:也称为信息熵冗余,指图像编码的单位数据量大于信息熵,由信息论的有关原理可知,作为图像数据的一个像素点,只要按照其信息熵的大小分配相应比特数即可,然而对于实际图像数据的每个像素,很难得到它的信息熵,采用脉冲编码方式数字化一幅图像时,对每个像素点是用相同的比特数表示,这样必然存在冗余。例如,用 8bit 表示图 7-1 中二值图像的像素,会存在编码冗余。因为该图

图 7-1 二值图像

像的像素只有两个灰度值,用 1bit 表示即可,若用 8bit 编码表示则会远远多于表示该图像灰度所需要的比特数。

像素间冗余:反映图像中像素之间的相互关系,也称为空间冗余、几何冗余或帧间冗余。因为任何给定像素的值可以根据与这个像素相邻的像素进行预测,所以单个像素携带的信息相对较少。对于一幅图像,很多单个像素对视觉的贡献是冗余的。它的值可以通过

与它相邻的像素值为基础进行推测。如原始图像数据为 255，253，251，252，250。若直接对其进行编码，需要用 40bit；但如果采用对领域值进行预测的编码方式，则可将数据压缩为 250，3，1，2，0，需要 14bit。

心理视觉冗余：人眼对所有视觉信息感受的灵敏度不同，在正常视觉处理过程中各种信息的相对重要程度不同。有些信息在通常的视觉过程中与另外一些信息相比并不那么重要，这些信息被认为是心理视觉冗余的，去除这些信息并不会明显降低图像质量。

结构冗余：在有些图像的部分区域内存在非常强的纹理结构，或是图像的各个部分之间存在着某种关系，如自相似性等。

时间冗余：连续的视频序列，在 1/25 秒或 1/30 秒的帧间间隔内，景物运动部分在画面上的位移量或当场景交替时整幅景物切换的概率极小。大多数像素点的亮度及色度信号帧间变化很小或基本不变。因此，前后两帧之间的相似性较大。

知识冗余：有些图像中包含的信息与某些先验的基础知识有关，如对于人脸图像，眼睛、嘴等器官的相互位置就是一些先验知识。

数据压缩的目的就是通过去除以上各种形式的数据冗余，减少表示数据所需的比特数。

7.1.2　图像编码及分类

目前图像压缩编码的方法很多，其分类方法根据出发点不同而有所差异。

根据解压后重建图像与原始图像之间是否有误差，可以分为无损压缩和有损压缩两大类。无损压缩中删除的仅仅是图像数据中冗余的数据，经解码重建的图像和原图像没有任何失真，常用于复制、保存十分珍贵的历史、文物图像等场合。典型的无损压缩方法有霍夫曼编码、算术编码、游程编码等。有损压缩是指解码重建的图像与原图像相比有失真，不能精确地复原，而视觉效果上基本相同，是实现高压缩比的编码方法。数字电视、图像传输和多媒体常采用这种方法。典型的有损压缩方法有预测编码、子带编码、变换域编码等。

按压缩技术所依据和使用的数学理论和计算方法分类，可以将编码压缩技术分为统计编码、预测编码和变换编码三大类。另外还可以从图像的光谱特征出发，将编码压缩技术分为单色图像编码、彩色图像编码和多光谱图像编码。从图像的灰度层次上，可分为多灰度编码和二值图像编码。根据编码的作用域划分，图像压缩方法可分为空间域编码和变换域编码两大类，而在近年来涌现出许多基于新理论的新型编码方法中，有不少是两种或两种以上方法的组合，典型的就有既在空间域也要在变换域处理的压缩编码方法。

总之，图像编码是从不同角度消除图像数据中的冗余，减少表示图像所需的比特数，或平均比特数，实现数据压缩。

7.1.3　信息论基础知识

信息论是运用概率论与数理统计的方法研究信息、信息熵、通信系统、数据传输、密码学、数据压缩等问题的应用数学学科。要学好图像压缩编码，信息论的基础知识必不可少，以下对一些相关的信息论知识进行简要介绍。

信息是消息不确定性的度量。一个消息的可能性越小，其蕴含的消息越多，即不确定程度越大；反之，消息的可能性越大，则其蕴含信息越少，即不确定程度越小。对于一个无记忆信源可以表示为 $A:\{a_i\}, i=1,2,\cdots,N$ ， a_i 为信源 A 中的字符。若 a_i 出现的概率为 $p(a_i)$ ，那么 a_i 的信息量与 $p(a_i)$ 有关，香农(Shannon)定义其信息量为

$$I(a_i)=\log\frac{1}{p(a_i)}=-\log p(a_i) \tag{7-1-1}$$

式中，对数的底是任意的(大于 0 且不等于 1)，它决定了信息度量所用的单位。如果选择底数为 2，则信息的单位为比特。可以看出，式(7-1-1)与上面的论述是一致的。

对信源 A 中所有可能字符的信息量进行平均，就得到信源 A 的信息熵：

$$H(A)=\sum_{i=1}^{N}p(a_i)I(a_i)=-\sum_{i=1}^{N}p(a_i)\log_2 p(a_i) \tag{7-1-2}$$

为了方便，上式中采用 2 为底的对数。

在编码应用中，信息熵表示信源中消息的平均信息量。在不考虑消息间的相关性时，信息熵表示的是无失真代码平均长度比特数的下限。例如，有如下信源 $S=\begin{Bmatrix} s_1,s_2,s_3,s_4 \\ \frac{1}{2},\frac{1}{4},\frac{1}{8},\frac{1}{8} \end{Bmatrix}$ ，它的信源熵 $H(s)=-\sum_{i=1}^{k}p(s_i)\log_2 p(s_i)=\frac{7}{4}$ ，也就是说该信源的平均码长最短情况下为 7/4，不能再小，否则就会引起错误。平均码长比此数大许多时，就表明压缩还有待改进。

信源熵具有两个基本性质：

(1)非负性，即 $H(A)\geqslant 0$ 。

(2)当信源字符以等概率分布时，其熵值最大，当 $p(a_i)=\dfrac{1}{N}$ 时， $H(A)\leqslant\log_2 N$ ， $i=1,2,\cdots,N$ 。

如果信源不是等概率分布的，此时的熵值和等概率分布的最大熵值就可以理解为信源 A 所含有的冗余度(redundancy)，即

$$R_e=\log_2 N-H(A) \tag{7-1-3}$$

因此，只要信源不是等概率分布，就存在着数据压缩的可能性。压缩前每个信源符号的编码比特数和压缩后平均每个信源符号的编码比特数的比值，就是数据压缩率：

$$CR=\frac{\log_2 N}{L} \tag{7-1-4}$$

其中， L 为信源每个字符编码的平均码长，即

$$L=\sum_{i=1}^{N}l_i p(a_i) \tag{7-1-5}$$

通常用

$$\eta=\frac{H(A)}{L}\times 100\% \tag{7-1-6}$$

表示编码效率。

通过上面的分析，可以看出离散无记忆信源的冗余度寓于信源符号的非等概率分布之中。因此，压缩数据就要设法使信源的概率分布尽可能地呈非均匀分布。这就是统计编码的理论依据。

7.1.4　图像压缩的性能评价

在图像压缩中，消除心理视觉冗余数据难免会导致一定数量的视觉信息的丢失，其中可能有一些比较重要的信息。造成解码图像与原始图像可能会有差异，因此，需要评价压缩后图像的质量。描述解码图像相对原始图像偏离程度的测度一般称为保真度准则。常用的两类评判准则是客观保真度准则和主观保真度准则。

1. 客观保真度准则

当信息损失的程度可以表示成初始图像或输入图像以及先被压缩后被解压缩的输出图像的函数时，就说这个函数是基于客观保真度准则的。设 $f(x, y)$ 为输入图像，$\hat{f}(x, y)$ 表示由对输入图像先压缩后解压缩得到的 $f(x, y)$ 的估计量或近似量。对 x 和 y 的所有值，$f(x, y)$ 和 $\hat{f}(x, y)$ 之间的误差可以定义为

$$e(x, y) = f(x, y) - \hat{f}(x, y) \tag{7-1-7}$$

假设图像大小为 $M \times N$ 个像素，则 $f(x, y)$ 和 $\hat{f}(x, y)$ 之间均方根误差为

$$e_{\text{rms}} = \left\{ \frac{1}{MN} \sum_{x=0}^{M-1} \sum_{y=0}^{N-1} \left[f(x, y) - \hat{f}(x, y) \right]^2 \right\}^{\frac{1}{2}} \tag{7-1-8}$$

如果将 $\hat{f}(x, y)$ 看作是原始图像 $f(x, y)$ 和噪声信号 $e(x, y)$ 的和，那么解压图像的均方根信噪比为

$$\text{SNR}_{\text{rms}} = \sqrt{\frac{\sum_{x=0}^{M-1} \sum_{y=0}^{N-1} \hat{f}(x, y)^2}{\sqrt{\sum_{x=0}^{M-1} \sum_{y=0}^{N-1} \left[f(x, y) - \hat{f}(x, y) \right]^2}}} \tag{7-1-9}$$

在相同的压缩比下，均方根误差 e_{rms} 越小，性能越好。反过来，在相同的均方根误差 e_{rms} 下，压缩比越大，性能越好。

常用的客观保真度有峰值信噪比（PSNR）和结构相似性指数（structural similarity index measure，SSIM）等。

(1) 峰值信噪比定义如下：

$$\text{PSNR} = 10\lg \left\{ \frac{255^2}{\frac{1}{MN} \sum_{x=0}^{M-1} \sum_{y=0}^{N-1} \left[f(x, y) - \hat{f}(x, y) \right]^2} \right\} \tag{7-1-10}$$

式中，SNR 与 PSNR 的单位为分贝（dB）。在相同的压缩比下，PSNR 越大，性能越好。

(2) 结构相似性指数，是一种衡量两幅图像全局和局部结构相似度的指标。定义如下：

$$\text{SSIM}(x, y) = \frac{(2u_x u_y + c_1)(\sigma_{xy} + c_2)}{(u_x^2 + u_y^2 + c_1)(\sigma_x^2 + \sigma_y^2 + c_2)} \tag{7-1-11}$$

式中，u_x 和 u_y 分别为图像 x 和 y 的均值；σ_x 和 σ_y 分别为图像 x 和 y 的标准差；σ_{xy} 表示 x 和 y 的协方差；c_1 和 c_2 为常数。

SSIM 是一个 0 到 1 之间的数，越大表示输出(解压)图像和无失真图像(输入)的差异越小，即图像质量越好。当输出图像无失真时，SSIM＝1。

2. 主观保真度准则

图像处理的结果是给人观看的，是由人来分析并解释的。因此，图像质量的好坏，不能完全用客观标准来衡量，应该考虑到人的因素。有时候，客观保真度完全一样的两幅图像可能有完全不同的视觉质量，所以，规定了主观保真度准则来从另一个角度评判图像的质量。

主观评价的观察者可以分为两类，一类是未受过训练，对图像质量评价并不在行的一般观众，此时得到的图像质量代表一般观众的平均感觉；另一类是专业人员，有丰富的经验，能对图像质量提出严格的判断。

主观评价又分为绝对评价和相对评价。绝对评价是观察者根据一些事先规定好的评价尺度或自己的经验，对被评价图像做出质量判断。绝对评价常用的评价尺度是"全优度尺度"，对图像的优劣以数字给分。在相对评价中，由观察者将一批图像由好到坏进行分类，对图像进行互相比较后评出分数，常使用"群优度尺度"。除此之外，还可采用成对比较法，即同时显示两幅图像，让观察者选择更喜欢哪一幅图像，借此排出图像质量的等级。

7.2　统　计　编　码

统计编码是根据像素灰度值出现概率的分布特性而进行的压缩编码方法，在不引起任何失真的前提下，可将传送每一信源符号所需的平均码长降至最低。常见的统计编码方法有游程编码、霍夫曼编码、算术编码等。

7.2.1　游程编码

游程编码(run-length code，RLC)又叫行程编码，是一种消除空间冗余的数据压缩方法。其原理很简单，就是在给定的图像数据中寻找连续重复的数值，然后用两个字符取代这些连续值。

设图像中的某一行或某一块像素为$(x_1, x_2, \cdots, x_M)$，这一字符串可以分成长度为l_i的k段，每段内的字符具有相同的值，那么这一连续的字符串可以由偶对(g_i, l_i)，$1 \leqslant i \leqslant k$来表示：

$$(x_1, x_2, \cdots x_M) \rightarrow (g_1, l_1), (g_2, l_2), \cdots, (g_k, l_k) \tag{7-2-1}$$

其中，g_i为每个段内的像素值；l_i为每个段的长度即游程长度。反过来，如果给出了形成串的字符、串的长度及串的位置，就能恢复出原来的数据流。

例如，有一个字符串为：aaaa bbb cc d eeeee fffffff，假设每个像素用 8bit 编码，共需要 22×8bit=176bit，如果表示为 4a3b2c1d5e7f，只需要 12×8bit=96bit。

游程编码分为定长游程编码和变长游程编码两类。定长游程编码是指编码的游程长度位数是固定的，如果灰度连续相同的个数超过了固定位数所能表示的最大值，则进入下一轮游程编码；变长游程编码是指对不同范围的游程使用不同位数的编码，常结合霍夫曼编码使用。

　　显然，平均游程长度越长，游程编码的效率越高，因此游程编码一般不直接应用于多灰度图像，但比较适合于二值图像的编码。这是因为黑白图像中只有"0"和"1"两种字符，由于图像的相关性，在每一行中都会出现若干个白像素游程（白长）和黑像素游程（黑长）之和。在编码时，只需要对每一行的第一个像素设定一个标志，以区分该行是以白长还是以黑长开始的，后面只需写上游长即可。由于二值图像具有大量的重复信息，因此能获得较好的压缩效率。对于灰度图像和彩色图像，如果图像中存在许多灰度分布相同的区域，那么游程编码的压缩效率会非常高，反之，如果图像中每两个相邻点的灰度都不相同，那么这种方法不但不能压缩，反而增大了数据量。这也是现在很少单纯使用游程编码对数据进行压缩的原因。

7.2.2　霍夫曼编码

　　霍夫曼（David A.Huffman）于 1952 年提出了一种无损压缩的熵编码算法，即霍夫曼（Huffman）编码，随后得到广泛应用。霍夫曼编码的基本思想是按照字符出现概率的大小来分配码长，概率大的字符分配短码，概率小的字符分配长码，构造平均码长最短的异字头码字。这种编码也被称为最佳编码，因为当信源字符的概率都是 2 的乘方时，编码中码字的平均长度达到最小的极限，即信源的熵。

　　设信源 A 的信源空间为

$$[A,P]:\begin{Bmatrix} A: & a_1 & a_2 & \cdots & a_N \\ P(A): & p(a_1) & p(a_2) & \cdots & p(a_N) \end{Bmatrix} \tag{7-2-2}$$

Huffman 编码步骤如下：

　　（1）将信源符号按出现概率从大到小排成一列，然后把最末两个符号的概率相加，合成一个概率。

　　（2）把这个符号的概率与其余符号的概率按从大到小排列，然后再把最末两个符号的概率加起来，合成一个概率。

　　（3）重复上述做法，直到最后剩下两个概率为止。

　　（4）从最后一步剩下的两个概率开始逐步向前进行编码。每步只需对两个分支各赋予一个二进制码，如对概率大的赋予码元 1，对概率小的赋予码元 0。

　　例如，一个文件中出现了 8 种符号，它们出现的概率如表 7-1 所示，其霍夫曼的编码过程如表 7-2 所示。

表 7-1　信源符号与其出现概率

	a_0	a_1	a_2	a_3	a_4	a_5	a_6	a_7
$p(a_i)$	0.20	0.19	0.18	0.17	0.15	0.10	0.005	0.005

对于表 7-2 所给的例子，平均码长为

$$L = \sum_{i=0}^{7} p(a_i) l_i = 0.20 \times 2 + 0.19 \times 2 + 0.18 \times 3 + 0.17 \times 3 + 0.15 \times 3$$
$$+ 0.10 \times 4 + 0.005 \times 5 + 0.005 \times 5$$
$$= 2.73 \text{bit}(信源符号)$$

表 7-2　霍夫曼编码示例

信源符号	出现概率	编码过程	码字	码长
a_0	0.20		$w_0 = 01$	2
a_1	0.19		$w_1 = 00$	2
a_2	0.18		$w_2 = 111$	3
a_3	0.17		$w_3 = 110$	3
a_4	0.15		$w_4 = 101$	3
a_5	0.10		$w_5 = 1001$	4
a_6	0.005		$w_6 = 10001$	5
a_7	0.005		$w_7 = 10000$	5

　　需要指出的是，"0"和"1"的指定是任意的，因此上述过程编出的最佳码不是唯一的。例如，在表 7-2 中，对首次缩减信源最后两个概率最小的符号是以 1 和 0 来标记的，也可以反过来用 0 和 1 标记，就能得到另一组霍夫曼码：

$w' = 10$，$w_1' = 11$，$w_2' = 000$，$w_3' = 001$，$w_4' = 010$，$w_5' = 0110$，$w_6' = 01110$，$w_7' = 01111$

　　由于其平均码长是一样的，故不影响编码效率和数据压缩性能。

　　霍夫曼编码是根据字符出现的概率对其进行编码，需要对原始数据扫描两遍。第一遍是精确统计出原始数据中每个字符出现的概率；第二遍是建立霍夫曼树并进行编码。当源数据成分复杂时，建立二叉树并遍历二叉树生成编码是非常麻烦和耗时的。这一不足限制了霍夫曼编码的应用。所以在一些图像压缩标准中普遍采用一些霍夫曼码表以省去对原始数据的统计，这些码表是对许多图像测试得到的平均结果，它能使霍夫曼编码更方便和有效。霍夫曼编码在实际应用时，均需要和其他编码方法结合起来使用，才能进一步提高数据压缩比。

7.2.3　算术编码

　　算术编码是从整个符号序列出发，采用递推形式连续编码的方法。它和其他熵编码方法不同的地方在于：其他的熵编码方法通常是把输入的信源数据分割为符号，每个符号对应一个码字，而算术编码是直接把整个输入的信源符号序列编码为一个码字，这个码字是一个满足 $0.0 \leqslant n < 1.0$ 的小数。

　　下面通过一个实例来具体介绍算术编码的方法。

　　假设一则消息"state tree"的概率分布如表 7-3 所示。

表 7-3　概率分布

字符	—	a	e	r	s	t
概率	0.11/10	0.11/10	0.33/10	0.11/10	0.11/10	0.33/10

当字符出现的概率已知，就可以为每一个单独的字符设定一个范围，该字符串中的 6 个字符被分配的范围如表 7-4 所示。

表 7-4　6 个字符被分配的概率和范围

字符	—	a	e	r	s	t
概率	1/10	1/10	3/10	1/10	1/10	3/10
范围	[0, 0.1)	[0.1, 0.2)	[0.2, 0.5)	[0.5, 0.6)	[0.6, 0.7)	[0.7, 1.0)

符号定义：令 high 为编码间隔的高端，low 为编码间隔的低段，range 为编码间隔的长度，rangelow 为编码字符分配的间隔低端，rangehigh 为编码字符分配的间隔高端。

对"state tree"的算术编码过程为：

(1) 初始化：被分割的范围 range=high − low=[0,1)，下一个范围的低、高端分别由下式计算：

$$low = low + range * rangelow$$
$$high = low + range * rangehigh$$

(2) 对消息的第一个字符 s 编码：

rangelow(s)=0.6，rangehigh(s)=0.7，可以计算下一个区间的 low 和 high 为 s 编码后，编码器输出的数值范围由[0,1)变为[0.6, 0.7)。

(3) 第二个字符 t 编码时使用新生成范围[0.6, 0.7)。rangelow(t)=0.7，rangehigh(t)=1.0，因此下一个 low 和 high 分别为

$$low = 0.6 + 0.1 * 0.7 = 0.67$$
$$high = 0.6 + 0.1 * 1.0 = 0.70$$
$$range = 0.7 - 0.67 = 0.03$$

数值范围变成[0.67, 0.70)。

(4) 对第三个字符 a 编码，在新生成的范围[0.67, 0.70)中进行分割。得到下一个 low 和 high 分别为

$$low = 0.67 + 0.03 * 0.1 = 0.673$$
$$high = 0.67 + 0.03 * 0.2 = 0.676$$
$$range = 0.676 - 0.673 = 0.003$$

数值范围变成[0.673, 0.676)。

(5) 对剩余字符按照相同的方法进行编码，得到 t，e，_，t，r，e，e 的范围分别为 [0.6751, 0.676)，[0.67528, 0.67555)，[0.67528, 0.675307)，[0.6752989, 0.675307)，[0.67530295, 0.67530376)，[0.675303112, 0.675303355)，[0.6753031606, 0.6753032335)。最后的消息符号必须被保留以作为特定的消息结束指示符，其数值范围为

[0.6753031606, 0.6753032335)，在这个范围内任何数字(例如，0.6753032)都可以用来表示该消息。

可以看出，算术编码绕过了用一个特定的代码替代一个输入符号的想法，用一个浮点输出数值代替一个数据流的输入符号。如果信息比较复杂，最后输出的数值中就需要更多的位数，实现方法相对比较复杂。

7.3　预　测　编　码

预测编码建立在图像数据的相关性之上，是较早应用于数据压缩的一种技术。它根据某一模型利用以往的样本值对于新样本进行预测，通过减少数据在时间和空间上的相关性，最终达到压缩数据的目的。

7.3.1　预测编码的概念

预测编码是一种时间域的编码方式，它是利用前面出现过的符号来预测当前的符号，然后将实际上的符号与预测相减得到预测误差值。如果预测足够精确的话，预测编码的好处在于预测误差值的范围比原信号的数字范围小。通常，这种编码方式还会对预测误差值进一步编码以达到进一步压缩的目的。一般来说，预测编码可以分为无损预测编码和有损预测编码。

1. 无损预测编码

无损预测编码是指使用压缩后的数据进行重构(或者叫作还原、解压缩)，重构后的数据与原来的数据完全相同的压缩过程。无损压缩编码的原理是因为图像的相邻像素间信息有冗余，所以当前像素值可以用先前的像素值来获得。用当前像素值 f_n，通过预测器得到一个预测值 $\hat{f}_n$。将当前值和预测值求差，对这个差值进行编码，作为压缩数据流中的下一个元素。表 7-5 展示了通过先前像素值来预测下一像素值的过程。

表 7-5　预测编码的过程

100	102	101	100	100		100	2	−1	−1	0
101	100	102	102	100		1	−1	2	0	−2
100	103	100	102	101		−1	3	−3	2	−1
100	100	100	100	100		0	0	0	2	−2
101	101	100	100	100		1	0	−1	0	0

只利用前一个像素进行预测不能得到很好的效果，所以，一般情况下，是需要前 m 个像素的线性组合来进行预测，即

$$f_n = \text{round}\left[\sum_{i=1}^{m} a_i f_{n-i}\right] \qquad (7\text{-}3\text{-}1)$$

预测器为

$$\hat{f}_n(x,y) = \text{round}\left[\sum_{i=1}^{m} a_i f(x-i,y)\right] \tag{7-3-2}$$

其中，round 为取最近整数；α_i 为预测系数(可为 $1/m$)；x、y 分别是列、行变量。

无损编码的步骤如下：

(1)采用霍夫曼编码等方式进行压缩头处理。

(2)通过设计好的预测器来求取预测值。

(3)求取预测值 $e(x,y) = f(x,y) - \hat{f}(x,y)$。

(4)对误差值 $e(x,y)$ 进行编码，作为压缩值。

重复执行(2)～(4)最终得到压缩编码。编码的主要流程如图 7-2 所示。

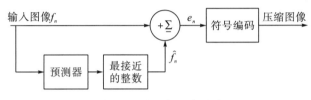

图 7-2　预测编码原理图

2. 有损预测编码

有损预测压缩是指经过压缩、解压的数据与原始数据不同但非常接近的压缩方法。如果允许解压后的结果有一定的误差，就可以使用有损编码，通过牺牲图像的准确率达到增大图像压缩率的目的。有损预测编码和无损预测编码的本质区别在于是否有量化器模块。量化器通过将图像量化为较少的灰度级来减少图像的数据量以此达到图像压缩的目的，但是量化过程是一个不可逆过程，因而会使得图像在解码时有所损失。例如，输入 256 个灰度级，对灰度级量化后输出，只剩下 4 个层次，则数据量被大大减少。然而，这个过程是不可逆的。

量化器模块一般是使用一个阶梯形函数 $t = q(s)$ 来表示，它是 s 的奇函数[即 $q(-s) = -q(s)$]，可以通过 $L/2$、s_i 和 t_i 来完全描述。其中，s_i 为量化器的决策级(阈值)；t_i 为量化器的重构级(代表级)；L 为量化器的级数。由于习惯的原因，在半开区间 $(s_i,s_{i+1}]$ 中 s_i 被认为是映射到 t_i。图 7-3 展示了一个阶梯形函数。

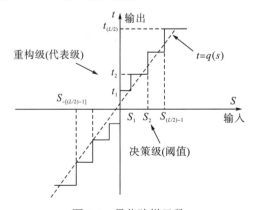

图 7-3　量化阶梯函数

无损编码和解码流程如图 7-4 所示。

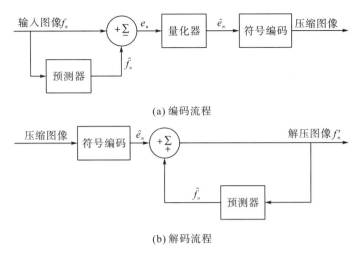

(a) 编码流程

(b) 解码流程

图 7-4　无损编码和解码流程

但在实际的编解码过程中，由于预测器的输入是 f_n，而解压中预测器的输入是 f'_n，要使用相同的预测器，编码方案要进行修改，添加一个累加器。修改后的编码过程如图 7-5 所示。

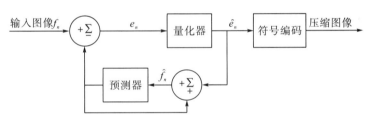

图 7-5　修改后的编码过程

7.3.2　DPCM 编码

图像的统计特性表明，相邻像素之间存在较强的相关性，换句话说，相邻点的灰度值比较接近。因此，每个像素值可以根据已知的几个像素估计进行预测。

根据信息论，对于具有 M 种取值的符号序列 $\{x_k\}$，其第 L 个符号的熵满足：

$$\log_2 M \geq H(x_L) \geq H(x_L \mid x_L) \geq H(x_L \mid x_{L-1}, x_{L-2}) \geq \cdots \geq H(x_L \mid x_{L-1}, x_{L-2}, \cdots, x_1) > H_\infty \quad (7\text{-}3\text{-}3)$$

上式表明，如果已知前面一些符号 $x_k(k < L)$，再猜后续符号 x_L，则已知得越多，越容易猜中。容易猜中就意味着信源的不确定度减小，即其信息熵就小。如果真能准确地猜中下一个数据符号，那么就不存在数据的不确定性问题。一般来说是不可能准确地猜中，只能争取最好的预测器，以尽可能小的误差近似估计出下一个取样值。

差分脉冲编码调制(differential pulse code modulation，DPCM)是预测编码中最重要的线性预测法。图 7-6 是它的原理图，其中编码器和解码器分别完成对预测误差量化值的熵编码和解码。

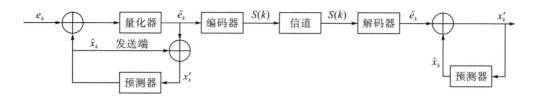

图 7-6　DPCM 原理框图

DPCM 编码工作过程可以描述如下：

(1)输入信号为 x_k，它与发端预测器产生的预测值 $\hat{x}_k$ 相减得到预测差 e_k。

(2) e_k 经量化器量化后变为 e'_k，同时引入量化误差。

(3) e'_k 再经过编码器编成码字(如 Huffman 码)发送，同时又将 e'_k 加上 $\hat{x}_k$ 恢复输入信号 x'_k。由于存在量化误差，$x'_k \neq x_k$，但相当接近。发端的预测器及其环路作为发端本地解码器。

(4)发端预测器带有存储器，它把 $x'_{k-1}, x'_{k-2}, \cdots, x'_{k-m}$ 存储起来以供对 x_k 进行预测得到 $\hat{x}_k$。

(5)继续输入下一个像素，重复上述过程。

在预测编码过程中，误差是由量化器产生的，若在上图中去掉量化器，使 $e'_k = e_k$，则不带量化器的 DPCM 可以完全不失真地恢复原始信号 x_k。

量化器是利用主观视觉特点，进一步挖掘信息压缩潜力的工具。虽然由于量化误差的引入会造成图像一定程度的客观失真，但是，如果把量化误差限制到主观视觉不能察觉的程度，则不会影响图像的主观质量。

减少数据量的最简单的办法是将图像量化成较少的灰度级，通过减少图像的灰度级来实现图像的压缩。例如，如果输入是 256 个灰度级，对灰度级量化后输出，只剩下 4 个层次，数据量被大大减少。这种量化是不可逆的，因而解码时图像有损失。

图 7-7 所示为一条非均匀量化特性曲线。

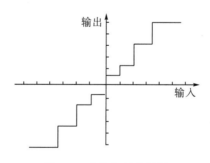

图 7-7　非均匀量化特性

非均匀量化特性曲线的低端密分层，高端稀分层，从而在有限的量化层数下，能够保证出现的量化误差大部分是小误差，因而降低平均误差率。这种非均匀量化特性与人的主观视觉特性也是相适应的。人眼对图像中量化误差的敏感程度与存在这种误差的图像局部信号变化剧烈程度有关。变化越剧烈，量化误差越不容易被觉察。因此，对于小的预测误差，量化分层要密，因为它主要出现在图像平坦区，量化误差容易被觉察；对于大的预测误差，量化分层要稀，因为它一般发生在轮廓或边缘处，量化误差不易被觉察。

7.3.3 预测器模型

预测器的设计是 DPCM 的关键，预测越准，预测误差就越集中分布在零附近，码率就能压缩的越多。预测器可以是固定的，也可以是自适应的；可以是线性的，也可以是非线性的。下面介绍的最优线性预测就是采用均方误差为极小值的准则来获得的 DPCM。

1. 最佳线性预测

最简单的时不变线性预测就是一维线性预测，它将预测值看作是输入信号的线性组合，即

$$\hat{x}_k = \sum_{i=1}^{N} a_i x_i \tag{7-3-4}$$

式中，a_i 为预测系数；N 为预测阶数。实际的 x_k 值与其预测值 $\hat{x}_k$ 之间有一个差值信号 e_k，即

$$e_k = x_k - \hat{x}_k = x_k - \sum_{i=1}^{N} a_i x_i \tag{7-3-5}$$

其均方误差为

$$\sigma_e^2 = E\left\{ \left(x_k - \sum_{i=1}^{N} a_i x_i \right)^2 \right\} \tag{7-3-6}$$

最优预测器就是选择 N 个预测系数 $a_i (i=1,2,\cdots,N)$，使得式(7-3-6)定义的均方误差最小。显然，当 N 给定之后，σ_e^2 是依赖于所有预测系数 a_i 的函数。

对 $E\left\{ \left(x_k - \sum_{i=1}^{N} a_i x_i \right)^2 \right\}$ 求关于 $a_i (i=1,2,\cdots,N)$ 的偏导，并令它等于零，即

$$\frac{\partial E\left\{ \left(x_k - \sum_{i=1}^{N} a_i x_i \right)^2 \right\}}{\partial a_i} = -2E\left[\left(x_k - \sum_{i=1}^{m} a_i x_i \right) \frac{\partial \hat{x}_k}{\partial a_i} \right] = 0, i = 1,2,\cdots,N \tag{7-3-7}$$

将式(7-3-2)代入上式得

$$E\left[\left(x_k - \hat{x}_k \right) x_i \right] = 0, i = 1,2,\cdots,N \tag{7-3-8}$$

因此，最小误差 $(x_k - \hat{x}_k)_{\min}$ 必须与预测采用的所有数据正交，这就是正交性原理或希尔伯特(Hilbert)空间映射定理。将式(7-3-8)展开：

$$E[x_k x_i] = E[\hat{x}_k x_i] = E\left[\sum_{j=1}^{N-1} a_j x_j x_i \right] = \sum_{j=1}^{N-1} a_j E[x_j x_i] \tag{7-3-9}$$

定义数据的协方差函数

$$R(i,j) = E[x_i x_j], i,j = 1,2,\cdots,N-1 \tag{7-3-10}$$

则式(7-3-10)可写为

$$R_{N,i} = \sum_{j=1}^{N-1} a_j E\left[x_j x_i\right] = E\left[a_1 x_1 x_i + a_2 x_2 x_i + \cdots + a_{N-1} x_{N-1} x_i\right]$$

$$= a_1 R_{1,i} + a_2 R_{2,i} + \cdots + a_{N-1} R_{N-1,i}$$

$$(7\text{-}3\text{-}11)$$

式(7-3-11)代表了 N-1 个线性代数方程组,其中共有 N-1 个待定常数 a_i。将它写成矩阵方程,即为

$$\begin{bmatrix} R_{1,1} & R_{2,1} & \cdots & R_{N-1,1} \\ R_{1,2} & R_{2,2} & \cdots & R_{N-1,2} \\ \vdots & \vdots & & \vdots \\ R_{1,N-1} & R_{2,N-1} & \cdots & R_{N-1,N-1} \end{bmatrix} \begin{bmatrix} a_1 \\ a_2 \\ \vdots \\ a_{N-1} \end{bmatrix} = \begin{bmatrix} R_{N,1} \\ R_{N,2} \\ \vdots \\ R_{N,N-1} \end{bmatrix} \quad (7\text{-}3\text{-}12)$$

由此可见,只要知道 $\dfrac{(N-1)(N-1)}{2} + (N-1)$ 个协方差 $R_{i,j}$,则所有的 $N-1$ 个预测系数 a_i 都能被解出。此时,解出的 a_i 就是 MSE 准则下的最优预测系数。

假如 x_k 为广义平稳过程,则其相关函数满足:

$$R(i,j) = R(|i-j|) \quad (7\text{-}3\text{-}13)$$

式(7-3-12)还可以简化为

$$\begin{bmatrix} R_0 & R_1 & \cdots & R_{N-2} \\ R_1 & R_0 & \cdots & R_{N-3} \\ \vdots & \vdots & & \vdots \\ R_{N-2} & R_{N-3} & \cdots & R_0 \end{bmatrix} \begin{bmatrix} a_1 \\ a_2 \\ \vdots \\ a_{N-1} \end{bmatrix} = \begin{bmatrix} R_{N-1} \\ R_{N-2} \\ \vdots \\ R_1 \end{bmatrix} \quad (7\text{-}3\text{-}14)$$

因此,只要预先估计出相关系数 $R_0, R_1, \cdots, R_{N-1}, R_N$ 就可求出预测系数 a_i。其中,自相关矩阵不但是实对称矩阵,而且其主对角线上诸元素相同,同时与主对角平行的任一斜线上的各元素也相同,是一个对称的 Toeplitz 矩阵,根据它可逆的性质,有

$$\begin{bmatrix} a_1 \\ a_2 \\ \vdots \\ a_{N-1} \end{bmatrix} = \begin{bmatrix} R_0 & R_1 & \cdots & R_{N-2} \\ R_1 & R_0 & \cdots & R_{N-3} \\ \vdots & \vdots & & \vdots \\ R_{N-2} & R_{N-3} & \cdots & R_0 \end{bmatrix}^{-1} \begin{bmatrix} R_{N-1} \\ R_{N-2} \\ \vdots \\ R_1 \end{bmatrix} \quad (7\text{-}3\text{-}15)$$

从上式看到,预测模型的复杂程度取决于线性预测中所使用的以前样本的数目。样本越多,预测器就越复杂。由于图像像素的相关性随着距离的增大呈指数衰减,通常对于实际的图像进行预测时,所选邻近像素数一般不超过 4 个。常用的三点预测公式: $\hat{x}_i = \dfrac{1}{2} x_1 + \dfrac{1}{4} x_2 + \dfrac{1}{4} x_3$ 或 $\hat{x}_i = \dfrac{1}{4} x_1 - \dfrac{1}{2} x_2 + \dfrac{1}{4} x_4$,四点预测公式: $\hat{x}_i = \dfrac{1}{2} x_1 + \dfrac{1}{8} x_2 + \dfrac{1}{4} x_3 + \dfrac{1}{8} x_4$,压缩图像恢复后的主观视觉效果都比较好。

2. 自适应线性预测

前面介绍的最佳线性预测假设图像是平稳随机过程,所以只计算一次参数预测器,然后对在整个预测过程中计算出的固定参数进行预测。对于输入的非平稳过程的图像,这一方法不再适用。此时应该采用自适应误差脉冲编码调制(adaptive differential pulse code modulation，ADPCM)的方法。自适应预测就是指预测器的预测系数不固定，随图像的局部特性而有所变化。这种方法能充分利用图像的统计特征和变化，及时调整预测参数，使得预测器随着输入图像数据的变化而变化，因此能得到较为理想的输出。

ADPCM 系统包括预测系数的自适应预测和自适应量化两部分。

1) 自适应预测

由式(7-3-4)可知一个三阶预测器的预测值计算公式为

$$\hat{x}_i = a_1 x_{i-1} + a_2 x_i + a_3 x_{i+1} \tag{7-3-16}$$

现在增加一个可变参数 m，得

$$\hat{x}_i = m[a_1 x_{i-1} + a_2 x_i + a_3 x_{i+1}] \tag{7-3-17}$$

式中，m 是一个自适应参数，m 的取值根据量化误差的大小自适应调整。

2) 自适应量化

根据信号分布不均匀的特点，在一定量化级数下减少量化误差或在同样的误差条件下压缩数据，希望系统具有随输入信号的变化区间足以保持输入量化器的信号基本均匀的能力，这种能力叫作自适应量化。当预测误差小时，将量化器的输出范围减小，量化器步长减小；当预测误差大时，将量化器的输出范围扩大，量化器步长增加。

自适应量化必须有对输入信号的幅值进行估值的能力，有了估值才能确定相应的改变量。若估值在信号的输入端进行，称前馈自适应；若在量化输出端进行，称反馈自适应。

3. 二维线性预测

以上方法都是针对一维数据进行预测，我们完全可以将它们推广到二维情况，通过图像中像素的纵向和横向两个方向上的相邻像素对图像进行预测。

设一幅原始图像为 $f(m,n)$，则它的预测值可以表示为

$$\hat{f}(m,n) = \sum_{(k,l)\in Z}\sum a_{k,l} f(m-k,n-l) \tag{7-3-18}$$

式中，$a_{k,l}$ 为预测系数；Z 为进行预测的相关点的集合。实际的 $f(m,n)$ 值与其预测值 $\hat{f}(m,n)$ 之间有一个差值信号：

$$e_k = f(m,n) - \hat{f}(m,n) \tag{7-3-19}$$

7.4 变换编码

统计编码和预测编码压缩能力有限，目前最为成熟的具有更高压缩能力的方法是变换编码，包括正交变换编码、小波变换编码等。变换编码的原理是将原来在空间域上描述的图像信号，通过某种数学变换(如傅里叶变换、正交变换、小波变换等)，变换到变换域(如频率域、正交矢量空间、小波域)中，再用变换系数来描述变换信号。由于变换系数之间的相关性明显降低，并且能量常常集中在低频或低序系数区域中，使得对这些系数进行编码所需要的总比特数，要比对原始数据直接编码所需的总比特数少得多，从而能获得较高

的压缩率。图 7-8 展示了 DCT 变换的结果，可以看到，原图像经过 DCT 变换后，高能量系数都集中在左上角区域，此时可以舍弃部分低能量系数从而对其进行压缩。

52	55	61	66	70	61	64	73
63	59	66	90	109	85	69	72
62	59	68	113	144	104	66	73
63	58	71	122	154	106	70	69
67	61	68	104	126	88	68	70
79	65	60	70	77	68	58	75
85	71	64	59	55	61	65	83
87	79	69	68	65	76	78	94

610	−29	−61	26	55	−19	0	3
7	−20	−61	9	12	−6	−6	7
−46	8	77	−25	−29	11	7	−4
−48	12	35	−14	−9	7	2	2
11	−7	−12	−2	0	2	−4	2
−9	2	4	−3	0	1	2	0
−2	−1	2	1	1	−3	2	−2
−1	0	0	−2	0	0	0	1

图 7-8   DCT 变换

图 7-9 为变换编码的通用模型。将原始数据进行映射变换之后再进行编码，而在解码之后也要进行相对应的反变换以此来恢复数据。

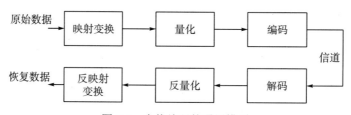

图 7-9   变换编码的通用模型

变换编码一般先把原始数据分成若干个子块，然后对每个子块进行变换。量化过程对变换系数进行量化，可单独采用标量量化或矢量量化，也可以结合起来使用。由于大多数变换系数的数值都很小，且它们对重建图像的质量影响较小，可以有选择地对这些系数进行粗糙量化，或者完全忽略不计。量化过程是变换编码信息失真的主要原因。

7.4.1   变换编码的基本原理

先回顾一下前面所学的 FFT 逆变换表达式：

$$f(x,y) = \sum_{u=0}^{N-1}\sum_{v=0}^{N-1} F(u,v)\exp\frac{\mathrm{j}2\pi(ux+vy)}{N} \tag{7-4-1}$$

将 $F(u,v)$ 记为 $T(u,v)$，将 $\exp[\mathrm{j}2\pi(ux+vy)/N]$ 记为 $H(x,y,u,v)$，则上式可变为

$$f(x,y) = \sum_{u=0}^{N-1}\sum_{v=0}^{N-1} T(u,v)H(x,y,u,v) \tag{7-4-2}$$

变换编码就是要将上述等式右边的部分来近似原图像。式 (7-4-2) 可进一步改写为

$$\boldsymbol{F} = \sum_{u=0}^{N-1}\sum_{v=0}^{N-1} T(u,v)\boldsymbol{H}_{uv} \tag{7-4-3}$$

其中，$\boldsymbol{F}$ 是一个包含了 $f(x,y)$ 的像素的 $n \times n$ 的矩阵；$\boldsymbol{H}_{uv}$ 的值只依赖坐标变量 x、y、u、v，与 $T(u,v)$ 和 $f(x,y)$ 无关，被称为基图像。$\boldsymbol{H}_{uv}$ 可以在变换前一次生成，对每一个 $n \times n$ 的子图像变换都可以使用。式(7-4-4)为 $\boldsymbol{H}_{uv}$ 的矩阵形式。

$$\boldsymbol{H}_{uv} = \begin{bmatrix} h(0,0,u,v) & h(0,1,u,v) & \cdots & h(0,n-1,u,v) \\ h(1,0,u,v) & h(1,1,u,v) & \cdots & h(1,n-1,u,v) \\ \vdots & \vdots & & \vdots \\ h(n-1,0,u,v) & h(n-1,1,u,v) & \cdots & h(n-1,n-1,u,v) \end{bmatrix} \tag{7-4-4}$$

在生成了 $\boldsymbol{H}_{uv}$ 之后，还需要通过定义变换系数截取模板函数来消除冗余，变换系数截取模板函数的定义如下：

$$m(u,v) = \begin{cases} 0, & \text{如果} T(u,v) \text{满足特定的截断条件} \\ 1, & \text{其他} \end{cases} \tag{7-4-5}$$

最终得到的原图像为

$$\hat{F} = \sum_{u=0}^{N-1} \sum_{v=0}^{N-1} T(u,v) m(u,v) H_{uv} \tag{7-4-6}$$

在得到近似的原图像之后还需要对误差进行评估，计算出误差的值：

$$\begin{aligned} e_{ms} &= E\left\{ \left\| F - \hat{F} \right\|^2 \right\} \\ &= E\left\{ \left\| \sum_{u=0}^{n-1} \sum_{v=0}^{n-1} T(u,v) H_{uv} - \sum_{u=0}^{n-1} \sum_{v=0}^{n-1} T(u,v) m(u,v) H_{uv} \right\|^2 \right\} \\ &= E\left\{ \left\| \sum_{u=0}^{n-1} \sum_{v=0}^{n-1} T(u,v) H_{uv} \left[1 - m(u,v)\right] \right\|^2 \right\} = \sum_{u=0}^{n-1} \sum_{v=0}^{n-1} \sigma_{T(u,v)}^2 \left[1 - m(u,v)\right] \end{aligned} \tag{7-4-7}$$

其中，$\left\| F - \hat{F} \right\|$ 是矩阵范数；$\sigma_{T(u,v)}^2$ 是变换在 (u,v) 位置上的系数方差。最后的简化是基图像的规范正交，并假设 F 的像素是通过一个具有 0 均值和已知协方差的随机处理产生的。总的近似均方误差是丢弃的变换系数的方差之和[即对于 $m(u,v)=0$ 的系数方差之和]。它能把大多数信息封装到最少的系数里去，可得到最好的子图像的近似，同时重构误差也最小。在等式成立的假设下，一个 $N \times N$ 的图像的 $(N/n)^2$ 个子图像的均方误差是相同的。因此，$N \times N$ 图像的均方误差(平均误差的测量)等于一个子图像的均方误差。

7.4.2　变换编码的几个关键问题

在了解了变换编码的基本原理和过程之后，需要解决变换编码过程中的几个关键问题，以下将分别对它们进行阐述。

1. 变换的选择

图像变换编码的过程一般采取的是正交变换，用于图像编码的正交变换有离散傅里叶变换(DFT)、离散余弦变换(DCT)、离散 Karhunen-Loeve 变换(KLT)(以下简称 K-L 变换)、Walsh-Hadamard 变换(WHT)和离散小波变换(DWT)等，它们有如下优点：

（1）保熵性：正交变换具有熵保持性质，即正交变换不丢失信息，从而通过传输变换系数来传送信息。

（2）能量集中：变换域中的能量集中在少数的变换系数上，从而有利于采用熵压缩法来进行数据压缩，也就是在质量允许的情况下，可以舍弃一些能量较小的系数，或对能量大的系数分配较多的比特，对能量较小的系数分配较少的比特，达到提高压缩率的目的。

（3）去相关性：正交变换能够去除像素间的冗余，变化系数之间的相关性较小或为零。

综上所述，图像经过正交变换能够减小或去除数据间的相关性，且能量高度集中。如果用变换系数来代替空间样值编码传送，只需对变换系数中能量比较集中的部分加以编码，这样就使数字图像传输或存储过程中所需的码率得到压缩。

2. 变换的评价

设图像信源为一向量 $X^T = [X_0, X_1, X_2, \cdots, X_{N-1}]$，正交变换输出向量：

$$Y^T = \begin{bmatrix} Y_0, & Y_1, & Y_2, \cdots, Y_{N-1} \end{bmatrix} \tag{7-4-8}$$

取正交变换为 P，那么正交变换的数学模型为

$$Y = PX \tag{7-4-9}$$

由于 P 是正交矩阵，故有

$$PP^T = I = P^{-1}P \tag{7-4-10}$$

因此，在译码端可用反变换来恢复：

$$X = P^{-1}Y \tag{7-4-11}$$

如果在传输或存储中只保留 M 个分量，$M < N$，则可由 Y 的近似值来恢复 X。那么，选择什么样的正交变换 P，才能在获得最大压缩率的同时保证较小的失真度呢？从实用的角度出发，最佳正交变换应兼顾去相关能力、能量集中能力与计算复杂度三个方面。在性能满足要求的条件下，尽可能地选择最佳的变换。

研究表明，在各种正交变换方法中，K-L 变换去除信号的相关性是最彻底的，且有着最佳的统计特性，因而被称为最佳变换。在压缩比确定的情况下，采用 K-L 变换后，重建图像的均方误差比采用任何其他正交变换的都小。遗憾的是 K-L 变换的基函数依赖于所要变换的数据，因而缺少实现 K-L 变换的快速算法，使得 K-L 变换的应用受到了限制。一些快速正交变换如傅里叶变换有快速算法，但其能量集中性不如 K-L 变换，加上复数运算的复杂性，目前在编码中已不应用。DCT 变换与 K-L 变换压缩性能和误差很接近，而 DCT 计算复杂度适中，又具有可分离特性，基本没有块效应，信息分装能力也强，还有快速算法等特点，所以对于大多数相关性很强的图像数据，DCT 变换是 K-L 变换的最佳替代者。近年来 DCT 变换是众多图像视频压缩国际标准的核心。图 7-10 展示了 DCT 编码的流程。

3. 变换子像的图尺寸选择

在正交变换中，一帧图像是分成若干正方形的子图像来进行的。子图像尺寸的选择是影响正交变换编码误差和计算复杂度的一个因素。子图像尺寸小则计算速度快、实现简单，但方块效应严重、压缩比小；子图像尺寸大，去相关效果好，但尺寸足够大时，再加

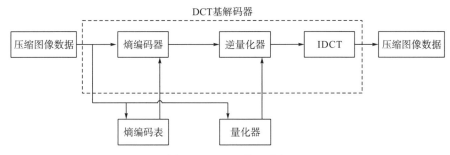

图 7-10　DCT 编码流程

大其值对压缩性能的改进并不明显，反而会加大计算的复杂度。因此在选择子图像尺寸时要综合考虑以下两个原则：

(1) 相邻子图像之间的相关性减少到某个可接受的水平。

(2) 为了简化对子图像变换的计算，子图像的长和宽都是 2 的整数幂。

在实际应用中，子图像的尺寸通常选用 8×8 或 16×16。

4. 系数选择及比特分配

对子图像进行变换后，得到其变换系数，为了达到压缩数据的目的，对于能量较小的系数可以粗糙量化，分配较小的比特或者完全忽略；对于能量较大的系数，可以分配较多的比特。因此，系数的选择对于变换编码的性能有很大的影响，其主要原则是保留能量集中的系数。系数选择通常有区域采样和阈值采样两种方法。

(1) 区域采样：区域采样就是选择能量集中的区域，对该区域中的系数进行编码传送，而其他区域的系数可以舍弃不用。在解码端对舍弃的系数进行补零处理。例如，大多数图像具有低通特性，经正交变换后在变换域的能量大多集中在低频部分，此时就可以保留低频部分的系数而丢弃高频部分的系数。这种处理方法保持了大部分图像能量，在恢复图像时带来的质量劣化并不明显。

在区域采样的基础上，可以将低通区域再分为几个小区域，对不同小区域内的变换系数用不同的比特数进行量化和编码，就构成了区域编码方法。区域编码方法可以节省码率，实现更有效的数据压缩。图 7-11 描述了区域采样和区域编码。

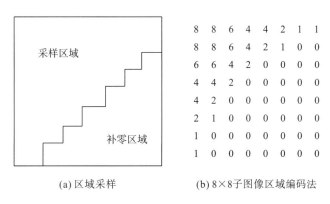

(a) 区域采样　　　　(b) 8×8 子图像区域编码法

图 7-11　区域采样与编码

（2）阈值采样：阈值采样不是选择固定的区域，而是根据事先设定的门限值与各系数进行比较，如果某系数超过门限值，就保留下来并进行编码传输；如果小于门限值就舍弃不用。这种方法有一定的自适应能力，可以得到比区域采样更好的图像质量。但这种方法也有一定的缺点，就是超过门限值的系数位置是随机的。因此，在编码过程中除了对系数值进行编码外，还要有位置码，这两种码同时传送才能在解码端正确恢复图像。所以，其压缩比有时会有所下降。有三种对变换子图像取阈值的方法：①对所有子图像用一个全局阈值；②对各个子图像分别用不同的阈值；③根据子图像各系数的位置选取阈值。在①中，对不同图像的压缩等级是不同的，这取决于超过全局阈值系数的数目。②对每个子图像都丢弃相同数目的系数，其编码率是恒定的且事先可知的。③类似于①，但可以实现阈值处理和量化过程的结合，具体来说所用子图像使用同一个全局模板，但阈值的选取与系数的位置相关，阈值模板给出了不同位置上系数的相应阈值。

7.5　图像压缩标准

随着计算机技术、网络技术和通信技术的不断发展及结合，信息流以空前的速度在传播。为了使用户能够自由地从各种传输媒体中读取数字音、视频信息，并将自己的信息通过这些媒体向外传输，需要建立统一的标准。从 1986 年开始，国际标准化组织（International Organization for Standardization，ISO）、国际电信联盟（International Telecommunication Union，ITU）、国际电话电报咨询委员会（Consultative Committee of the International Telephone and Telegraph，CCITT）等组织就开始致力于制定图像压缩标准的国际标准。到目前为止，已经制定出了 JPEG、MPEG 和 H.26X 等系列标准，广泛适用于静止图像压缩和视频图像压缩。

7.5.1　JPEG 系列

1. JPEG 标准

联合摄影专家组（Joint Photographic Experts Group， JPEG），是一个在 ISO 下从事静态图像压缩标准制定的委员会。1991 年 3 月提出了 JPEG 标准的建议草案：多灰度静止图像的数字压缩编码，也就是我们所说的 JPEG 标准，1992 年被正式批准为国际标准。JPEG标准是一个适用于彩色和单色多灰度或连续色调静止数字图像的压缩标准，压缩算法可以用失真的压缩方式来处理图像，但在压缩比不是很高时失真的程度无法用肉眼辨认。由于JPEG 优良的品质，使得它在短短的几年内就获得极大的成功。

JPEG 专家组开发了两种基本的压缩算法，一种是采用以离散余弦变换（DCT）为基础的有损压缩算法；另一种是基于差值脉冲编码调制（DPCM）的无损压缩算法。使用有损压缩算法时，在压缩比为 25∶1 的情况下，压缩后还原得到的图像与原始图像相比，非图像专家难以找出它们之间的区别，因此得到了广泛的应用。

JPEG 的有损压缩方法利用了人的视觉系统特性，用量化和无损压缩编码相结合来去掉视觉和数据本身的冗余信息。其算法框架如图 7-12 所示，解压缩过程与压缩编码过程正好相反。

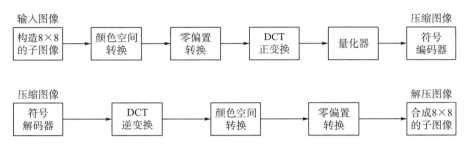

图 7-12　JPEG 编码流程

JPEG 算法与彩色空间无关，因此 "RGB-YUV" 和 "YUV-RGB" 变换不包含在 JPEG 算法中。JPEG 算法处理的彩色图像是单独的彩色分量图像，因此它可以压缩来自不同彩色空间的数据，如 RGB、YCbCr 和 CMYK。

基本 JPEG 算法操作可分成以下四个步骤：

(1) 通过 DCT 去除数据冗余。

(2) 使用量化表对 DCT 系数进行量化，量化表是根据人类视觉系统和压缩图像类型的特点进行优化的量化系数矩阵。

(3) 对量化后的 DCT 系数中的直流系数进行差分预测，对交流系数按 Zig-Zag 顺序重新排序。

(4) 对得到的系数进行 Huffman 编码。

1) 离散余弦变换

JPEG 采用 8×8 子块的二维离散余弦变换。在编码器的输入端，把原始图像(对彩色图像是每个颜色成分)按顺序分割成一系列 8×8 的子块。在 8×8 图像块中，像素一般变化较平缓，因此具有较低的空间频率。实施二维 8×8 离散余弦变换可以将图像块的能量集中在极少数几个系数上，其他系数与这些系数相比，绝对值要小得多。与 Fourier 变换类似，对于高度相关的图像数据进行这样的变换会使能量高度集中，便于后续的压缩处理。

2) 量化

为了达到压缩数据的目的，需要对 DCT 变换后的频率系数作量化处理。量化的作用是在保持一定质量前提下，丢弃图像中对视觉效果影响不大的信息。量化是多对一映射，是造成 DCT 编码信息损失的最主要原因。JPEG 标准中采用线性均匀量化器，量化步距是按照系数所在位置和每种颜色分量的色调值来确定的。因为人眼对亮度信号比对色差信号更敏感，因此使用了两种量化表：图 7-13(a)所示的色度量化表和图 7-13(b)所示的亮度量化表。量化表为 8×8 矩阵，与 DCT 变换系数一一对应。此外，由于人眼对低频分量的图像比对高频分量的图像更敏感，因此图中左上角的量化步距比右下角的量化步距小。量化过程为对 64 个 DCT 系数除以量化步长并四舍五入取整。

17	18	24	47	99	99	99	99
18	21	26	66	99	99	99	99
24	26	56	99	99	99	99	99
47	66	99	99	99	99	99	99
99	99	99	99	99	99	99	99
99	99	99	99	99	99	99	99
99	99	99	99	99	99	99	99
99	99	99	99	99	99	99	99

16	11	10	16	24	40	51	61
12	12	14	19	26	58	60	55
14	13	16	24	40	57	69	56
14	17	22	29	51	87	80	62
18	22	37	56	68	109	103	77
24	35	55	64	81	104	113	92
49	64	78	87	103	121	120	101
72	92	95	98	112	100	103	99

　　　　　(a) 色度量化表　　　　　　　　　　　　　　　(b) 亮度量化表

图 7-13　色度和亮度量化表

3) 量化系数编码

对于量化器输出的量化系数，JPEG 采用定长和变长相结合的编码方法，具体如下：

(1) 直流(DC)系数：8×8 图像块经过 DCT 变换之后得到的 DC 直流系数有两个特点：一是系数的数值比较大；二是相邻 8×8 图像块的 DC 系数变化不大。根据这一个特点，JPEG 算法使用了差分脉冲调制编码(DPCM)技术，即对当前块的 DC 系数 $F_t(0,0)$ 和已编码的相邻块的 DC 系数 $F_{t-1}(0,0)$ 之差编码：

$$\Delta F(0,0) = F_t(0,0) - F_{t-1}(0,0)$$

(2) 交流(AC)系数：经过量化后，交流系数中出现较多的"0"，因此使用非常简单和直观的游程长度(RLE)编码对其进行编码。用 Z 形扫描对系数进行重排的目的是增加连续的"0"的个数，就是"0"的游程长度。方法如图 7-14 所示。这样就把一个 8×8 的矩阵变成一个 1×64 的矢量，频率较低的系数放在矢量的顶部。

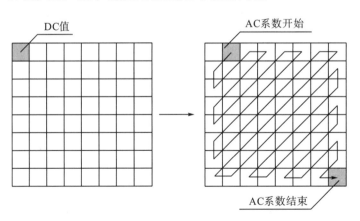

图 7-14　量化 DCT 系数的编排

4) 熵编码

为了进一步达到压缩数据的目的，需要对 DPCM 后的 DC 系数和 RLE 编码后的交流 AC 系数再作基于统计特性的熵编码。在 JPEG 有损压缩算法中，使用霍夫曼(Huffman)

编码来减少熵。使用霍夫曼编码的理由是可以使用很简单的查表方法进行编码。压缩数据符号时，霍夫曼编码器对出现频度较高的符号分配比较短的代码，而对出现频度较低的符号分配比较长的代码。霍夫曼码表可以事先进行定义。

2. JPEG 2000 标准

随着多媒体和网络技术的发展和应用，JPEG 压缩技术已经无法满足当时市场和实际应用的需求。因此，具有更高压缩率以及更多新功能的新一代静止图像压缩技术 JPEG 2000 诞生了。JPEG 2000 正式名称为"ISO 15444"，同样是由 JPEG 组织负责制定，是 ISO 和 IEC 联合专家工作组 JTC1SC29 联合发布的。JPEG 2000 的原始提案最早出现在 1996 年瑞士日内瓦会议上，自 1997 年 3 月开始筹划，直到 2000 年 3 月的东京会议上，规定基本编码系统的 Part1 最终委员会草案(final committee draft，FCD)才获发行。

JPEG 2000 的目标是建立一个能够适用于不同类型(二值图像、灰度图像、彩色图像、多分量图像)，同性质(自然图像、科学、医学、遥感图像、文本和绘制图形等)及不同成像模型(客户机/服务器、实时传送、图像图书馆检索、有限缓存和宽带资源等)的统一图像编码系统。该压缩编码系统在保证率失真和主观图像质量优于现有标准的条件下，能够提供对图像的低码率压缩。

JPEG 2000 采用离散小波变换(DWT)替代了 JPEG 中采用的离散余弦变换(DCT)，并采用新的嵌入式编码技术，在同一个码流中实现了无损和有损压缩、分辨率和信噪比的累进性以及随机访问等优良特性。与 JPEG 相比较，JPEG 2000 的优点是：压缩率比 JPEG 提高 10%～30%；同时支持有损和无损压缩，而 JPEG 只能支持有损压缩；能实现渐进传输，先传输图像的轮廓，再逐步传输数据，不断提高图像质量，让图像由朦胧到清晰显示，而 JPEG 只能由上到下慢慢显示；支持"感兴趣区域"特性，用户可以任意指定图像上感兴趣区域的压缩质量，还可以选择指定的部分先解压缩；可以允许用户对压缩生成的码流随机访问和处理；在通过无线信道传输时，码流具有良好的抗误码性能。

1)离散小波变换

JPEG 2000 核心部分采用离散小波变换(DWT)编码方法。DWT 在图像压缩中所起的作用与 DCT 相似，都是试图在进行量化和熵编码之前尽可能地降低像素的空间冗余信息，从而提高图像压缩比，但是两者在具体方法上有很大区别。DCT 的基函数是周期性的余弦函数，而 DWT 的基函数是快速衰减的非周期函数；DCT 不具有自适应性，而 DWT 能根据图像特点自适应选择小波基；DCT 无法用滤波器组实现，而 DWT 可以用完美重建的双通道滤波器组实现。另外，可以对 DWT 生成的子带灵活地进行处理，对不同子带采用不同量化和熵编码，还可以任意改变各个系数块的传输次序，实现有损到无损的渐进传输。

2)优化截取嵌入块编码

JPEG 2000 中熵编码的核心算法是优化截取嵌入块编码(embedded block coding with optimized truncation，EBCOT)。EBCOT 算法采用了内嵌块部分比特平面编码和率失真后压缩技术，对内嵌比特平面编码产生的码流按贡献分层，以获得分辨率渐进特性和 SNR

渐进特性。该算法的基本思想是，首先将小波变换以后的图像在子带内划分为大小固定的码块，对码块系数量化，按照二进制位分层，并从高有效位平面开始，依次对每个位平面上的所有小波系数位进行三次扫描建模，生成上下文和 0、1 符号对；然后对这些上下文和符号对进行上下文算术编码，形成码块码流，完成第一层编码；最后根据一定参数指标如码率、失真度，按率失真最优原则在每个独立码块码流中截取合适的位流组装成最终的图像压缩码流，完成第二层码流组装过程。

7.5.2 MPEG 系列标准

运动图像专家组（Moving Picture Experts Group，MPEG）是专门制定多媒体领域内国际标准的一个组织，该组织成立于 1988 年，由全世界大约 300 多名多媒体技术专家组成。目前为止，MPEG 标准已不再是一个单一的标准，而是一个包括视频、音频压缩的标准系列，其系列包括 MPEG-1、MPEG-2、MPEG-4、MPEG-7。其中 MPEG-2 是 ITU-T 和 ISO/IEC 联合制定的，相应的国际电信联盟（International Telecommunication Union，ITU）标准称为 H.262。

MPEG 压缩标准是针对运动图像设计的。图 7-15 展示了对运动图像的压缩过程，该图充分说明了运动图像的压缩主要是由两个方面构成：帧内压缩和帧间压缩。帧内压缩（intraframe compression），也称为空间压缩（spatial compression）。当压缩一帧图像时，仅考虑本帧的数据而不考虑相邻帧之间的冗余信息，这实际上与静态图像压缩类似。由于帧内压缩时各个帧之间没有相互关系，所以压缩后的视频数据仍可以以帧为单位进行编辑。帧内压缩一般达不到很高的压缩。帧间压缩（interframe compression），也称为时间压缩（temporal compression），它通过比较时间轴上不同帧之间的数据进行压缩，即连续的视频相邻帧之间具有冗余信息，根据这一特性，压缩相邻帧之间的冗余量就可以进一步提高压缩量，减小压缩比。

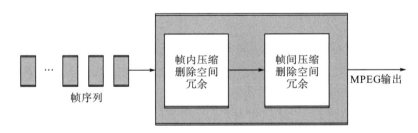

图 7-15 运动图像压缩过程

帧间压缩的基本思想是在单位时间内采集并保存第一帧信息,然后只存储其余帧相对第一帧发生变化的部分,以达到压缩的目的。具体实现是通过把帧序列划分成 I 帧、P 帧、B 帧,使用参照帧及运动补偿技术来实现。

I 帧(内帧):I 帧对于它的前帧和其后续视频帧是独立压缩的。在解码时,无须参照任何其他帧。

P 帧(预测帧):P 帧可以用最近的前一个内帧(I 帧)或前一个预测帧(P 帧)预测编码得

到(前向预测)。同时 P 帧又可以作为下一个 B 帧或 P 帧的参考帧，即预测帧以参照 I 帧或 P 帧为基础进行预测编码，它又是后面预测帧的参照帧。当然，P 帧的预测误差也会由此而扩散。

　　B 帧(双向预测帧)：B 帧可以同时利用前、后帧图像作为参照帧，因此这种预测模式又称为双向预测。B 帧不仅压缩比最高，而且误差不会传递，这是因为 B 帧没有参与预测。如果用两幅图像进行双向预测后再对它们的结果加以平均，还有助于平滑噪声。在帧间编码中，运动补偿技术是提高帧间压缩的有效方法。运动补偿技术主要用于消除 P 帧和 B 帧在时间上的冗余。在对 P 帧或 B 帧进行编码时，以宏块为基本编码单位，一个宏块一般可以定义为 16×16。对于 B 帧，包含了四种类型的宏块：帧内宏块(I 块)、前向预测宏块(F 块)、后向预测宏块(B 块)和平均宏块(A 块)。P 帧包含了 I 块和 F 块两种。其中，I 块编码与 I 帧编码技术一致，F 块、B 块、A 块都是采用基于块的运动补偿技术。基于块的运动补偿技术是在参照帧中寻找与当前编码块最佳匹配的宏块。

　　MPEG 压缩标准的平均压缩比可达 50：1，压缩率比较高，且有统一的格式，兼容性好。在多媒体数据压缩标准中，较多采用 MPEG 系列标准，包括 MPEG-1、MPEG-2、MPEG-4 等。

1. MPEG-1 标准

　　MPEG-1(ISO/IEC11172)是 MPEG 组织于 1992 年提出的第一个具有广泛影响的多媒体国际标准。MPEG-1 标准的正式名称为基于数字存储媒体运动图像和声音的压缩标准，可见 MPEG-1 着眼于解决多媒体的存储问题。MPEG-1 用于传输 1.5Mbps 数据传输率的数字存储媒体运动图像及其伴音编码，经过 MPEG-1 标准压缩后，视频数据压缩率为 1/200～1/100，音频压缩率为 1/6.5。

　　MPEG-1 采用了一系列技术提高图像压缩比，包括：
　　(1)对色差信号进行亚采样，减少数据量。
　　(2)采用运动补偿技术减少帧间冗余度。
　　(3)做二维 DCT 变换去除空间相关性。
　　(4)对 DCT 分量进行量化，舍去不重要的信息，将量化后 DCT 分量按频率重新排序。
　　(5)对 DCT 分量进行变字长编码。
　　(6)对每数据块的直流(DC)分量进行预测差分编码。

　　MPEG-1 提供每秒 30 帧 352×240 分辨率的图像，当使用合适的压缩技术时，具有接近家用视频制式(video home system，VHS)录像带的质量。MPEG-1 允许超过 70 分钟高质量的视频和音频存储在一张 CD-ROM 盘上，VCD 采用的就是 MPEG-1 标准。正是由于 MPEG-1 的成功制定，以 VCD 和 MP3 为代表的 MPEG-1 产品在世界范围内迅速普及。

2. MPEG-2 标准

　　继成功制定 MPEG-1 后，MPEG 组织于 1996 年推出解决多媒体传输问题的 MPEG-2(ISO/IEC13818)标准。MPEG-2 的正式名称是通用的图像和声音压缩标准。分为 6 个部分，分别是系统、视频、音频、一致性、软件和数字存储媒体命令与控制(DSM-CC)。MPEG-2 的主要目标是支持 4：2：0 格式的多种分辨率的视频图像编码，能够达到演播室视频图像质量；同时针对广播电视所具有的隔行视频图像，能够进行类似 MPEG-1 标准的处理功能，并向下兼容已有的 MPEG-1 标准，支持目标码率为 4Mb/s～8Mb/s 的标准清晰度电视系统(standard definition television，SDTV)和码率为 10Mb/s～15Mb/s 的高清晰度电视系统(high definition television，HDTV)的视频编码标准。

MPEG-2 与 MPEG-1 的区别在于 MPEG-1 只能处理逐行视频，而 MPEG-2 的目标主要在于处理隔行视频以及达到更高的解析度。MPEG-2 提供了更高级的运动估计方法(帧／场预测模式)，用于提高隔行视频的估计精度。由于 MPEG-2 针对隔行视频，因此它有不同的 DCT 模式以及扫描模式。MPEG-2 支持多种可分级性(空间可分级性，时间可分级性，SNR 可分级性)。MPEG-2 具有变化的类和级，类和级的不同组合对应于不同的应用。

3. MPEG-4 标准

MPEG 组织于 1999 年 2 月正式公布了 MPEG-4(ISO/IEC14496)标准的第一版，同年年底公布了此标准的第二版，且与 2000 年年初正式成为国际标准。MPEG-4 标准是超低码率运动图像和语言的压缩标准，用于传输速率低于 64kbps 的实时图像传输，它不仅可以覆盖低频带，也可向高频带发展。较之前两个标准而言，MPEG-4 为多媒体数据压缩提供了一个更为广阔的平台。MPEG-4 不只是具体压缩算法，它更多定义的是一种格式、一种架构。它可以将各种各样的多媒体技术充分用进来，包括压缩本身的一些工具、算法，也包括图像合成、语音合成等技术。MPEG-4 从其提出之日起就引起了人们的广泛关注。MPEG-4 最大的创新在于赋予用户针对应用建立系统的能力，而不是仅仅使用面向应用的固定标准。此外，MPEG-4 将集成尽可能多的数据类型，以实现各种传输媒体都支持的内容交互的表达方法。

MPEG-4 标准同以前标准的最显著差别在于它是采用基于对象的编码理念，即在编码时将一幅景物分成若干在时间和空间上相互联系的视频音频对象，分别编码后，再经过复用传输到接收端，再对不同的对象分别解码，从而组合成所需要的视频和音频。这样既方便对不同的对象采用不同的编码方法和表示方法，又有利于不同数据类型间的融合，并且也可以方便地实现对于各种对象的操作及编辑。

MPEG-4 提供了基于内容的多媒体数据访问工具，支持基于内容的可分级性，还提供了通用的访问性，具有高效的编码效率。MPEG-4 主要应用于因特网多媒体应用、广播电视、交互式视频游戏、实时可视通信、交互式存储媒体应用、演播室技术及电视后期制作、采用面部动画技术的虚拟会议、多媒体邮件、移动通信条件下的多媒体应用和远程视频监控等。

4. MPEG-7 标准

MPEG-7 标准的正式名称是多媒体描述接口(multimedia content description interface，MCDI)，它于 1998 年 10 月被提出，并于 2001 年 11 月发布。MPEG 制定这个标准的主要目的是解决多媒体内容的检索问题。MPEG-1、MPEG-2、MPEG-4 专注于音视频内容的编码与重现，而 MPEG-7 专注于对多媒体内容的描述。MPEG-7 可以说明像图形、图像、视频、音频、语音以及它们的结合体等不同形式对象的内容。MPEG-7 是对已有的 MPEG

标准集的有力补充，而且还可应用于已有的许多格式，包括非 MPEG 的格式以及非压缩的格式。通过此标准，MPEG 希望对以各种形式存储的多媒体结构有一个合理的描述，通过这个描述，用户可以更加方便地根据内容访问多媒体信息。在 MPEG-7 体系下，用户可以更加自由地访问媒体。比如，用户可以在众多的新闻节目中寻找自己关心的新闻，可以跳过不想看的内容而直接按自己的意愿收看精彩的射门集锦；在互联网上，用户键入若干关键词就可以在网上找到自己需要的交响乐；甚至用户只需出示一张成龙的照片或哼一首音乐的旋律，就可以找到自己所需要的多媒体资料。所有这些都取决于 MPEG-7 中对各种多媒体内容的描述。

这些描述符与指定的多媒体对象的内容紧密联系，采用提取对象特征的方法为实现基于内容和语义的准确检索提供借口。在此基础上，MPEG-7 定义了一种描述定义语言（description definition language，DDL）用于指定和生成描述方案，即希望提出新的视频、音频信息表示方式，它既不同于基于波形和基于压缩的表示方式（如 MPEG-1 和 MPEG-2），又不同于基于对象的表示方式（MPEG-4）。这一表示方式允许对信息的含义进行一定程度的解释，它可以被一个设备或计算机解码器存取。

MPEG-7 的目的在于提供一个标准化的核心技术，以便描述多媒体环境下的视频和音频内容，最终使视频和音频搜集像文本搜集一样简单方便。MPEG-7 可以支持非常广泛的应用，包括音视频数据库的存储和检索、广播媒体的选择、因特网上的个性化新闻服务、智能多媒体编辑、教育领域的应用、生物医学应用、家庭娱乐等。

7.5.3 H.26X 系列

20 世纪 90 年代，针对不同应用需求，国际电信联盟（ITU）相继推出了 H.261、H.263、H.263+、H.263++等国际视频编码标准。2001 年 12 月，ITU 的视频编码专家组（video coding experts group，VCEG）与 ISO/IEC 的活动图像专家组（motion picture experts group，MPEG）组成联合视频专家组（joint video team，JVT）于 2003 年 4 月最终制定了 H.264/ AVC 编码标准。在 ITU 中该标准被称为 H.264 建议，在 ISO/IEC 中称为 MPEG-4 第 10 部分高级视频编码。

1. H.261

H.261 建议是最早出现的视频编码建议，目的是规范 ISDN 网上的会议电视和可视电话应用中的视频编码技术。它采用的算法结合了可减少时间冗余的帧间预测和可减少空间冗余的 DCT 变换的混合编码方法。和 ISDN 信道相匹配，其输出码率是 $p \times 64\text{kbit/s}$。p 取较小值时，只能传输清晰度不太高的图像，适合于面对面的电视电话；p 取较大值时（如 $p>6$），可以传输清晰度较好的会议电视图像。

2. H.263

H.263 建议的是低码率图像压缩标准，在技术上是 H.261 的改进和补充，支持码率小于 64kbps 的应用。当然，H.263 现在也可被用于大于以及后来的 64kbps 信道，并能产生比 H.261 更好的图像。

H.263 较 H.261 改进的方面在于①更好的运动估计技术：H.263 采用双线性插值滤波器的半像素精度的运动估计，有更大的搜索范围，并采用重叠块的运动补偿；H.261 只能在宏块级进行运动估计，H.263 可以在块级进行运动估计，也就是每宏块可以有三个运动矢量(可选)；H.263 时间方向采用双向预测，也就是 PB 模式(可选)；②H.263 对 DCT 系数进行三维的 VLC 编码，也就是(0 游程长度，非 0 系数，EOB)；③H.263 用基于语法的算术码取代霍夫曼码(可选)，在 P 模式可以节省 5%的比特数，在 I 模式可以节省 10 比特，而接收端的计算量增加了 50%以上；④对于这些可选项目，可以在 20～70kbps 的码率范围内提高大约 0.5～1.5dB 的 PSNR。

3. H.264

利用低复杂度整数变换、多种帧内预测方式、可变块大小、1/4 像素的运动补偿、多参考帧等新技术，H.264/AVC 编码标准的编码效率显著提高。与先前的 H.263、MPEG-4 标准相比，在相同的视觉质量下，H.264/AVC 可平均节省 50%的编码比特率。同时，H.264 的结构设计灵活，能够兼顾低码率和高码率的需求，并有较高的抗误码能力，能适应多种复杂环境的传输。因此 H.264/AVC 编码标准的应用更加广泛，可以支持目前各种视频应用，如视频会议、数字电视广播、无线视频、视频存储、移动视频等。

H.264 和 H.261、H.263 一样，也是采用 DCT 变换编码加 DPCM 差分编码的混合编码结构。同时，H.264 在混合编码的框架下引入了新的编码方式，提高了编码效率，更贴近实际应用。H.264 没有烦琐的选项，而是力求简洁的"回归基本"，它具有比 H.263++更好的压缩性能，又具有适应多种信道的能力。H.264 的基本系统无须使用版权，具有开放的性质。H.264 的码流结构网络适应性强，增加了差错恢复能力，能很好地适应 IP 和无线网络的使用，这对目前因特网传输多媒体信息、移动网中传输带宽信息等都具有重要意义。

从技术层面来讲，H.264 是在 MPEG-2、MPEG-4 技术基础之上建立的，在概念上可分为视频编码层(video coding layer，VCL)和网络抽象层(network abstraction layer，NAL)两层，它们分别完成了高编码效率和网络友好性的任务。其编解码流程主要包括 5 个部分：帧间和帧内预测、简化 DCT 变换算法、量化和反量化、环路滤波、熵编码。H.264 的新技术主要包含以下方面：

1) 帧内预测

为了提高帧内图像的编码效率，H264/AVC 采用帧内预测技术。宏块尺寸依然是 16×16，然而基本处理块单元相对于其他标准由 8×8 降为 4×4。因此亮度宏块支持两种帧内预测块尺寸 4×4(Intra 4×4)和 16×16(Intra 16×16)，而色度仅支持 8×8。对于亮度 4×4，H.264 支持 9 种预测模式，而对于亮度 16×16 和色度 8×8 仅支持 4 种预测模式。多种模式的帧内空间预测编码，有效提高了预测质量，从而提高了帧内编码效率。

2) 精确的运动预测

H.263 中采用了半像素估计，在 H.264 中则进一步采用 1/4 像素甚至 1/8 像素的运动估计，能得到更高精度的运动矢量估计，使传输码率更低，压缩比更高。H.264 采用可变宏块大小的技术，在相似的区域选择较大的块，在高度细节化的部分选用更小的块。这种多模式的灵活、细微的宏块划分，更切合图像中实际运动物体的形状，容易找到更多的画面静止部分，从而减少画面的编码量。

图 7-16 是 H.264 宏块的划分示意图。

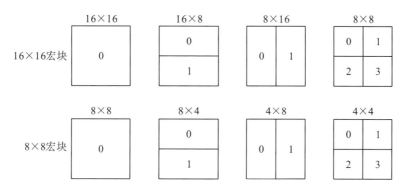

图 7-16　H.264 运动估计中宏块划分

H.264 在做运动估计时拥有更多的参考帧，根据清晰度要求的不同，可以将已编码的4～6 帧作为参考帧，每一个宏块也都可以从多个参考帧中寻找最佳匹配。

3) 简化的 DCT 变换算法

H.264 的帧间预测和帧内预测是以巨大的运算量为支撑点，处理单元的工作量非常大，针对这一问题，H.264 引入了 DCT 的简化处理技术，以降低运算量。该技术的实现方法是把原来的 DCT 改变为近似的整数变换，这样原来必须用浮点运算进行的余弦函数就可以用整数运算代替。即原来变换时的系数可以用接近整数的数值来代替，整数系数消除了MPEG-2 和 MPEG-4 中进行浮点运算时导致的精度损失，从而消减了系数的种类，减少了运算量。

4) 环路滤波器

对于块的边界进行滤波，视频领域的环路滤波其实是一个让图像更清晰的处理过程。为了消除在预测和变换过程中引入的块效应，H.264 也采用了消除块效应滤波器——环路滤波器，滤波强度与块的编码模式、运动矢量及块的系数有关。与 MPEG-2 不同的是，H.264 的环路滤波器位于运动估计循环内部，因而可以利用消除块效应以后的图像去预测其他图像的运动，从而进一步提高预测精度。

5) 熵编码

H.264 标准的熵编码有两种：一种是自适应可变长度编码(context-based adaptive variable-length code，CAVLC)；另一种是内容自适应二进制算数编码(context-based adaptive binary arithmetic coding，CABAC)。与 MPEG-2 和 MPEG-4 采用的霍夫曼编码相比，熵编码更加灵活和高效，能有效提高编码的压缩效率和纠错能力。

由于 H.264 有上述的诸多优点，其应用非常广泛。目前，全球网路协议电视(internet protocol television，IPTV)运营商和电视会议厂商均将 H.264 作为编解码格式的商用标准，原先采用 MPEG-2 的运营商和设备厂商都在制定向 H.264 的升级计划。

7.5.4　其他压缩标准介绍

为了能够更好地适应各种网络带宽的变换和不同用户终端的需求，JVT 组织于 2007 年 10 月发布了 H.264/AVC 的扩展部分，可分级视频编码(scalable video coding，SVC)。SVC 对原始码流仅仅编码一次，但不同的终端用户可以根据自己的需要选择或者截取各自所需的码流。SVC 不仅继承了 H.264/AVC 所有的高效编码工具，而且支持时间可分级、空间可分级和质量可分级。利用分级 B 帧预测结构、多种层间预测技术、关键帧等新技术，SVC 在支持多种分级功能的同时保持了较高的编码效率，因此 SVC 能面向各种视频应用，适应不同的网络带宽和传输条件，满足不同处理能力的用户终端。

为了支持三维视频技术，JVT 组织于 2008 年 6 月发布了 H.264/AVC 的又一个扩展部分——多视点视频编码(multi-view video coding，MVC)。MVC 增加了视间预测技术，以去除视点间的冗余信息，进一步提高编码效率。通过视点可分级技术，MVC 可以满足不同显示终端的需求。

2002 年 6 月，中国成立了工作组制定中国的数字音视频编码标准(audio video coding standard，AVS)。AVS 以 H.264/AVC 为起点，针对不同的应用制定了几种档次的编码标准，包括面向高分辨率数字广播等的基准档次、面向移动终端的基本档次、面向远程监控的伸展档次和面向高清影视娱乐的加强档次等，其中基准档次已经成为国家标准。

表 7-6 简单列出了以上视频编码标准的技术特点和应用场合。可以看出，各个编码标准基本上都采用了基于块的混合编码方案，只是在具体的编码模块上有所不同。随着视频需求的不断增加，编码标准也在不断增加新的技术，以便进一步提高编码性能，适应各种视频应用场合。当一个标准推出时，新的标准又在研究和制定中。目前，下一代视频编码标准(HEVG)已在研究中，其目标之一是，与 H.264/AVC 相比，在解码复杂度增加 2 倍的前提下，编码效率再提高一倍。

表 7-6　各种视频标准

标准	颁布日期	技术特点	应用场合
H.261	1991	8×8DCT；16×16 的运动补偿块；整像素补偿精度；支持前向预测；采用环路滤波器	综合业务数字网(integrated services digital network，ISDN)视频会议
H.263 H.263+ H.263++	1995 1998 2000	在 H.261 基础上，支持 1/2 像素的补偿精度；支持 8×8 运动补偿块；支持双向预测；支持可分级编码	因特网的视频会议、可视电话业务等
MPEG-1	1992	8×8DCT；16×16 运动补偿块；1/2 像素补偿精度；支持双向预测；无环路滤波器	VCD、家用视频、视频监控等
MPEG-2	1994	在 MPEG-1 基础上，支持 16×8 的运动补偿块；支持隔行视频编码；采用帧预测和场预测及场 DCT 等技术；支持可分级性工具。	数字电视、DVD、数字视频存储、宽带视频会议等

标准	颁布日期	技术特点	应用场合
MPEG-4	1999	基于对象的编码技术；8×8DCT；1/4 像素的补偿精度；支持双向预测；支持全局运动补偿；变长编码/算术编码/SPRITE 编码等	因特网视频、交互式视频、专业视频、移动通信等
H.264/AVC	2003	采用 7 种可变块大小；支持多参考帧；支持 1/4 像素的补偿精度；支持 4×4 的整数 DCT；支持双向预测编码模式；支持 CAVLC/CABAC；支持环内滤波和加权预测	视频会议、数字电视广播、高清电视、移动视频、视频存储、视频点播、视频监控等
SVC MVC	2007 2008	支持时间、空间和质量可分级技术 支持多视点编码	视频会议、数字电视广播、高清电视、移动视频、视频存储、视频点播、视频监控等
AVS	2006	采用 4 种可变尺寸的块大小；支持 2 个参考帧；支持 1/4 像素的补偿精度；支持 8×8 的整数 DCT；支持双向预测编码模式；支持 CAVLC/CABAC；支持环内滤波和加权预测	数字电视广播、视频会议、视频存储、高清电视、移动视频、视频点播、视频监控等

7.6　其他图像压缩技术

前面介绍的这些经典压缩编码方法主要依据图像本身固有的统计特性，并利用人眼视觉系统的某些特性，但是利用的还不够充分。随着感知生理-心理学的发展，人们越来越清楚地认识到，人的视觉感知特点与统计意义上的信息分布并不完全一致，统计上需要许多信息量才能表征的某些特征对视觉感知也许并不重要。因此，从感知角度来说，详细表征这部分特征是不必要的。受此启发，人们从微观转向宏观去研究开发新的编码方法(视觉感知是一种宏观认识过程)，并注重对感知特性的利用。

新一代编码技术，如小波编码、分形编码与神经网络编码就是在这样的背景下发展起来的。其中，小波变换图像编码和分形编码被认为是最有前途的图像编码方法。

7.6.1　基于小波变换的图像压缩

小波变换的优秀功能使得它在图像处理领域获得了广泛的应用，其中，图像的压缩编码是小波在图像处理中最重要的应用之一。同其他频率域方法一样，小波变换本身并不能压缩数据，之所以小波变换在图像压缩中能获得比 DCT 更好的效果，其一是由于小波变换本身有很好的空频局部性质，其二是由于小波系数有以下三个特性：

(1)能量集中特性。低层小波系数的能量比高层的小，同层中的能量主要集中在低频子图像内。随着分解层数的增加，能量越发集中(频率压缩性质)；高频子图像的能量对应原图像的边缘位置(空间压缩性质)。

(2)方向分解特性。人眼视觉系统的研究表明：人眼对水平和垂直方向的失真敏感。小波变换将图像分解为低频和水平、垂直及对角三个方向的子图像，与人的视觉特性相吻合。

(3)分布相似特性。低频子图像接近原图像，具有很强的相关性；水平子图像在水平方向相关系数大，而垂直方向小；垂直子图像在水平方向相关系数小，而垂直方向大；斜方向子图像在水平和垂直方向相关系数都小。

充分利用小波变换的上述性质，可以提高编码算法的性能和视觉质量。小波图像压缩的基本思想就是把图像进行多分辨率分解。用快速小波变换算法将图像分解为基本低频分量、水平高频分量、垂直高频分量和对角线高频分量，并对低频分量继续分解，然后对得到的子图像进行系数编码。系数编码是小波变换用于压缩的核心，压缩的实质也就是对系数的量化压缩。

具体实现的一般步骤如图 7-17 所示。

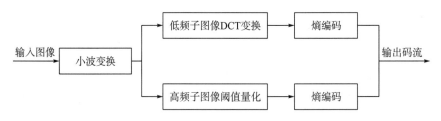

图 7-17   小波图像压缩的一般步骤

利用小波变换进行图像压缩要考虑图像的小波分解、小波系数的特点、小波基的选区、小波分解层数和边界延拓等问题，它们与最终图像恢复的视觉效果有着密切关系。从图 7-17 可知，早期的小波图像编码技术只是利用了变换编码的思想，虽然算法压缩的图像主观质量较好，但压缩性能只与基本的 JPEG 相当。

J. M. Shapiro 发展了零树的思想，提出了以零树数据结构的新方法来表征小波系数分布的空间自相似性，并于 1993 年提出了嵌入式零树量化编码(embedded zerotree wavelet，EZW)方法，获得了极大的成功，是目前公认的效率最高的小波系数处理算法之一。

所谓嵌入式编码就是指编码器输出的码流具有如下特点：一个低比特码流嵌入在码流的开始部分，即从码流的起始到某一位置这段码流被取出后，它相当于是一个更低码率的完整码流，由它可以解码重构这个图像。与原码流相比，部分码流解码出的图像具有更低的质量和分辨率，但解码的图像是完整的。因此嵌入式编码器可以在编码过程中任一点停止编码，解码器也可以在获得的码流中任一点停止解码，其解码效果相当于一个更低码率的压缩码流的解码效果。嵌入式码流中比特的重要性是按次序排列的，即排在前面的比特更重要。显然嵌入式码流适用于图像的渐进传输、图像浏览和因特网上的图像传播。

EZW 方法能够利用小波系数的特点，较好地实现图像编码的嵌入式编码，主要包括以下三个关键步骤：零树预测、零树结构下重要系数的编码、逐次逼近量化。

1. 零树预测

在 EZW 方法中，嵌入式码流的实现是通过零树结构结合逐次逼近传输实现的，零树结构的目的是高效地表示小波变换系数矩阵中非零值的位置。

一幅经过小波变换的图像按其频带从低到高形成一个树状结构，树根是最低频子带的节点，它有三个子节点分别位于三个次低频子带的相应位置。零树的数据结构可以定义为：一个小波系数 x，对于一个给定的阈值 T，如果 $|x|<T$，则称小波系数 x 是不重要的。如果一个树的根节点及其所有子节点的系数值都是不重要的，则该树称为零树，根节点称为

零树根(zero tree root，ZTR)。正是通过这种零树结构，使描述重要系数$|x| \geqslant T$的位置信息大为减少。由于在对图像进行数据编码时，零树不参加编码，因此零树越多，则图像数据的编码效率将越高。

2. 零树结构下重要系数的编码

EZW 方法除了使用零树根(ZTR)符号外，还定义了三个符号：孤立零(isolated zeros，IZ)，表示当前系数值是不重要的，但它的子节点系数中至少有一个是重要的；正有效值(positive，POS)和负有效值(negative，NEG)。正/负有效值表示当前系数是一个正/负的重要值。通过这四个符号，各个子带按照一定的顺序对小波系数进行扫描和判断，并将相应的符号放入一个表中，形成一个符号表。

3. 逐次逼近的量化

所谓逼近的量化(successive approximation quantization，SAQ)方法是指用一系列阈值T_0，T_1，…，T_{N-1}来依次确定重要小波系数，阈值之间满足$T_i = T_{i-1} / 2$且$2T_0 > |X_{\max}|$，这里$X_{\max}$是小波变换系数矩阵中的最大绝对值。在 EZW 方法编解码过程中，始终保持两个独立的列表：主表和辅表。其工作方式概述如下：首先按初始门限T_0进行第一遍主扫描，若是重要系数，则将其幅值放入辅表中，然后将该系数在数组中置为零；接下来进行第一次副扫描，细化重要值的表示。更新阈值$T_1 = T_0 / 2$，进行新一轮主扫描，对已经发现的重要小波系数的位置不再扫描；主扫描结束，进行副扫描，对原已发现的重要值和新发现的重要值进行细化。继续取$T_2 = T_1 / 2$作为新阈值。重复上述过程，直到满足要求为止。

EZW 方法以及许多以此为基础的改进方法，虽然具有很好的压缩效果，但由于在快速小波变化过程中，需要与庞大的图像数据作卷积运算，计算复杂，限制了编码速度。因此，可以引入快速提升小波变换，以提高压缩编码的速度。

小波变换不但能够比较理想地消除图像数据中的统计冗余，还利用了人眼视觉的特性，故它在静态和动态图像压缩领域得到广泛的应用。国际标准 MPEG-4 已经把小波列了进去，目前流行的静态图像压缩标准 JPEG 2000 完全采用小波变换代替了离散余弦变换。当然，像其他变换编码一样，当压缩比特别高时，小波变换压缩量化后的重建图像也会产生几何畸变。

7.6.2　基于分形的压缩编码

分形的英文名称"fractal"是"破碎的、不规则的"的意思，其概念来自分形几何学。分形几何理论的三要素是分形的形状、分形的偶然性和分形的维数，其中，分形的形状是指分形具有不规则的形状；分形的偶然性是指自然界中的某些分形的形成具有随机性；分形的维数可以是分数，这是一种新的维数，称为分维，通常把它作为判别一个几何体是否分形的一个主要标准。在传统的欧几里得几何学中，所有的几何体的维数都是整数，该整数是指为了确定几何对象中一个点的位置所需要的独立坐标的数量，称为拓扑维数。

分形几何的研究对象是理论和现实中不规则的几何图形。自然界的各种图形可分为两大类：①光滑、规则，有特征长度的图形，可以用欧几里得几何学来描述和构造，可由直线段、平面片或小六面体来逼近，如房屋、汽车、足球等；②自然形态不光滑、不规则，没有特征长度的图形，不能用传统的几何语言来描述，如海岸线、山形、河川、云彩、树木等。

分形就是那些没有特征长度但具有一定意义下的自相似图形和结构的总称，这里特征长度可以理解为刻画一个几何体特征的长度（如直径就是一个球的特征长度），也可以把分形定义为部分与整体在某种意义下具有自相似性的集合。然而，这些定义远远不能包括分形无比丰富的内容。实际上，很难给分形一个确切的定义，人们借鉴了生物学中对"生命"概念的定义方法。在生物学中"生命"并没有严格和明确的定义，但却可以列出一系列生物体的特征，如繁殖能力、运动能力以及对周围环境相对独立的存在能力等。同样的，我们也可以不寻求分形的确切简明的定义，而是通过列出分形的一系列特性来加以说明。于是，分形可以看作是具有或部分具有下列典型性质的复杂集合：

（1）具有任意小的比例细节，或者说它具有精细的结构。

（2）非常不规则，它的整体和局部都不能用传统的几何语言来描述。

（3）通常具有某种自相似的结构，可能是近似的或是统计的。

（4）一般以某种方式定义的"分形维数"大于它的拓扑维数。

（5）在大多数令人感兴趣的情形下，分形集由非常简单的方法定义，可能以变换的迭代方式产生。

上述特性中（4）是最严密的。因此，分形的主要特征是它的维数，维数可以定量地表述分形的形状和复杂程度。对于不同的分形，有的可能同时具有上述的全部性质，有的可能只具有大部分性质。

图 7-18 是一条 Koch 曲线，它的生成可以用算法描述为：从一条直线段开始，将线段中间三分之一部分用等边三角形的两条边代替，形成具有 5 个节点的图像，如图 7-18(a) 所示；进一步地，又将图像中每一条线段中间的三分之一都用一等边三角形的两条边代替，再次形成新的具有 17 个结点的曲线，如图 7-18(b) 所示。这个迭代过程继续进行下去，就形成了更加复杂的曲线，如图 7-18(c) 所示。

(a) 迭代一次后的Koch曲线   (b) 迭代两次后的Koch曲线   (c) 迭代多次后的Koch曲线

图 7-18 Koch 曲线

分形图像编码是一个相对较新的图像压缩技术，它利用自然图像中不同区域间存在的跨尺度自相似性，把现实图像建模为分形体来实现图像压缩。目前，分形图像编码以其新颖的思想、高压缩比等优点受到技术界广泛关注，被认为是最有前途的新一代图像编码技术之一。

目前基于分形理论的图像压缩编码方法很多，迭代函数系统(iterated function system，IFS)方法是目前研究最多，应用最为广泛的一种分形压缩技术，它的数学基础是基于迭代函数系统理论，主要概念和定理有：压缩变换、仿射变换、迭代函数系统、不动点定理、拼贴定理等。它是一种人机交互的拼贴技术，基于自然界图像中普遍存在的整体和局部自相关的特点，寻找这种自相关映射关系的表达式，并通过存储比原图像数据量小的仿射系数，达到压缩的目的。如果寻得的仿射变换简单而有效，那么迭代函数系统就可以达到极高的压缩比，然而高压缩比是以编码的耗时费力为代价的，也就是说，图像内部整体与局部自相似性的仿射变换关系很难找到，而且要求图像具有较好的相似性。

习题

7.1 图像压缩的目的是什么？常用的图像压缩方法有哪些？

7.2 常用的图像保真度准则包括哪两种，它们各有什么特点。

7.3 数字图像的信息冗余有哪些？什么是空间冗余和视觉冗余？

7.4 简述静止图像压缩标准 JPEG 的编码与解码过程。

7.5 已知符号 a、e、i、o、u、v 出现的概率分别是 0.1、0.4、0.06、0.1、0.04、0.3，

(1) 计算该信源的熵。

(2) 对这 6 个字符进行等长二进制编码，求其平均码长和编码效率。

(3) 采用 Huffman 编码，计算其平均码长和编码效率。

7.6 已知符号 0、1 出现的概率分别是 0.25、0.75，试对 1011 进行算术编码。

7.7 考虑尺寸大小为 4×8 的图像，如下所示。

21	21	95	95	169	169	243	243
21	21	95	95	169	169	243	243
21	21	95	95	169	169	243	243
21	21	95	95	169	169	243	243

(1) 计算该图像的熵。

(2) 采用 Huffman 编码压缩以上图像。

(3) 计算 Huffman 编码达到的压缩率和效率。

编程练习

7.1 MATLAB 编程实验：对一幅灰度图像分别进行 Huffman 编码和行程编码，比较两种方法的压缩比和保真度。(要求提交原始图像与压缩后的图像，以及程序源代码、程序流程图以及代码各部分详细注释)。

第八章　图像分割与特征描述

在图像处理的研究和应用中，人们往往只对图像中的某些区域或对象感兴趣，它们一般对应着图像中特定的、具有独特性质的区域，称之为目标区。而图像的其他部分可以称为背景。为了对目标进行分析，通常需要将目标区和背景分离开来，以便提取目标特征。目标特征是表征一幅图像最基本的属性或特征，它是图像分析和目标识别的基础。目标特征包括亮度、边缘、形状、纹理、色彩等多个方面。

图像分割就是根据图像的某些特征把图像分成若干区域并从中提取出感兴趣区域的处理方法。一般来说，图像分割没有标准的、唯一的方法，分割的程度和精度很大程度上受到主观因素的影响，因此也没有一个统一的判定成功分割的准则。本章介绍的内容是最基本的分割方法，在实际应用中，尤其是复杂场景下的分割，往往需要结合多种方法才能获得满意的效果。图像中的目标区域内像素灰度分布具有相似性，在边界上和背景像素具有一定的差异。因此，对图像的分割常常可以基于像素灰度值分布的两个性质：不连续性和相似性。据此，分割算法可以分为利用区域间灰度不连续性的边界分割算法和利用区域内灰度相似性的区域分割算法，如边缘检测、阈值分割和区域分割等。

另外，当人们从图像中分割和提取出感兴趣目标之后，常常希望能用一系列符号或特征来描述目标，以便减少分析、存储、传输图像所需的数据量，并且能对后续目标分类、识别和行为分析提供依据，这一部分的工作称为特征表示或描述，那些表征目标特征的一系列符号则称为目标特征集。一般来说，对图像缩放、平移、转旋及光照环境等发生变化不敏感的特征，才是一些性能优良、鲁棒性强的高价值特征。

8.1　图像边缘检测

图像边缘是图像最基本最重要的图像特征，它的本质是图像局部的不连续性，如灰度级的突变、颜色的突变、纹理结构的突变等。边缘存在于目标与背景、目标与目标、区域与区域之间，它是一些像素点的集合，能勾画出目标物体轮廓，为观察者提供非常直观的信息(如形状、方向等)，是目标识别的重要属性。

8.1.1　边缘与区域

边缘是图像的最基本特征。所谓边缘是指其周围像素灰度有阶跃变化或屋顶变化的那些像素的集合。边缘广泛存在于物体与背景、物体与物体、基元与基元之间。因此，它是图像分割所依赖的重要特征。

8.1.2　边缘模型

图像的边缘大致可以分为三类：阶梯状、斜坡状和屋顶状，如图 8-1 所示。阶梯状边缘位于图像灰度存在差异的两个区域之间，如图 8-1(a) 所示。屋顶状边缘是图像灰度突然从一个值变化到另一个值，保持一个较小的行程后又变回原来的值，如图 8-1(c) 所示。在实际的图像中，由于图像传感器的性能、成像过程中的噪声等因素的影响，理想的阶梯状和屋顶状边缘是很少见的，而是在灰度变化的上升和下降沿都比较缓慢，表现为斜坡状，如图 8-1(b) 所示。

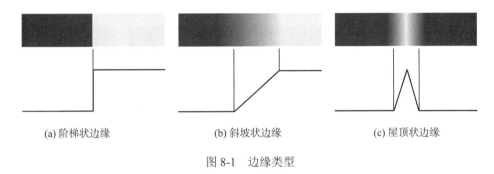

(a) 阶梯状边缘　　　　　　(b) 斜坡状边缘　　　　　　(c) 屋顶状边缘

图 8-1　边缘类型

下面从灰度变化率角度，进一步分析三种边缘类型。

图 8-2(a) ～ (d) 分别表示阶梯状边缘、脉冲状边缘、斜坡状边缘和屋顶状边缘。图 8-2(e) ～ (f) 分别为(c) ～ (d)对应的一阶导数，可以看出在图像灰度不连续处有一个向上的阶跃，而在其他位置都为零。图 8-2(g) 和图 8-2(h) 为对应灰度剖面的二阶导数，它在一阶导数的阶跃上升区和阶跃下降区分别有一个向上和向下的脉冲，这两个脉冲之间有一个过零点，就是图像中边缘的位置。

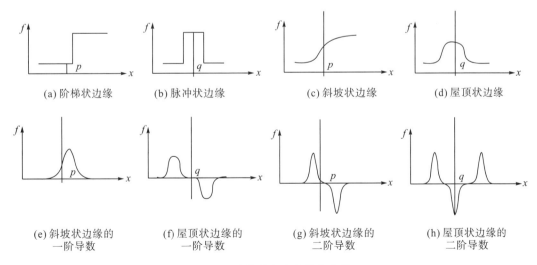

(a) 阶梯状边缘　　　(b) 脉冲状边缘　　　(c) 斜坡状边缘　　　(d) 屋顶状边缘

(e) 斜坡状边缘的　　(f) 屋顶状边缘的　　(g) 斜坡状边缘的　　(h) 屋顶状边缘的
　　一阶导数　　　　　一阶导数　　　　　二阶导数　　　　　二阶导数

图 8-2　边缘的灰度变化率曲线

　　由此可见，灰度变化的一阶导数可用于检测图像中的一个点是否在边缘上，通过检测二阶导数的过零点可以确定边缘的中心位置，利用二阶导数在过零点附近的符号可判断一个边缘像素是位于边缘的暗区还是亮区。因此，在第五章中关于图像微分和差分运算的各种图像锐化方法都可以用于图像的边缘检测。

　　图像经过微分（差分）运算后，边缘处由于灰度变化较大，因此它的微分计算值较高，再通过阈值判别，提取出微分值大于阈值的点作为图像的边缘。阈值的大小与边缘检测结果的准确性和真实性密切相关，若阈值过高，一些受噪声影响而较模糊的边缘就会被漏检，反之，阈值过低会检测到许多虚假边缘。图 8-3(b)、(c)、(d) 分别是 Roberts 算子、Prewitt 算子和 Sobel 算子对图 8-3(a) 的边缘检测结果。

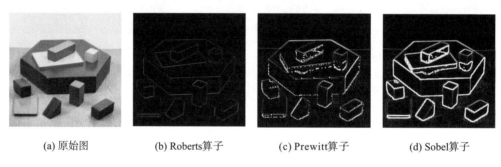

(a) 原始图　　　　　　(b) Roberts算子　　　　　(c) Prewitt算子　　　　　(d) Sobel算子

图 8-3　实际图像的边缘检测

　　利用图像差分运算进行边缘检测的原理见 4.5.1 节，这里不再赘述。

8.1.3　基本边缘检测算子

　　常用的基本边缘检测算子有 Roberts 算子、Prewitt 算子、Sobel 算子等，其原理及具体计算可参见 4.5.2 节。基本算子通过模板的旋转可以生成多方向算子，如 Prewitt 算子，通过旋转可得到如下多方向梯度算子，用于计算不同方向的梯度矢量。8 方向 Prewitt 算子如下所示：

$$
\begin{bmatrix} -1 & 0 & 1 \\ -1 & 0 & 1 \\ -1 & 0 & 1 \end{bmatrix} \quad \begin{bmatrix} 0 & 1 & 1 \\ -1 & 0 & 1 \\ -1 & -1 & -1 \end{bmatrix} \quad \begin{bmatrix} 1 & 1 & 1 \\ 0 & 0 & 0 \\ -1 & -1 & -1 \end{bmatrix} \quad \begin{bmatrix} 1 & 1 & 0 \\ 1 & 0 & -1 \\ 0 & -1 & -1 \end{bmatrix}
$$

$$
\quad w_0(0) \qquad\qquad w_1(45) \qquad\qquad w_2(90) \qquad\qquad w_3(35)
$$

$$
\begin{bmatrix} 1 & 0 & -1 \\ 1 & 0 & -1 \\ 1 & 0 & -1 \end{bmatrix} \quad \begin{bmatrix} 0 & -1 & -1 \\ 1 & 0 & -1 \\ 1 & 1 & 0 \end{bmatrix} \quad \begin{bmatrix} -1 & -1 & -1 \\ 0 & 0 & 0 \\ 1 & 1 & 1 \end{bmatrix} \quad \begin{bmatrix} -1 & -1 & 0 \\ -1 & 0 & 1 \\ 0 & 1 & 1 \end{bmatrix}
$$

$$
\quad w_4(180) \qquad\quad w_5(225) \qquad\qquad w_6(270) \qquad\qquad w_7(315)
$$

$$\tag{8-1-1}$$

其中，$w_0 \sim w_7$ 分别表示 0°、45°、90°、135°、180°、225°、270°、315° 方向的 Prewitt 算子模板。图 8-4(a) 为原图像，图 8-4(b)～(i) 为多方向算子处理得到的检测结果。

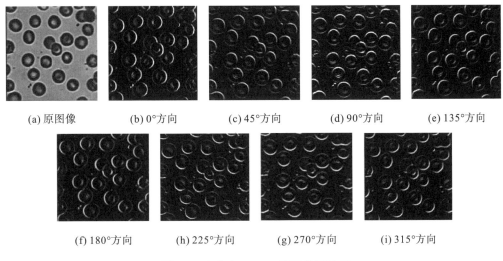

(a) 原图像　　　(b) 0°方向　　　(c) 45°方向　　　(d) 90°方向　　　(e) 135°方向

(f) 180°方向　　　(h) 225°方向　　　(g) 270°方向　　　(i) 315°方向

图 8-4　多方向 Prewitt 算子检测结果

同理，Sobel 算子也可以通过基本模板的旋转扩展得到对应的多方向算子，即

$$
\begin{array}{cccc}
\begin{bmatrix} -1 & 0 & 1 \\ -2 & 0 & 2 \\ -1 & 0 & 1 \end{bmatrix} &
\begin{bmatrix} 0 & 1 & 2 \\ -1 & 0 & 1 \\ -2 & -1 & 0 \end{bmatrix} &
\begin{bmatrix} 1 & 2 & 1 \\ 0 & 0 & 0 \\ -1 & -2 & -1 \end{bmatrix} &
\begin{bmatrix} 2 & 1 & 0 \\ 1 & 0 & -1 \\ 0 & -1 & -2 \end{bmatrix} \\
w_0(0) & w_1(45) & w_2(90) & w_3(135)
\end{array}
$$

$$
\begin{array}{cccc}
\begin{bmatrix} 1 & 0 & -1 \\ 2 & 0 & -2 \\ 1 & 0 & -1 \end{bmatrix} &
\begin{bmatrix} 0 & -1 & -2 \\ 1 & 0 & -1 \\ 2 & 1 & 0 \end{bmatrix} &
\begin{bmatrix} -1 & -2 & -1 \\ 0 & 0 & 0 \\ 1 & 2 & 1 \end{bmatrix} &
\begin{bmatrix} -2 & -1 & 0 \\ -1 & 0 & 1 \\ 0 & 1 & 2 \end{bmatrix} \\
w_4(180) & w_5(225) & w_6(270) & w_7(315)
\end{array}
$$

(8-1-2)

一般情况下，可以按逆时针每旋转 45 度为一个方向，就可以得到 8 个方向的算子，如图 8-5 所示。

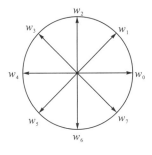

图 8-5　多方向示意

利用多方向模板滤波时，需要针对当前像素 $f(x, y)$ 分别计算 8 个方向的梯度值，然后取绝对值最大的模板处理结果作为当前像素的最终滤波结果，即

$$G(x,y) = \max_{i=1}^{N}\left(\left|G_i(x,y)\right|\right) \tag{8-1-3}$$
$$G_i(x,y) = f(x,y) * W_i$$

其中，下标 i 代表方向模板的序号；W_i 表示第 i 方向的模板；$\left|G_i(x,y)\right|$ 表示第 i 方向的梯度模值；N 代表模板的个数。

　　常见的多方向检测模板还有 Krisch 算子，它的 8 个模板及其系数分别如下：

$$\begin{bmatrix} -3 & -3 & 5 \\ -3 & 0 & 5 \\ -3 & -3 & 5 \end{bmatrix} \begin{bmatrix} -3 & 5 & 5 \\ -3 & 0 & 5 \\ -3 & -3 & -3 \end{bmatrix} \begin{bmatrix} 5 & 5 & 5 \\ -3 & 0 & -3 \\ -3 & -3 & -3 \end{bmatrix} \begin{bmatrix} 5 & 5 & -3 \\ 5 & 0 & -3 \\ -3 & -3 & -3 \end{bmatrix}$$
$$\begin{bmatrix} 5 & -3 & -3 \\ 5 & 0 & -3 \\ 5 & -3 & -3 \end{bmatrix} \begin{bmatrix} -3 & -3 & -3 \\ 5 & 0 & -3 \\ 5 & 5 & -3 \end{bmatrix} \begin{bmatrix} -3 & -3 & -3 \\ -3 & 0 & -3 \\ 5 & 5 & 5 \end{bmatrix} \begin{bmatrix} -3 & -3 & -3 \\ -3 & 0 & 5 \\ -3 & 5 & 5 \end{bmatrix} \tag{8-1-4}$$

　　图 8-6 是分别利用 Prewitt 算子、Sobel 算子、Prewitt 方向梯度、Sobel 方向梯度、Krisch 算子进行边缘检测的结果示意图。

(a) 原图　　　　　　(b) Prewitt算子的检测结果　　　　　(c) Sobel算子的检测结果

(d) Prewitt方向梯度的检测结果　(e) Sobel方向梯度的检测结果　　(f) Krisck算子的检测结果

图 8-6　边缘检测算子边缘检测对比示意图

8.1.4　高级边缘检测算子

1. Laplacian 算子

　　Laplacian 算子是一个二阶梯度算子，它将在边缘处产生一个陡峭的零交叉，检测一个像素是在亮的一边还是暗的一边，如图 8-7 所示，图中圆圈标记处为零交叉，利用零交又可以确定边的位置。Laplacian 算子计算详见 4.5.2 节。

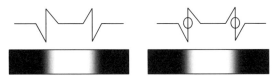

图 8-7　Laplacian 算子边缘检测

2. LoG 算子

基于二阶导数的拉普拉斯算子对噪声非常敏感，在一阶导数中很小的局部峰值也能导致二阶导数过零点。为了避免噪声的影响，在使用二阶导数算子进行边缘检测之前，应该先用有效的滤波方法对图像进行平滑处理。高斯拉普拉斯(Laplacian-of-Gaussian，LoG)算子就是在拉普拉斯算子的基础上实现的，它得益于对人的视觉机理的研究，有一定的生物学和生理学意义。LoG 边缘检测算子是 David C. Marr 和 Ellen Hildreth(1980)共同提出，因此，也称为 Marr & Hildreth 边缘检测算法或 Marr & Hildreth 算子。

由于在成像时，一个像素周围各点对该点所贡献的光强呈正态分布，所以平滑函数应该能反映不同远近的周围点对给定像素的不同作用。因此，平滑函数采用正态分布的高斯函数。其具体步骤如下：

(1)先用高斯函数对图像 $f(x, y)$ 进行平滑滤波：

$$g(x, y) = f(x, y) * G(x, y) \tag{8-1-5}$$

$$G(x, y) = \frac{1}{2\pi\sigma^2} e^{-\frac{x^2+y^2}{2\sigma^2}} \tag{8-1-6}$$

式中，σ^2 为方差。这样既平滑了图像又降低了噪声，孤立的噪声点和较小的结构组织将被滤除。

(2)然后对平滑图像用拉普拉斯算子进行边缘检测：

$$h(x, y) = \nabla^2 \left[f(x, y) * G(x, y) \right] \tag{8-1-7}$$

这样，利用二阶导数算子过零点的性质，可确定图像中阶跃状边缘的位置。上式中，对平滑图像 $g(x, y)$ 进行拉普拉斯运算等效于 $G(x, y)$ 的拉普拉斯运算与 $f(x, y)$ 的卷积，即可写为

$$h(x, y) = f(x, y) * \nabla^2 G(x, y) \tag{8-1-8}$$

式中，$\nabla^2 G(x, y)$ 称为高斯拉普拉斯滤波算子，它的具体形式为

$$\nabla^2 G(x, y) = \frac{\partial^2 G}{\partial x^2} + \frac{\partial^2 G}{\partial y^2}$$

$$= \frac{1}{\pi\sigma^4} \left(\frac{x^2+y^2}{2\sigma^2} - 1 \right) \exp\left[-\frac{1}{2\sigma^2} \left(x^2 + y^2 \right) \right] \tag{8-1-9}$$

图 8-8 是 LoG 算子示意图。这里 $r = x^2 + y^2$，可以证明该算子的平均值为零。虽然它与图像卷积后不会改变图像的整体动态范围，但图像会发生模糊，且模糊程度与 σ 成正比，σ 小时边缘精度高，但边缘细节变化多，σ 大时平滑作用大，但边缘模糊，定位精度较差。

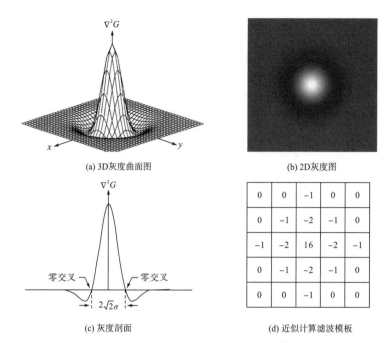

(a) 3D灰度曲面图   (b) 2D灰度图

(c) 灰度剖面   (d) 近似计算滤波模板

图 8-8　LoG 算子示意图

从式(8-1-7)可以看出，用高斯拉普拉斯算子求图像边缘，可以先求高斯滤波器的拉普拉斯变换再与图像进行卷积，也可以先求图像与高斯滤波器的卷积之后再求卷积的拉普拉斯变换，二者是等价的。

3. Canny 算子

Canny 算子由学者约翰·坎尼(John F. Canny)1986 年提出，是一种性能优良的边缘检测方法。它给定了边缘检测性能的三个评价指标：①低误判率，即尽可能少地将边缘点误判为非边缘点，或将噪声点判为边缘点；②高的定位精度，即检测出的边缘尽可能在实际边缘的中心；③有效抑制虚假边缘，即对单一边缘仅有唯一响应。Canny 将上述原则用数学形式表达出来，然后采用最优化数值方法，从理论上推导了既能滤去噪声又能保持边缘特性的最优边缘检测器。

Canny 推导的最优二维算子形状与 Gaussian 函数的一阶导数相近，设二维高斯函数为

$$G(x,y) = \frac{1}{2\pi\sigma^2} \mathrm{e}^{-\frac{x^2+y^2}{2\sigma^2}} \tag{8-1-10}$$

它在某一方向 $\boldsymbol{n}$ 上的一阶方向导数为

$$\boldsymbol{G}_n = \frac{\partial \boldsymbol{G}(x,y)}{\partial \boldsymbol{n}} = \boldsymbol{n} \cdot \nabla \boldsymbol{G}(x,y) \tag{8-1-11}$$

式中，$\boldsymbol{n} = \begin{bmatrix} \cos\theta \\ \sin\theta \end{bmatrix}$ 是方向矢量；$\nabla \boldsymbol{G}(x,y) = \begin{bmatrix} \partial \boldsymbol{G}(x,y)/\partial x \\ \partial \boldsymbol{G}(x,y)/\partial y \end{bmatrix}$ 是梯度矢量。

将图像 $\boldsymbol{f}(x,y)$ 与 $\boldsymbol{G}_n$ 作卷积，同时改变 $\boldsymbol{n}$ 的方向，使 $\boldsymbol{f}(x,y) * \boldsymbol{G}_n$ 取得最大值的方向{即 $\frac{\partial[\boldsymbol{G}_n * \boldsymbol{f}(x,y)]}{\partial \boldsymbol{n}} = 0$ 对应的方向}就是梯度方向(正交于边缘走向)，由

$$\frac{\partial\big[\boldsymbol{G}_n * \boldsymbol{f}(x,y)\big]}{\partial\theta} = \frac{\partial\left[\cos\theta\dfrac{\partial\boldsymbol{G}(x,y)}{\partial x} * \boldsymbol{f}(x,y) + \sin\theta\dfrac{\partial\boldsymbol{G}(x,y)}{\partial y} * \boldsymbol{f}(x,y)\right]}{\partial\theta} = 0 \qquad (8\text{-}1\text{-}12)$$

得

$$\tan\theta = \frac{\big[\partial\boldsymbol{G}(x,y)/\partial y\big] * \boldsymbol{f}(x,y)}{\big[\partial\boldsymbol{G}(x,y)/\partial x\big] * \boldsymbol{f}(x,y)}$$

$$\cos\theta = \frac{\big[\partial\boldsymbol{G}(x,y)/\partial x\big] * \boldsymbol{f}(x,y)}{\big|\nabla\boldsymbol{G}(x,y) * \boldsymbol{f}(x,y)\big|} \qquad (8\text{-}1\text{-}13)$$

$$\sin\theta = \frac{\big[\partial\boldsymbol{G}(x,y)/\partial y\big] * \boldsymbol{f}(x,y)}{\big|\nabla\boldsymbol{G}(x,y) * \boldsymbol{f}(x,y)\big|}$$

因此，对应于 $\boldsymbol{f}(x,y) * \boldsymbol{G}_n$ 变化最强的方向导数为

$$n = \frac{\nabla\boldsymbol{G}(x,y) * \boldsymbol{f}(x,y)}{\big|\nabla\boldsymbol{G}(x,y) * \boldsymbol{f}(x,y)\big|} \qquad (8\text{-}1\text{-}14)$$

在该方向上 $\boldsymbol{f}(x,y) * \boldsymbol{G}_n$ 有最大的输出响应，此时：

$$\begin{aligned}\big|\boldsymbol{f}(x,y) * \boldsymbol{G}_n\big| &= \big|\cos\theta(\partial\boldsymbol{G}/\partial x) * \boldsymbol{f}(x,y) + \sin\theta(\partial\boldsymbol{G}/\partial y) * \boldsymbol{f}(x,y)\big| \\ &= \big|\nabla\boldsymbol{G} * \boldsymbol{f}(x,y)\big|\end{aligned} \qquad (8\text{-}1\text{-}15)$$

可见，Canny 算子是以卷积 $\nabla\boldsymbol{G}(x,y) * \boldsymbol{f}(x,y)$ 为基础，边缘强度由 $\big|\boldsymbol{G}_n * \boldsymbol{f}(x,y)\big| = \big|\nabla\boldsymbol{G} * \boldsymbol{f}(x,y)\big|$ 决定，其边缘方向为

$$n = \frac{\nabla\boldsymbol{G} * \boldsymbol{f}(x,y)}{\big|\nabla\boldsymbol{G} * \boldsymbol{f}(x,y)\big|} \qquad (8\text{-}1\text{-}16)$$

实际计算时，把 $\nabla\boldsymbol{G}(x,y)$ 的二维卷积模板分解为两个一维滤波器：

$$\frac{\partial G}{\partial x} = kx\exp\left(-\frac{x^2}{2\sigma^2}\right)\exp\left(-\frac{y^2}{2\sigma^2}\right) = h_1(x)h_2(y)$$

$$\frac{\partial G}{\partial y} = ky\exp\left(-\frac{y^2}{2\sigma^2}\right)\exp\left(-\frac{x^2}{2\sigma^2}\right) = h_1(y)h_2(x) \qquad (8\text{-}1\text{-}17)$$

式中，

$$h_1(x) = \sqrt{k}\,x\exp\left(-\frac{x^2}{2\sigma^2}\right); \quad h_1(y) = \sqrt{k}\,y\exp\left(-\frac{y^2}{2\sigma^2}\right)$$

$$h_2(x) = \sqrt{k}\exp\left(-\frac{x^2}{2\sigma^2}\right); \quad h_2(y) = \sqrt{k}\exp\left(-\frac{y^2}{2\sigma^2}\right) \qquad (8\text{-}1\text{-}18)$$

$$h_1(x) = xh_2(x); \quad h_1(y) = yh_2(y)$$

把这两个模板分别与 $f(x,y)$ 进行卷积，得

$$E_x = \frac{\partial G}{\partial x} * f(x,y), \quad E_y = \frac{\partial G}{\partial y} * f(x,y) \qquad (8\text{-}1\text{-}19)$$

令

$$A(x,y) = \sqrt{E_x^2(x,y) + E_y^2(x,y)} \qquad (8\text{-}1\text{-}20)$$

$$a(x,y) = \arctan\left[\frac{E_y^2(x,y)}{E_x^2(x,y)}\right] \qquad (8\text{-}1\text{-}21)$$

则 $A(x,y)$ 反映了图像上点 (x,y) 处的边缘强度， $a(x,y)$ 是图像点 (x,y) 处的法向矢量。

根据 Canny 的定义，一个像素点若满足下列条件就属于边缘点：①该点的边缘强度大于沿该点梯度方向的两个相邻像素的边缘强度；②与该点梯度方向上相邻两点的方向差小于 $45°$ ；③以该点为中心的 $3×3$ 邻域中的边缘强度极大值小于某个阈值。

Canny 边缘检测算法的实现步骤：

(1)用高斯滤波器平滑图像，平滑去噪和边缘检测是一对矛盾，应用高斯函数的一阶导数，在二者之间获得最佳的平衡：

$$f_s = G_\sigma * f(x,y), \quad G_\sigma = \frac{1}{\sqrt{2\pi}\sigma} e^{-\frac{x^2+y^2}{2\sigma^2}} \tag{8-1-22}$$

其中， G_σ 表示高斯函数； f_s 表示平滑后的图像。

(2)用一阶偏导有限差分计算梯度幅值和方向。

差分计算：

$$\nabla f_s = \left[\frac{\partial f}{\partial x}, \frac{\partial f}{\partial y}\right]^T = \left[g_x, g_y\right]^T \tag{8-1-23}$$

幅值计算：

$$M(x,y) = \sqrt{g_x^2 + g_y^2} \tag{8-1-24}$$

方向计算：

$$\theta = \tan^{-1}\frac{g_y}{g_x} \tag{8-1-25}$$

其中， g_x 、 g_y 分别表示 x 方向、 y 方向的梯度。

(3)对梯度幅值进行非极大值抑制。

(4)进行双阈值分割和滞后边缘连接，这一过程也称为滞后阈值化(Hysteresis Thresholding)处理。

首先，按如下方式进行双阈值分割，即

$$g_N(x,y) = \begin{cases} 1, & M(x,y) \geqslant T_H \\ 0, & M(x,y) \leqslant T_L \end{cases} \tag{8-1-26}$$

式中， $M(x,y)$ 为非极大抑制后的梯度幅度， T_H ， T_L 分别表示高、低阈值，一般取 $T_H = 2T_L \sim 3T_L$ 。

上式表明，如果梯度 $M(x,y)$ 大于高阈值(T_H)，则输出 1，表明为强边缘点；如果梯度 $M(x,y)$ 小于低阈值(T_L)，则输出 0，表明为非边缘点。

其次，对于梯度 $M(x,y)$ 处于 $[T_L, T_H]$ 之间的情况，属于弱边缘情况，需要进行滞后阈值化的筛选，即边缘连接。

一般来说，强边缘点可以认为是真正的边缘，弱边缘点则可能是真正的边缘，也可能是噪声或颜色变化引起的。通常认为真实边缘引起的弱边缘点和强边缘点应该是连通的，而由噪声引起的弱边缘点则不会。

滞后边缘连接通过检查每个弱边缘点的 8 连通邻域像素，只要有强边缘点存在，那么这个弱边缘点被认为是真正的边缘而被保留下来。

图 8-9 是双阈值分割示意图。

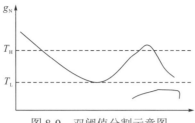

图 8-9 双阈值分割示意图

图 8-10(b)、(c) 和(d) 分别是 Sobel 算子、LoG 算子和 Canny 算子对 Lena 图像的边缘检测结果。可以看到 Canny 算子提取的边缘较完整, 且边缘的连续性较好, 整体效果优于其他方法。其次是 LoG 算子, 其边缘比较完整。

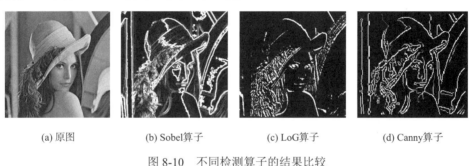

(a) 原图   (b) Sobel算子   (c) LoG算子   (d) Canny算子

图 8-10 不同检测算子的结果比较

8.2 Hough 变 换

8.2.1 Hough 变换的提出

在物体识别中, 常常需要从图像上寻找特定形状的图形, 如果直接利用图像点阵进行搜索判断显然难以实现, 这时就需要将图像像素按一定的算法映射到参数空间。Hough 变换于 1962 年由 Paul Hough 提出, 并在美国作为专利被发表。它所实现的是一种从图像空间到参数空间的映射关系。Hough 变换提供了一种将图像像素信息按坐标映射到参数空间的方法, 通过它构建的参数空间可以容易地对特定形状进行判断。它是一种能确定在同一条线上不同像素之间几何关系(包括曲线斜率)的技术, 例如, 可以确定一串点是否处于同一条直线上。该变换能从图像中分离出具有某种相同特征的几何形状(如直线、圆、椭圆等), 相比其他方法可以更好地减少噪声干扰, 主要用于检测二值图像中的直线或曲线。其方法是把二值图变换到 Hough 参数空间。以直线检测为例, X-Y 平面中所有过点 (x,y) 的直线都满足方程:

$$y = px + q \tag{8-2-1}$$

式中, p 和 q 分别表示斜率和截距。上式也可以把 p 和 q 作为变量, 写作:

$$q = -px + y \tag{8-2-2}$$

可以理解为, 式(8-2-2)是参数空间 P-Q 中过点 (p,q) 的一条直线, x 和 y 决定了直线的斜率和截距。因此, 图像空间 X-Y 里的一条直线和参数空间 P-Q 中的一点有一一对应的关系，如图 8-11(a) 所示这种关系就是 Hough 变换。基本思想是利用点与线的对偶性，换句话说，图像空间 *X-Y* 平面上具有特定斜率和截距的直线转化到 Hough 平面就成为一个点，而所有经过同一个点的直线在 Hough 平面上将成为一条线。如果一组点在同一条直线上，那么它们的 Hough 变换将相交于一点，如图 8-11(b) 所示。利用这个性质可以检测共线点，通过统计参数空间中每一点的穿越直线数可以检测出图像空间中的直线。

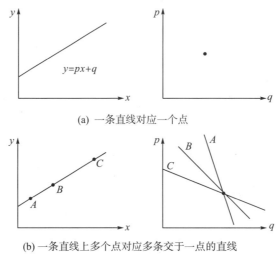

(a) 一条直线对应一个点

(b) 一条直线上多个点对应多条交于一点的直线

图 8-11　Hough 变换示意图

图 8-12 是 Hough 变换参数空间示意图。其中，(d)～(f)表示原图像，(a)～(c)分别表示(d)～(f)对应的 Hough 变换参数空间。

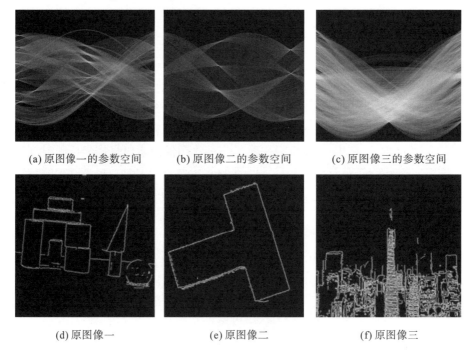

(a) 原图像一的参数空间　　(b) 原图像二的参数空间　　(c) 原图像三的参数空间

(d) 原图像一　　　　　　　(e) 原图像二　　　　　　　(f) 原图像三

图 8-12　Hough 变换参数空间示意图

8.2.2 Hough 变换直线检测

上述介绍的基于斜率-截距形式的直线方程进行 Hough 变换，在具体实现时可能存在一个严重的问题。这是因为对于垂直于 x 轴的直线来说，它的斜率是无穷大的，在参数空间无法表示。解决的办法是采用类似极坐标方式的直线表达。

如图 8-13(a) 所示，设在直角坐标系中有一条直线 l，原点到该直线的垂直距离为 ρ，垂线与 x 轴的夹角为 θ，则可用 ρ、θ 来表示该直线，直线方程为

$$\rho = x\cos\theta + y\sin\theta \tag{8-2-3}$$

直角坐标系里的一条直线和极坐标空间 $H(\rho,\theta)$ 中的一点有着一一对应的关系，反之，直角坐标系里的一点对应着极坐标空间 $H(\rho,\theta)$ 中的一条曲线。在直角坐标系中过任一点 (x_0,y_0) 的直线系，如图 8-13(b) 所示，满足：

$$\rho = x_0\cos\theta + y_0\sin\theta = \left(x_0^2 + y_0^2\right)^{\frac{1}{2}}\sin\left(\theta + \varphi\right) \tag{8-2-4}$$

其中，$\varphi = \arctan(y_0 / x_0)$。

这些相交于一点的直线在极坐标中所对应的点构成一条正弦曲线[图 8-13(c)]，反之，极坐标系中位于这条正弦曲线上的点，对应直角坐标系中过点 (x_0,y_0) 的一条直线。如图 8-13(a) 所示，直角平面上有若干点，过每点的直线系对应于极坐标上的一条正弦曲线，那么这若干条正弦曲线有共同的交点 (ρ',θ') [图 8-13(d)]，则与这些相交参数曲线对应的图像空间的点可以用直线 L 来拟和，直线 L 的参数为 (ρ',θ')，写出对应的直线方程为

$$\rho' = x\cos\theta' + y\sin\theta' \tag{8-2-5}$$

根据 Hough 变换的这一原理，就可以检测直线。

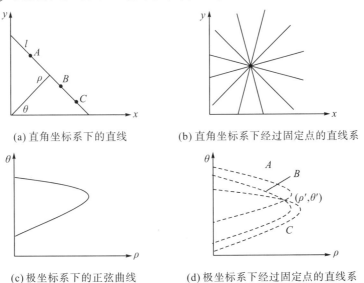

(a) 直角坐标系下的直线　　　　　(b) 直角坐标系下经过固定点的直线系

(c) 极坐标系下的正弦曲线　　　　(d) 极坐标系下经过固定点的直线系

图 8-13　Hough 变换示意图

Hough 变换直线检测基本步骤：

(1) 量化参数空间 (p, q)。

(2)建立一个交点累加器 $A(p,q)$。

(3)设 $A(p,q) = 0,\ \forall p,q$。

(4)对每一个边缘点 (x_i, y_i) 增量： $A(p,q) = A(p,q) + 1$。

(5)如果 (p,q) 位于一条直线上： $q = -x_i p + y_i$。

(6)找到最大值： $A(p,q)$。

可以用一幅简单的二值图像来说明 Hough 变换。图 8-14(a) 是一幅大小为 100×100 的二值图，在坐标为 $(1,1)$、$(100,1)$、$(1,100)$、$(100,100)$ 和 $(50,50)$ 的点上，即四个角和图像中心的亮点，其灰度值为 255。图 8-14(b) 是 Hough 变换的结果，三条正弦曲线在 $\pm45°$ 处的交点表明图像中存在两组三个共线的点，与预知的一致。

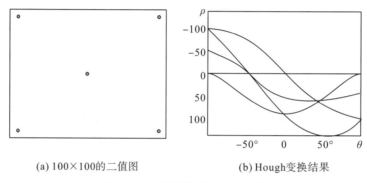

(a) 100×100的二值图　　　　　(b) Hough变换结果

图 8-14　二值图像的 Hough 变换

经典 Hough 变换是根据要求的精度将极坐标空间量化为有限个值间隔等分或者小格，每一个格对应一个累加器。对每一个 (x_i, y_i) 点，将 θ 的量化值逐一代入式(8-4-5)，计算出对应的 ρ，所得结果值(经量化)落在某个小格内，便使该小格的累加器加 1，即"投票"。当完成全部 (x_i, y_i) 变换后，对所有累加器的值进行检验，票数多的小格对应于参数空间 $H(\rho, \theta)$ 的共线点，其 (ρ, θ) 是图像空间的拟和参数。票数少的小格一般反映非共线点，丢弃不用。这种"投票"方式体现了 Hough 变换抗干扰的鲁棒性。可以将图像上的直线区域想象为容器，把特定像素想象成放在容器中的棋子，只不过在这里，每个棋子都可以同时存在于多个容器中。那么 Hough 变换可以理解为依次检查图像上的每个棋子(特定像素)，对于每个棋子，找到所有包含它的容器(平面上的直线区域)，并为每个容器的计数器加 1，就可以统计出每个容器所包含的棋子数量。当图像中某个直线区域包含的特定像素足够多(大于设定的阈值 K)时，就可以认为直线区域表示的直线存在。

从上述过程可以看出，若 ρ 和 θ 量化的过细，虽然可以准确求出拟合直线的参数，但计算量明显增大，且各组共线点数可能变少；反之，若 ρ 和 θ 量化的过粗，则参数空间的集聚效果差，找不到准确描述图像空间直线的 ρ 和 θ。因此，要适当选取网格的大小。例如，如果已知图像空间各点 (x_i, y_i) 的梯度方向，在寻求直线边缘时，可在 (x_i, y_i) 梯度方向的一定范围对 θ 精细量化，其他 θ 则粗量化，这样既可以提高检测直线方向角的精度，又不至于增加总的量化小格数。

Hough 变换检测直线的结果如图 8-15 所示。若将 Hough 变换得到的各直线区域的计数器的值看作图像的灰度，把用于存储的二维数组看作像素矩阵，则可得到 Hough 变换的图像,图中灰度较高的点标示出特定像素较集中的直线区域。Hough 变换图像按照 (ρ,θ) 坐标系分布, 水平方向为 θ 轴, 垂直方向为 ρ 轴, 每个 (ρ,θ) 坐标点对应原图像的一条直线区域, 对于同一行的坐标点对应的直线区域与原点具有相同的距离, 处于同一列的坐标点对应的直线区域相互平行。同时, 原图像中直线越长越规则, Hough 变换图像上对应的点灰度就越高, 源图像中直线线宽越宽, Hough 变换图像上对应的点直径就越大。原图像中有几条直线, 在此 Hough 变换图像中就有几个亮点, 根据每个亮点中心所在的坐标, 就很容易得到原直线的解析式。

(a) 原始图像　　(b) Canny 算子进行边缘检测结果　　(c) Hough 变换检测直线

图 8-15　Hough 变换检测直线(车道)

图 8-16 为 Hough 变换检测直线实例二。

(a) 原始图像　　　　(b) 边缘检测结果图　　　　(c) 直线检测结果

图 8-16　Hough 变换直线检测(物体边界)

8.2.3　Hough 变换检测曲线

Hough 变换可应用于检测图像空间的解析曲线。解析曲线参数表示的一般形式为

$$f(x,a)=0 \tag{8-2-6}$$

式中, x 是解析曲线上的点(二维矢量), a 是参数空间的点(矢量)。例如, 半径为 r 的圆的方程为

$$(x-a)^2+(y-b)^2=r^2 \tag{8-2-7}$$

此时参数空间增加到三维, 由 a 、b 、r 组成。与点、曲线变换相似, 图像空间的圆对应着参数空间 (a,b,r) 中的一个点。一个给定点 (x_i,y_i) 约束了通过该点一族圆的参数 (a,b,r), 等价于约束了点产生一族圆的点 (a,b) 的轨迹。点 (x_i,y_i) 沿着图像空间这一族圆移动时, 对每一个圆边界上的点, 相应空间的参数变化形成一个直立圆锥轨迹。与直线的 Hough 变换一样, 对参数空间适当量化, 得到一个三维的累加器阵列, 阵列中的每一个立

方小格对应 (a,b,r) 的参数离散值。

显然，这种方式的计算量是相当大的。若已知圆边缘像素的局部取向信息，可以适当降低计算负载，并且提供较高的圆心位置估计精度。改进方法是使 r 沿着边缘点 (x_i, y_i) 的法线方向变化，而不是所有方向。局部梯度信息为

$$g = \left(g_x^2 + g_y^2 \right)^{\frac{1}{2}} \tag{8-2-8}$$

以及

$$\theta = \mathrm{arctg}\left(g_y / g_x \right) \tag{8-2-9}$$

圆心的计算公式为

$$a = x_i - r\cos\theta \tag{8-2-10}$$
$$b = y_i - r\sin\theta \tag{8-2-11}$$

在实际计算中，不必计算式 (8-2-9)，可以直接计算出 $\cos\theta$ 和 $\sin\theta$：

$$\cos\theta = g_x / g \tag{8-2-12}$$
$$\sin\theta = g_y / g \tag{8-2-13}$$

只要边缘上大多数点满足式 (8-2-7)、式 (8-2-10)、式 (8-2-11)，就可以取参数矢量 $[a, b, r]$ 作为边缘的形状特征。当边界出现部分遮挡或噪声时，上述方法仍然可以准确地估计出边界的形状参数。

寻找图像中是否存在椭圆，可以仿照上述步骤进行。椭圆由 5 个参数确定，即中心位置 (x_0, y_0)、长轴 a、短轴 b、以及长轴和 x 轴的夹角 θ。设 $\theta = 0$，椭圆边界上任一点满足方程：

$$\frac{(x - x_0)^2}{a^2} + \frac{(y - y_0)^2}{b^2} = 1 \tag{8-2-14}$$

对 x 取导数，有

$$\frac{x - x_0}{a^2} + \frac{y - y_0}{b^2} \cdot \frac{\mathrm{d}(y - y_0)}{\mathrm{d}x} = 0 \tag{8-2-15}$$

令 $\dfrac{\mathrm{d}(y - y_0)}{\mathrm{d}x} = \xi$，移项整理得

$$\dot{x} - x_0 = -\frac{a^2}{b^2}(y - y_0)\xi \tag{8-2-16}$$

对上式平方、整理，最后得

$$x_0 = x \pm a \Big/ \left(1 + \frac{b^2}{a^2\xi^2} \right)^{\frac{1}{2}} \tag{8-2-17}$$

$$y_0 = y \pm b \Big/ \left(1 + \frac{a^2\xi^2}{b^2} \right)^{\frac{1}{2}} \tag{8-2-18}$$

可见，只要根据三个独立参数 a、b、ξ 就可以决定中心位置 (x_0, y_0)。

8.2.4 广义 Hough 变换

利用方向参数，可以将 Hough 变换推广至用于检测那些形状复杂且不能用解析式表示的目标，利用图形梯度量加快算法速度，通常称其为广义 Hough 变换。如图 8-17 所示的任意形状物，在曲线包围区域内任意选择一个参考点 $X_c = (x_c, y_c)$，从边界上任一点 $X = (x, y)$ 到参考点的长度为 r，它与 x 轴的夹角为 ϕ，θ 是 (x, y) 边界点上的梯度方向，r 和 ϕ 都是 θ 的函数。将 θ 可能的取值范围分成离散的 m 种可能状态($i\Delta\theta,\ i=1,2,\cdots,m$)，记作：

$$\theta_k = k\Delta\theta \tag{8-2-19}$$

则 (x_c, y_c) 满足下式：

$$x_c = x + r(\theta_k)\cos a\big[\phi(\theta_k)\big]$$
$$y_c = y + r(\theta_k)\sin a\big[\phi(\theta_k)\big] \tag{8-2-20}$$

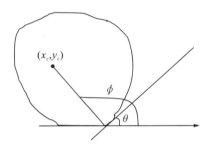

图 8-17 广义 Hough 变换

设已知边界 R，对全部边界点所确定的参考点位置建立一个关系查找表，θ_i 确定后可以查出 r 和 ϕ，经式(8-2-20)计算后得 (x_c, y_c)。对已知形状建立 R 表后，开辟一个二维存储区，对未知图像各点都可查已建立的 R 表，然后计算 (x_c, y_c)。若由未知图像各点计算出的 (x_c, y_c) 很集中，就表示已找到该形状的边界。集中的程度就是找最大值。具体步骤如下：

(1)对待寻找的某物边界建立一个 R 表，它是一个以 θ_i 的步进值求 r 和 ϕ 的二维表。

(2)在需要判断被测图像中有无已知某物时，也可以对该图像某物各点在内存中建立一存储区，存储内容是累加的。把 x_c、y_c 用步进方式表示，并作为地址，记作 $A(x_i, y_i)$，存储阵列内容初始化为零。

(3)对图像边界上每一点 (x_i, y_i)，计算 ϕ，查 R 表计算 (x_c, y_c)。

(4)使相应的存储阵列 $A(x_i, y_i)$ 加 1，即

$$A(x_i, y_i) + 1 \to A(x_i, y_i)$$

(5)对区域边界上的每点执行(4)后，找出 $A(x_i, y_i)$ 中的最大值，就找出了图像中符合要找条件的某物体边界。

广义 Hough 变换之所以能处理任意形状的图形并不是找到了可以表示任意图形的方程(这是不可能的)，而是使用表的形式描述一种图形，把图形边缘点坐标保存在一张表中，那么该图形就确定下来了。所以无论是直线(其实是线段)、圆、椭圆还是其他形状的几何

图形，都可以使用同一方法处理。所不同的是，这时候的图形是自定义的，是实在的，而代数方程表示的模式是连续的、抽象的。圆的方程只有一种，但自定义的圆却是无穷的，只要你认为它足够圆就可以。Ballard(1981)的广义霍夫变换最精妙之处在于为参数增加了两个关联，使得有平移和旋转(无缩放)的情况只需要遍历一个参数。三个参数分别是图形的中心坐标(横纵)、旋转角度(相对参考图形)，Ballard 的算法预先把参考图形边缘点对中心的径向量保存起来，利用待搜索图形边缘点的梯度方向(用相对坐标轴的角度表示)作为索引找到相应的径向量，加上该量后就完成了投射，所以要遍历的参数只有旋转角度。

8.3 图像区域分割

8.3.1 区域分割概述

所谓图像分析，就是根据图像中目标的描述数据对其作定性或定量分析，分析的基础是目标区域的特征。因此，区域分割是图像分析的重要技术之一。分割就是把图像分解成构成它的部件和对象的过程，有选择性地定位感兴趣对象在图像中的位置和范围，如图 8-18 所示。

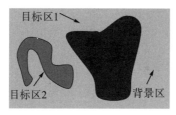

(a) 目标与背景区域   (b) 多区域场景图像

图 8-18   区域分割示意图

1. 区域的集合描述

将区域 R 划分为若干个子区域 $R_1, R_2, R_3, \cdots, R_n$，这些子区域满足 5 个条件：

(1) 完备性：$\bigcup\limits_{i=1}^{n} R_i = R$。

(2) 连通性：每个 R_i 都是一个连通区域。

(3) 独立性：对于任意 $i \neq j$，$R_i \cap R_j = \Phi$。

(4) 单一性：每个区域内的灰度级相等，即 $P(R_i) = \text{TRUE}, \ i = 1, 2, \cdots, n$。

(5) 互斥性：任意两个区域的灰度级不等，即 $P(R_i \cup R_j) = \text{FALSE}, \ i \neq j$。其中，$P(R_i)$ 为作用于 R_i 中所有像素的相似性(一致性)逻辑谓词。

2. 区域分割的基本策略

一般来说，区域分割遵循以下两种基本策略：

（1）不连续性：区域之间是不连续的，存在一定灰度差异。这种情况下，一般采用边界分割法进行区域的提取。

（2）一致性：区域内部灰度的分布是均匀和一致的，也称为具有灰度相似性。这种策略下，一般会采用阈值分割法、区域增长法、区域分裂合并法和数学形态学分割等。

8.3.2 阈值分割法

8.3.1 节所述的边缘微分算子是利用像素点的灰度不连续性进行分割，本节介绍的阈值分割是利用同一区域具有某种共同的灰度特性进行分割。灰度阈值法分割就是选取一个适当的灰度阈值，然后将图像中的每个像素和它进行比较，将灰度值超过阈值的点和低于阈值的点分别指定一个灰度值，就可以得到分割后的二值图像，实现目标和背景的分离。阈值分割法简单、快速，特别适用于灰度和背景占据不同灰度级范围的图像。

阈值（threshold），也叫门限，阈值化（thresholding）就是按给定阈值进行图像的二值化处理。假设图像 $f(x,y)$ 的灰度范围是 $[f_1,f_2]$，阈值分割法就是在 f_1、f_2 之间选择一个灰度值 T 作为阈值，分割后的图像常用以下方式进行二值化处理：

（1）二值化图像为

$$f_T(x,y)=\begin{cases}1, & f(x,y)\geqslant T\\ 0, & \text{其他}\end{cases} \tag{8-3-1}$$

（2）二值化图像为

$$f_T(x,y)=\begin{cases}1, & f(x,y)\leqslant T\\ 0, & \text{其他}\end{cases} \tag{8-3-2}$$

（3）用 $[f_1,f_2]$ 之间的一个灰度区间作为阈值，二值化图像为

$$f_T(x,y)=\begin{cases}1, & T_1\leqslant f(x,y)\leqslant T_2\\ 0, & \text{其他}\end{cases} \tag{8-3-3}$$

或

$$f_T(x,y)=\begin{cases}0, & T_1\leqslant f(x,y)\leqslant T_2\\ 1, & \text{其他}\end{cases} \tag{8-3-4}$$

其中，T_1、T_2 为两个不同的阈值，且 $T_1\leqslant T_2$。

以上四种不同图像的二值化变换关系如图 8-19 所示。图中坐标值范围（0～255）表示 8 位图像，与式（8-3-1）～式（8-3-4）中的 0～1 等效。

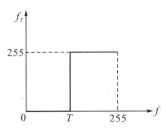
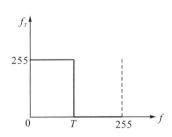

(a) 式(8-3-1)对应的二值变换　　(b) 式(8-3-2)对应的二值变换

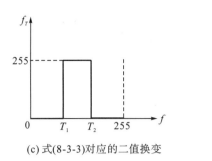
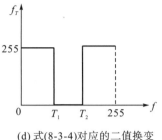

(c) 式(8-3-3)对应的二值换变　　　　　　　(d) 式(8-3-4)对应的二值换变

图 8-19　图像 $f(x,y)$ 的四种二值变换关系

另一种分割，可定义为

$$f_T(x,y)=\begin{cases} f(x,y), & f(x,y)\geqslant T \\ 0, & \text{其他} \end{cases} \tag{8-3-5}$$

或

$$f_T(x,y)=\begin{cases} f(x,y), & f(x,y)\leqslant T \\ 0, & \text{其他} \end{cases} \tag{8-3-6}$$

这种分割方法称为半阈值化，图像经阈值化处理后，保留目标部分的图像，而把背景屏蔽掉。

对于不同的图像，阈值的选取应当有不同的原则，最终的目的是实现图像的精确分割。大致来说，阈值的选取有几种原则：

(1) 直接阈值法。适用于背景比较简单，各个区域内部灰度基本一致，而区域之间存在较大灰度差异的图像。如印刷或手写的文字图像，前景和背景灰度差异很明显，选取不同的阈值实验几次，就能得到满意的分割效果。

(2) 间接阈值法。大多数场合下的图像都是比较复杂的，灰度分布不会像印刷文字那么单一，同时噪声的污染难以避免。这种情况下，很难直接获得理想的阈值，通常要对图像进行一些必要的预处理，如用邻域平均、低通滤波方法抑制一部分噪声，或用灰度变换方法改善图像的对比度，使图像各区域间存在一定的灰度差，再选取阈值进行分割。在实际应用中，这种方法比较常见。

(3) 自适应阈值法。对于场景比较复杂的图像，目标和背景的对比度在图像中不是处处一致的，因此仅仅采用一个全局阈值会造成误分割，即把背景划分为目标或把目标划分为背景。针对这类图像，可以分区域来选择阈值，或根据邻域范围的条件动态地选择每点的阈值，这就是自适应阈值法。

阈值的获取是阈值分割法最重要的一个步骤，目前提出的阈值获取方法多种多样，有全局阈值法、模糊阈值法等，但没有一种方法是适合于所有图像的。通常，一种阈值方法只适合于某一类或几类图像，因此许多学者还在研究新的分割阈值求取方法，力争获得更好的分割效果。下面介绍几种常见的阈值求取方法。

1. 双峰法

当图像中目标区域和背景区域灰度差别足够大时，图像的直方图会呈现双峰状，如

图 8-20 所示，目标和背景在灰度直方图中各自形成一个波峰。双峰法就是选择波峰之间的低谷所对应的灰度值作为分割阈值，将目标和背景分离开来。图 8-21 为一个实际图像给定不同阈值下的分割结果。分析原始图像直方图可知，它具有明显双峰特性，图像中的目标(细胞)分布在较暗的灰度级上形成一个波峰，图像中的背景分布在较亮的灰度级上形成另一个波峰。此时，用其双峰之间的谷底处灰度值作为阈值 T 进行图像的阈值化处理，便可将目标和背景分割开来。从图中还可以看出，选用不同的阈值其处理结果差异很大。阈值过大，会提取多余的部分；而阈值过小，又会丢失所需的部分。

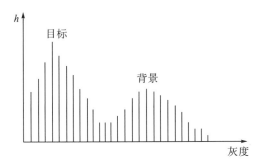

图 8-20　具有双峰分布的直方图

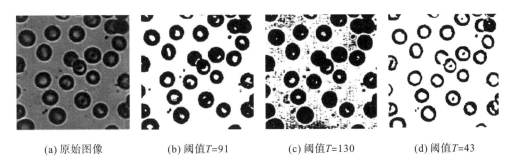

(a) 原始图像　　　　(b) 阈值T=91　　　　(c) 阈值T=130　　　　(d) 阈值T=43

图 8-21　灰度阈值分割示例

　　双峰法还可以推广到具有不同灰度均值的多目标图像中，根据直方图多个波峰、波谷的分布，选择不同的阈值对图像进行分割，可以得到多个有意义的区域。如图 8-22 所示的直方图就适合采用这种多阈值选取法。假设图像由 $n+1$ 个区域组成，每个区域内部的灰度值接近，各区域间灰度值差异明显，则可采取 n 个阈值对图像进行分割。设 n 个阈值为 $T_0 < T_1 < T_2 < \cdots < T_{n-1}$，则分割图像为

$$f_T(x,y) = \begin{cases} f_0, & f(x,y) \leqslant T_0 \\ f_1, & T_0 < f(x,y) \leqslant T_1 \\ \vdots \\ f_n, & f(x,y) > T_{n-1} \end{cases} \tag{8-3-7}$$

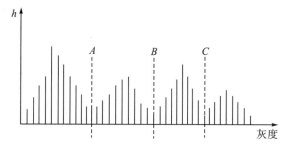

图 8-22 适用于多阈值分割图像的直方图

双峰法简单易行，但是对于灰度直方图中波峰不明显或波谷宽阔平坦的图像，不能使用该方法。

2. 全局阈值分割法

全局阈值分割的基本步骤如下：

(1) 选择初始全局阈值估计 T，通常选择全局均值或介于最小值和最大值之间的中值。

(2) 使用 T 分割原始图像，分割成两个区域 G_1 及 G_2。

(3) 分别计算两个区域 G_1、G_2 的平均灰度级 m_1、m_2。

(4) 将 $(m_1+m_2)/2$ 设置为新的全局阈值 T。

(5) 重复 (2)～(4) 直到 T 收敛。

3. Otsu 最佳阈值分割

Otsu 灰度阈值算法，也称为最大类间方差法，由日本学者大津于 1979 年提出，是一种自适应阈值确定方法，又叫大津法，简称 Otsu。它是按图像的灰度特性，将图像分成背景和目标两部分。

如果选择的阈值准确，那么目标区域、背景区域的平均灰度和整幅图像的平均灰度之间差别最大。区域间的方差就可以有效地描述这种差异。

设图像中灰度值是 i 的像素个数为 n_i，总的像素个数为 N，则各灰度值出现的概率为

$$p_i = \frac{n_i}{N} \tag{8-3-8}$$

假设以阈值 T 将图像分割成两个区域，灰度为 0～$k-1$ 的像素构成区域 A，灰度 k～$L-1$ 的像素构成区域 B。区域 A 和区域 B 在图像中的面积（即概率）分别为

$$w_A = \sum_{i=0}^{k-1} p_i = w(k) \tag{8-3-9}$$

$$w_B = \sum_{i=k}^{L-1} p_i = 1 - w(k) \tag{8-3-10}$$

区域 A 和区域 B 的平均灰度分别为

$$u_A = \frac{1}{w_A} \sum_{i=0}^{k-1} ip_i = \frac{u(k)}{w(k)} \tag{8-3-11}$$

$$u_B = \frac{1}{w_B} \sum_{i=k}^{L-1} ip_i = \frac{u - u(k)}{1 - w(k)} \tag{8-3-12}$$

式中，u 是整幅图像的平均灰度：

$$u = \sum_{i=0}^{L-1} ip_i = \sum_{i=0}^{k-1} ip_i + \sum_{i=k}^{L-1} ip_i \tag{8-3-13}$$

$$= w_A u_A + w_B u_B$$

两个区域总的方差为

$$\sigma_B^2 = w_A \left(u_A - u \right)^2 + w_B \left(u_B - u \right)^2 \tag{8-3-14}$$

显然，不同的 T 值，会得到不同的 σ_B^2，也就是说，区域间方差、区域 A 和区域 B 的均值、区域 A 和区域 B 的面积比都是阈值 T 的函数，因此上式可以写为

$$\sigma_B^2 = w_A \left(T \right) \left[u_A \left(T \right) - u \right]^2 + w_B \left(T \right) \left[u_B \left(T \right) - u \right]^2 \tag{8-3-15}$$

当分割的两区域间方差最大时，被认为是两区域的最佳分离状态。由此确定阈值 T：

$$T_m = \max \left[\sigma_B^2 \left(T \right) \right] \tag{8-3-16}$$

以最大方差决定阈值不需要人为的设定其他参数，是一种自动选择阈值的方法。且无论图像直方图有无明显的双峰特性，该方法都可以得到较好的结果。

4. 可变阈值处理

一般情况下，可变阈值处理通常有三种策略：①图像分块；②基于局部特性的可变阈值；③移动平均等。

图 8-23 为使用图像分块进行图像分割的实例。从图中可以看出，全局阈值分割和 Otsu 最佳阈值分割的方法均不能很好地分割受到阴影影响的图像，图像分块后再进行阈值分割能很好地分割受阴影影响的图像，结果均优于全局阈值分割和 Otsu 最佳全局阈值分割。

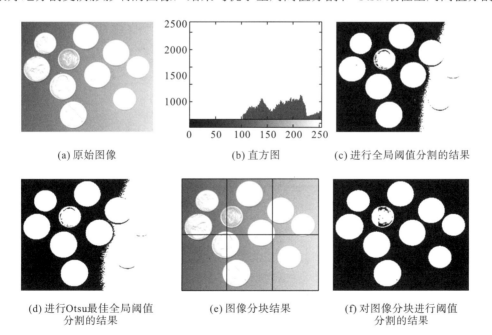

(a) 原始图像　　　　　　(b) 直方图　　　　　　(c) 进行全局阈值分割的结果

(d) 进行Otsu最佳全局阈值　　(e) 图像分块结果　　　(f) 对图像分块进行阈值
分割的结果　　　　　　　　　　　　　　　　　　　分割的结果

图 8-23　图像分块进行图像分割实例

基于局部特性的可变阈值，局部阈值为

$$T_{xy} = a\sigma_{xy} + bm_{xy}, \quad T_{xy} = a\sigma_{xy} + bm_G \tag{8-3-17}$$

其中，σ_{xy} 和 m_{xy} 表示一幅图像中以坐标 (x, y) 为中心的邻域 S_{xy} 所包含像素集合的标准差和均值；a 和 b 为非负常数，m_G 是全局图像均值。

则分割后的图像为

$$g(x,y) = \begin{cases} 1, & f(x,y) \geqslant T_{xy} \\ 0, & \text{其他} \end{cases} \tag{8-3-18}$$

其中，$f(x,y)$ 是原始输入图像；$g(x,y)$ 为输出图像。

使用以 (x, y) 为中心的邻域计算得到的参数为基础属性，可有效改善阈值化处理：

$$g(x,y) = \begin{cases} 1, & Q = 1 \\ 0, & Q = 0 \end{cases} \tag{8-3-19}$$

其中，Q 是以邻域 S_{xy} 中像素计算的参数为基础的一个属性。

基于局部均值和标准差的属性：

$$Q(\sigma_{xy}, m_{xy}) = \begin{cases} 1, & f(x,y) \geqslant a\sigma_{xy} \text{且} f(x,y) > bm_{xy} \\ 0, & \text{其他} \end{cases} \tag{8-3-20}$$

图 8-24 基于局部特性进行可变分割的实例。从图中可以看出，局部阈值分割能够更好地分割原始图像，而双峰法没有对背景进行很好地分割。

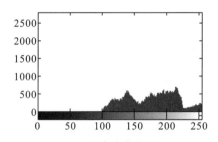

(a) 原始图像   (b) 灰度直方图

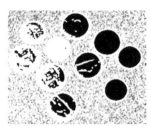
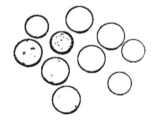

(c) 双峰法分割结果   (d) 局部标准差图像   (e) 局部阈值分割结果

图 8-24　基于局部特性可变阈值分割实例

使用移动平均进行可变阈值分割，适用于文档处理，以一幅图像的扫描行计算移动平均为基础，扫描以 Z 字模式逐行进行。令 z_{k+1} 表示 $k+1$ 次扫描中搜索到的像素灰度值，新点处的移动平均为

$$m(k+1) = \frac{1}{n}\sum_{i=k+2-n}^{k+1} Z_i = m(k) + \frac{1}{n}\left(z_{k+1} - z_{k-n}\right) \tag{8-3-21}$$

其中，n 表示用于计算平均的点数，且 $m(1) = z_1 / n$ 。

图 8-25 为移动平均扫描模式示意。

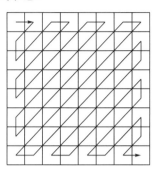

图 8-25　移动平均扫描模式示意

图 8-26 为基于移动平均进行图像分割实例。通过分析可知，在基于 Otsu 最佳全局阈值的分割结果中，仍然保留了正弦噪声。基于移动平均的局部阈值处理结果滤除正弦噪声的同时，很好地保留原始文本的细节信息。

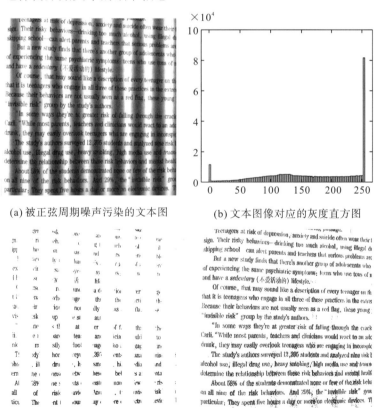

(a) 被正弦周期噪声污染的文本图　　(b) 文本图像对应的灰度直方图

(c) 使用Otsu最佳全局阈值分割的结果　　(d) 使用移动平均的局部阈值处理结果

图 8-26　基于移动平均进行可变阈值分割实例

5. 利用最小误判概率准则

设图像仅包含两个主要的灰度级区域：目标和背景，且目标的平均灰度高于背景的平均灰度，目标点的出现概率为 θ ，其灰度分布密度函数为 $p(x)$ ，根据假设，每一个像素不是属于目标便是属于背景，则背景点的出现概率为 $1-\theta$ ，灰度分布密度函数为 $q(x)$ 。那么描述图像中整体灰度级变化的概率密度函数为

$$s(x) = \theta p(x) + (1-\theta)q(x) \tag{8-3-22}$$

预先要设定一个阈值 T ，灰度小于 T 的像点作为背景点，否则作为目标点，使得在决定一个给定的像素是属于目标还是背景时平均出错率降至最低。根据随机变量的知识，在 $[a,b]$ 内取值的随机变量的概率是它的概率密度函数从 a 到 b 的积分。因此，将一个目标点误判为背景点的概率为

$$\varepsilon_{12} = \int_{-\infty}^{T} p(x)\mathrm{d}x \tag{8-3-23}$$

将背景点误判为目标点的概率为

$$\varepsilon_{21} = \int_{T}^{+\infty} q(x)\mathrm{d}x \tag{8-3-24}$$

要使总的误判概率：

$$\varepsilon = \theta \int_{-\infty}^{T} p(x)\mathrm{d}x + (1-\theta)\int_{T}^{+\infty} q(x)\mathrm{d}x \tag{8-3-25}$$

最小，则将上式对 T 求导并令其结果为零，有

$$\theta p(T) - (1-\theta)q(T) = 0$$

如果事先知道或统计出 θ 、 $p(x)$ 、 $q(x)$ ，就可以求解出最佳阈值 T 。

在实际处理中，并不是总可以对目标和背景的密度函数进行估计，通常是采用参数比较易于得到的密度函数，如高斯密度。高斯密度可以用两个参数完全描述：均值和方差，即

$$s(x) = \frac{\theta}{\sqrt{2\pi}\sigma_1} \mathrm{e}^{-\frac{(x-u_1)^2}{2\sigma_1^2}} + \frac{1-\theta}{\sqrt{2\pi}\sigma_2} \mathrm{e}^{-\frac{(x-u_2)^2}{2\sigma_2^2}} \tag{8-3-26}$$

式中， u_1 和 σ_1^2 分别是目标类像素高斯密度的均值和方差； u_2 和 σ_2^2 分别是背景类像素高斯密度的均值和方差，该式子用于求解最佳阈值：

$$AT^2 + BT + C = 0 \tag{8-3-27}$$

式中， $A = \sigma_1^2 - \sigma_2^2$ ； $B = 2(u_1\sigma_2^2 - u_2\sigma_1^2)$ ； $C = \sigma_1^2 u_2^2 - \sigma_2^2 u_1^2 + 2\sigma_1^2 2\sigma_2^2 \ln\left\{\sigma_2\theta / \left[\sigma_1 / (1-\theta) \right]\right\}$ 。

若方差 $\sigma^2 = \sigma_1^2 = \sigma_2^2$ ，则有唯一的阈值：

$$T = \frac{u_1 + u_2}{2} + \frac{\sigma^2}{u_1 - u_2} \ln\left(\frac{1-\theta}{\theta}\right) \tag{8-3-28}$$

如果目标和背景出现的概率相等，即 $\theta = 0.5$ ，那么最佳阈值就是目标和背景均值的平均。如果 $\sigma^2 = 0$ 也是一样。对于其他已知形式的密度，如瑞利分布和对数分布，确定最佳阈值的方法相似。

6. 空间聚类

图像分割问题可看作对像素进行分类的问题。利用特征空间聚类的方法就是以这种思路进行图像分割。空间聚类可看作对阈值分割概念的外延，同时结合了阈值分割和标记过程。如果一幅图像按照多个特征进行像素分类，其结果是属于同一类像素的特征值必然是相对接近的，而属于不同类别的像素的特征值相差较大。多个特征构成高维特征空间，每个像素按其特征值在特征空间中一定存在对应的位置，称为特征空间点，其坐标值即为该像素的相应特征值。像素特征值不同，像素在特征空间中的聚集区域也不同。因此根据像素在特征空间的聚集区域对特征空间进行分割，然后将像素点映射回原图像空间，得到分割的结果。在利用直方图的阈值分割中，取像素灰度为特征，用灰度直方图作为特征空间，对特征空间的划分利用灰度阈值进行。在利用灰度-梯度散射图分割中，取像素灰度和梯度为特征，用散射图作为特征空间，对特征空间的划分利用灰度阈值和梯度阈值进行。图 8-27 为特征空间聚类分割示意。在散射图中，沿灰度值方向，有两个聚类，分别对应着前景和背景内部的像素。

　　　　　(a) 原始图像　　　　　　　　　　(b) 原图对应的灰度–梯度散点图

图 8-27　特征空间聚类分割图像的示意图

与阈值分割类似，聚类方法也是一种全局阈值分割方法，比仅基于边缘检测的方法更抗噪声。但特征空间的聚类有时也会导致产生图像空间不连通的分割区域，这也是因为没有利用图像像素空间分布的信息。聚类分割的方法很多，下面介绍三种常用的聚类分割方法。

1) K-均值聚类分割

该方法是简单的迭代爬山算法，利用亮度、颜色信息等将一个图像特征空间分成 K 个聚类。令 $x = (x_1, x_2)$ 代表一个特征空间的坐标，$g(x)$ 代表在这个位置的特征值，K-均值法就是需要最小化如下的目标函数

$$E = \sum_{i=1}^{K} \sum_{x \in Q_j^{(i)}} \left\| g(x) - \mu_j^{(i+1)} \right\|^2 \qquad (8\text{-}3\text{-}29)$$

式中，$Q_j^{(i)}$ 代表在第 i 次迭代后赋予类 j 的特征点集合；μ_j 表示第 j 类的均值。式 (8-3-29) 的指标给出每个特征点与其对应类均值的距离和。

具体分割步骤如下:

(1)假设将原始图像分割为 K 个子图像,根据先验知识初步确定每个子图像的特征初始均值: $\mu_1^{(1)}, \mu_2^{(1)}, \cdots, \mu_K^{(1)}$。

(2)计算每个像素的特征值,若像素的特征值距离上述某类子图像的特征均值最近,则将其归入该类。即

$$x \in Q_l^{(i)}, \quad \left\| g(x) - \mu_l^{(i)} \right\| < \left\| g(x) - \mu_j^{(i)} \right\| (l, j = 1, 2, \cdots, K; j \neq l) \tag{8-3-30}$$

(3)将所有像素归类后,重新计算各类的特征均值,更新后的特征均值为

$$\mu_j^{(i+1)} = \frac{1}{N_j} \sum_{x \in Q_j^{(i)}} g(x) \tag{8-3-31}$$

其中, N_j 是 $Q_j^{(i)}$ 中的特征点个数。

(4)若对于所有的 $j = 1, 2, \cdots, K$ 都满足 $\mu_j^{(i+1)} = \mu_j^{(i)}$,则计算结束,分割完成;否则回到(2),以更新后的特征均值修正归类。

由上述可见,聚类过程每迭代一次,类中心就刷新一次,经过多次迭代直至使类中心趋于稳定。这个过程的快慢(甚至能否达到预期结果)在相当程度上依赖于初始特征值的选择。可以依据对学习样本做的统计分析来选择初始特征值,也可以根据先验知识在被分割图像中用人工选择初始特征值。另外迭代运算的终止条件也是影响聚类过程能否达到预期结果的重要因素之一。从理论上讲,可以将这个条件设置为 $\mu_j^{(i+1)} = \mu_j^{(i)}$,但在实际运算中,为加快迭代收敛,可将此条件设为 $\left| \mu_j^{(i+1)} - \mu_j^{(i)} \right| \leqslant T$ (T 为预先设置的阈值)。这样分割的最终结果是各子图像内像素特征值的均方差最小。K-均值聚类分割结果如图 8-28 所示。

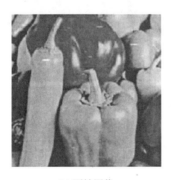

(a) 原始图像   (b) 分割结果

图 8-28   K-均值分割图像

2)模糊 C 均值聚类分割

K-均值算法是误差平方和准则下的聚类方法,把每个像素严格地划分到某一类,属于硬划分的范畴。实际上像素并没有严格的属性,它们在形态和类属方面存在着中介性,为解决这一类问题,研究者们将模糊理论引入 K-均值算法。由此,K-均值由硬聚类被推广为模糊聚类,即模糊 C 均值算法(fuzzy C-means,FCM)。采用 FCM 图像分割方法进行图像分割,避免了阈值设定的问题,聚类过程中不需要任何人工的干预,对于图像分割自动

化有重要的意义。

模糊 C 均值聚类分割法根据图像像素和聚类中心的加权相似性测度，对目标函数进行迭代优化以确定最佳聚类，然后对每类像素进行标定，从而实现图像分割。将图像的像素点看成数据集的样本点，则图像的分割问题转化为下列函数的最小化问题：

$$J_m(U,V) = \sum_{k=1}^{n} \sum_{i=1}^{c} (u_{ik})^m (d_{ik})^2, \quad \text{s.t.} \sum_{i=1}^{c} u_{ik} = 1; u_{ik} \geqslant 0, 1 \leqslant k \leqslant n; 1 \leqslant i \leqslant c \qquad (8\text{-}3\text{-}32)$$

其中，$m \geqslant 1$ 为加权指数，当 $m = 1$，模糊聚类就退化为 K-均值聚类，通常 $m = 2$ 是比较理想的取值；c 是聚类的类数；n 是聚类空间的样本数；u_{ik} 是第 i 类中样本 k 的隶属度；$d_{ik} = (x_k - v_i)^T (x_k - v_i)$ 表示样本点 x_k 距聚类中心 v_i 的欧式距离，$x_k \in R^s$，$v_i \in R^s$，s 是聚类空间的维数；$U = \{u_{ik}\} \in R^{cn}$ 为隶属度矩阵；$V = \{v_1, v_2, \cdots, v_c\}$ 为 c 个聚类中心点集。

FCM 图像分割方法如下

(1) 初始化：设定迭代停止阈值 $\varepsilon > 0$；初始化聚类中心为 $V^{(0)}$；定迭代计数器 $b = 0$。

(2) 计算或更新隶属度矩阵 $U^{(b)}$。

对于 $\forall i, k$，如果 $\exists d_{ik}^{(b)} > 0$，则有

$$u_{ik}^{(b)} = \left\{ \sum_{j=1}^{c} \left[\frac{d_{ik}^{(b)}}{d_{jk}^{(b)}} \right]^{\frac{2}{m-1}} \right\}^{-1} \qquad (8\text{-}3\text{-}33a)$$

如果 $\exists i, r$，使得 $d_{ir}^{(b)} = 0$，则有

$$u_{ik}^{(b)} = 1 \text{且对} j \neq r, u_{ij}^{(b)} = 0 \qquad (8\text{-}3\text{-}33b)$$

(3) 更新聚类中心 $V^{(b+1)}$：

$$V^{(b+1)} = \frac{\sum_{k=1}^{n} x_k \left[u_{ik}^{(b)} \right]^m}{\sum_{k=1}^{n} \left[u_{ik}^{(b)} \right]^m}, \quad i = 1, 2, \cdots, c \qquad (8\text{-}3\text{-}34)$$

(4) 如果 $\left\| V^{(b+1)} - V^{(b)} \right\| < \varepsilon$，则算法停止并输出隶属度矩阵 U 和聚类中心 V，否则令 $b = b + 1$，转向 (2)。

3) Mean Shift 聚类

Mean Shift 聚类算法是寻找密度极大值像素(也称模式点)的过程。给定 d 维空间 R^d 的 n 个样本点，$i = 1, 2, \cdots, n$，在空间中任选一点 x，那么 Mean Shift 向量的基本形式定义为

$$M_h(x) = \frac{1}{k} \sum_{x_i \in S_k} (x_i - x) \qquad (8\text{-}3\text{-}35)$$

式中，S_k 是一个半径为 h 的高维球区域，满足以下关系的 y 点集合。

$$S_h(x) = \left\{ y : (x - x_i)^T (y - x_i) < h^2 \right\} \qquad (8\text{-}3\text{-}36)$$

其中，k 表示在这 n 个样本点 x_i 中有 k 个点落入 S_h 区域中；$(x_i - x)$ 表示样本点 x_i 相对于原点 x 的偏移向量。假如样本点 x_i 是由概率密度函数 $f(x)$ 采样得到，因为非零处概率密

度的梯度将指向概率密度增量最大的方向，所以 S_h 区域内的样本点将更多地分布在沿概率密度处的梯度方向，则相对应的 Mean Shift 向量就是指向此概率密度的梯度方向。如此重复，Mean Shift 算法可收敛到概率密度最大的地方，也就是最稠密的地方。

具体步骤如下：

(1)选择空间中 x 为圆心，以 h 为半径(给定大小和位置)，做一个高维球。

(2)计算 $M_h(x)$，如果 $M_h(x) < \varepsilon$，退出，否则进入到(3)。

(3)将高维球的中心位置移动到新的位置，即将 $M_h(x)$ 赋给 x，执行(1)，直到收敛。

Mean Shift 聚类分割方法的优点是参数简单，模式可变；缺点是输出要依靠高维球(搜索窗口)的大小，计算量大。分割效果如图 8-29 所示。

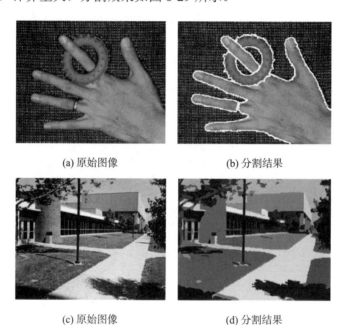

(a) 原始图像　　　　　　　　　　(b) 分割结果

(c) 原始图像　　　　　　　　　　(d) 分割结果

图 8-29　Mean Shift 聚类分割

8.3.3　区域增长法

图像分割的目的是把图像分割为有意义的区域，而同属于一个区域的像素点具有某些相同或相似的性质，不同区域的像素属性则不同。因此，可以提取出像素的某些具有代表性的属性，以此来划分区域。当只选用一个属性时，图像区域分割就成为阈值分割，整个图像分为两类区域。本节讨论以直接寻找区域为基础的分割技术。区域增长法又可以分为单连接区域增长、混合连接区域增长、中心连接区域增长等。

区域增长是一种根据事前定义的准则将像素或子区域聚合成更大区域的过程。基本的方法是从一组"种子"点开始，将与"种子"性质相似(根据某种事先确定的增长或相似准则来判定，如灰度、颜色等)的相邻像素合并到增长区域的每个"种子"上。将这些新合入的像素当作新的种子像素重复前面的过程，直到再没有满足条件的像素加入进来。这样，一个区域就形成了。区域增长法需要确定三个因素：合理选择最初的种子像素；确定增长过程中合并相邻像素的相似性准则；确定增长过程的停止条件。

区域增长法基本步骤：

(1)对每个需要分割的区域找一个种子像素作为生长起点。

(2)将种子像素周围邻域中与种子像素有相同或相似性质的像素合并到种子像素所在的区域内。

(3)把新加入的像素作为新的"种子"，重复上述步骤，直到没有满足条件的像素加入区域。

1. 单连接区域增长

单连接区域增长把图像中的每一个像素作为一个节点，搜索并比较周围不属于任何一个区域的点，以某种相似性准则将某些特征相似的点合并，形成连接核；然后再连接此核周围的点，合并符合相似性准则的像素，又产生新的连接核。不断重复这个过程，直到没有满足增长准则的点为止。

图 8-30 给出了一个单连接区域增长的例子。图中以灰度最大值作为种子像素，相似性准则是邻近点的灰度级与物体平均灰度级的差小于 2。图 8-30(a)为输入图像，从中找出最亮的像素点，即灰度值为 9 的作为种子像素，下面标上短线；从该点出发向其相邻的 4 个像素进行搜索，将满足相似性准则的点合并，如图 8-30(b)的虚线框内给出第一步接受的邻点；继续向四周搜索，直到找不到合乎准则的像素，如图 8-30(c)所示。可以看出区域增长是一个不断扩张的过程。

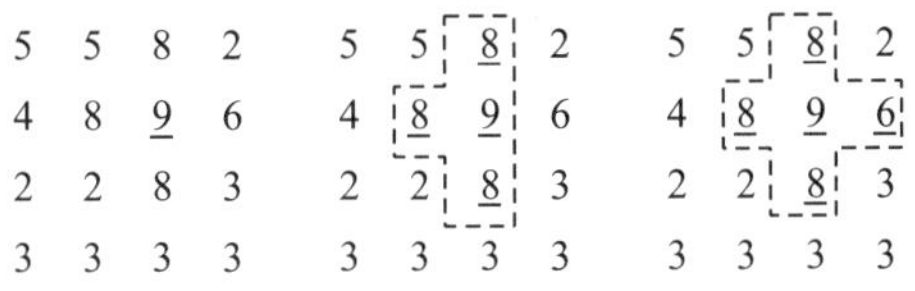

```
5  5  8  2      5  5 ┌8┐ 2      5  5 ┌8┐ 2
4  8  9  6      4 ┌8  9┐ 6      4 ┌8  9  6┐
2  2  8  3      2  2 └8┘ 3      2  2 └8┘ 3
3  3  3  3      3  3  3  3      3  3  3  3
  (a)输入图像      (b)增长一步      (c)增长完毕
```

图 8-30　区域增长简例

单连接区域增长法受到许多因素的制约。如选择合适的相似性准则就是一个关键，最简单的方法是以两相邻像素的灰度差作为衡量标准，也有用两个相邻像元的灰度差同中心像元与其邻域像元的绝对平均差值来衡量。相似性准则的选取不仅依赖于具体问题本身，也和所用图像数据种类有关，如彩色图像和灰度图像。一般的增长过程在进行到再没有满足增长条件的像素时停止，但为提高区域增长的能力，常需要考虑一些尺寸、形状等图像和目标的全局性质有关的准则。大部分区域增长相似准则会使用图像的局部性质，根据不同原理制定，而使用不同的准则会影响区域增长的过程。区域增长分割效果如图 8-31 所示。从图 8-31(b)可以看出，由于 Lena 图像细节性较强(如发丝)，对它进行区域增长的结果还会有一些区域无法连在一起，所以对它进行三次均值运算[图 8-31(c)，去像素及其周围共九个点的平均灰度作为新的灰度值]，区域增长以后小的区域就较好地连成了一片。

（a）Lena原图　　　　（b）区域增长结果　　　　（c）三次均值运算　　　　（d）区域增长结果

图 8-31　区域增长分割示例

此外，种子像素的选取也涉及图像的具体问题。如果所处理的图像是暗背景、亮目标的情况，如红外图像中的运动目标，就可以选用图像中最亮的像素作为种子像素。反之，如果是亮背景、暗目标的情况，如可见光成像系统在白天情况下的天空常会生成此类图像，就要选用图像中暗的像素作为种子像素。

这种简单的区域增长法的缺点是区域增长的结果与起始像素有关，起始位置不同会产生不同的分割结果。当图像中存在灰度缓慢变化的区域时，上述方法有可能会将不同区域逐步合并而产生错误。为了克服这个问题，可以采用新像素所在区域的平均灰度值与各邻域像素的灰度值进行比较。对一个有 N 个像素的图像区域 R，其灰度均值为

$$u = \frac{1}{N}\sum_{R} f(x,y) \qquad (8\text{-}3\text{-}37)$$

给定阈值 T，对像素进行比较

$$\max_{R}\left|f(x,y)-u\right| < T \qquad (8\text{-}3\text{-}38)$$

在处理中可能遇到邻域均匀和邻域非均匀两种情况：

1）邻域均匀

对于灰度分布均匀的邻域，可以假设某个像素的灰度值是均值 u 与一个零均值高斯噪声的叠加。利用式(8-3-38)对某个像素进行比较时，条件不成立的概率为

$$P(T) = \frac{2}{\sqrt{2\pi}\sigma}\int_{T}^{+\infty}\exp\left(-\frac{z^2}{2\sigma^2}\right)\mathrm{d}z \qquad (8\text{-}3\text{-}39)$$

这就是误差函数 $erf(t)$，当阈值 T 取 3 倍方差时，误判概率为 1%~99.7%，因此考虑灰度均值时，区域内的灰度变化应尽量小。

2）领域非均匀

设非均匀区域由两部分像素构成，灰度值分别为 m_1 和 m_2 的像素在 R 中所占比例分别为 q_1 和 q_2，则区域均值为 $q_1m_1 + q_2m_2$，对灰度值为 m_1 的像素，它与区域均值的差为

$$E_m = m_1 - (q_1m_1 + q_2m_2) \qquad (8\text{-}3\text{-}40)$$

因此，使观察值与 m_1 相差 $T\text{-}E_m$ 或 $T+E_m$，就能出现该像素值与区域均值 $q_1m_1 + q_2m_2$ 的差大于阈值 T 的情况。根据式(8-3-38)，可知正确判断的概率为

$$P(T) = \frac{1}{2} \Big[P\big(|T - E_m|\big) + P\big(|T + E_m|\big) \Big] \tag{8-3-41}$$

因此，当考虑灰度均值时，不同部分像素间的灰度差距应尽量大。

2. 子区域合并法

基于子区域合并的区域增长法不依赖于初始点的选择，因此比单连接增长更有效，也能克服图像中噪声的影响。其基本思想是将图像分割为若干互不重叠的子块，以选定的一个区域作为初始增长点，其具体步骤为：

(1) 划分图像，通常用左上角第一个子区域为初始增长点。

(2) 计算子区域和相邻子区域的灰度统计量，然后作相似性判别，合并符合相似性准则的子区域，形成下一轮判定合并时的当前子区，把不符合相似性准则的相邻子区域视为未分割标记。

(3) 设定终止准则，重复(2)，将各个区域依次合并直到满足终止准则，增长过程结束。

对灰度分布的相似性判断，常用的标准有下面两种

(a) Kolmogorov-Smirnov 检测标准：

$$\max \big| H_1(g) - H_2(g) \big| \tag{8-3-42}$$

(b) Smoothed-Difference 检测标准：

$$\sum_g \big| H_1(g) - H_2(g) \big| \tag{8-3-43}$$

式中，$H_1(g)$ 和 $H_2(g)$ 分别是相邻两区域的累积灰度直方图。

这种方法的难点在于合并的次数很难确定，合并次数太多，区域的形状会不自然，小的目标可能会遗漏掉；反之，可靠性下降，分割质量不够理想。一般合并 5～10 次。同时，分割的子区域大小也影响到最终的分割效果，当子区域尺寸很小时就相当于单连接区域增长，不能体现子区域合并增长的优势；当子区域尺寸较大时，一些不属于同一区域的像素会被包括进来，影响到分割的精度。

还有一种质心连接区域增长，它通过比较已存在区域的像素灰度平均值与该区域邻接的像素灰度值，把差值小于阈值的点合并。这种方法的缺点是区域增长的结果与起始像素有关，起始位置不同，则分割结果有差异。

区域增长的关键问题主要包括：①选择或确定一组能正确代表所需区域的种子像素；②确定在生长过程中能将相邻像素合并的准则；③制定让生长过程停止的条件或规则。

一般来说，区域增长准则可以利用以下性质。

1) 区域灰度差

基于区域灰度差的区域增长的基本方法是基于种子像素的灰度值与邻域像素的差。在基本方法的基础上，可以通过先合并具有相同灰度的像素，然后求出所有邻接区域间的平均灰度差，合并最小灰度差的邻接区域，重复上述步骤直到没有区域合并进行改进。

均匀测度是一种常用的相似性检测准则，设某一图像区域 O，其中像素数为 N，则均值表示为

$$\mu = \frac{1}{N} \sum_{(x,y) \in O} f(x,y) \tag{8-3-44}$$

其中，$f(x,y)$ 表示输入图像；μ 表示输入图像均值。

则区域 O 均匀测度定义为

$$\max_{(x,y) \in O} \left| f(x,y) - \mu \right| < T \tag{8-3-45}$$

其中，T 表示设定的阈值，在区域 O 中，各像素灰度值与均匀值的差不超过某阈值 T，则其均匀测度度量为真。

2）区域灰度分布统计性质

基于区域灰度分布统计性质，以灰度分布相似性作为生长准则来决定区域的合并步骤。具体步骤包括：

（1）把图像分成互不重叠的小区域。

（2）比较邻接区域的累积灰度直方图，根据灰度分布的相似性进行区域合并。

（3）重复（2），直到满足终止条件。

8.3.4　区域分裂-合并法

如果对图像的区域形状和区域数目完全不了解，可以采用分裂-合并法。它是基于四叉树思想，把原图像作为树根或零层，每个像素作为树叶，先从树的某一层开始，按照某种区域属性将原图像分成一系列不相交的区域，然后把它们进行合并或拆分，最终实现图像的分割。分裂-合并法可看作是阈值分割和区域增长两种方法的结合：阈值分割法按从大到小将整幅图像"分裂"成不同区域，区域增长法按从小到大从种子像素"合并"成整幅图像，而分裂-合并法先把图像分成任意大小且不重叠的区域，再合并或分类这些区域以满足分割的要求。

令 R 表示整个图像区域，先将它等分成 4 个子块，作为被分裂的第一层，考查每个子块的属性，若像素属性一致则不再等分，如果属性不一致，则子块再分裂成相等的 4 块作为第二层，如此循环进行。这种分割方法用四叉树形式表示最为方便，如图 8-32 所示。

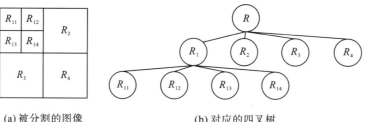

(a) 被分割的图像　　　　　　　　(b) 对应的四叉树

图 8-32　图像的分裂

图 8-33 为区域分割-合并示意图。其中，(a)～(c)表示分裂过程；(d)表示合并。

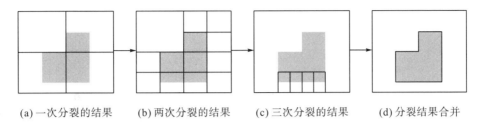

| (a) 一次分裂的结果 | (b) 两次分裂的结果 | (c) 三次分裂的结果 | (d) 分裂结果合并 |

图 8-33 区域分裂-合并示意图

如果图像只使用分裂，可能出现相邻的两个区域具有相同属性但并未合并的情况。可以通过在每次分裂后允许合并那些处于不可分状态的相邻区域来解决这个问题。分裂和合并的原则是：

分裂：当第一层中的某一子块内像素不满足特性均匀条件时，将它们分裂成 4 个子块。

合并：当同一层 4 个子块中的像素满足某一特性的均匀性时，将它们合并为一母块。

其中，某一特性的均匀性可以通过多种原则来衡量，如区域中灰度最大值与最小值之差或方差、区域的平均灰度之差或方差、区域的纹理特征、区域统计检验结果、区域灰度分布函数之差等。

基于四叉树思想的分裂合并法的具体步骤为：

(1)初始分割。把图像分裂至第二层，此时图像中的子块数目为 16，子块标号如图 8-34(a)所示。

(2)合并处理。按预先给定的合并原则，对第二层的每 4 个子块进行检查，假定子块 21、22、23、24 符合合并原则，合并后标记为 20。如图 8-34(b)所示。

(3)分裂处理。对其他的子块进行检查，原标号为 13、31、42、41 和 43 的子块内像素不符合均匀性原则，故将它们分别分成 4 个子块。图 8-34 (c)是经过 1 次合并和 5 次分裂后的结果。

(4)组合处理。以每块为中心，检查相邻各块，凡符合特征均匀性的，再次合并。最后得到 7 块。

11	12	21	22
14	13	24	23
41	42	31	32
44	43	34	33

(a) 初始分割后的图像

110	120	20	
140	131 132 / 134 133		
411 412 / 414 413	421 422 / 424 423	311 312 / 314 313	320
440	431 432 / 434 433	340	330

(b) 合并处理后的图像

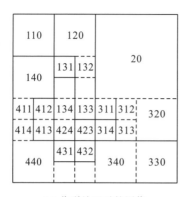
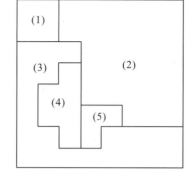

(c) 分裂处理后的图像   (d) 组合处理后的图像

图 8-34　分裂-合并法示意

假设进入这一级后按要求已达到底层，经过上述处理后会有一些单独的小子块，它们通常是图像中区域间的过渡部分。因此，可以通过灰度、面积等因素制定相应的准则来消除这些小块。图 8-34(d) 就是消除单独小子块后的最终结果。

用分裂-合并法对图像进行分割效果如图 8-35 所示。分裂-合并法的优点是不需要种子像素，对分割复杂的场景图像比较有效，如果引入应用领域知识，则可以更好地提高分割效果；缺点是分割后的区域可能具有不连续的边界。

(a) 原始图像   (b) 分割结果

图 8-35　图像的分裂-合并进行分割示意图

8.3.5　数学形态学分割

数学形态学(mathematical morphology)是一门建立在格论和拓扑学基础之上的图像分析学科，其基本思想是利用具有一定形态的结构元素(structuring element，SE)去量度和提取图像中的对应形状，以达到对图像分析和识别的目的。当该结构元素不断在图像中移动时，便可考察图像各个部分间的相互关系，从而了解图像各个部分的结构特征。作为探针的结构元素，可以直接携带如形态、大小以及灰度和色度信息等知识来探测所要研究图像的结构特点。数学形态学的数学基础和所用语言是集合论。数学形态学的应用可以简化图像数据，保持它们基本的形状特性，并除去不相干的结构。数学形态学的算法具有天然的并行实现的结构。

数学形态学分割可分为以下 5 种：①腐蚀与膨胀；②开-闭运算；③击中-击不中；④变体；⑤分水岭法等。

二值图像的形态学运算对象是集合，集合代表图像中物体的形状。设 X 和 B 为 n 维欧式空间中的点集，一般 X 为图像集合，B 为结构元素。用结构元素 B 对图像集合 X 进行膨胀运算，即

$$X \oplus B = \{x : x = a + b, a \in A, \forall b \in B\} = \bigcup_{b \in B} X_{b_i} \tag{8-3-46}$$

它是将结构元素 B 关于原点对称后在图像 X 中平移，与图像 X 的交集不是空集的原点位置的轨迹。膨胀运算在数学形态学中的作用是把图像周围的背景点合并到物体中。如果两个物体足够近，那么通过膨胀运算可以把它们连在一起。膨胀运算常用于填补图像分割后物体内部的空洞。

腐蚀运算定义为

$$X \Theta B = \{x : x = x + b \in X, \forall b \in B\} = \bigcap_{b \in B} X_{b_i} \tag{8-3-47}$$

它是结构元素 B 平移后仍然完全包含在图像 X 中的原点位置的轨迹。腐蚀运算在数学形态学中的作用是消除物体边界点，可以把小于结构元素的物体去掉。通过选择不同大小、形状的结构元素，就能去掉不同大小的物体，在图像处理中可以滤除噪声。当结构元素足够大时，腐蚀运算还能去掉两个物体间细小的连通。形态学运算的效果取决于结构元素的大小、内容以及逻辑运算的性质。

膨胀运算和腐蚀运算的示意图分别如图 8-36 和图 8-37 所示。

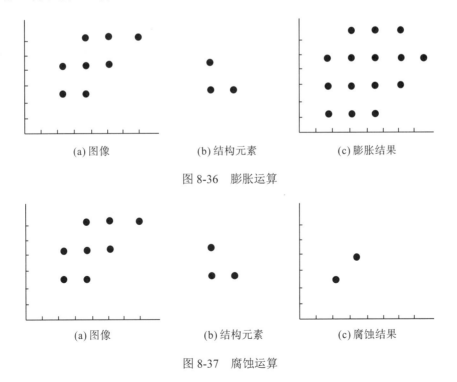

(a) 图像　　　　　　　(b) 结构元素　　　　　　　(c) 膨胀结果

图 8-36　膨胀运算

(a) 图像　　　　　　　(b) 结构元素　　　　　　　(c) 腐蚀结果

图 8-37　腐蚀运算

将膨胀运算和腐蚀运算联合使用，就得到了开运算和闭运算：

$$X \circ B = (X \ominus B) \oplus B \tag{8-3-48}$$
$$X \bullet B = (X \oplus B) \ominus B \tag{8-3-49}$$

开运算对图像 X 先腐蚀后膨胀，其结果是 X 中恰能完全包含 B 的部分，从而去掉图像上的微小连接、毛刺和凸出部分。与开运算相反，闭运算能去掉图像中的小孔和凹部并连接断线。

将基本的形态学运算进行转换后，就能处理灰度图像。与基本形态学运算不同，此时处理的是灰度图像，而不是集合。设 $f(x,y)$ 为待处理的图像；$B(x,y)$ 是结构元素，则形态学运算为

膨胀运算：

$$(f \oplus B)(s,t) = \max\left\{f(s-x,t-y) + B(x,y) \mid (s-x),(t-y) \in D_f; (x,y) \in D_B\right\} \tag{8-3-50}$$

式中，D_f 和 D_B 分别是图像 f 和 B 的定义域，位移参数 $(s-x)$ 和 $(t-y)$ 必须包含在图像 f 的定义域内。由于膨胀运算是在结构元素定义的邻域中选择 $f+B$ 的最大值，所以在比结构元素小的区域中的细节将被减少或去除，减少或去除的程度取决于结构元素的值和形状。

腐蚀运算：

$$(f \ominus B)(s,t) = \min\left\{f(s+x,t+y) + B(x,y) \mid (s+x),(t+y) \in D_f; (x,y) \in D_B\right\} \tag{8-3-51}$$

式中，各参数的定义和膨胀运算一样。由于腐蚀运算是在结构元素定义的邻域内选择 $f-B$ 的最小值，所以在比结构元素小的区域中的明亮细节经腐蚀后将被减少或去除，减少或去除的程度取决于结构元素的值和形状。用膨胀运算和腐蚀运算处理图像，如图 8-38 所示。

(a) 原始图像   (b) 膨胀图像   (c) 腐蚀图像

图 8-38   腐蚀运算和膨胀运算处理图像实例

同样的，灰度图像的形态学运算也有开运算和闭运算：

$$f \bullet B = (f \ominus B) \oplus B \tag{8-3-52}$$
$$f \bullet B = (f \oplus B) \ominus B \tag{8-3-53}$$

可见，开运算是先对图像进行腐蚀操作，再对腐蚀的结果进行膨胀操作；而闭运算是先对图像进行膨胀操作，再进行腐蚀操作。

变体，即基本形态学运算的组合变化，包括边界提取、区域填充、连通分量提取、凸边界、细化、粗化、骨架、修剪等。

分水岭变换的思想来源于地质学和水文学，分水岭的本意是指一个山脊，在该山脊两边的区域有着不同流向的水系，集水盆是指水排入河流或流入水库的地理区域。分水岭变

换把这些概念引入到图像处理中，利用图像的空间特性来进行分割。分水岭分割与区域增长和分裂-合并区域方法统称为区域分割方法。

在分水岭分割方法中，图像被看作是地形学上被水覆盖的自然地貌，图像中每一像素的灰度值表示该点的海拔高度，其每一个局部极小值及其影响区域称为集水盆，而集水盆的边界则是分水岭。通常描述分水岭变换有如下两种方法：一种是"雨滴法"，即当一滴雨水分别从地形表面的不同位置开始下滑，其最终将流向不同的局部海拔高度最低的区域（称为极小区域），那些汇聚到同一个极小区域的雨滴轨迹就形成一个集水盆；另一种方法是模拟"溢流"的过程，即首先在各极小区域的表面刺穿一个小孔，然后不断有水逐渐匀速进入该小孔，即地形图逐渐被淹没，形成该极小区域的集水盆。无论是哪种方法，不同区域的水流相遇时的界限，就是期望得到的分水岭。

应用到图像分割中，分水岭变换就是指将原图像转换为一个标记图像，其中所有属于同一集水盆的点均被赋予同一个标记，并用一个特殊的标记来标识分水岭上的点。

根据上述分水岭变换的原理，令 $M_1, M_2, \cdots, M_r$ 表示待分割图像的极小区域，$C(M_i)$ 表示与极小区域 M_i 相关的流域，min 和 max 分别表示梯度的极小值和极大值。假设溢流过程都是以单灰度增加的，n 表示溢流的增加数值（即在第 n 步时溢流的深度），$g(x,y)$ 为梯度图像信号，$T[n]$ 表示满足 $g(x,y) < n$ 的所有点的集合。对于一个给定流域，在第 n 步将会出现不同程度的溢流（也可能不出现）。

假设在第 n 步时极小区域 M_i 发生溢流，令 $C_n(M_i)$ 表示集水盆中点的坐标集合，它与在第 n 阶段被淹没的最小值有关，即在溢流深度 n 时，在流域 $C(M_i)$ 中形成的水平面构成的区域，$C_n(M_i)$ 可以被看作由下式给出的二值图像：

$$C_n(M_i) = C(M_i) \bigcap T[n] \tag{8-3-54}$$

如果极小区域 M_i 的灰度值为 n，则在第 $n+1$ 步时，流域的溢流部分与极小区域完全相同，即有 $C_{n+1}(M_i) = M_i$。令 $C[n]$ 表示第 n 步流域中溢流部分的并集：

$$C[n] = \bigcup_{i=1}^{R} C_n(M_i) \tag{8-3-55}$$

令 $C[\max+1]$ 为所有流域的合集：

$$C[\max+1] = \bigcup_{i=1}^{R} C(M_i) \tag{8-3-56}$$

算法初始时取 $C[\min+1] = T[\min+1]$。

溢流的定义是递归的。假设 $C[n-1]$ 已经建立，由式（8-3-54）可知，$C[n]$ 为 $T[n]$ 的一个子集，又因为 $C[n-1]$ 是 $C[n]$ 的子集，故 $C[n-1]$ 是 $T[n]$ 的子集。如果 D 是 $T[n]$ 的连通成分，将有三种可能：

（1）$D \bigcap C[n-1]$ 为空。

（2）$D \bigcap C[n-1]$ 非空，含有 $C[n-1]$ 一个连通成分。

（3）$D \bigcap C[n-1]$ 非空，含有 $C[n-1]$ 多个连通成分。

当增长的溢流达到一个新的极小区域时，第一种情况将会发生。对于第二种可能，D 将位于某个极小区域流域之内。第三种情况，D 必定含有一些组成 $C[n-1]$ 的部分流域 $C_{n-1}(M_i)$。因此，在 D 内必须建一个堤坝，以防止溢流在单独的流域中溢出，该堤坝是 $T[n]$

内 $C[n-1]$ 的测地。$C[n-1]$ 构成 $C[n]$ 时，每一个部分流域 $C_{n-1}(M_i)$ 都在 $T[n]$ 内增长成其测地影响区。

算法通过一个迭代标注过程实现。假设输入图像由若干个区域组成，则在输出图像中，输入图像中每一个区域的像素被标记为特定的值，这样便得到基于分水岭变换的集水盆图像。分水岭变换既能处理二值图像，也适用于灰度图像。

对二值图像而言，分水岭变换实际是对它的距离图进行分水岭变换，图像的距离函数 $\mathrm{dist}(x)$ 定义为

$$\forall x \in A, \quad \mathrm{dist}(x) = \min\{n \in N : x \notin A \ominus nB\} \tag{8-3-57}$$

式中，N 为正整数集；A 是图像的一个区域。对于 A 内任一点 x，$\mathrm{dist}(x)$ 即为 x 到 A 的补集的距离。图 8-39 给出了一个计算距离函数的例子。

1 1 0 0 0	0.00 0.00 1.00 2.00 3.00
1 1 0 0 0	0.00 0.00 1.00 2.00 3.00
0 0 0 0 0	1.00 1.00 1.41 2.00 2.24
0 0 0 0 0	1.41 1.00 1.00 1.00 1.41
0 1 1 1 0	1.00 0.00 0.00 0.00 1.00

(a) 二值图像   (b) 距离变换

图 8-39　距离函数计算实例

由目标图像 A 中每个元素的距离函数值所组成的图像即是 A 的距离图，它是其中各个像素值与该像素到一个目标的距离成比例的图，类似于地理学上的等高线图。对于一幅包含目标和背景的二值图像，将较大的值赋予接近目标内部的像素(与距离成正比)，就得到一幅距离图。用形态学处理就转化为可以迭代地腐蚀二值图像，每次腐蚀后将所有剩下像素的值加 1。若用 A 代表二值图像中目标点集合，A^c 代表背景点集合，SE 代表结构元素，f 代表输出距离图，具体算法可归纳如下：

(1)初始化，将背景点集合 A^c 中元素赋值为 0，目标点集合 A 中元素的取值为 1，将此时的图像记为 f_1。

(2)用结构元素 SE 对图 f_1 进行腐蚀，将腐蚀后的目标点集合 A 中剩余元素值标记为 2，此时的图像记为 f_2。

(3)用结构元素 SE 对图 f_2 进行腐蚀，腐蚀后的目标点集合 A 中的剩余元素记为 3，此时的图像记为 f_3。

(4)重复上述步骤，直到腐蚀运算消除掉所有像素为止。

(5)综合前面各次腐蚀的结果 $f_1, f_2 \cdots$，保留每个像素的最大值，就得到了距离图 f。

获得了距离图之后，对它运用分水岭变换就可以得到分割结果。分水岭分割方法实例如图 8-40 所示。

(a) 原始图像　　　　(b) 对应梯度图　　(c) 对梯度图像应用分水岭方法　　(d) 分割结果

图 8-40　分水岭分割方法实例

　　分水岭分割方法对微弱边缘具有良好的响应，所得到的封闭集水盆为分析图像的区域特征提供了可能。但是图像中的噪声、物体表面细微的灰度变化，都会导致分水岭分割方法产生过度分割的现象。产生的过度分割可以通过利用先验知识去除无关边缘信息以及修改梯度函数使得集水盆只响应想要探测的目标等方法来消除。分水岭分割方法的改进效果图如图 8-41 所示。采用原始的分水岭分割方法分割后，没有经过区域合并的图像，分割后形成 19118 个区域，如图 8-41(b) 所示。经过基于区域合并后，减少为 24 个区域，如图 8-41(c) 所示。

(a) 原始图像　　　　　(b)基本分水岭分割结果　　　　(c) 改进算法分割结果

图 8-41　分水岭分割方法的改进

8.4　图像特征及描述

　　特征描述则是用一组数量或符号来表征图像中被描述目标的基本特征。

　　图像特征是图像所包含的主要信息，也表征了对图像分析最有价值的信息成分。有些特征具备明确的物理意义，属于显性特征；有些则是通过数学计算得到的特征，缺乏明确的物理意义，属于隐性特征。目前，国际上还没有形成一个公认的特征分类标准。为了方便介绍，本章将现有的一些图像特征及分析方法大致归结为以下几类，如表 8-1 所示。

表 8-1 特征类型

类型	特征描述
光学特征	颜色、亮度、清晰度、对比度等
几何特征	圆形面积、圆形周长、矩心、矩形度、圆形度、积分投影等
统计特征	直方图、标准差、均方差、信息熵等
纹理特征	矩量、共生矩阵、分形、局部二值模式等
谱域特征	频率、相位、幅度、能量等
运动特征	位移、速度、光流场等
变换特征	小波变换、主成分分析变换、深度学习特征等

8.4.1 基本几何特征

1. 图形面积

设图像已被分割，目标区域的像素值为 1(黑)，背景区域的像素值为 0(白)，则目标区域的面积为

$$A = \sum_{x=0}^{M-1} \sum_{y=0}^{N-1} f(x,y) \tag{8-4-1}$$

其中，A 表示目标区域面积；$f(x,y)$ 表示二值图像；M 和 N 为图像的尺寸。

图 8-42 为目标区域面积计算原理图。目标区域的面积就是黑点的个数。

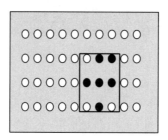

图 8-42 区域面积计算原理图

2. 图形周长

常见的等效表示方法有两种：
(1)区域与背景的交界线长度，采用欧氏距离。
(2)区域边界 8 链码长度；若边界的链码表示为

$$x_0 c_1 c_2 c_3 \cdots c_n x_0 \tag{8-4-2}$$

其中，x_0 为起始点。

则可定义边界长度为

$$L = \sum_{i=1}^{n} \Delta L_i \tag{8-4-3}$$

$$\Delta L_i = \begin{cases} 1, & c_i \in \{0,2,4,6\} \\ \sqrt{2}, & c_i \in \{1,3,5,7\} \end{cases} \tag{8-4-4}$$

3. 矩心

图像中物体位置可用矩心表示，也叫质心或重心，是物体对某轴的静力矩作用中心。如果把目标图像看成是一块质量密度不均匀的薄板，以各像素点的灰度作为各点的质量密度。即以矩心的定义式来计算图像中目标的位置。若为二值图像，则称为形心。公式为

$$\begin{cases} x_c = \dfrac{\displaystyle\sum_{x=0}^{M-1}\sum_{y=0}^{N-1} xf(x,y)}{\displaystyle\sum_{x=0}^{M-1}\sum_{y=0}^{N-1} f(x,y)} \\[6mm] y_c = \dfrac{\displaystyle\sum_{x=0}^{M-1}\sum_{y=0}^{N-1} yf(x,y)}{\displaystyle\sum_{x=0}^{M-1}\sum_{y=0}^{N-1} f(x,y)} \end{cases} \tag{8-4-5}$$

其中，$f(x,y)$ 为输入图像；M 和 N 为图像的尺寸；x_c 和 y_c 为目标质心坐标。

若为二值图像，质心即形心计算可简化为

$$\begin{cases} x_c = \dfrac{1}{A}\displaystyle\sum_{x=0}^{M-1}\sum_{y=0}^{N-1} xf(x,y) \\[6mm] y_c = \dfrac{1}{A}\displaystyle\sum_{x=0}^{M-1}\sum_{y=0}^{N-1} yf(x,y) \end{cases} \tag{8-4-6}$$

其中，$f(x,y)$ 为输入图像；M 和 N 为图像的尺寸；x_c 和 y_c 为目标质心坐标。

质心计算示意图如图 8-43 所示。

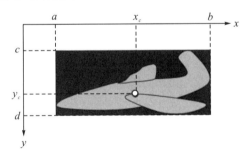

图 8-43　质心计算示意图

4. 矩形度

矩形面积 A 与包围它的最小矩形面积之比：

$$R = \frac{A}{A_R} \tag{8-4-7}$$

其中，R 表示矩形度；A 表示矩形面积；A_R 表示包围矩形 A 的最小矩形面积。

5. 圆形度

区域面积 A 与包围它的最小圆面积之比：

$$C = \frac{A}{S} = \frac{A}{\pi r^2} = \frac{A}{\pi (P/2\pi)^2} = 4\pi \frac{A}{P^2} \tag{8-4-8}$$

其中，P 为周长。

6. 积分投影

设 $R(\rho,\theta)$ 为一幅图像 $f(x,y)$ 在 θ 方向上的投影，则可以用 Radon 变换来实现，即

$$R(\rho,\theta) = \sum_{x=0}^{M-1} \sum_{y=0}^{N-1} f(x,y)\delta(\rho - x\cos\theta - y\sin\theta) \tag{8-4-9}$$

其中，M，N 为图像尺寸；δ 为离散冲激。极坐标下 ρ 的模表示角度 θ 的直线上点到原点的距离，$\theta \in [0,2\pi]$。当 θ 为 0 和 $\pi/2$ 时，分别表示 x 方向和 y 方向的投影。图 8-44 为一个二值图像的投影示意图。

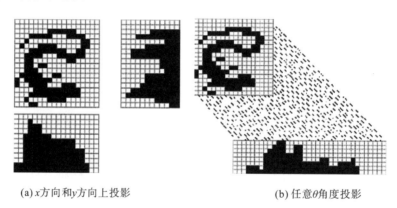

(a) x 方向和 y 方向上投影   (b) 任意 θ 角度投影

图 8-44　投影过程示意图

8.4.2　特征表示与描述

图像特征描述有表示法设计、边界描述子和关系描述子等形式。

1. 表示法设计

表示法设计一般分为：①链码；②多边形逼近；③外形特征；④边界分段；⑤区域骨架等。本节将重点介绍链码表示法。

在数字图像处理中，用链码描述曲线是一种最容易和直观的方法。由于数字图像其实是一个矩形的阵列，线条或边界是由一串离散的像素点组成，若用一网格覆盖图像，并使像素点位于网格的交点上，如图 8-45(a) 所示，则离散图像的线条可以看作是短的线段组成的链，这样任何一条开曲线或闭合曲线都可以用链码来描述。图 8-45(b) 和图 8-45(c) 分别为 4 方向链码和 8 方向链码的编号示意图。

链码是一种边界的编码表示法；用边界的方向作为编码依据。为简化边界的描述，一般描述的是边界点集。

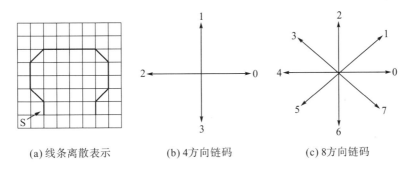

(a) 线条离散表示　　　　(b) 4方向链码　　　　(c) 8方向链码

图 8-45　线条的离散表示与方向指示

链码又称 Freeman 链码，根据不同的连通性定义，有 4 方向链码和 8 方向链码之分。以 8 方向链码为例，链码可以看作是一串指向符，指向符如图 8-45(c)所示，它用 0、1、2、3、4、5、6、7 这八个数字来表示 $0°$、$45°$、$90°$、$135°$、$180°$、$225°$、$270°$、$315°$ 八个方向。链码表示就是从一条曲线的起点开始，观察每一线段的走向并用相应的指向符来表示，其结果就形成一个数列。对于如图 8-45(a)所示的曲线，可以用链码表示为 23221000076656。

有些场合，用链码描述闭合边界时，往往不关心起点的具体位置，此时链码与位置无关。如果用链码表示封闭边界，就可以通过选择起始点实现"起始点归一化"，选择的准则是要求最终得到的方向码序列成为一个数值最小的整数，这种归一化措施有助于进行匹配。

链码的"导数"不随边界旋转运动变化，因此非常有用。对 8 方向链码来说，它的导数是对每个码元作后向差分，并对结果作模 8 运算，它表明了链码段之间的相对方向变化。为了使一段链码能与下一段链码有相同的方向，需要将它逆时针旋转，旋转的次数(每次 $\pi/2$ 或 $\pi/4$)就是导数数码序列的数值。

图 8-46 为 4 方向链码实例示意图。若从图形起点(圆点)开始编码，则得到该图形对应的 4 方向链码为 00003333332222221111110011。显然，这种编码与规定的起始点有关。

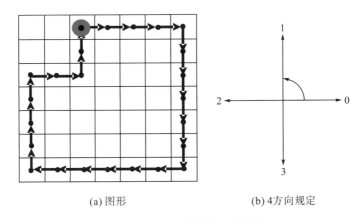

(a) 图形　　　　　　　　　(b) 4方向规定

图 8-46　4 方向链码实例示意图

我们稍做改进，即利用相邻链码的差代替链码本身，也叫作循环首差。如有 4 方向链码为 10103322，用第 1 位减去最后 1 位：1-2=-1（与方向 3 对应）作为新链码的第 1 位，第 2 位减第 1 位：0-1=-1 作为新链码的第 2 位，第 3 位减第二位：1-0=1 作为作为新链码的第 3 位。以此类推，可以得到最终的循环首差为 33133030。循环首差可以克服链码依赖于起始点的问题。

例如，图 8-47(a) 的 8 方向链码（freeman chain code，FC）可以为 11002122244454466667，其循环首差（freeman chain code difference，FD）为 20702710020017020001。图 8-47(b) 的 8 方向链码表示为 77660700022232244445，循环首差为 20702710020017020001。可见图形旋转后，8 方向链码改变，但循环首差不变。

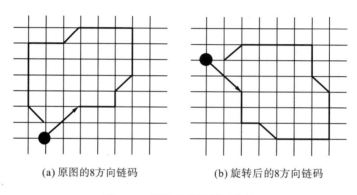

(a) 原图的8方向链码 　　　　　　 (b) 旋转后的8方向链码

图 8-47　循环首差旋转不变性

2. 边界描述子

边界描述子可分为：①简单描述子；②形状数；③傅里叶描述子；④矩量等。

形状数为重排后最小量级的循环差分码，形状数的阶 n 为其表示的序列中数字的个数。图 8-48 为形状数计算实例。

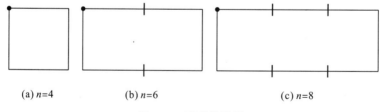

(a) $n=4$ 　　　　　　 (b) $n=6$ 　　　　　　 (c) $n=8$

图 8-48　形状数计算

图 8-48(a) 中，$n=4$，4 方向链码为 0321，循环首差为 3333，形状数为 3333；图 8-48(b) 中，$n=6$，4 链码为 003221，循环首差为 303303，形状数为 033033；图 8-48(c) 中，$n=8$，4 方向链码为 00032221，循环首差为 30033033，形状数为 00330033。

3. 关系描述子

关系描述子分为：①阶梯关系编码；②骨架关系编码；③方向关系编码；④内角关系编码；⑤树结构关系编码等。

8.4.3　角点特征

特征点包括角点、特征点、兴趣点等。特征点可用于：①图像校准、重建、匹配；②运动跟踪；③目标识别；④索引和数据库检索；⑤机器人导航等。

用于特征匹配的基本步骤：

(1) 检测待匹配图像和配准图像的特征点。

(2) 寻找相应特征点对。

(3) 应用特征点对进行图像校准。

图 8-49 为特征匹配实例匹配流程示意图。

(a) 原始图像与配准图像　　　　　　　　　　　(b) 寻找相应特征点对

(c) 检测待匹配图像和配准图像的特征点　　　　(d) 图像配准结果特征点

图 8-49　特征匹配实例匹配流程示意图

角点特征是图像的重要特征，对掌握目标的轮廓特征具有决定作用。所谓角点就是图像中梯度值和梯度变化率比较高的点，一般出现在图像边缘的末端。角点具有旋转不变性，几乎不受光照条件的影响，角点只包含图像中大约 0.5% 的像素点，在没有丢弃图像数据信息的条件下，角点最小化了要处理的数据量，因此角点检测具有实用价值，近年来越来越受到人们的重视。角点在图像匹配中也有很重要的意义，利用角点特征进行匹配可以大大提高匹配的速度。角点作为输入可应用于 3D 建模、运动估计、3D 对象跟踪等领域，尤其在实时处理中有很高的应用价值。在实现摄影测量自动化和遥感影像匹配中，提取角点特征也具有重要意义。

近年来已经提出了很多提取角点的算法，最早提出的基于几何形状的算法可描述为：对于一幅数字图像，首先对其进行图像分割，提取边界构成链码，然后找出边界上转折较大的点作为角点。由于图像分割本身就是一个很复杂的工作，使得角点检测算法的复杂度更大，并且在图像分割中出现的任何误差都将导致提取的角点结果偏差很大。另外一种思路是利用灰度变化来检测角点，这种方法的特点是不依赖于目标的其他局部特征，利用角点本身的特点直接提取角点，具有速度快、计算简便的特点。下面介绍几种用于角点检测的常用算法。

1. Moravec 算子

Moravec 早在 1977 年就已经提出了直接利用图像灰度信息探测角点的方法，习惯上称为 Moravec 算子。其基本思想是，在给定的某个局部窗口范围内，沿各个方向(水平、竖直、四个斜对角)移动一个像素，计算各方向的灰度方差，并以此来推断该窗口的中心点是否为角点。考虑以下三种情况：

(1) 如果图像局部区域是均匀的(即亮度不发生变化)，那么窗口小的滑动，只会引起小的变化。

(2) 如果窗口遇到一条边缘，沿边缘滑动窗口也只会引起较小的变化。但是垂直边缘方向的移动将引起比较大的变化。

(3) 如果局部区域有一个角点或一个孤立点，那么沿所有方向的移动都会引起大的变化。检测一个角点可以通过找到任一移动产生的最小变化的局部最大值来得到。

图 8-50 为 Moravec 算子原理示意图。

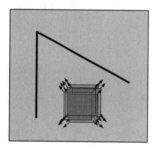 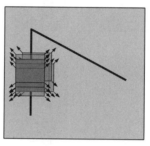 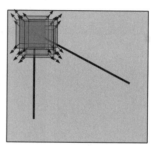

(a) 图像的局部区域是均匀时，窗口的滑动只会引起微小的变化　　(b) 沿图像边缘滑动窗口仅会引起微小变化，沿垂直图像边缘会引起大变化　　(c) 局部区域均匀时，沿所有方向移动均会引起大变化

图 8-50　Moravec 算子原理示意图

下面给出 Moravec 算子角点检测的数学表达式，给定图像 $I(x, y)$ 的一个大小为 $M \times N$ 的窗口 $\{(k, l): k = 1, 2, \cdots, M; l = 1, 2, \cdots, N\}$ ，则 Moravec 算子的计算方法如下：

$$V_1 = \frac{1}{M(N-1)} \sum_{i=1}^{M} \sum_{j=1}^{N} \left[I(x+k, y+l) - I(x+k, y+l+1) \right]^2$$

$$V_2 = \frac{1}{(M-1)N} \sum_{i=1}^{M} \sum_{j=1}^{N} \left[I(x+k, y+l) - I(x+k+1, y+l) \right]^2$$

$$V_3 = \frac{1}{(M-1)(N-1)} \sum_{i=1}^{M} \sum_{j=1}^{N} \left[I(x+k, y+l) - I(x+k+1, y+l+1) \right]^2 \tag{8-4-10}$$

$$V_4 = \frac{1}{(M-1)(N-1)} \sum_{i=1}^{M} \sum_{j=1}^{N} \left[I(x+k, y+l+1) - I(x+k+1, y+l) \right]^2$$

$$V = \min(V_1, V_2, V_3, V_4)$$

根据式(8-4-10)计算四个方向相邻像素灰度差的平方和，取四个值中的最小值与一个事先设定好的阈值 V_T 进行比较，若 $V > V_T$ 的窗口区域认为是特征区域，其中心或重心被认为是角点。阈值过大，将导致一些真正的角点被淘汰；而阈值过小，将保留太多的虚假角点。

2. Harris 算子

Harris 和 Stephen(1988 年)在 Moravec 算子基础上提出了改进的角点检测算法，即 Harris 角点检测算法(也叫 Plessey 特征点检测)。不失一般性，对于一幅二维灰度图像 I，考虑其中属于某小窗口 W 内的图像块 (x,y)，对于发生一个小的位移 (u,v)，则有

$$E(u,v) = \sum_{(x,y)\in W} \left| I(x,y) - I(x+u, y+v) \right|^2 \tag{8-4-11}$$

其中，$E(u,v)$ 是由于两个图像块移动 (u,v) 后造成图像灰度的平均变化，即均方误差和；I 代表图像灰度值；$W(x,y)$ 是一个与位置 (x,y) 有关的窗口函数，表示待处理的局部区域或邻域。

在角点处，图像块的任意方向的位移将造成图像块之间平均灰度的显著变化。对发生位移后的图像块 $I(x+u, y+v)$，在像素点 (x,y) 处展开，可近似表示成一次泰勒多项式形式，即

$$I(x+u, y+v) \approx I(x,y) + u\frac{\partial I}{\partial x} + v\frac{\partial I}{\partial y} \tag{8-4-12}$$

将一阶偏微分采用差分形式，记 $\frac{\partial I}{\partial x} = I_x$ 和 $\frac{\partial I}{\partial y} = I_y$，则式(8-4-11)可近似表示为

$$\begin{aligned} E(u,v) &\approx \sum_{(x,y)\in W} \left[I(x,y) + uI_x(x,y) + vI_y(x,y) - I(x,y) \right]^2 \\ &= \sum_{(x,y)\in W} \left[uI_x(x,y) + vI_y(x,y) \right]^2 \end{aligned} \tag{8-4-13}$$

上式写成矩阵形式，即

$$E(u,v) \approx \begin{bmatrix} u & v \end{bmatrix} M \begin{bmatrix} u \\ v \end{bmatrix} \tag{8-4-14}$$

M 为一个结构矩阵或张量，即

$$M = \sum_{(x,y)\in W} \begin{bmatrix} I_x^2 & I_x I_y \\ I_x I_y & I_y^2 \end{bmatrix} = \begin{bmatrix} \sum_{(x,y)\in W} I_x^2 & \sum_{(x,y)\in W} I_x I_y \\ \sum_{(x,y)\in W} I_x I_y & \sum_{(x,y)\in W} I_y^2 \end{bmatrix} \tag{8-4-15}$$

作为窗函数 W，可以是一个矩形窗，也可以是 Gaussian 窗函数，用于平滑图像，例如 $W(x,y) = \frac{1}{2\pi\sigma^2} e^{-(x^2+y^2)/2\sigma^2}$，其中 (x,y) 为窗口中心的位置坐标，这样可以减少窗口大小的影响，而只与参数 σ 有关。

实际上，M 是一个均方梯度矩阵，也称为海色（Hessian）矩阵，它依赖于以下两个尺度：

(1)描述图像模糊程度的自然尺度，与差分算子有关的。

(2)用于局部求和的人为设定尺度，与求和窗口大小有关。

实际上，矩阵 M 的两个特征向量对应的特征值 λ_1 和 λ_2 与矩阵 M 的主曲率成正比，利用 λ_1，λ_2 来表征变化最快和最慢的两个方向。若两个都很大则是角点，两者差异大代表边缘，两个都小则表示处于变化缓慢的图像区域。

为此，我们可以近似计算 M 的最小特征值为

$$\lambda_{\min} \approx \frac{\lambda_1 \lambda_2}{\lambda_1 + \lambda_2} = \frac{\det(M)}{\mathrm{tr}(M)} \tag{8-4-16}$$

其中，$\det(M)$ 和 $\mathrm{tr}(M)$ 分别表示计算 M 的行列式和迹，即

$$\det(M) = \lambda_1 \lambda_2 \tag{8-4-17}$$

$$\mathrm{tr}(M) = \lambda_1 + \lambda_2 \tag{8-4-18}$$

最后，Harris 等提出了如下特征点检测的响应函数，即

$$R = \lambda_1 \lambda_2 - k(\lambda_1 + \lambda_2)^2 = \det(M) - k[\mathrm{tr}(M)]^2 \tag{8-4-19}$$

这里，k 是一个经验确定的常数，Harris 等建议取值为 0.04～0.06。实际上，响应函数 R 是把两个旋转不变量结合起来。R 值越大，表明该点越是角点。当 R 大于零并且较大时，对应角点；当 R 小于零并且较小时，对应于边缘区域；当 $|R|$ 较小时，对应于图像的平坦区域。只要在某一点 R 超过某一阈值，即认为该点是角点。

Harris 角点检测采用差分求导的方法，计算简单；同时具有较高的稳定性和鲁棒性，能够在图像旋转、灰度变化以及噪声干扰等情况下准确地检测特征点，具有较高的点重复度和较低的误检率。

角点被定义为角点函数的局部最大，可以通过邻域局部最大的二次近似达到亚像素精度。为了避免把孤立噪声误判为角点，应该对输入图像利用高斯滤波进行噪声平滑。实际处理中，会提出很多角点，这种情况下，应该限制角点数目。一种可能的途径就是通过调节阈值，使得角点数目达到期望的数值。在某些场景下，大多数突出的角点都聚集在图像的某个区域，需要重新规划和提炼以使角点图像各个部分的分布比较合理和符合实际情况。

图 8-51 为 Harris 角点检测实例示意图。

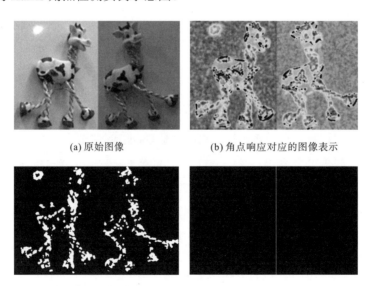

(a) 原始图像　　　　　　　(b) 角点响应对应的图像表示

(c) 设定阈值，寻找大角点响应　　(d) 保留响应函数局部最大值对应的点

图 8-51　Harris 角点检测实例示意图

3. SUSAN 算子

最小吸收核同值(small univalue segment assimilating nucles，SUSAN)区域原则，最早由 Smith 和 Brady(1995)提出。它可用于边缘检测(一维特征)、角点或拐点检测(二维特征)以及噪声衰减。

SUSAN 算法是通过一个圆形模板来实现的，如图 8-52(a)所示，圆形模板的圆心称为核心，若模板内像素的灰度与模板中心像素灰度的差值小于一定阈值，则认为该点与核具有相同的灰度，由满足这样条件的像素组成的局部区域为 USAN 区域。图 8-52(b)显示出了不同位置的 USAN 区域面积大小。USAN 区域包含了图像结构的以下信息：在 a 位置，核心点在角点上，USAN 面积达到最小；在 b 位置，核心点在边缘线上时，USAN 区域面积接近最大值的一半；在 c、d 位置，核心点处于黑色矩形区域之内，USAN 区域面积接近最大值。因此，可以根据 USAN 区域的面积大小检测出角点。

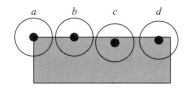 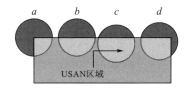

(a) 简单图像中不同位置的圆形模板　　(b) 不同位置圆形模板的USAN区域(浅色部色)

图 8-52　SUSAN 算法示意

SUSAN 角点提取是在给定大小的窗口中对像素点进行运算，得到窗口中心处的角点初始响应，然后在所有的初始响应中寻找局部最大值得到最终的角点。其算法步骤可描述为：

(1)SUSAN 模板在图像上滑动，在每个位置上，比较模板内各图像像素的灰度与模板核的灰度：

$$c\left(\vec{r},\vec{r_0}\right)=\begin{cases}1, & \left\|I\left(\vec{r}\right)-I\left(\vec{r_0}\right)\right\|\leqslant t \\ 0, & \left\|I\left(\vec{r}\right)-I\left(\vec{r_0}\right)\right\|>t\end{cases} \tag{8-4-20}$$

式中，$\vec{r_0}$ 是核在二维图像中的位置；$\vec{r}$ 是模板内除核之外的任意一个点的位置；$I(\vec{r})$ 为 $\vec{r}$ 位置的点的灰度值；t 为灰度差的阈值，它控制生成角点的数量，当 t 减小时，算法检出图像中更微小的灰度变化，输出的角点更多；$c(\vec{r},\vec{r_0})$ 是灰度比较的结果。

(2)模板中所有元素都比较完后，计算 $c(\vec{r},\vec{r_0})$ 的累加值：

$$n\left(\vec{r_0}\right)=\sum_{\vec{r}}c\left(\vec{r},\vec{r_0}\right) \tag{8-4-21}$$

累加值 n 就是 USAN 区域的像素个数，即获得了 USAN 区域的面积。为了使算法更稳定可靠，常取

$$c\left(\vec{r},\vec{r_0}\right)=\mathrm{e}^{-\left[\frac{I\left(\vec{r}\right)-I\left(\vec{r_0}\right)}{t}\right]^6} \tag{8-4-22}$$

(3)用一几何阈值和 $n(\vec{r_0})$ 进行比较，以获得最终的响应函数。

$$R\left(\vec{r}_0\right) = \begin{cases} g - n\left(\vec{r}_0\right), & n\left(\vec{r}_0\right) < g \\ 0, & \text{其他} \end{cases} \tag{8-4-23}$$

式中，R 为响应函数；g 为几何阈值；g 选取 1/2 模板像素个数。这一步骤主要是为了消除噪声的影响，控制角点的生成质量。阈值 g 不仅影响输出角点的数量，而且影响输出角点的形状。当减小阈值时，被检出的角点会更尖锐。

SUSAN 角点提取不涉及图像的求导运算，具有简单直观、特征定位比较准确等优点。

为了分析和测试以上三种算法的检测效果，分别进行了各种模型数据和实际场景图像的计算。图 8-53(a)、(b) 和 (c) 分别为 Moravec 算法、SUSAN 算法和 Harris 算法对模型数据的检测结果，除 Moravec 算法产生少量虚假角点外，后两种算法基本检测到了合理的结果。图 8-54(a)、(b) 和 (c) 分别对应 Moravec 算法、SUSAN 算法和 Harris 算法对实际场景数据的检测结果。Moravec 角点检测结果，无法较好区分角点和孤立点；SUSAN 角点检测结果，检测出角点的同时，把边缘也检测出来；Harris 角点检测能够较好地提取角点。通过各种场景数据的测试，总结得出三种算法各自的特点如下：

(1) Moravec 算法直接从图像灰度信息计算特征点，原理简单，计算速度快，易于硬件实现，但对低对比度图像的检测不是很有效，且对阈值的依赖性强，在不同阈值情况下检测的差异比较大，无法很好地区分角点和孤立点。

(2) Harris 算法利用了图像的二阶偏导及其高斯平滑，能有效检测场景中显著特征，且原理简单，易于硬件实现，是很多实时系统首选的特征点检测方法，但是计算中要求的缓存空间较大。

(3) SUSAN 算法具有较强的局部抗干扰能力，检测的特征点比较细腻，但由于圆形模板的假设，实际实现起来比较困难。

(a) Moravec算法　　　　(b) SUSAN算法　　　　(c) Harris算法

图 8-53　模型数据角点检测结果

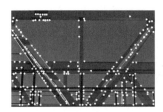 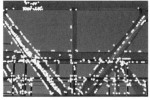 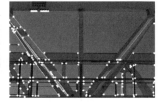

(a) Moravec算法角点检测结果　　(b) SUSAN算法角点检测结果　　(c) Harris算法角点检测结果

图 8-54　实际场景图像的角点检测结果

4. SIFT 方法

David G. Lowe(1999)提出尺度不变特征，用来进行物体的识别和图像匹配等，并在2004 年加以完善。尺度不变特征变换(scale invariance feature transform，SIFT)算子是一种基于尺度空间的图像局部特征描述算子，对图像缩放、旋转甚至仿射变换保持不变性。利用 SIFT 方法从图像中提取出的特征点可以用于一个物体或场景不同视角下的可靠匹配，提取出的特征点对图像尺度和旋转保持不变，对光线变化、噪声、仿射变化都具有鲁棒性。

SIFT 方法主要思想是在尺度空间寻找极值点，然后对极值点进行过滤，找出稳定的特征点。SIFT 方法的特征点过滤是在高斯差分金字塔分层中通过求极值得到候选特征点，通过过滤掉低对比度和位于边缘处的特征点，最后得到稳定的特征点。

1)生成高斯差分金字塔

为求得高斯差分(Difference of Gaussian，DoG)金字塔，要先构建图像的尺度空间函数。定义尺度空间函数为 $L(x,y,\sigma)$，将一个可变尺度的二维高斯函数作为卷积核，设输入图像为 $I(x,y)$，则有

$$L(x,y,\sigma)=G(x,y,\sigma)\otimes I(x,y) \tag{8-4-24}$$

其中，$\otimes$ 表示卷积操作；$G(x,y,\sigma)=\dfrac{1}{2\pi\sigma^2}e-\left(x^2+y^2\right)/2\sigma^2$，是高斯函数。

为了更有效地检测出尺度空间中的稳定特征点，我们进一步使用高斯函数的差对图像进行卷积操作，得到 DoG 函数，即

$$\begin{aligned}D(x,y,\sigma)&=\left[G(x,y,k\sigma)-G(x,y,\sigma)\right]\otimes I(x,y)\\&=L(x,y,k\sigma)-L(x,y,\sigma)\end{aligned} \tag{8-4-25}$$

其中，k 是一个常量。

采用金字塔可以高效地计算 DoG 图像，其生成过程如图 8-55 所示。

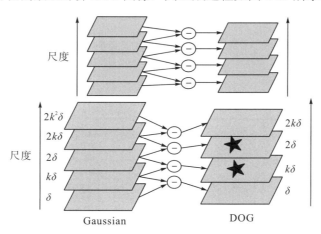

图 8-55　DoG 金字塔生成示意图

金字塔自下而上分为多层，在第一层中，对原始图像不断用高斯函数卷积，得到一系列逐渐平滑的图像。在这一层中，相邻的高斯差分得到高斯差分图像。这一组进行完毕后，

从中抽取一幅图像 A 进行降采样，得到图像 B 的面积变为图像 A 的 $1/4$，并将图像 B 作为下一层的初始图像，重复第一层的过程。A 所用的尺度空间参数为初始尺度空间参数的 2 倍。设 $k=2^{1/s}$，在 s 个尺度中寻找极值点，则每层要有 $s+3$ 幅图像，生成 $s+2$ 幅 DoG 图像。

2）DoG 差分图中的极值检测

为了得到 DoG 图像中的极值点，样本像素点共需要与 26 个像素进行比较。如图 8-56 所示，叉点是待比较的样本像素点，它与本层中和它相邻的 8 个像素点进行比较，同时还要和上下相邻层中的各 9 个邻近的像素点进行比较。如果样本点是这些点中的灰度极值点（极大值或极小值），则把这个点当作候选特征点提取出来，否则按此规则继续比较其他的像素点。在图 8-55 右侧 DoG 金字塔分层结构中，每组只有第 2～3 层图像满足上面的比较条件，可以提取出候选特征点，图中的五角星表示产生候选特征点的图层。

一旦通过上面步骤得到了候选特征点，下一步就是确定稳定特征点的位置、尺度、曲率等信息。通过下面操作可以将候选特征点中低对比度（对噪声敏感）或位于边缘的候选特征点过滤掉。

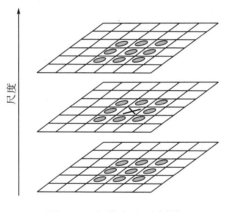

图 8-56　极值求取示意图

3）过滤低对比度特征点

对于某一个尺度上求取的极值点，采用一个三维的二次函数求该极值点在原图像上的位置，并去除低对比度的极值点。首先将尺度空间函数 $D(x,y,\sigma)$ 在某极值点泰勒展开，最高到二次项近似写为

$$D(X) = D + \frac{\partial D^{\mathrm{T}}}{\partial X}X + \frac{1}{2}X^{\mathrm{T}}\frac{\partial^2 D}{\partial X^2}X \tag{8-4-26}$$

其中，$X=(x,y,\sigma)^{\mathrm{T}}$，是到该极值点的偏移量。对式（8-4-26）求 X 的偏导数，并令偏导为 0，得

$$\hat{X} = D + \frac{\partial^2 D^{-1}}{\partial X^2}\frac{\partial D}{\partial X} \tag{8-4-27}$$

如果极值 $\hat{X}$ 在任一方向上大于 0.5，就意味着偏移量的极值与另外的样本点非常接

近，这样样本点就会被改变，这时用插值来代替样本点，偏移量 $\hat{X}$ 被加到其样本点上从而得到在极值位置处的插值估计值：

$$D(\hat{X}) = D + \frac{1}{2}\frac{\partial D^{\mathrm{T}}}{\partial X}\hat{X} \tag{8-4-28}$$

同时利用 $D(\hat{X})$ 去除低对比度的点，通过观察实验结果可以得出，$D(\hat{X})$ 绝对值小于 0.03 的极值点都将被丢弃。

4) 过滤边缘处的特征点

为了得到稳定的特征点，我们还必须去除边缘的影响，因为边缘上的特征点抗噪性较差。一个在图像边缘的特征点在高斯差分函数的峰值处与边缘交叉处有一较大的主曲率值，但在垂直方向曲率值较小，该点的曲率最大值和最小值之比一般情况下要比非边缘点的比值大。利用这个性质可设一个比值的阈值，当比值大于这个阈值就认为特征点在边缘上，由此将边缘处的低对比度特征点过滤掉。

我们知道 2×2 的 Hessian 矩阵为

$$\boldsymbol{H} = \begin{bmatrix} D_{xx} & D_{xy} \\ D_{xy} & D_{yy} \end{bmatrix} \tag{8-4-29}$$

假设 α 是 Hessian 矩阵较大的特征值，β 是较小的特征值，则有如下关系式成立。

$$\mathrm{tr}(\boldsymbol{H}) = D_{xx} + D_{yy} = \alpha + \beta \tag{8-4-30a}$$

$$\det(\boldsymbol{H}) = D_{xx}D_{yy} - (D_{xy})^2 = \alpha\beta \tag{8-4-30b}$$

其中，$\mathrm{tr}(\boldsymbol{H})$ 表示矩阵的迹，即矩阵 $\boldsymbol{H}$ 主对角线元素之和；$\det(\boldsymbol{H})$ 表示矩阵 $\boldsymbol{H}$ 行列式的值。若矩阵 $\boldsymbol{H}$ 行列式的值为负，则两个曲率值不同号，此时该点就会被过滤掉而不作为极值处理。令 $\alpha = r\beta$，则有

$$\frac{\mathrm{tr}(\boldsymbol{H})^2}{\det(\boldsymbol{H})} = \frac{(\alpha+\beta)^2}{\alpha\beta} = \frac{(r\beta+\beta)^2}{r\beta^2} = \frac{(r+1)^2}{r} \tag{8-4-31}$$

从上式可以看出经过这样处理后公式中最后只剩下变量 r，而两个特征值 α 和 β 就不必计算了。当两个特征值相等时，$(r+1)^2/r$ 最小且随着 r 的增加而增加。因此，为了确定主曲率间比值的阈值 r，可以采用下式得到阈值 r：

$$\frac{\mathrm{tr}(\boldsymbol{H})^2}{\det(\boldsymbol{H})} < \frac{(r+1)^2}{r} \tag{8-4-32}$$

上式很容易通过少量的样本点验证得到阈值 r，尺度不变特征变换中取 $r=10$，如果主曲率间的比值大于 10，则认为该点是位于边缘而被过滤掉的点。

8.4.4　纹理特征

纹理分析在计算机视觉、模式识别以及数字图像处理中起着重要的作用。但对于纹理的定义，至今国际上尚无一个公认的标准说法。通常所指的图像纹理，意指图像像素灰度或颜色的某种变化，而且这种变化是空间统计相关的。图像或物体的纹理或纹理特征反映了图像或物体本身的属性，因此有助于我们将两种不同的物体区别开来。例如，一块足球

场的图像和森林的图像有着明显不同的空间特征，足球场的色调或灰度变化较慢，而森林的色调变化较快。而一块花布则是由一定的纹理图案按某种规则固定排列的。因此，可以从以下几点来理解纹理结构：

(1)某种局部的序列性在比该序列更大的区域内不断重复出现。

(2)序列是由基本部分，即纹理基元，非随机排列组成的。

(3)在纹理区域内各部分具有大致相同的结构。

因此，纹理就是由纹理基元按某种确定性的规律或某种统计规律排列组成的。纹理可分为人工纹理[图 8-57(a)]和自然纹理[图 8-57(b)]。人工纹理是某种符号的有序排列，这些符号可以是线条、点、字母等，是有规则的。自然纹理是具有重复排列现象的自然景象，如砖墙、森林、草地等，往往是无规则的。在光电成像跟踪系统中，人们感兴趣的通常是飞机、舰船、坦克、导弹、汽车等人造目标，它们的背景随实际应用的不同而不同，可以是天空、海洋、沙漠、森林等自然场景，因此目标和背景是有着截然不同的纹理特征的。如果能掌握目标和背景的纹理差异，将对目标的搜索、识别和跟踪大有裨益。

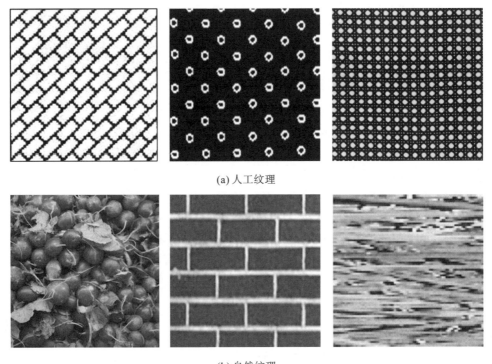

(a) 人工纹理

(b) 自然纹理

图 8-57　纹理图例

纹理特征通常有如下两种较为常用的定义：

(1)按一定规则对元素或基元进行排列所形成的重复模式。

(2)如果图像函数的一组局部属性是恒定的，或者是缓变的，或者是近似周期性的，则图像中的对应区域具有恒定的纹理。

纹理是区域属性，并与图像分辨率或尺度(resolution or scale)密切相关，即存在重复性、规则性、周期性、方向性等。

　　纹理特征表现局部区域中灰度的空间分布和像素位置之间的空间相关性。纹理分析可以在空间域进行，如直方图分析、灰度共生矩阵分析法、行程长度统计法等，也可以在频率域进行，如傅里叶频谱分析法、小波分析法，而利用分形技术来分析图像的纹理，是目前应用较为广泛的方法。

　　常用的纹理分析方法：①统计方法，如统计矩、灰度共生矩阵、不变矩等；②结构方法，如 Voronoi 多边形特征法等；③频谱方法，如小波变换法、Gabor 变换法等。

1. 统计矩

　　统计矩是描述图像纹理最简单的方法之一，直接对图像或区域的灰度直方图进行分析：

$$\mu_n(z) = \sum_{i=0}^{N-1}(z_i - m)^n p(z_i) \tag{8-4-33}$$

其中，z 表示灰度；$p(z_i)$ 表示图像或区域对应的直方图；N 表示灰度级；m 表示平均灰度。

$$m = \sum_{i=0}^{K-1} z_i p(z_i) \tag{8-4-34}$$

　　二阶矩 μ_2 是灰度对比度的度量，可以用来度量平滑度：

$$\mu_2(z) = \sum_{i=0}^{L-1}(z_i - m)^2 p(z_i) = \sigma^2(z) \to R(z) = 1 - \frac{1}{1 + \sigma^2(z)} \tag{8-4-35}$$

其中，σ 表示标准差。

　　三阶矩 μ_3 是直方图偏斜度的度量。四阶矩 μ_4 是直方图相对平坦度的度量。

$$\mu_3(z) = \sum_{i=0}^{N-1}(z_i - m)^3 p(z_i), \quad \mu_4(z) = \sum_{i=0}^{N-1}(z_i - m)^4 p(z_i) \tag{8-4-36}$$

　　一致性度量：

$$U(z) = \sum_{i=0}^{N-1} p^2(z_i) \tag{8-4-37}$$

　　平均熵度量：

$$e(z) = \sum_{i=0}^{K-1} p(z_i)\log_2 p(z_i) \tag{8-4-38}$$

2. 灰度共生矩阵

　　灰度共生矩阵是以条件概率提取纹理的特征，它反映的是灰度图像中关于方向、间隔和变化幅度等方面的灰度信息，因此可以用于分析图像的局部特征以及纹理的分布规律。灰度共生矩阵有两种定义形式。

　　第一种定义为：设灰度图像矩阵为 $\boldsymbol{G}$，位置相距为 $(\Delta x, \Delta y)$、灰度值为 i 和 j 的两个像素点对同时出现的联合概率分布称为灰度共生矩阵。若将灰度等级分为 n 档，那么联合概率分布可以用 $n \times n$ 阶的灰度共生矩阵表示。

例如，$\boldsymbol{G} = \begin{bmatrix} 1 & 2 & 1 \\ 3 & 4 & 4 \\ 2 & 3 & 1 \end{bmatrix}$ 为 3×3 的灰度图像，则将原有的灰度级分为 2 档，1 和 2 为第

1 档，3 和 4 为第 2 档。当 $(\Delta x, \Delta y) = (1,0)$ 时，灰度组合数为 $(1,2)$、$(2,1)$、$(3,4)$、$(4,4)$、$(2,3)$、$(3,1)$，其属于的灰度档为 $(1,1)$、$(1,1)$、$(2,2)$、$(2,2)$、$(1,2)$、$(2,1)$。因此 $(1,1)$ 出现了 2 次，$(2,2)$ 出现了 2 次，$(1,2)$ 和 $(2,1)$ 各出现了 1 次，此时构成的共生矩阵为

$\boldsymbol{M}^{(1,0)} = \begin{bmatrix} 2 & 1 \\ 1 & 2 \end{bmatrix}$。类似的还可以计算出其他共生矩阵为 $\boldsymbol{M}^{(0,1)} = \begin{bmatrix} 0 & 3 \\ 2 & 1 \end{bmatrix}$，$\boldsymbol{M}^{(\pm 1,0)} = \begin{bmatrix} 4 & 2 \\ 2 & 4 \end{bmatrix}$，

$\boldsymbol{M}^{(0,\pm 1)} = \begin{bmatrix} 0 & 5 \\ 5 & 2 \end{bmatrix}$。

第二种定义为：灰度共生矩阵就是从图像 $f(x,y)$ 的灰度为 i 的像素出发，统计与它距离为 $\delta = (\mathrm{d}x^2 + \mathrm{d}y^2)^{1/2}$、灰度为 j 的像素同时出现的概率 $p(i,j,\delta,\theta)$。灰度共生矩阵的像素对示意图如图 8-58 所示，通常 $\theta = 0°、45°、90°、135°$，逆时针方向计算。它其实是研究图像中两个像素灰度级联合分布的统计形式，通过这种方式得到的纹理特征称为二次统计量（second order statistics）。灰度共生矩阵表示具有空间关系的灰度值的统计。

灰度共生矩阵的数学表达式为

$$p(i,j,\delta,\theta) = \left\{ \left[(x,y),(x+\mathrm{d}x,y+\mathrm{d}y) \right] \mid f(x,y) \right\} = i$$
$$f(x+\mathrm{d}x,y+\mathrm{d}y) = j; x = 0,1,\cdots,N_x-1; y = 0,1,\cdots,N_y-1 \tag{8-4-39}$$

式中，$i,j = 0,1,\cdots,L-1$，L 是图像的灰度级；(x,y) 是图像中的像素坐标；N_x、N_y 为图像的行列数。根据求得的灰度共生矩阵，就可对图像的纹理进行分析。

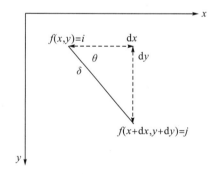

图 8-58 灰度共生矩阵的像素对

例如，给定如下所示的图像：

$$A = \begin{vmatrix} 0 & 1 & 2 & 3 & 0 & 1 \\ 1 & 2 & 3 & 0 & 1 & 2 \\ 2 & 3 & 0 & 1 & 2 & 3 \\ 3 & 0 & 1 & 2 & 3 & 0 \\ 0 & 1 & 2 & 3 & 0 & 1 \\ 1 & 2 & 3 & 0 & 1 & 2 \end{vmatrix}$$

若固定相邻间隔 $\delta = 1$，则各方向的灰度共生矩阵分别为

$$\boldsymbol{P}_A\left(0^\circ\right) = \begin{bmatrix} 0 & 8 & 0 & 7 \\ 8 & 0 & 8 & 0 \\ 0 & 8 & 0 & 7 \\ 7 & 0 & 7 & 0 \end{bmatrix}, \quad \boldsymbol{P}_A\left(45^\circ\right) = \begin{bmatrix} 12 & 0 & 0 & 0 \\ 0 & 14 & 0 & 0 \\ 0 & 0 & 12 & 0 \\ 0 & 0 & 0 & 12 \end{bmatrix}, \quad \boldsymbol{P}_A\left(135^\circ\right) = \begin{bmatrix} 0 & 0 & 13 & 0 \\ 0 & 0 & 0 & 12 \\ 13 & 0 & 0 & 0 \\ 0 & 12 & 0 & 0 \end{bmatrix}$$

上图中图像 A 的共生矩阵 $\boldsymbol{P}_A(0^\circ)$ 的主对角线上元素全部为 0，这说明水平方向上灰度变化频繁，纹理较细；$\boldsymbol{P}_A(135^\circ)$ 主对角线上的元素很大，其余元素为 0，这说明图像 A 沿东北-西南方向也是粗糙纹理。

实际计算中，一幅图像的灰度级数一般是 256 级，这样级数太多会导致计算灰度共生矩阵大，计算量大。为了解决这一问题，在求灰度共生矩阵之前，图像灰度级数常压缩为 16 级。

灰度共生矩阵反映的是整幅图像灰度分布的综合信息，由此出发，设 δ 和 θ 给定，将共生矩阵内各个元素进行归一化处理并记为 $P(i, j)$，可以进一步提取出描述纹理特征的一系列特征值如下：

(1) 角二阶矩或能量：

$$N_1 = \sum_i \sum_j P^2\left(i, j\right) \tag{8-4-40}$$

能量描述的是图像灰度均匀分布的特性，粗纹理的值较大，细纹理的值较小。

(2) 惯性矩：

$$N_2 = \sum_i \sum_j \left(i - j\right)^2 P\left(i, j\right) \tag{8-4-41}$$

该参数反映的是矩阵中取值较大的元素远离对角线的程度，N_2 越大，说明大值元素到对角线的距离越远。因此粗纹理的 N_2 较小，而细纹理的 N_2 较大。

(3) 熵：

$$N_3 = -\sum_i \sum_j P\left(i, j\right) \log P\left(i, j\right) \tag{8-4-42}$$

粗纹理 N_3 值较小，细纹理 N_3 值较大。没有任何纹理，灰度共生矩阵几乎为零，熵接近为零；充满细纹理，$P(i, j)$ 的值近似相等，熵最大；分布较少的纹理，$P(i, j)$ 值差别较大，熵较小。

(4) 相关：

$$N_4 = \frac{\sum\limits_i \sum\limits_j ijP\left(i, j\right) - \overline{xy}}{\sigma_x \sigma_y} \tag{8-4-43}$$

其中，$\overline{x} = \sum\limits_i i \sum\limits_j P(i, j)$；$\overline{y} = \sum\limits_j j \sum\limits_i P(i, j)$；$\sigma_x^2 = \sum\limits_i (i - \overline{x})^2 \sum\limits_j P(i, j)$；$\sigma_y^2 = \sum\limits_j (j - \overline{y})^2 \sum\limits_i P(i, j)$。该值衡量灰度共生矩阵的元素在行方向或列方向的相似程度。

(5) 逆差矩：

$$N_5 = \sum_i \sum_j \frac{P\left(i, j\right)}{1 + \left(i - j\right)^2} \tag{8-4-44}$$

逆差矩反映的是矩阵中大值元素到主对角线的集中程度，值越大，说明大值元素越集中。

3. 不变矩

从图像中分割出来的目标，按照其占据整幅图像面积大小的比例，可以分为扩展目标和弱小目标。所谓扩展目标，是指目标距离观测系统较近，面积占视场的 1/3 以上的目标。和弱小目标相比，扩展目标具有矩、角点、形状、纹理等多种特征。在目标运动过程中，其姿态常常会发生改变，如平移、旋转、伸缩以及光照等变化，这就给实际应用中常见的目标跟踪、识别等任务带来了很大的困难。因此，不变特征及其提取是目标识别研究中十分重要的研究课题，只有构建出抗平移、旋转、伸缩以及光照变化等的不变特征，才能实现目标的精确识别和跟踪。

矩特征主要表征图像区域的几何特征，又称为几何矩，由于其具有旋转、平移、尺度等特性的不变特征，所以又称其为不变矩。矩在统计学中常用来反映随机变量的分布情况，推广到力学中，它被用作刻画空间物体的质量分布。如果我们将图像的灰度值看作是一个二维或三维的密度分布函数，矩方法即可用于图像分析领域并用作图像特征的提取。自 1962 年 M.K.Hu 提出不变矩以来，不变矩在模式识别和数字图像处理等领域得到了广泛应用。为了更好地研究矩的各种特性，研究者们还给出了多种矩的定义，如 Zernike 矩、小波矩等。Zernike 矩方法源于 Teagure 提出的正交矩思想，和 Hu 矩相比其优点是：它是正交矩，能够构造出任意的高阶矩；它是一种积分运算，对噪声不太敏感；用小波变换构造目标旋转不变性的特征即小波矩，它在识别相似性的物体时有更好的识别率。

1）Hu 矩

设 $f(x,y)$ 为二维连续函数，其 $(p+q)$ 阶原点距定义为

$$m_{pq} = \int_{-\infty}^{+\infty} \int_{-\infty}^{+\infty} x^p y^q f(x,y) \mathrm{d}x \mathrm{d}y \tag{8-4-45}$$

显然 m_{pq} 由 $f(x,y)$ 唯一确定，反之亦然。零阶矩表示了图像的"质量"，即 $m_{00} = \int_{-\infty}^{+\infty} \int_{-\infty}^{+\infty} f(x,y) \mathrm{d}x \mathrm{d}y$；一阶矩 (m_{01}, m_{10}) 用于确定图像质心 (X_c, Y_c)：$\overline{x} = m_{10} / m_{00}$，$\overline{y} = m_{01} / m_{00}$；由于 m_{pq} 不具备平移不变性，若将坐标原点移至 $(\overline{x}, \overline{y})$，就得到了对于图像位移不变的中心矩，由此定义其 $(p+q)$ 阶中心矩为

$$u_{pq} = \int_{-\infty}^{+\infty} \int_{-\infty}^{+\infty} \left(x - \overline{x}\right)^p \left(y - \overline{y}\right)^q f(x,y) \mathrm{d}x \mathrm{d}y \tag{8-4-46}$$

其中，$p, q = 0, 1, \cdots$。

如果数字图像函数 $f(x,y)$ 是分段连续的，并且在 xy 平面的有限部分中有非零值，则可以证明它的各阶矩存在，并且矩序列 m_{pq} 唯一地被 $f(x,y)$ 所确定，反之 m_{pq} 也唯一确定了 $f(x,y)$。将积分用求和代替，m_{pq} 和 u_{pq} 可表示为

$$m_{pq} = \sum_{m=1}^{M} \sum_{n=1}^{N} x^p y^q f(x,y) \tag{8-4-47}$$

$$u_{pq} = \sum_{m=1}^{M}\sum_{n=1}^{N}\left(x-\overline{x}\right)^{p}\left(y-\overline{y}\right)^{q}f(x,y) \tag{8-4-48}$$

其中，$p,q=0,1,\cdots$；$\overline{x}$ 和 $\overline{y}$ 为图像的重心坐标；$\overline{x}=m_{10}/m_{00}$；$\overline{y}=m_{01}/m_{00}$。

$(p+q)$ 阶规格化中心矩为

$$n_{pq} = u_{pq}/u_{00}^{r} \tag{8-4-49}$$

式中，$r=1+(p+q)/2$；$p,q=1,2,3,\cdots$。

利用二阶和三阶规格化中心矩可导出下面 7 个不变矩组：

$$\Phi_{1} = \eta_{20}+\eta_{02}$$
$$\Phi_{2} = \left(\eta_{20}-\eta_{02}\right)+4\eta_{11}^{2}$$
$$\Phi_{3} = \left(\eta_{30}-3\eta_{12}\right)^{2}+\eta_{03}+3\eta_{21}^{2}$$
$$\Phi_{4} = \left(\eta_{30}+\eta_{12}\right)^{2}+\eta_{03}+\eta_{21}^{2}$$
$$\Phi_{5} = \left(\eta_{30}-3\eta_{12}\right)\left(\eta_{30}-\eta_{12}\right)\left[\left(\eta_{30}+\eta_{12}\right)^{2}-3\left(\eta_{03}+\eta_{21}\right)^{2}\right]$$
$$+\left(3\eta_{21}-\eta_{03}\right)\left(\eta_{21}+\eta_{03}\right)\left[\left(3\eta_{30}+\eta_{12}\right)^{2}-\left(\eta_{03}+\eta_{21}\right)^{2}\right]$$
$$\Phi_{6} = \left(\eta_{20}-\eta_{02}\right)\left[\left(\eta_{30}+\eta_{12}\right)^{2}-\left(\eta_{03}+\eta_{21}\right)^{2}\right]$$
$$+4\eta_{11}\left[\eta_{30}+\eta_{12}\left(\eta_{03}+\eta_{21}\right)^{2}\right]$$
$$\Phi_{7} = \left(3\eta_{21}-\eta_{03}\right)\left(\eta_{30}+\eta_{12}\right)\left[\left(\eta_{30}+\eta_{12}\right)^{2}-3\left(\eta_{03}+\eta_{21}\right)^{2}\right]$$
$$+\left(3\eta_{12}-\eta_{30}\right)\left(\eta_{21}+\eta_{03}\right)\left[\left(3\eta_{30}+\eta_{12}\right)^{2}-\left(\eta_{03}+\eta_{21}\right)^{2}\right] \tag{8-4-50}$$

由于 7 个不变矩的变化范围比较大且可能出现负值的情况，所以实际采用的不变矩是对原来 7 个不变矩先取绝对值再取对数的方法，即

$$\Phi_{l} = \log\left|\Phi_{l}\right| \tag{8-4-51}$$

不变矩及其组合具备了好的形状特征应具有的某些性质，通过计算各种物体，包括不同型号的飞机、舰船、汽车外形以及椭圆、矩形等特殊形状的各个不变矩，可以建立一个用于物体外形识别的小型数据库，以便不变矩理论的深入研究和应用。目前不变矩已经用于印刷体字符识别、飞机形状区分、景物匹配和染色体分析中。

2）Zernike 矩

Zernike 矩是一种正交矩，具有一种有用的旋转不变特性。旋转目标图像不会改变图像 Zernike 矩的大小。因此，它可用作旋转不变量特征来描述图像。这些特征可以很容易地创建到任意高阶，并对目标的方向性变化进行识别，所以 Zernike 矩的识别效果优于其他方法。Zernike 矩的另一个重要性质是从这些矩重建图像十分容易。正交性使每阶矩对重建过程的贡献（矩的信息内容）可以被分离出来。把这些单个的贡献叠加就生成了重建图像。

n 阶 Zernike 矩定义为

$$A_{nm} = \frac{n+1}{\pi}\iint_{x^{2}+y^{2}\leqslant 1}f(x,y)V_{nm}^{*}(\rho,\theta)\mathrm{d}x\mathrm{d}y \tag{8-4-52}$$

对数字图像，积分用求和代替

$$A_{nm} = \frac{n+1}{\pi} \sum_x \sum_y f(x,y) V_{nm}^*(\rho,\theta), \quad x^2 + y^2 \leqslant 1 \tag{8-4-53}$$

极坐标下 Zernike 矩的定义为

$$A_{nm} = \frac{n+1}{\pi} \int_0^{2\pi} \int_0^1 f(\rho,\theta) V_{nm}^*(\rho,\theta) \rho \mathrm{d}\rho \mathrm{d}\theta$$
$$= \frac{n+1}{\pi} \int_0^{2\pi} \int_0^1 f(\rho,\theta) R_{nm}(\rho) \exp(-\mathrm{j}m\theta) \rho \mathrm{d}\rho \mathrm{d}\theta \tag{8-4-54}$$

同一坐标系下旋转后图像的 Zernike 矩为

$$A_{nm} = \frac{n+1}{\pi} \int_0^{2\pi} \int_0^1 f(\rho,\theta-a) R_{nm}(\rho) \exp(-\mathrm{j}m\theta) \rho \mathrm{d}\rho \mathrm{d}\theta \tag{8-4-55}$$

令 $\theta_1 = \theta - a$

$$A_{nm} = \frac{n+1}{\pi} \int_0^{2\pi} \int_0^1 f(\rho,\theta_1) R_{nm}(\rho) \exp\left[-\mathrm{j}m(\theta_1+a)\right] \rho \mathrm{d}\rho \mathrm{d}\theta_1$$
$$= \left[\frac{n+1}{\pi} \int_0^{2\pi} \int_0^1 f(\rho,\theta_1) R_{nm}(\rho) \exp(-\mathrm{j}m\theta_1) \rho \mathrm{d}\rho \mathrm{d}\theta_1\right] \exp(-\mathrm{j}ma) \tag{8-4-56}$$
$$= A_{nm} \exp(-\mathrm{j}ma)$$

从式(8-4-56)可以看出，Zernike 矩具有简单的旋转变换性质，旋转时每个 Zernike 矩只是相位发生了变化。由此性质可以得出，一个图像函数的 Zernike 矩的模$|A_{nm}|$在图像旋转前后保持不变，可以作为图像的不变量特征。

下面用实验证明 Zernike 矩的旋转不变特性。图 8-59 是字符 A 的一幅二值图及其五幅旋转图，从左至右的旋转角度分别为 30°、60°、150°、180°、300°。表 8-2 列出了它们的 2 阶和 3 阶 Zernike 矩的模、样本均值 u、样本标准差 σ 以及 $(\sigma/u)\%$，$(\sigma/u)\%$ 表示$|A_{nm}|$的值偏离相应均值的百分数。从表中的数据可以看出，旋转不变性很好。

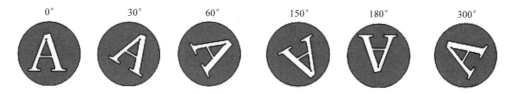

图 8-59　字符 A 以及旋转图

表 8-2　旋转字符 A 的部分$|A_{nm}|$及相应统计量

$|A_{nm}|$	0°	30°	60°	150°	180°	300°	u	σ	$(\sigma/u)\%$
$|A_{20}|$	439.62	436.70	440.63	438.53	439.01	438.43	438.82	1.32	0.30
$|A_{22}|$	41.79	40.20	40.08	41.55	46.85	39.19	41.61	2.74	6.57
$|A_{31}|$	57.97	63.82	66.28	65.47	62.39	65.77	63.62	3.12	4.90
$|A_{33}|$	172.57	171.69	169.41	170.83	168.47	170.84	170.68	1.53	0.90

3)小波矩

基于小波变换的小波矩不仅能得到图像的全局特征，也能得到图像的局部特征，因此在识别相似物体时有高的识别率。由于小波矩只具有旋转不变性，不具有平移和比例不变性，所以应采用归一化处理，使各个图像的中心位于坐标原点，各个图像的尺度保持一致，使其具有平移、旋转和比例不变性。

设图像为 $f(x,y)$ ，其标准矩定义为

$$M_{pq} = \iint x^p x^q f(x,y)\mathrm{d}x\mathrm{d}y \tag{8-4-57}$$

将 $x = r\cos\theta$ ， $y = r\sin\theta$ 代入上式，得

$$F_{pq} = \iint f(r,\theta)g_p(r)e^{\mathrm{j}q\theta}r\mathrm{d}r\mathrm{d}\theta \tag{8-4-58}$$

式中， $g_p(r)$ 为变换核的径向分量；$e^{\mathrm{j}q\theta}$ 是变换核的角度分量。

令 $s_q(r) = \int f(r,\theta)e^{\mathrm{j}q\theta}\mathrm{d}\theta$ ，则上式可以写为

$$F_{pq} = \int s_q(r)g_p(r)r\mathrm{d}r \tag{8-4-59}$$

可以证明图像发生旋转后特征值的模 $|F_{pq}|$ 保持不变。选择适当的基本小波 $\psi(r)$ ，通过伸展、平移生成小波函数集 $\psi_{m,n}(r)$ ， m 和 n 分别为尺度和平移变量，选择不同的 m 和 n 就可以得到图像的全局特征和局部特征。由此定义小波矩不变量为

$$\left|F_{m,n,q}\right| = \left|\int s_q(r)\psi_{m,n}(r)r\mathrm{d}r\right| \tag{8-4-60}$$

除了前面介绍的三种矩特征，还有角度矩、边界矩、标准矩、正交矩、复数矩等。在运算得到了目标的矩特征之后，便可以对扩展目标进行跟踪、识别等处理。

4. 分形维

Caratheodory(1914)提出用集合的覆盖来定义测度的思想，Hausdorff(1919)用这种思想提出了以他的名字命名的测度和维数，称为 Hausdorff 维。凡是 Hausdorff 维数严格大于其拓扑维数的集合都称为分形，如一维空间的分数维大于 1.0 小于 2.0，二维空间的分数维大于 2.0 小于 3.0。分数维作为分形的重要特征和度量，把图像的空间信息和灰度信息简单而又有机地结合起来，可以作为描述物体的一个稳定的特征量。通过计算纹理图像的分数维，能抽取出图像的纹理特征，根据这些特征将纹理图像划分成不同的区域，从而达到纹理分割、目标分类等目的。

迄今，数学家们已经提出了十多种不同的维数，如拓扑维、自相似维、计盒维、容量维、信息维、相关维等，一律统称为分维。其中最常用的是计盒维。其定义为对于欧氏距离空间 (R^n,d) ，设 $A \subset R^n$ ，用边长为 $1/2^n$ 的小盒子紧邻地去包含 A ，用 $N_n(A)$ 表示包含 A 所需要的最少盒子数，则称集合 A 的计盒维为

$$D = \lim_{n\to\infty} \frac{\log N_n(A)}{\log 2^n} \tag{8-4-61}$$

从上面的定义可以看出，当 n 增大时，即当测量尺度减小时，集合的不规则性迅速地表现出来。对于二维平面上的集合，我们可以把它看成是一幅二值图像，对它的计盒维的

计算如下：逐渐增大 n，分别计算出相应的 $N_n(A)$，得到一组 $\left[\log 2^n, \log N_n(A)\right]$ 的数据对，再利用最小均方误差求出 $\log N_n(A)\sim\log 2^n$ 的斜率，该斜率即为所求的计盒维数 D。

8.4.5　其他特征描述子

在深度学习还未兴起的年代，模式识别和机器学习领域中特征分析和分类器设计通常是按两条腿走路的模式推进，且都是领域学者重点研究的方向。特别是在视觉特征提取和分析方面，出现了诸多性能优良的特征检测器，包括角点/兴趣点、局部特征和区域纹理描述子等，在视觉领域得到广泛应用。表 8-3 列举了一些常见的具有代表性的机器视觉特征。

随着深度学习和人工智能时代的到来，机器学习领域开始从人工特征设计转向端对端的自特征学习和建模，大量研究者开始集中于深度网络模型和结构的研究，学术界专门针对视觉特征的研究步伐逐步减缓。

表 8-3　常见的机器视觉特征

简称	特征全称	作者	会议/期刊	日期	特征描述
LBP	局部二值模式 (local binary pattern)	T. Ojala, M. Pietikäinen, D. Harwood	ICPR	1994	局部纹理描述子
Haar-like	基于 Haar 小波的特征集 (an alternate feature set based on haar wavelets)	N. Dalal, B. Triggs	ICCV	1998	与 AdaBoost 组合使用时对人脸检测有好的效果
HOG	方向梯度直方图 (histogram of oriented gradient)	P. F. Felzenszwalb	CVPR	2005	局部轮廓和形状描述子
FHOG	改进方向梯度直方图 (felzenszwalb HOG)	Papageorgiou	PAMI	2009	通过主成分分析精简原始 HOG
FAST	加速端测试特征 (features from accelerated segment test)	E. Rosten	ECCV	2006	快速的特征点提取方法
DAISY	稠密描述符 (a fast local descriptor for dense matching)	E. Tola, V. Lepetit	CVPR	2008	快速局部图像特征描述描述子
BRIEF	二值稳健独立基本特征 (binary robust independent elementary features)	M. Calonder, V. Lepetit	ECCV	2010	高效且高识别率特征描述子，但不包含特征点提取
ORB	方向 BRIEF (oriented BRIEF)	E. Rublee, V. Rabaud	ICCV	2011	具有 BRIEF 的优点，同时具有旋转、光照、噪声不变性
BRISK	快速 BRIEF (binary robust invariant scalable keypoints)	S. Leutenegger	ICCV	2011	具有 BRIEF 的优点，且具有尺度不变性
FREAK	快速 Retina 特征点 (fast retina keypoint)	A. Alahi, R. Ortiz	CVPR	2012	对噪声鲁棒，使用接近人眼的采样模型。

随着实际应用需求的增加及图像分割任务本身所具有的难度，理论和实践证明很难找到一种普适性的处理算法和通用的评价标准。针对不同场景及特定任务和用途，通过施加约束的交互式处理及多种方法综合的应用等，仍然是解决图像分割工程问题的关键。

习题

8.1 图像分割基本策略是什么？

8.2 边缘检测的理论依据是什么？有哪些常用的方法。

8.3 Laplacian 算子检测边缘为什么会产生双边效果？为何不能检测出边的方向？

8.4 相对其他边缘检测算子，Canny 边缘检测算法的主要优势体现在哪里？

8.5 试分别计算 I 与 A 和 B 两个模板的滤波结果，输出结果要求与 I 的维数相同，需要考虑边界处理问题(边界填充零值)。并说明 A 与 B 两个模板对处理结果有什么不同响应？

$$I = \begin{bmatrix} 1 & 1 & 1 & 0 & 0 \\ 1 & 1 & 1 & 0 & 0 \\ 1 & 1 & 1 & 0 & 0 \\ 1 & 1 & 1 & 0 & 0 \\ 1 & 1 & 1 & 0 & 0 \end{bmatrix} \quad A = \begin{bmatrix} -1 & 0 & 1 \\ -2 & 0 & 2 \\ -1 & 0 & 1 \end{bmatrix} \quad B = \begin{bmatrix} 0 & 1 & 2 \\ -1 & 0 & 1 \\ -2 & -1 & 0 \end{bmatrix}$$

8.6 利用阈值分割方法(自选阈值化方法)，对题 8.4 的模板 A 的滤波结果进行阈值分割，求最后的二值 $(0,1)$ 图像，即边缘检测图。

8.7 分别写出下图的 4 连接和 8 连接链码，分别以 $(1,2)$、$(2,1)$ 为起点，顺时针进行。

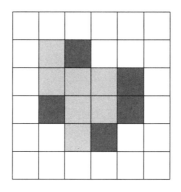

8.8 如果图像背景和目标灰度分布具有正态分布特性，其均值分别为 u 和 v，且图像与背景面积相等，证明最佳阈值点为 $(u+v)/2$。

8.9 对下图进行区域增长，给定阈值：①T=1；②T=2；③T=3 三种情况下的图像分割结果。

1	0	4	7	6
1	0	4	4	7
0	2	4	6	6
3	4	5	6	8
2	3	5	6	7

8.10 设一维信号 X 为 $\{0,2,1,5,9,6,1,0\}$，结构元素 b 为 $\{5,5,4\}$，分别对 X 进行膨胀运

算和腐蚀运算，写出运算结果。

8.11 设一幅图像的像素值 $A=\begin{bmatrix} 10 & 20 & 20 & 20 & 30 \\ 20 & 30 & 30 & 40 & 50 \\ 20 & 30 & 30 & 50 & 60 \\ 20 & 40 & 50 & 50 & 60 \\ 30 & 50 & 60 & 60 & 70 \end{bmatrix}$，结构元素 $B=\begin{bmatrix} 1 & 2 & 3 \\ 4 & 5 & 6 \\ 7 & 8 & 9 \end{bmatrix}$，分

别计算膨胀运算 $A \oplus B$ 和腐蚀运算 $A \ominus B$ 。

8.12 利用形态学运算提取如下图所示的物体 X 的边沿(外边界和内边界)，S 为结构元。

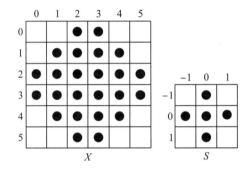

8.13 已知如下图所示的图像 A，参考给出的坐标系求其 $d=[\mathrm{d}x=1, \mathrm{d}y=-1]$ 方向矢量控制下的灰度共生矩阵 $G1$。

$$A=\begin{bmatrix} 0 & 1 & 2 & 3 & 0 & 1 \\ 1 & 2 & 3 & 0 & 1 & 2 \\ 2 & 3 & 0 & 1 & 2 & 3 \\ 3 & 0 & 1 & 2 & 3 & 0 \\ 0 & 1 & 2 & 3 & 0 & 1 \\ 1 & 2 & 3 & 0 & 1 & 2 \end{bmatrix}$$

如仅考虑对称性，不考虑坐标方向，其共生矩阵 $G2$ 为多少？

8.14 一幅 8×8 灰度图像 A 像素值如下图所示，试写出 θ 为 $0°$、$45°$、$90°$、$135°$ 时的灰度共生矩阵。

$$A = \begin{bmatrix} 0 & 0 & 0 & 0 & 1 & 1 & 1 & 1 \\ 0 & 0 & 0 & 0 & 1 & 1 & 1 & 1 \\ 0 & 0 & 0 & 0 & 1 & 1 & 1 & 1 \\ 0 & 0 & 0 & 0 & 1 & 1 & 1 & 1 \\ 2 & 2 & 2 & 2 & 3 & 3 & 3 & 3 \\ 2 & 2 & 2 & 2 & 3 & 3 & 3 & 3 \\ 2 & 2 & 2 & 2 & 3 & 3 & 3 & 3 \\ 2 & 2 & 2 & 2 & 3 & 3 & 3 & 3 \end{bmatrix}$$

编程练习

8.1 利用 MATLAB 进行图像中点、线检测的编程练习。

(1)点的检测。给定如下图所示的滤波器(模板)w：

-1	-1	-1
-1	8	-1
-1	-1	-1

试检测一幅图像中的点，试验用图可自行选择。

(2)线的检测。利用如下图所示的水平模板、45°模板、垂直模板、–45°度模板，对一幅图像中的线条进行检测，试验所用图可自行选择。

$$\begin{bmatrix} -1 & -1 & -1 \\ 2 & 2 & 2 \\ -1 & -1 & -1 \end{bmatrix} \quad \begin{bmatrix} -1 & -1 & 2 \\ -1 & 2 & -1 \\ 2 & -1 & -1 \end{bmatrix} \quad \begin{bmatrix} -1 & 2 & -1 \\ -1 & 2 & -1 \\ -1 & 2 & -1 \end{bmatrix} \quad \begin{bmatrix} 2 & -1 & -1 \\ -1 & 2 & -1 \\ -1 & -1 & 2 \end{bmatrix}$$

8.2 MATLAB 图像处理工具箱中提供的 edge 函数可以实现检测边缘的功能，其语法格式如下：

$$BW = edge\ (I,\ 'sobel')$$
$$BW = edge\ (I,\ 'sobel',\ thresh,\ direction)$$
$$BW = edge\ (I,\ 'log',\ thresh,\ sigma)$$

试分别用 Roberts 算子，Sobel 算子和 LoG 算子对图像进行边缘检测，比较三种算子对同一幅图像处理结果的差异。

8.3 设计程序对图像进行基于区域增长的图像分割。要求对图像进行种子点的选取，并进行阈值分割操作，在种子点的选取上取其对象图像的平均值，允许其灰度值在±20范围内。通过图像能够观察所选出的种子点。

8.4 利用 MATLAB 语言，编程实现对任意给定图像进行分水岭变换的分割。

8.5 综合应用本章及以前章节所学知识，对下图所示的含噪声图像进行分割，实现对场景中小目标检测，并显示处理结果。

　　要求：尽可能完整分割物体的区域，所用方法、处理流程等不限。需提交算法设计方案和可运行的 MATLAB 代码。

　　8.6　利用 MATLAB 语言设计和实现对下图所示模式图的 Harris 算子角点检测，并对实验结果进行定量分析，统计设计算法的检测率和虚警率。

第九章 图像融合及应用

9.1 信息融合概述

信息融合(information fusion)，是指对来自多个传感器或多源的信息进行多级别、多方面、多层次的处理，从而产生新的有意义的信息，得出更为准确、可靠的结论。准确一点的定义可概括为利用计算机技术对按时序获得的若干传感器的观测信息在一定准则下加以自动分析、综合以完成所需要的决策和估计任务而进行的数据处理过程。按这一定义，多传感器系统是信息融合的硬件基础，多源信息是信息融合的加工对象，协调优化和综合处理是信息融合的核心。信息融合在20世纪90年代前被称为"数据融合"(data fusion)，该技术是随雷达信息处理及 C^3I 系统的发展而发展起来的。C^3I 系统，即指挥(command)，控制(control)、通信(communication)及情报(intelligence)系统，加上计算机(computer)，有时也称为 C^4I 系统。该系统最先由美国于1953年开始研制和建立，由于其对提高军队指挥效能和作战能力具有重要作用，因而受到世界各国高度重视。C^4I 系统对各种数据源进行综合、过滤、相关、识别和融合，得出战场态势图、进行态势威胁与判别，制定出作战行动方案，供指挥员决策参考。数据融合的过程就是各种信息源处理、控制及决策的一体化过程。后来考虑到传感器信息的多样性，"信息融合"一词被广泛采用。信息融合的主要应用包括遥感、自动目标识别、自动飞行器导航、机器人、医疗诊断以及复杂工业过程控制等。

与单传感器/单信息源相比，多源信息融合的优势在于：

(1)提高系统的可靠性和鲁棒性。多传感器/多信息源系统具有内在的信息冗余性，当某个传感器或信息源失效时，系统的整体性能不会突然下降。

(2)扩大探测范围。多传感器系统的探测范围大于单个传感器的探测范围。

(3)增加可信度。多传感器/多信息源系统可以对各自的结果进行相互验证，从而增加系统整体的可信度。

(4)缩短反应时间。由于多传感器/多信息源系统在同一时间段里所获取的信息量较单传感器/单信息源要大，所以获得同样信息所需的时间要短。

(5)增加分辨率。使用不同分辨率的传感器构成系统的整体分辨率要高于单个传感器构成的系统。

图像融合(image fusion)是信息融合中可视信息部分的融合，是用特定的算法将两幅或多幅图像综合成一幅新的图像。融合结果由于能利用两幅(或多幅)图像在时空上的相关性及信息上的互补性，并使得融合后得到的图像对场景有更全面、清晰地描述，从而更有利于人眼的识别和机器的自动探测。

图像融合技术起源于20世纪70年代初，美国研究机构发现，利用计算机技术对多个独立的连续声呐信号进行融合后，可以自动检测出敌方潜艇的位置。这一尝试使得图像融合作为一门独立的技术首先在军事应用中得到青睐。

20 世纪 80 年代后，对图像融合技术的研究更加活跃；国际上，关于图像融合的专著论文等数量可观；图像融合在军事和民用等诸多领域得到广泛的应用。

20 世纪末以来，由于其研究领域覆盖范围的广泛性、多传感器数据形式的多样性以及融合处理的多样性和复杂性，图像融合理论至今尚未形成系统的理论框架和有效的通用融合模型和算法。大部分研究工作都是针对特定应用领域的问题展开。

近年来，图像融合技术得到迅猛发展，具体包括遥感探测、安全导航、医学图像分析、反恐检查、环境保护、交通监测、清晰图像重建、灾情检测与预报等。图 9-1、图 9-2 给出了部分应用图例。

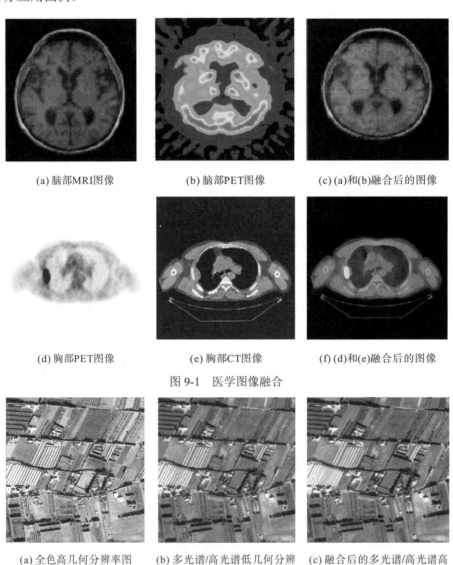

(a) 脑部MRI图像　　　　　　　(b) 脑部PET图像　　　　　　(c) (a)和(b)融合后的图像

(d) 胸部PET图像　　　　　　　(e) 胸部CT图像　　　　　　(f) (d)和(e)融合后的图像

图 9-1　医学图像融合

(a) 全色高几何分辨率图　　　(b) 多光谱/高光谱低几何分辨　　(c) 融合后的多光谱/高光谱高
　　　　　　　　　　　　　　　　　率图　　　　　　　　　　　　几何分辨图

图 9-2　遥感图像融合

9.2　图　像　融　合

9.2.1　多源图像融合

多光谱图像可指物体对任一波段电磁波的反射和透射所成的图像，包括可见光、红外线、紫外线、毫米波、X射线、γ射线反射或透射像。遥感图像如多光谱、高光谱、超光谱等图像亦在其中；广义地说，还应包括声波及医学图像，计算机断层扫描（CT）、核磁共振（MRT）和正电子发射断层扫描（PET）等所成的图像。人眼所能感受到的可见光只占电磁波谱中很窄的一小段，所包含的内容不足以概括物体所发出的信息全貌，而其他不可见波段发出的信息则能弥补可见波段这一不足之处。这就是多光谱图像融合的出发点。

多光谱图像融合是指将从多光谱探测器获得的同一场景的多谱图像的信息特征组合到一起，利用它们在时空上的相关性及信息上的互补性，得到对景物更全面、清晰地描述。比如，红外图像和可见光图像之间具有互补性：可见光图像具有丰富的细节和色彩，但它在恶劣气候下对大气的穿透能力较差，在夜间的成像能力较差；而红外图像正好相反，它在云雾等气象条件下穿透能力相当强，在夜间由于不同景物之间存在着温度差，因此所成的图像仍能显示景物的轮廓，但其成像分辨率较低。如果对可见光和红外图像进行融合，就能互相弥补各自的不足，生成具有更多信息的融合图像。图9-3为红外图像与可见光图像融合示意图。

(a) 可见光图像一　　(b) 远红外图像　　(c) (a)和(b)融合结果一　　(d) (a)和(b)融合结果二

(e) 可见光图像二　　(f) 红外图像　　(g) (e)和(f)融合结果一　　(h) (e)和(f)融合结果二

图9-3　红外与可见光图像融合

又例如，雷达作为一种主动式遥感系统，对目标的几何特性，无论是微观的（粗糙度和表面效应）还是宏观的（朝向和多次反射），都非常敏感，反映在图像上常常是非常暗或亮的点或区域，而可见光图像主要反映的是不同地物的轮廓与光谱信息。在雷达所敏感的属性中，材料的"自然属性"（如金属目标）或者其状态（如土壤的温度和植被的干燥度）是非常重要的参数，而在可见光图像中这些参数常常是不可感知的。因此，将雷达图像与可见光图像融合，可以充分利用其互补信息，获得地物的多层次特性，进一步揭示地物的本质特征。除了这两种典型的图像融合应用外，多光谱图像融合还包括：雷达与红外图像融合、雷达与雷达图像的融合（如多频率、多极化、多分辨率 SAR 图像融合）、不同波段的红外图像融合、各种医学图像的融合等。

9.2.2　图像融合的层次

根据信息融合处理所处阶段的不同，通常把图像融合分为以下三个层次：

1. 像素级融合

像素级融合（pixel-level fusion）是在严格配准的条件下，对各传感器输出的图像信号，直接进行信息的综合与分析。像素级融合是在基础层面上进行的信息融合，该层次的融合准确性最高，能保持尽可能多的现场数据，提供其他层次上的融合处理所不具有的更丰富、更精确、更可靠的细节信息，有利于图像的进一步分析和理解。但像素级融合的局限性也非常明显：计算量大、冗余度高、实时性差。此外，在进行像素级图像融合之前，必须对参加融合的各图像进行精确的配准，其配准精度一般应达到像素级。

2. 特征级融合

特征级融合（feature-level fusion），即对各个传感器图像进行预处理和特征提取后获得的特征信息进行融合。典型的特征信息有边缘、形状、轮廓、角、纹理、相似亮度区域等。通过特征级融合可以在原始图像中挖掘相关特征信息、增加特征信息的可信度、排除虚假特征、建立新的复合特征等。经过特征级融合处理后的结果是一个特征空间，数据量相比于原来的图像数据将大大减少，该处理进程将极大地提高数据处理和传输效率，有效地推动数据自动实时处理。特征级图像融合是中间层次上的融合，为决策级融合做准备。特征级融合对传感器对准要求不如像素级要求严格，因此图像传感器可以分布于不同平台上。特征级融合的特点在于实现了可观的信息压缩，便于实时处理，但同时也损失了一部分信息。

3. 决策级融合

决策级图像融合（decision-level fusion）是对来自多幅图像的信息进行逻辑推理或统计推理的过程。如果传感器信号表示形式差异很大或者涉及图像的不同区域，那么决策级融合也许是融合多图像信息的唯一方法。用于融合的决策可以是源于系统中传感器提供的信息，也可以是来自环境模型或系统先验信息的决策。从传感器信息导出的决策代表了有关环境某个方面已做出的决策，通常是把传感器信息导出的特征与模型匹配来处理。因而，决策级融合是图像融合的最高层次，其最直接的体现就是经过决策级融合的结果可以直接作为决策要素来做出相应的行为，以及直接为决策者提供决策参考。决策级融合方式损失的信息量最大，但是这种融合方式也有其优势：其一，与像素级融合相比，处理的数据量大为减少；其二，它不要求各个传感器是同一级别。

图 9-4 分别给出了这三个层次的融合结构图。

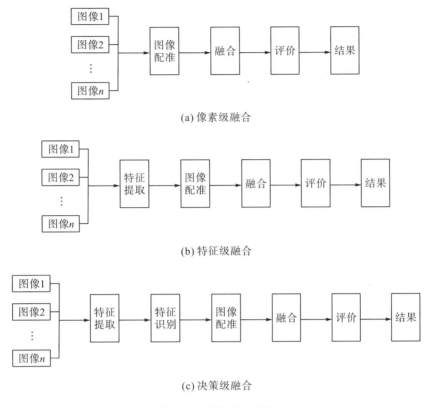

(a) 像素级融合

(b) 特征级融合

(c) 决策级融合

图 9-4　图像融合层次

9.3　图像配准方法

9.3.1　图像配准定义

图像配准(image registration)是信息融合研究中的一个重要课题，在许多实际应用中具有重要价值。对于一些计算机视觉和模式识别任务而言，图像配准是其中的关键和先决条件。

图像配准就是要在变换空间中寻找一种特定的、最优的变换，使得其中一幅图像变换后与另一幅图像达到某种意义上的匹配，是像素级图像融合的先决条件与关键。图像配准精度的高低直接决定着融合结果的质量。

图像配准可以定义为这样一种过程：从不同探测器、不同时间、不同角度获得的两幅或多幅图像的最佳匹配。其中一幅是参考图像数据，其他图像作为待配准图像与之匹配。故多幅图像之间的配准问题实质是两幅图像之间的配准。例如，对于多源图像而言，配准是指将来自同一目标区域、在相同时间或不同时间、不同视角、由相同或不同传感器获取的两幅或多幅图像数据在相同坐标系下进行空间位置的最佳叠合。

目前，已存在多种图像配准方法，但总的说来，各种方法都是面向一定范围的应用领域，具有各自不同的特点。从自动化角度出发，图像配准方法可分为人工方法和自动方法。前者是指操作人员从两幅图像中选取对应的特征，并建立特征之间的对应关系来实现图像的配准。为了获得好的配准效果，操作人员需要在两幅图像中选取大量的特征点对。这种方法不但工作任务繁重，而且难以保证配准精度。因此，人们倾向于采用自动图像配准方法，尽量减少甚至无须人工参与。按照所利用图像信息的不同，自动图像配准方法又可以分为基于特征的图像配准方法(feature-based)和基于区域(region-based)的图像配准方法。

基于特征的图像配准方法首先要对待配准的源图像进行特征提取，再利用提取到的特征完成两幅图像之间的匹配，通过特征的匹配关系建立图像之间的匹配映射变换。常用的特征包括闭合区域、边缘、轮廓、特征点(包括角点、高曲率点等)以及统计特征(如不变矩、中心)等。这类方法的优点是能够处理两幅图像间存在较大未配准的情况，运行时间相对较短。对于多数这类方法而言，能否成功依赖于两个条件：其一，能否准确、稳健地在图像中提取到所定义的特征；其二，能否在两幅图像的特征之间建立可靠的对应关系。两个条件缺一不可。

基于区域的图像配准方法是利用图像的整体信息而不仅仅是提取到的少量图像特征。这类方法的最大优点是能提供较高的配准精度，通常可以达到亚像素级。基于区域的图像配准具有两个特点：其一是采用优化计算方法，如 Newton 法，Marquardt-Levenberg 法；其二是采用分层数据结构。基于区域的图像配准方法存在的最大缺点在于无法处理两幅图像间存在较大未对准区域时的问题。

9.3.2 图像配准原理

定义两幅具有偏移关系的图像分别为参考图像和偏移图像，包括平移(translation)、旋转(rotation)、缩放(scaling)等，如图 9-5 所示。

(a) 特配准图像   (b) 参考图像

图 9-5　存在平移、旋转、缩放的源图像

图像配准的目标是找到这三种变换的对应关系。即

$$f_2(x',y') = T\{f_1[h(x,y)]\} \tag{9-3-1}$$

其中，二维数组 $f_1(x,y)$ 和 $f_2(x,y)$ 表示图像相应位置处的灰度值；h 表示二维空间坐标变

换；T 表示灰度或辐射变换，描述因传感器类型的不同或辐射变形所引入的变换。配准的目的就是要找出最佳坐标，灰度变换参数。通常意义的配准只关心位置坐标的变换。灰度或辐射变换可以归为图像预处理部分。

一般而言，可对待配准图像空间畸变建模，故其坐标间的对应关系可以通过未知参数的空间变换模型拟合。

可以认为，图像配准的实质就是选择最优图像之间的坐标变换。图像配准的过程也就是"确定空间变换模型——求解变换模型参数"的过程，如图 9-6 所示。

(a) 特征检测

(b) 特征匹配

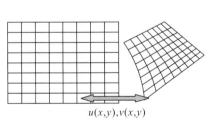

$u(x,y),v(x,y)$

(c)转换模型估计

(d) 图像重采样与转换

图 9-6　图像配准过程

9.3.3　图像配准设计

图像配准实现涉及搜索空间、特征空间、搜索策略，相似性度量及重采样等 5 个关键步骤，需要设计相关的处理流程和策略。

1. 搜索空间

各种配准技术都要建立自己的变换模型，变换空间的选取与图像的变形特性有关，图像的几何变换可分成全局、局部两类，全局变换对整幅图像都有效，通常涉及矩阵代数，典型的变换运算有平移、旋转、缩放；局部变换有时又称为弹性映射，它允许变换参数存在对空间的依赖性。对于局部变换，由于局部变换随图像像素位置变化而变化，变化规则不完全一致，需要进行分段小区域处理。

经常用到的主要变换有刚体变换(rigid transform)、仿射变换(affine transform)、投影变换(projective transform)和非线性变换(nonlinear transform)等。

1) 刚体变换

如果第一幅图像中的两点间的距离经变换到第二幅图像后仍保持不变，则这种变换称为刚体变换。刚体变换可分解为平移、旋转和反转(镜像)。在二维空间中，点 (x, y) 经刚体变换到点 (x', y') 的变换公式为

$$
\begin{bmatrix} x' \\ y' \end{bmatrix} = \begin{bmatrix} \cos\varphi & \pm\sin\varphi \\ \sin\varphi & \mp\cos\varphi \end{bmatrix} \begin{bmatrix} x \\ y \end{bmatrix} + \begin{bmatrix} t_x \\ t_y \end{bmatrix}
\tag{9-3-2}
$$

其中，φ 为旋转角度；$\begin{bmatrix} t_x \\ t_y \end{bmatrix}$ 为平移量。

2) 仿射变换

仿射变换是一种二维坐标到二维坐标之间的线性变换，变换后，二维图形的平直关系保持不变。仿射变换可以分解为线性(矩阵)变换和平移变换。在二维空间中，变换公式为

$$
\begin{bmatrix} x' \\ y' \end{bmatrix} = \begin{bmatrix} a_{11} & a_{12} \\ a_{21} & a_{22} \end{bmatrix} \begin{bmatrix} x \\ y \end{bmatrix} + \begin{bmatrix} t_x \\ t_y \end{bmatrix}
\tag{9-3-3}
$$

其中，$\begin{bmatrix} a_{11} & a_{12} \\ a_{21} & a_{22} \end{bmatrix}$ 为实数矩阵。

3) 投影变换

投影变换是将三维空间立体投射到投影面上得到二维平面图形的过程。变换后，图形之间的平直关系一般无法保持。投影变换可用高维空间上的线性(矩阵)变换来表示。变换公式为

$$\begin{bmatrix} x' \\ y' \end{bmatrix} = \begin{bmatrix} a_{11} & a_{12} & a_{13} \\ a_{21} & a_{22} & a_{23} \end{bmatrix} \begin{bmatrix} x \\ y \end{bmatrix} + \begin{bmatrix} x \\ y \\ 1 \end{bmatrix} \tag{9-3-4}$$

4）非线性变换

非线性变换可把直线变换为曲线。在二维空间中，可以用以下公式表示：

$$(x', y') = F(x, y) \tag{9-3-5}$$

其中，F 表示把第一幅图像映射到第二幅图像上的任意一种函数形式。典型的非线性变换如多项式变换，在二维空间中，多项式函数可写成如下形式：

$$x' = a_{00} + a_{10}x + a_{01}y + a_{20}x^2 + a_{11}xy + a_{02}y^2 + \cdots \tag{9-3-6}$$

$$y' = b_{00} + b_{10}x + b_{01}y + b_{20}x^2 + b_{11}xy + b_{02}y^2 + \cdots \tag{9-3-7}$$

非线性变换比较适合于那些具有全局性形变的图像配准问题，以及整体近似刚体但局部有形变的配准情况。

2. 特征空间

首先对待配准的源图像进行特征提取，然后通过特征的匹配关系建立图像之间的匹配映射变换，从而完成两幅图像之间的匹配。常用的特征包括闭合区域、边缘、轮廓、特征点（如角点、高曲率点等）以及统计特征（如不变矩、中心）等。利用特征进行配准的优点是能够处理两幅图像间存在较大未对准的情况，运行时间相对较短。对于多数这类方法而言，能否成功依赖于两个条件：其一，能否准确、稳健地在图像中提取到所定义的特征；其二，能否在两幅图像的特征之间建立可靠的对应关系。两个条件缺一不可。

3. 搜索策略

为了求得最佳位移估计，可以计算所有可能的位移矢量对应的匹配误差，然后选择最小匹配误差对应的矢量就是最佳位移估计值，这就是全搜索策略。这种策略的最大优点是可以找到全局最优值，但十分浪费时间。因此，人们提出了各种快速搜索策略。尽管快速搜索策略得到的可能是局部最优值，但由于其快速计算的实用性，在实际中得到广泛应用。下面讨论两种快速搜索方法：二维对数搜索法和三步搜索法。

二维对数搜索法开创了快速搜索算法的先例，分多个阶段搜索，逐渐缩小搜索范围，直到不能再小。其基本思想是从当前像素点开始，以十字形分布的 5 个点构成每次搜索的点群，通过快速搜索跟踪最小块误差（minimum block distortion，MBD）点，如图 9-7(a)。算法具体描述如下：

（1）设当前像素点位于窗口中心，选取一定的步长，在以十字形分布的 5 个点处计算匹配准则函数，并找出 MBD 点。

（2）以（1）中最佳匹配对应的像素点为中心，保持步长不变，重新搜索十字形分布的 5 个点；若 MBD 点位于中心点处，则保持中心点位置不变，将步长减半，构成十字形点群，在 5 个点处计算匹配准则函数值。

（3）若步长为 1，则在中心点及周围 8 个点处找出 MBD 点，该点所在位置即对应最佳运动矢量，算法结束；否则转到(2)。

二维对数搜索法找到的可能是局部最优点。不能找到全局最优点是大部分快速算法的通病。

三步搜索法与二维对数法类似，由于简单、健壮、性能良好等特点，为人们所重视。若最大搜索长度为7，搜索精度取一个像素，则步长为4、2、1，只需三步即可满足要求，因此而得名三步法。其基本思想是采用一种由粗到细的搜索模式，从原点开始，按一定步长取周围8个点构成每次搜索的点群，然后进行匹配计算，跟踪最小块误差MBD点，如图9-7(b)。算法具体描述如下：

(1)从当前像素点开始，选取最大搜索长度的一半为步长，在周围距离步长的8个点处进行匹配并比较找出 MBD 点。

(2)将步长减半，以(1)中最佳匹配对应的像素点为中心选择8个点，计算这8个点的匹配准则函数值，找出 MBD 点。

(3)若步长为1，则在中心点及周围8个点处找出 MBD 点，该点所在位置即为最佳运动矢量，算法结束；否则转到(2)。

三步搜索法进行搜索时，每进行一步，搜索距离减小一半，并且愈来愈接近精确解。当搜索范围大于7时，仅用3步是不够的。

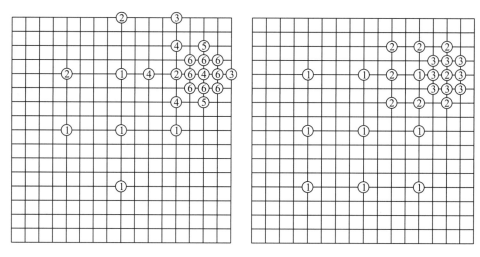

(a)二维对数法搜索过程   (b)三步搜索法搜索过程

图 9-7　块匹配法的搜索策略

除了上面介绍的两种搜索方法，还有四步搜索法、菱形搜索法等其他常见的搜索方法。

4. 相似性度量

相似性度量主要用来衡量搜索空间中不同参数变换模型的相似性程度。常用的有互相关、均方差、互信息、豪斯多夫距离(Hausdorff distance)等。

5. 重采样

当获得配准参数估计后，就可以将待配准图像坐标做相应的几何变换，使之和参考图像处于同一坐标系下，见图 9-8(e)。由于变换以后的坐标不一定为整数，因此需要对变换后的图像进行重新插值处理。插值的主要方法有：最近邻域法、双线性插值法、双三次插值法等。

图 9-8 是源自同一目标的可见光图像和红外图像的配准实验。图 9-8 (a) 和(b)分别是一辆玩具小车的可见光和红外图像，图 9-8(c) 和(d)为采用 Sobel 算子提取的边缘图像，在两幅图像(c)和(d)中分别挑选了 3 个特征点，用仿射变换计算得到配准变换参数，然后将(b)用配准变换参数向(a)作卷绕(warping)操作，结果为(e)，两幅图像的最终配准结果为图 9-8(f)。两幅图像重叠部分的灰度值取对应像素的平均值。

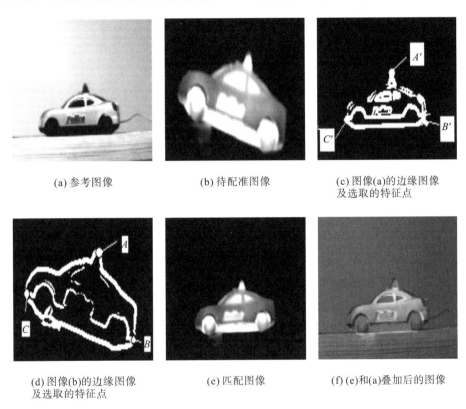

(a) 参考图像   (b) 待配准图像   (c) 图像(a)的边缘图像
                                            及选取的特征点

(d) 图像(b)的边缘图像   (e) 匹配图像   (f) (e)和(a)叠加后的图像
   及选取的特征点

图 9-8 红外/可见光玩具汽车图像配准实验

9.4 图像融合方法

图像融合的方法有很多，大致可分为以下几类：

(1)空间域融合方法，如典型的简单组合式图像融合方法、逻辑滤波器法、数学形态法、图像代数法等。

(2)变换域融合方法，如小波变换、拉普拉斯变换、IHS 变换、PCA 变换、高通滤波法(high pass filtering，HPF)、塔式分解法等。

（3）基于人眼视觉特性(human visual system，HVS)的融合方法。

（4）基于特征学习及优化的图像融合方法，如遗传算法、粒子群优化、深度神经网络等。

以上方法并不是严格意义上的分类，也无法严格区分，有的方法可能是多种方法的结合。本节将重点介绍几种具有代表性的融合方法，以便了解和掌握图像及信息融合的基本理论。

9.4.1 空间域融合方法

常见的融合规则有对应像素取最大值、对应像素取最小值(图 9-9 为融合实例)、对应像素取平均值(图 9-10 为融合实例)、加权平均法(图 9-11 为融合实例)和逻辑运算。

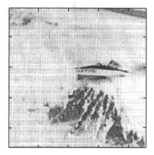

(a) 尾部遮挡图像   (b) 头部遮挡图像   (c) 融合图像

图 9-9 对应像素取最小值融合

(a) 头部被烟雾遮挡   (b) 尾部被烟雾遮挡   (c) 融合结果一   (d) 融合结果二

图 9-10 对应像素取平均值融合

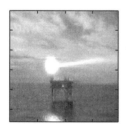

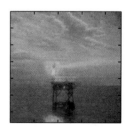

(a) 电视图像   (b) 红外图像   (c) 融合图像   (b) 彩色融合

图 9-11 加权平均法融合

逻辑运算是将两个像素通过某种逻辑运算合成一个像素的一种直观方法。例如,当两个像素的值都大于某一阈值时,"与"滤波器输出为"1"。图像通过"与"滤波器而获得的特征可认为是图像中十分显著的成分。同样的,"或"逻辑操作也可以用于图像融合中。

9.4.2 颜色空间变换法

1. RGB-IHS 变换法

第二章我们简单介绍过彩色空间模型,其中最常见的是 RGB 模型。彩色图像处理中,我们经常会用到另一种彩色模型,即 IHS 模型,其柱形空间表示如图 9-12 所示。它是基于视觉原理的一个颜色系统,定义了三个互不相关、容易预测的颜色心理属性,即亮度 I、色度 H 和饱和度 S。

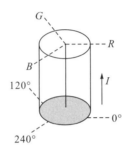

图 9-12 IHS 柱形空间

对 RGB 模型中[0,1]内任意的 R、G、B(归一化)都可以采用下面的关系式转换到对应 IHS 模型,I、H、S 三分量计算分别为

$$I = \frac{1}{3}(R + G + B) \tag{9-4-1}$$

$$H = \begin{cases} \theta, & B \leq G \\ 2\pi - \theta, & B > G \end{cases} \tag{9-4-2}$$

其中,$\theta = \arccos\left\{ \dfrac{[(R-G)+(R-B)]/2}{\left[(R-G)^2+(R-B)(G-B)\right]^{1/2}} \right\}$。

$$S = 1 - \frac{3}{R+G+B}\left[\min(R+G+B)\right] \tag{9-4-3}$$

以合成孔径雷达(synthetic aperture radar,SAR)和 Lansat TM 多光谱真彩色合成图像融合为例,基于 IHS 变换的图像融合方法的一般步骤为:首先将 TM 图像的 R、G、B 三个波段进行 HIS 变换,得到 I、H、S 三个分量;然后将 SAR 图像与多光谱图像经 IHS 变换后得到的亮度分量 I,在一定的融合规则下进行融合,得到新的亮度分量 I_p;再用 I_p 代替亮度分量 I,结合原 H、S 分量进行 IHS 逆变换;最后得到融合结果。

图 9-13 为以上融合步骤的简单图示。值得注意的是,该变换的逆变换过程可能存在不同的变换模式,因此,实际应用中融合结果可能存在一些细微差异。

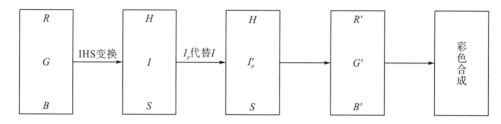

图 9-13　基于 IHS 变换的图像融合

　　基于 IHS 变换的融合算法虽然实现较为简单，但是存在较大的局限性。其一，该算法要求替换 I 分量的图像与 I 分量之间具有较大的相关性，但是在许多实际应用场合，这种要求并不能得到满足，如果二者的相关性很低，那么很难得到理想的融合效果；其二，这种算法仅适合于多光谱图像三个波段的处理，多于三个波段则无法进行。

2. Brovey 变换法

　　Brovey 变换法是一种颜色归一化变换方法，它将 RGB 影像进行多光谱波段颜色归一化，并将高分辨率全色影像与各个波段灰度值分别相乘得到融合影像。

　　Brovey 变换公式为

$$D_{fi} = \frac{D_i}{D_1 + D_2 + D_3} D_P \tag{9-4-4}$$

式中，D_i 表示原波段中第 i 个波段影像的灰度值；D_P 表示高分辨率影像的灰度值；D_{fi} 表示融合后的第 i 个波段影像的灰度值。

　　Brovey 变换法运算简单，在保持原始影像光谱信息的同时取得锐化影像的作用。

9.4.3　小波变换法

　　基于小波分解的融合方法保留和继承了塔形分解融合方法的主要优点，同时，由于正交小波分解具有非冗余性，使得图像经小波分解后的数据总量不会变大；利用小波分解的方向性，就有可能针对人眼对不同方向的高频分量具有不同分辨率这一视觉特性，获得视觉效果更佳的融合图像。

1. 基本原理

　　对一幅灰度图像进行 N 层的小波分解，形成 $3N+1$ 个不同频带的数据，其中有 $3N$ 个包含细节信息的高频带和一个包含近似分量的低频带。分解层数越多，越高层的数据尺寸越小，形成塔状结构，所以图像的小波分解也称为小波金字塔分解。它也是一种图像的多分辨率、多尺度分解，图 9-14 为小波一级和二级分解图示。

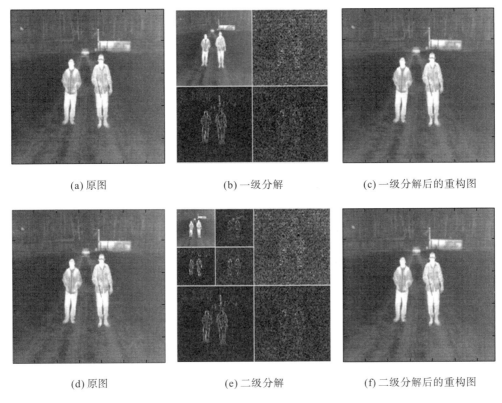

(a) 原图　　　　　　(b) 一级分解　　　　　　(c) 一级分解后的重构图

(d) 原图　　　　　　(e) 二级分解　　　　　　(f) 二级分解后的重构图

图 9-14　小波一级和二级分解图示

2. 基本步骤

　　首先将已经配准后的两幅(或多幅)图像分别进行小波变换，分解为小波系数；然后将其对应的小波系数依据一定的准则进行融合；最后将融合的系数进行逆变换，进行图像重构，即可获得融合后的图像。该方法充分利用了小波分解的多尺度、多分辨特性。小波变换图像融合流程如图 9-15 所示。

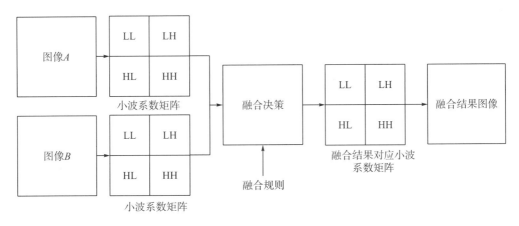

图 9-15　小波变换图像融合流程

3. 融合规则

合适的融合策略是图像融合技术的关键，是影响融合图像质量的主要因素。针对不同类型和特征的图像，主要有以下一些融合规则：

1）加权平均法

加权平均法主要分为以下几个步骤：

(1) 对源图像进行尺度为 N 的小波分解。

(2) 对各个分解层根据图像特征选择不同加权系数，得到融合图像小波系数。

(3) 反变换，得到融合图像。

其中对加权算子的选择至关重要，合理的选择可以起到增强或突出图像边缘的效果。

同时，图像经过小波分解后，除基带数据为正值外，其他子带数据均在零值左右摆动，其中幅度值较大的位置对应灰度突变处，直接选择这些系数作为融合图像的系数就可以起到突出边缘、线或区域边界等特征的作用。

2）最大系数法

最大系数法适合高频成分较丰富，亮度、对比度较高的源图像。融合图像中基本保留源图像的特征，图像对比度与源图像基本相同。小波变换的实际作用是对信号解相关，并将信号的全部信息集中到一部分具有大幅值的小波系数中。这些大的小波系数含有的能量远比小系数含有的能量大，从而在信号的重构中，大的系数比小的系数更重要。这可以认为是加权平均法的一个特例或称为小波系数取大法。

3）局部能量准则

(1) 计算一个像素点周围区域的能量：

$$E(i,j) = \sum_{n=-N}^{N} \sum_{m=-M}^{M} w(m,n) \left[f(i-m,j-n) \right]^2 \tag{9-4-5}$$

其中，M 和 N 分别是以像素点 (i,j) 为中心的一个区域的长和宽，加权因子满足

$$\sum_{n=-N}^{N} \sum_{m=-M}^{M} w(m,n) = 1 , \quad w = \frac{1}{16} \begin{bmatrix} 1 & 1 & 1 \\ 1 & 8 & 1 \\ 1 & 1 & 1 \end{bmatrix} 。$$

(2) 计算归一化互相关测度：

$$\rho_{A,B}(i,j) = \frac{2 \sum_{n=-N}^{N} \sum_{m=-M}^{M} w(m,n) \times f_A(i-m,j-n) \times f_B(i-m,j-n)}{E_A(i,j) + E_B(i,j)} \tag{9-4-6}$$

其大小决定了图像 A、图像 B 的相关程度。

(3) 给定阈值 T，确定融合系数：

$$\begin{cases} K_{\max} = 1, \\ K_{\min} = 0, \end{cases} \quad \rho_{A,B}(i,j) \geqslant T$$

$$\begin{cases} K_{\max} = \dfrac{1}{2} - \dfrac{1}{2}\left[\dfrac{1 - \rho_{A,B}(i,j)}{1 - T}\right], & \text{其他} \\ K_{\min} = 1 - K_{\max}, \end{cases} \tag{9-4-7}$$

图像 A，图像 B 各自的融合系数按照能量大小进行分配：

$$\begin{cases} K_B = K_{\max}, \\ K_A = K_{\min}, \end{cases} \quad E_B(i,j) > E_A(i,j)$$

$$\begin{cases} K_B = K_{\min}, \\ K_A = K_{\max}, \end{cases} \quad \text{其他} \tag{9-4-8}$$

4）方差和协方差准则

（1）计算以点 (x,y) 为中心的 P 点的区域均值：

$$m_i(x,y) = \frac{1}{MN}\sum_{m=1}^{M}\sum_{n=1}^{N} f\left(x+m-\frac{M+1}{2}, y+n-\frac{N+1}{2}\right) \tag{9-4-9}$$

其中，区域大小 $M \times N$ 一般取 3×3 或 5×5。

（2）计算以点 (x,y) 为中心的区域方差：

$$\sigma_i^2 = \frac{1}{MN}\sum_{m=1}^{M}\sum_{n=1}^{N}\left[f_i\left(x+m-\frac{M+1}{2}, y+n-\frac{N+1}{2}\right) - m_i(x,y)\right]^2 \tag{9-4-10}$$

（3）计算图像 A 以点 (x,y) 位置为中心与图像 B 对应区域的协方差：

$$\beta^2 = \frac{1}{MN}\sum_{m=1}^{M}\sum_{n=1}^{N}\left\{\begin{aligned}&\left[f_A\left(x+m-\frac{M+1}{2}, y+n-\frac{N+1}{2}\right) - m_A(x,y)\right] \\ &\times\left[f_B\left(x+m-\frac{M+1}{2}, y+n-\frac{N+1}{2}\right) - m_B(x,y)\right]\end{aligned}\right\} \tag{9-4-11}$$

（4）构造匹配度：

$$\rho = \frac{\beta^2}{\sigma_A \sigma_B} \tag{9-4-12}$$

（5）确定加权系数：

$$W_{\max} = 1 - \frac{1}{2}\rho, \quad W_{\min} = 1 - W_{\max} \tag{9-4-13}$$

（6）对两幅图像中的对应子带像素按下式进行融合计算：

$$f(x,y) = W_{\max}\cdot\max\left[f_A(x,y), f_B(x,y)\right] + W_{\min}\cdot\min\left[f_A(x,y), f_B(x,y)\right] \tag{9-4-14}$$

5）空间频率准则

空间频率通常反映一幅图像空间域的总体活跃程度，空间频率越大图像越活跃、越清晰。空间频率 SF 表达式为：$\mathrm{SF} = \sqrt{\mathrm{HF}^2 + \mathrm{VF}^2 + \mathrm{DF}^2}$ ，其中

水平方向频率：

$$\mathrm{HF} = \sqrt{\frac{1}{M(N-1)}\sum_{i=0}^{M-1}\sum_{j=1}^{N-1}\left(f_{i,j} - f_{i,j-1}\right)^2} \tag{9-4-15}$$

垂直方向频率：

$$VF = \sqrt{\frac{1}{(M-1)N}\sum_{i=1}^{M-1}\sum_{j=0}^{N-1}\left(f_{i,j}-f_{i-1,j}\right)^2} \tag{9-4-16}$$

对角方向频率：

$$DF = \sqrt{\frac{1}{(M-1)(N-1)}\sum_{i=1}^{M-1}\sum_{j=1}^{N-1}\left(f_{i,j}-f_{i-1,j-1}\right)^2} + \sqrt{\frac{1}{(M-1)(N-1)}\sum_{i=1}^{M-1}\sum_{j=1}^{N-1}\left(f_{i-1,j}-f_{i,j-1}\right)^2} \tag{9-4-17}$$

确定图像A的加权系数为$W = \sqrt{SF_A}\big/\left(\sqrt{SF_A}+\sqrt{SF_B}\right)$；融合计算结果为$f(x,y) = Wf_A(x,y) + (1-W)f_B(x,y)$。

图 9-16 为同一场景经配准后红外与可见光图像的融合实例，采用的是 Haar 小波单尺度分解融合方法。

(a) 电视图像   (b) 红外图像   (c) 融合结果一   (d) 融合结果二

图 9-16   小波单尺度分解融合

上述常用方法都是基于这样的假设：即图像中的特征都表现在小波系数绝对值大的地方，但这种假设在有的场合并不总是成立，而且会削弱某些目标物体的频谱特征而导致图像局部出现毛刺，也破坏了融合图像的连续性；而在另一些情形下，由于多传感器图像中的目标光谱特性在融合图像中并不够突出，从而影响了对目标的探测和识别。研究表明，随着小波分解尺度的增大，由小波变换方法得到的融合图像会出现明显的方块效应，同时随着尺度的增大，融合图像的光谱信息也会出现损失。

9.4.4   Ehlers 融合算法

Ehlers 融合算法是由德国奥斯纳布吕克大学（University of Osnabrück）的 Manfred Ehlers 教授创立的，具体步骤为：

(1)对全色图像做快速傅里叶变换(FFT)，设计不同截止频率下高通滤波器，进行滤波，得到高通滤波的结果 Pan^{HP}。

(2)将多光谱图像进行 IHS 变换，即将图像从 RGB 空间转到 IHS 空间。

(3)对图像的 I 分量进行快速傅里叶变换并进行低通滤波，输出新的高分辨率 I 通道图像。

(4)将多光谱图像的亮度分量(I)做 FFT，设计相应的低通滤波器，得到 I 分量的低频图像 I^{LP}。

(5)将(1)和(4)得到的结果按一定规则进行融合，合成新的亮度分量(I^{LP}+Pan^{HP})。

(6)结合原分量 H、S，得到融合后的(I^{LP}+Pan^{HP})HS 图像数据。

(7)进行逆变换转换到 RGB 空间，输出融合后的多光谱图像。

图 9-17 为 Ehlers 融合算法的流程，其中，FFT/FFT^{-1} 表示快速傅里叶正/反变换；HPF 表示高通滤波；Pan^{HP} 表示全色图经过高通滤波后得到的高频图像；I^{LP} 表示对 I 分量进行低通滤波后得到的低频图像。IHS^{-1} 为反变换到 RGB 彩色空间。

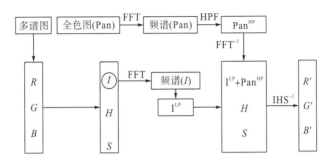

图 9-17　Ehlers 融合算法流程

图 9-18 为不同截断频率下滤波器对全色波段图像进行滤波，对图像的影响以及融合结果。

(a) 全色波段图像　　　　(b) 全色波段图像频谱图

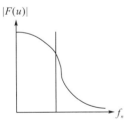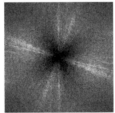

(c) 截断频率示意图　　(d) 用(c)滤波后的全色　(e) 用(c)滤波后的全色　(f) 用(e)融合的图像
　　　　　　　　　　　　波段频谱图　　　　　　波段图像

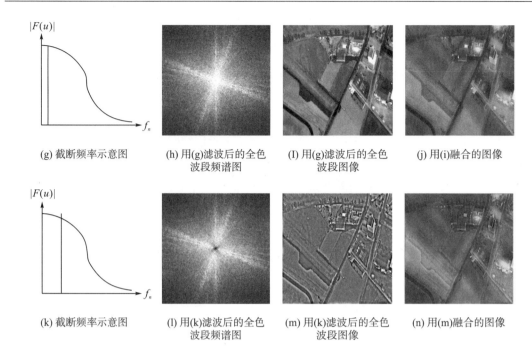

图 9-18   不同滤波器对全色波段的影响和融合结果

9.4.5   加权平均融合

假设参加融合的图像分别为 A、B，图像的大小为 $M \times N$，经融合后得到的融合结果图像为 F，那么，对 A、B 两个源图像的像素灰度值加权平均融合过程可以表示为

$$F(x,y) = w_1 A(x,y) + w_2 B(x,y) \tag{9-4-18}$$

式中，x、y 为图像中像素点的位置；w_1、w_2 为加权系数；$w_1 + w_2 = 1$。若 $w_1 = w_2 = 0.5$，则为平均融合。

加权平均融合法的特点在于简单直观,适合实时处理,当用于多幅图像的融合处理时,可以提高融合图像的信噪比。但是,这种平均融合实际上是对像素的一种平滑处理——减少图像噪声的同时,往往在一定程度上使图像边缘、轮廓变得模糊,且当融合图像的灰度差异很大时,会出现明显的拼接痕迹,不利于人眼识别和后续的目标识别过程。图 9-19 为红外与可见光图像的加权平均融合结果。

(a) 可见光图像   (b) 红外图像   (c) 融合结果

图 9-19   加权平均融合结果

9.4.6　基于人眼视觉特性的图像融合

针对上述一般的小波图像融合算法出现的不足，可以采用人眼视觉特性(human vision system，HVS)方法对小波图像融合算法加以改进。IIVS 是用来研究人类视觉系统特性的理论。在图像处理领域，它专门研究人眼对图像的哪些区域会比较敏感或属于感兴趣区域，关于 HVS 理论目前较为公认的认识有以下几个方面：

(1)人眼对图像的低分辨率频带较为敏感，而对高分辨率频带不太敏感。

(2)人眼对图像的水平或垂直频带较为敏感而对斜向频带不太敏感。

(3)人眼对图像中等亮度区域的灰度变化较为敏感，而对高亮度及低亮度区域的灰度变化不太敏感。

(4)人眼对图像平滑及边缘区域的噪声较为敏感，而对纹理区域的噪声不太敏感。

(5)人眼对彩色图像的敏感度和分辨率远高于相应的灰度图像。

小波域上的 HVS 分析是指在小波域上分析人的视觉特性，并针对不同细节的图像区域给出不同的权值。融合图像质量的好坏，主要是指融合图像是否能突出其源图像光谱特征、是否能实现图像之间的信息互补、图像是否光滑自然(是否有明显的毛刺)等。通过小波域上的 HVS 经验模型刻画图像的边缘、纹理、高亮区域，自适应地计算权系数，并在小波域上通过加权平均来完成图像融合。

另外，同一场景的多波段图像各有优势，如可见光图像包含有丰富的几何和纹理细节；红外光的穿透力强；红外成像能根据物体表面的温差特性很容易地从背景中将重要目标区分开来。总的说来，对于红外波段的图像，人们感兴趣的往往是与背景具有不同的亮度等级，比背景要亮(或暗)得多的目标；对于可见光图像，人们则希望保留其丰富的纹理细节。

1. 图像的视觉特征表示

多源图像在不同尺度下分解后得到了小波多分辨表示，需采用一定的规则对它们进行融合。分解后的图像高频系数反映了图像的亮度突变特性，对应于图像的边缘细节；低频系数反映原图像的近似和平均特性，集中了原图像的大部分信息，对应于图像的轮廓。融合算法的作用在于将高频等细节信息保留下来，同时突出目标的轮廓信息。

从人的视觉特性上来看，亮度特征与纹理特征是人眼最为敏感的图像特征，抓住这两个特征进行融合的图像能充分保持其纹理边缘信息和轮廓信息，如可以采用结合亮度特征与纹理特征的图像融合算法，通过小波域上的视觉特征模型刻画图像的边缘、纹理、高亮区域。首先自适应地计算权系数，然后在小波域上通过加权平均来完成图像融合。对亮度区域和纹理区域相关量值量化估计表示如下：

亮度(luminance)：

$$L(r,x,y) = 3 + \frac{1}{256} \sum_{i=0}^{l} \sum_{j=0}^{l} I^{3,\text{LL}}\left(i+1+\frac{x}{2^{3-r}}, j+1+\frac{y}{2^{3-r}}\right) \tag{9-4-19}$$

纹理(texture)：

$$T(r,x,y) = \sum_{k-1}^{3-r} 16^{-k} \sum_{S}^{\text{LH,HH,HL}} \sum_{i=0}^{l} \sum_{j=0}^{l} \left[I^{k+r,s}\left(i + \frac{x}{2^k}, j + \frac{y}{2^k}\right)\right]^2$$
$$+ 16^{3-r} \text{var}\left[I^{3,\text{LL}}\left(\{1,2\} + \frac{x}{2^{3-r}}, \{1,2\} + \frac{y}{2^{3-r}}\right)\right] \tag{9-4-20}$$

其中，r 为小波分解的层次数；(x,y) 为像素坐标；k 表示分解的层次；s 表示每一层次中的非低频分量；L 是用来计算每个像素 (x,y) 的边缘亮度值的函数，它通过计算小波分解 r 层后，其高频区域对应于 (x,y) 位置邻域的边缘亮度变化，最终即可得到 (x,y) 像素的边缘亮度值，同样，T 是用来计算每个像素 (x,y) 包含的纹理信息量的函数，所不同的是其计算子层的范围在低频区域中。

2. 基于 HVS 的融合规则

在以往的图像融合中，往往只重视人眼较为感兴趣的图像对比度特征，而没有重视纹理特征，因此对于可见光图像的纹理特性不能充分保持。

为了克服以上不足，可以采用改进的基于亮度和纹理相关量值的 HVS 融合算法，以便充分考虑到图像的纹理特性。其步骤可以描述为：

(1) 采用提升小波变换得到各源图像的多尺度表示。

(2) 在各个尺度上，利用 HVS 度量各自感兴趣的目标。

(3) 通过 HVS 度量计算不同频率的加权系数。

(4) 在小波域上完成融合，并通过小波重构得到融合图像。

利用亮度和纹理相关量值构造加权系数的过程如下。

1) 低频系数的加权融合

低频部分加权系数的构造如下。

$$W_{\max}^{\text{LL}}(x,y) = 1 - \frac{L_i(x,y)L_v(x,y)}{L_i^2(x,y) - L_v^2(x,y)}, \quad W_{\min}^{\text{LL}}(x,y) = 1 - W_{\max}^{\text{LL}}(x,y) \tag{9-4-21}$$

其中，i 表示红外图像，v 表示可见光图像。

如果 $L_i(x,y) > L_v(x,y)$，融合图像取：

$$I^{\text{LL}}(x,y) = I_i(x,y)W_{\max}^{\text{LL}}(x,y) + I_v(x,y)W_{\min}^{\text{LL}}(x,y) \tag{9-4-22}$$

如果 $L_i(x,y) < L_v(x,y)$，融合图像取：

$$I^{\text{LL}}(x,y) = I_v(x,y)W_{\max}^{\text{LL}}(x,y) + I_i(x,y)W_{\min}^{\text{LL}}(x,y) \tag{9-4-23}$$

其中，$I_i(x,y)$ 和 $I_v(x,y)$ 分别为红外图像和可见光图像在点 (x,y) 处的低频系数值，依照不同的亮度等级赋予相应的权值。

2) 高频系数的加权融合

高频部分加权系数的构造如下。

$$W_{\max}^{\text{H}}(x,y) = 1 - \frac{T_i(x,y)T_v(x,y)}{T_i^2(x,y) + T_v^2(x,y)}, \quad W_{\min}^{\text{H}}(x,y) = 1 - W_{\max}^{\text{H}}(x,y) \tag{9-4-24}$$

如果 $T_{\mathrm{i}}(x,y) > T_{\mathrm{v}}(x,y)$，融合图像取：

$$I^{\mathrm{H}}(x,y) = I_{\mathrm{i}}(x,y)W^{\mathrm{H}}_{\max}(x,y) + I_{\mathrm{v}}(x,y)W^{\mathrm{H}}_{\min}(x,y) \tag{9-4-25}$$

如果 $T_{\mathrm{i}}(x,y) < T_{\mathrm{v}}(x,y)$，融合图像取：

$$I^{\mathrm{H}}(x,y) = I_{\mathrm{i}}(x,y)W^{\mathrm{H}}_{\min}(x,y) + I_{\mathrm{v}}(x,y)W^{\mathrm{H}}_{\max}(x,y) \tag{9-4-26}$$

上面加权系数的计算中，采用了均方准则，可以防止图像重建误差的扩大。同时采用了权重偏向准则，在输入图像中对于纹理与高亮值较大的系数赋予更大的权重，如此设计，是为了更好地突出原始图像的特征。

多源图像融合后，再把融合后的子图像序列进行提升小波反变换，便可构造出融合后的图像。

图 9-20 为可见光图像与红外图像采用不同融合规则进行融合的实验结果，其中，基于视觉特性的方法在视觉上具有较好的融合效果。

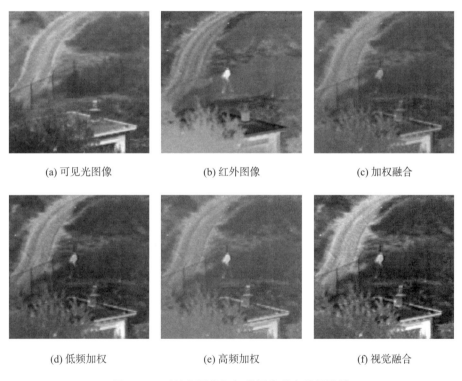

(a) 可见光图像　　　　　　　(b) 红外图像　　　　　　　(c) 加权融合

(d) 低频加权　　　　　　　(e) 高频加权　　　　　　　(f) 视觉融合

图 9-20　可见光图像与红外图像融合效果比较

9.5　融合质量评价

对于一般图像的质量评价往往采用主观评价的方法，主观评价是依靠人的主观感觉对融合图像效果进行评价的方法。然而，对多源图像的融合效果的评价问题却要复杂得多，即便是不考虑人的视觉特性、心理状态等因素的影响，采用主观评价方法对图像融合效果进行评价也十分困难。因此必须对图像融合质量进行客观定量的分析。只有建立了对图像融合效果的定量评价方法和准则，才可能对各种图像融合方法的融合性能作出科学、客观的评价，才可能对图像融合方法开展更深入的研究。不同应用场合有不同的评价方法，这里先介绍几种定量的图像融合质量评价方法，然后指出评价指标的选取准则，最后采用这些评价指标分析融合结果，从而可知融合方法的性能。

图像融合的优点主要有改善图像质量、提高几何配准精度、生成三维立体效果、实现实时或准实时动态观测、克服目标提取与识别中图像数据的不完整性等。当前融合效果的评价问题一直未得到很好的解决，原因是同一融合算法，对不同类型的图像，其融合效果不同；同一融合算法，对同一图像，观察者感兴趣的部分不同，其融合效果不同；不同的应用方面，对图像各项参数的要求不同，导致选取的评价方法不同。因而，需要寻找一种比较客观评价融合图像效果的方法，使计算机能够自动选取适合当前图像的、效果最佳的算法，从而为不同场合下选择不同的算法提供依据。

9.5.1　基于统计特性的评价

1. 偏差度

偏差度用来反映融合图像 $\widehat{f}$ 与期望图像 f 在光谱信息上的匹配程度。计算公式为

$$D = \frac{1}{MN} \sum_{i=0}^{M-1} \sum_{j=0}^{N-1} \frac{\left| f(i,j) - \widehat{f}(i,j) \right|}{f(i,j)} \tag{9-5-1}$$

其中，M 和 N 为图像的尺寸。如果偏差指数较小，说明融合后的图像在提高空间分辨率的同时，较好地保留了原始图像的光谱信息。

2. 均方差

融合图像 $\widehat{f}$ 与期望图像 f 的均方差为

$$E_{\mathrm{rms}} = \sqrt{\frac{1}{MN} \sum_{i=0}^{M-1} \sum_{j=0}^{N-1} \left[\widehat{f}(i,j) - f(i,j) \right]^2} \tag{9-5-2}$$

均方差 E_{rms} 越小，说明融合图像与期望图像越接近。

9.5.2　基于信息量的评价

1. 熵

图像的熵是衡量图像信息丰富程度的一个重要指标。融合图像的熵越大，说明融合图像的信息量越大。一幅图像，可以认为其各元素的灰度值是相互独立的，则这幅图像的灰度分布为 $p = \{p_1, p_2, \cdots, p_i, \cdots, p_L\}$，其中，$p_i$ 为灰度值等于 i 的像素数与图像总像素数之比；L 为灰度级总数。熵的计算公式为

$$H = \sum_{i=0}^{L-1} p_i \log \frac{1}{p_i} = -\sum_{i=0}^{L-1} p_i \log p_i \tag{9-5-3}$$

2. 交叉熵

交叉熵直接反映了两幅图像 A、B 对应像素的差异，是对两幅图像所含信息的相对衡量，公式为

$$D(A,B) = -\sum_{i=0}^{L-1} p_b(i)\log\left[\frac{p_b(i)}{p_a(i)}\right] - \sum_{i=0}^{L-1} p_a(i)\log\left[\frac{p_a(i)}{p_b(i)}\right] \tag{9-5-4}$$

式中，p_a 为融合图像的灰度分布；p_b 为原始图像的灰度分布。交叉熵越小，融合图像从原始图像中得到的信息量越多。

3. 互信息

互信息（mutual information，MI）是信息论中的一个重要基本概念，它可作为两个变量之间相关性的量度，或一个变量包含另一个变量的信息量的量度。因此，融合图像与原始图像的相关熵（互信息）越大越好，公式为

$$C(A,B) = -\sum_{l_1=0}^{L-1}\sum_{l_2=0}^{L-1} p_{ab}(l_1,l_2)\log p_{ab}(l_1,l_2) \tag{9-5-5}$$

式中，p_{ab} 为融合图像与源图像之间的联合灰度分布。互信息反映了两幅图像间的信息联系，也可以写为

$$
\begin{aligned}
C(A,B) &= H(A) + H(B) - H(A,B) \\
&= -\left[\sum_{i=0}^{L-1} p_a(i)\log p_a(i) + \sum_{i=0}^{L-1} p_b(i)\log p_b(i) - \sum_{i=0}^{L-1} p_{ab}(i)\log p_{ab}(i)\right]
\end{aligned}
\tag{9-5-6}
$$

9.5.3　基于清晰度的评价

1. 清晰度

一幅图像的清晰度可以用图像的平均梯度来表示，它反映图像质量的改进及图像中微小细节反差和纹理变换特征。其公式为

$$\overline{\Delta G} = -\frac{1}{MN}\sum_{i=0}^{M-1}\sum_{j=0}^{N-1}\sqrt{\frac{g_x^2(i,j) + g_y^2(i,j)}{2}} \tag{9-5-7}$$

式中，g_x 和 g_y 分别为 $g(i,j)$ 沿 x 方向和 y 方向的一阶梯度；M、N 为图像的尺寸。

2. 空间频率

在 9.4.3 节中，我们曾介绍过空间频率的概念。这里仅考虑 x、y 两个方向的贡献，重新定义空间频率如下：

$$SF = \sqrt{RF^2 + CF^2} \tag{9-5-8}$$

式中，RF 为空间行（y 方向）频率；CF 为空间列（x 方向）频率。

其中，

$$RF = \sqrt{\frac{1}{M(N-1)}\sum_{x=0}^{M-1}\sum_{y=1}^{N-1}\left[f(x,y) - f(x,y-1)\right]^2} \tag{9-5-9}$$

$$\mathrm{CF} = \sqrt{\frac{1}{(M-1)N} \sum_{x=1}^{M-1} \sum_{y=0}^{N-1} \left[f(x,y) - f(x-1,y) \right]^2} \tag{9-5-10}$$

9.5.4 基于信噪比的评价

图像融合后去噪效果的评价原则为信息量是否提高、噪声是否得到抑制、均匀区域噪声的抑制是否得到加强、边缘信息是否得到保留、图像均值是否提高等。因此可以从下面几个方面评价。

1. 信噪比

$$\mathrm{SNR} = 10\lg \frac{\displaystyle\sum_{i=0}^{M-1} \sum_{j=0}^{N-1} \widehat{f}(i,j)^2}{\displaystyle\sum_{i=0}^{M-1} \sum_{j=0}^{N-1} \left[f(i,j) - \widehat{f}(i,j) \right]^2} \tag{9-5-11}$$

这里，我们把融合图像 $\widehat{f}$ 与期望图像 f 的差异当作噪声量，期望图像作为有效信号。

2. 峰值信噪比

$$\mathrm{PSNR} = 10\lg \frac{255^2}{\dfrac{1}{MN} \displaystyle\sum_{i=0}^{M-1} \sum_{j=0}^{N-1} \left[f(i,j) - \widehat{f}(i,j) \right]^2} \tag{9-5-12}$$

以上计算是针对 8bit 灰度图像。

9.5.5 基于小波变换的融合质量评价

1. 光谱信息评价

光谱信息评价是指基于图像光谱分辨率的分析方法，光谱信息评价是对小波分解后的图像在水平、垂直、对角三个方向的空间分辨率的综合评价，公式为

$$H_{\mathrm{IEF}} = \frac{C_{\mathrm{ov}}\left(f^{\mathrm{h}}, f_{\mathrm{IEF}}^{\mathrm{h}}\right) + C_{\mathrm{ov}}\left(f^{\mathrm{v}}, f_{\mathrm{IEF}}^{\mathrm{v}}\right) + C_{\mathrm{ov}}\left(f^{\mathrm{d}}, f_{\mathrm{IEF}}^{\mathrm{d}}\right)}{3} \tag{9-5-13}$$

式中，$C_{\mathrm{ov}}(x,y)$ 表示 x、y 的相关系数，h、v、d 分别表示水平、垂直、对角三个方向。f 和 f_{IEF} 分别为源图像经小波分解后的系数矩阵。

2. 小波能量评价

对图像进行小波分解后，对小波系数处理，然后重构得到融合图像，其效果评价可以采用小波系数平均能量的办法。有时它比平均梯度更能反映图像的分辨率及清晰度。公式为

$$E = \sum_{i=0}^{M} \sum_{j=0}^{N} \frac{W(i,j)}{MN} \tag{9-5-14}$$

式中，M、N 为图像的大小；$W(i,j)$ 为该图像的小波分解高频系数。

例 9-1　采用能量法对不同小波融合结果进行评价。

图 9-21 为基于不同小波融合得到的红外图像与可见光图像融合结果图。其中图 9-21(a)为花丛的可见光图像，没有目标；图 9-21(b)是该场景的红外图像，一支隐藏的目标(手枪)清晰可见，融合的目的是提高图像的信息量。从图 9-21(c)、图 9-21(d)、图 9-21(e)可以看出，融合后，目标和目标的背景都得到了很好的保留。

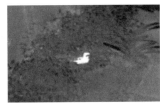

(a) 可见光图像　　　　　　　　　　(b) 红外图像

(c) Haar小波融合　　　(d) W5/3小波融合　　　(e) Daubechies9/7小波融合

图 9-21　不同小波融合结果图

对三种不同融合结果进行定量评价，评价结果见表 9-1。

表 9-1　不同小波融合定量评价表

小波类型	熵	交叉熵	交互信息量	空间频率
Haar 小波	7.4965	109.4934	9.4910	6.3215
W5/3 小波	7.4858	108.6260	10.0573	6.9452
Daubechies9/7 小波	7.6847	105.0794	15.3403	7.1245

从表中可以看出，采用 Daubechies9/7 小波进行融合实验得到的融合图像，具有更多的信息量，与源图像对应像素的差异最小，相关性更强，细节更丰富，因此综合指标是最佳的。

9.5.6　评价指标的选取

一般根据融合的目的选取评价指标，图像融合的目的主要有以下几个方面。

(1)去噪声。一般而言，从传感器得到的图像都是有噪图像，而后续的图像处理一般要求噪声在一定范围内，因此，可以采用融合的方法来降低噪声，提高信噪比。对于这种方法一般采用基于信噪比的评价。

(2)改善分辨率。改善图像分辨率也是图像融合的一个重要目的，有时从卫星得到的红外图像的分辨率不高，这就要求用其他传感器得到的图像（如光学图像、合成孔径图像）与红外图像进行融合来提高分辨率。对于这种方法的融合效果评价可采用基于统计特性及光谱信息的评价方法。

(3)提高信息量。在传输图像、图像特征提取等方面需要提高图像的信息量。图像融合是提高信息量的一个重要手段。对于融合图像的信息量是否提高，我们可采用基于信息量的评价方法。

(4)图像清晰化。在图像处理中，往往需要在保持原有信息不丢失的情况下，提高图像的质量、增强图像的细节信息和纹理特征、保持边缘细节及能量，这对于一般的图像增强很难办到，因此可以采用图像融合的办法。这时，对融合效果的评价可采用基于梯度的方法和小波能量的评价方法。

(5)特殊要求。在有些应用中，融合的目的既不是提高信息量，也不是提高分辨率和降低噪声。这就需要根据特殊的要求来加以衡量，如在超声粘接时，图像融合的主要目的是减少引起脱粘判别时漏判或误判的像素点的数目，根据图像的直方图及漏判率和误判率的比较确实达到了一定的效果。

(6)定性描述。定性描述就是目测法，这种方法主观性比较强，具有直观、快捷、方便的优势，对一些暂无较好客观评价指标的现象可以进行定性的说明。其主要用于判断融合图像是否配准，如果配准不好，那么图像就会出现重影；判断色彩是否一致；判断融合图像整体亮度、色彩反差是否合适，是否有蒙雾或马赛克现象；判断融合图像的清晰度是否降低，图像边缘是否清楚；判断融合图像纹理及色彩信息是否丰富，光谱与空间信息是否丢失等。

习题

9.1 什么是图像融合？图像融合有哪几个层次，不同层次融合的主要用途分别是什么？

9.2 什么是图像配准？简要说明它的基本原理和实现步骤。

9.3 常见的图像融合方法有哪些？它们各自的特点是什么？

9.4 基于小波变换的图像融合方法相较于其他方法具有哪些优势？

9.5 如何选择合理的融合质量评价指标？

编程练习

9.1 下图为两幅已配准的多聚焦图像，请采用加权平均融合方法实现两幅图像的融合。

左聚焦图像　　　　　　　　　　　　右聚焦图像

9.2　如下图所示，利用小波变换对同一场景的红外图像和可见光图像进行融合。要求采用至少 4 种不同的融合规则对两幅图像进行融合，并采用至少 4 种不同的评价准则对融合结果进行评价。

可见光图像　　　　　　　　　　　　红外图像

9.3　课程设计题：利用 MATLAB 语言，设计和实现基于主成分分析(principle component analysis，PCA)图像融合算法，不考虑图像配准问题。要求阐述融合原理、算法流程，并选用合适的评价准则对融合结果加以评价。

第十章　成像目标检测与跟踪

成像目标检测与跟踪技术是通过对视频(序列)图像的处理分析,实现对场景中感兴趣目标的提取、定位和识别等,从而做到对目标行为的分析,同时还能对发生的异常情况做出反应。另外,对视频数据的运动估计和关键帧检测,有助于人们对感兴趣视频片段的存储。这样,既减少了视频信号的存储空间,也降低了视频传输所需要的带宽要求。

目标检测(objects detection),也叫作目标提取,是一种基于目标特征的图像分割,它通过特征提取、分类识别等把感兴趣目标或物体从背景图像中分离出来。目标跟踪(objects tracking)则是对检测目标进行定位、对目标姿态和运动状态进行估计等。

图 10-1 为一个典型的智能视频监视系统示意图。系统结构中,目标检测处于低层视觉处理,目标跟踪则是中层视觉处理,而目标分类、行为理解、语义描述等被认为是高层视觉处理。目标检测和目标跟踪是智能视频监控系统中的两个关键环节,分别处于整个系统的前期和中期处理阶段,为后期的高层视觉处理提供分析依据。

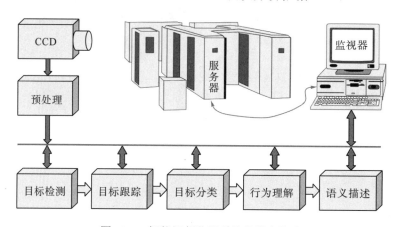

图 10-1　智能视频监视系统的基本构成

目标检测与目标跟踪看似为图像识别及分析系统中的两个不同阶段,实际则是相互渗透、不可分割的两个部分,且不一定是通常认为的检测在前、跟踪在后的递进式处理环节。目前,存在以下两种较为经典的处理方式:

(1)先检测后跟踪(detect before track,DBT),即先检测出每帧中的运动目标,然后匹配前后帧中的目标以实现轨迹关联。如图 10-2 所示,为先进行目标检测,再进行轨迹关联和跟踪。

(2)先跟踪后检测(track before detect,TBD),即将目标的检测与跟踪相结合,利用跟踪结果来确定检测所要处理的区域范围;跟踪时,利用检测获得目标状态的观测值。建立描述目标的特征模型,在起始帧初始化后,不断在后续帧进行匹配搜索。如图 10-3 所示。

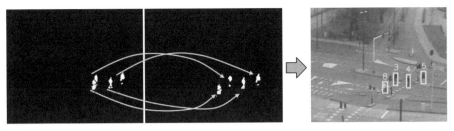

目标检测结果中的第t帧和第$t+1$帧　　　　　　　最终目标跟踪结果

图 10-2　先检测后跟踪示意图

建立目标的　　　　　　　　后续帧进行匹配搜索
特征模型

图 10-3　先跟踪后检测示意图

下面，我们将分别对目标检测和跟踪方法的原理进行详细介绍。

10.1　目标检测方法

目标检测技术是计算机视觉领域中的重要内容之一，它包括图像采集、图像预处理、特征提取与特征分类、分割与提取等基本内容。如图 10-4 所示，为一个基本的目标检测流程。

图 10-4　目标检测的基本流程

如果采集相机安装于固定平台，且处于静止不动，则属于静止背景下的运动目标检测，一般可以采用帧间差分法、背景减除法及能量累积法（如动态规划）等。另一种情况，相机安装在运动平台上，如车载、机载或其他有相对运动的设备上，则属于动态背景下的运动目标检测，一般有光流法，参数估计法和带全局运动补偿的检测算法等。下面我们将分别围绕这两种情况，介绍目标检测的基本原理。

10.1.1 静止背景下的运动目标检测

1. 帧间差分法

将同一背景不同时刻两帧图像进行比较,可以反映出一个运动物体在此背景下运动的结果。一种简单的方法就是将两图像做"差分"或"相减"运算,从相减后的图像中,很容易找出场景中的运动信息,灰度不发生变化的部分被减掉,则前区为正,后区为负。其他部分为零。由于减出的部分可以大致确定运动目标在图像上的位置,为后续其他更为精确的检测和跟踪方法缩小了目标的搜索范围。

例如,t 时刻的图像为 $f_t(x,y)$,$t+1$ 时刻的图像记为 $f_{t+1}(x,y)$,将两幅图像相减后得

$$g(x,y) = f_{t+1}(x,y) - f_t(x,y) \tag{10-2-1}$$

直观表示的图像变化过程如图 10-5 所示。

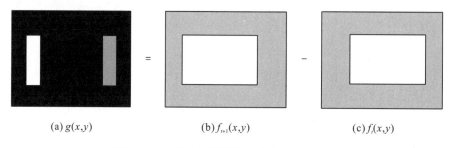

(a) $g(x,y)$ (b) $f_{t+1}(x,y)$ (c) $f_t(x,y)$

图 10-5　差分法检测图像中发生变化的区域

从图中可以清楚地看到,灰色背景中的一块白色运动区域在图像中发生了向左方向的平移,则两幅图像相减后,运动部分被检测出来,而未发生变化部分相减抵消,灰度值为零。

帧间差分法的一般处理流程如下:

(1)读取序列或视频文件,并获取视频文件帧数。

(2)依次读取视频文件中的每一帧。

(3)保持第一帧不变,之后每一帧与前一帧相减。

(4)将相减之后的结果整合后显示,得到最终目标检测结果。

2. 背景减除法

当两帧图像的背景图像起伏较大时,简单的差分法难以得到满意的解。此时可以考虑用背景减除法,该方法可以在低信杂比情况下压制背景杂波和噪声,检测出非稳态图像信号。在背景杂波较复杂时,常用的门限分割不能很好地分离出这种运动目标。

在图像序列中,每一个像素点的灰度值都是这一点所对应传感器的输出信号值与系统噪音值的叠加,因此,如何克服噪声的影响,确定一个最佳门限将目标与背景分离,就成为弱小目标检测中的一个重要环节。

令 $f(x,y,k)$ 为输入的图像序列,可以重新表示为

$$f(x, y, k) = s(x, y, k) + b(x, y, k) + n(x, y, k) \tag{10-2-2}$$

式中，$s(x, y, k)$ 为目标信号；$b(x, y, k)$ 为背景图像；$n(x, y, k)$ 为图像噪声。在图像中，目标点亮度通常较周围背景高，与背景不相关，是图像中的孤立亮点，而背景是图像的主要成分，具有强相关性。如果能得到背景图像及噪声的准确估计：

$$\hat{f}(x, y, k) = \hat{b}(x, y, k) + \hat{n}(x, y, k) \tag{10-2-3}$$

就可以得

$$f(x, y, k) - \hat{f}(x, y, k) = s(x, y, k) + n'(x, y, k) \tag{10-2-4}$$

式中，$n'(x, y, k)$ 是由于背景估计不准确而残余的噪声，此时在残差图像上通过后续处理就能检测出目标信号。式(10-2-4)表明，选择合适的预测器，背景预测的结果将使高强度背景转化为低强度白噪声背景，从而达到抑制背景、突出目标的目的。

假设图像中的任一个像素点，如果是属于背景中的点，由于它和周围的像素点是属于同一背景，具有相关性，就一定可以用周围区域的背景点来预测。实际上，任何一点灰度的背景预测值都是由它周围区域的一些点的灰度值经过线性或非线性组合产生的，将所有点的实际灰度值与预测值相减得到预测残差。如果预测准确，目标被保留在预测残差中，此时只要在预测残差图像上进行门限检查就可以得到目标图像。

最基本的背景预测模型为

$$\hat{f}(x, y) = \sum_{(i,j) \in S} f(x - i, y - j) w(i, j) \tag{10-2-5}$$

其中，$w(i, j)$ 为预测背景所用的核函数；S 为预测域。为了尽量准确地预测背景，核函数的选择非常关键。其中最简单的一种方法是采用固定权值矩阵，相对复杂的背景预测方法则是能够自适应求解最优权值的算法，常见的有 Wiener 滤波、Kalman 滤波等。以下是两种典型的固定权值矩阵模板：

$$W_1 = \frac{1}{40} \begin{bmatrix} 1 & 1 & 1 & 1 & 1 & 1 & 1 \\ 1 & 1 & 1 & 1 & 1 & 1 & 1 \\ 1 & 1 & 0 & 0 & 0 & 1 & 1 \\ 1 & 1 & 0 & 0 & 0 & 1 & 1 \\ 1 & 1 & 0 & 0 & 0 & 1 & 1 \\ 1 & 1 & 1 & 1 & 1 & 1 & 1 \\ 1 & 1 & 1 & 1 & 1 & 1 & 1 \end{bmatrix} \tag{10-2-6}$$

$$W_2 = \frac{1}{112} \begin{bmatrix} 3 & 3 & 3 & 3 & 3 & 3 & 3 \\ 3 & 2 & 2 & 2 & 2 & 2 & 3 \\ 3 & 2 & 1 & 1 & 1 & 2 & 3 \\ 3 & 2 & 1 & 0 & 1 & 2 & 3 \\ 3 & 2 & 1 & 1 & 1 & 2 & 3 \\ 3 & 2 & 2 & 2 & 2 & 2 & 3 \\ 3 & 3 & 3 & 3 & 3 & 3 & 3 \end{bmatrix} \tag{10-2-7}$$

实际处理的图像往往比较复杂，用固定权值模板的方法处理过于简单。如在两种背景区域交界处的像素，如果用它周围的所有像素的灰度组合来进行预测通常不能获得准确的预测值，其结果是在这些区域产生大量虚假目标，对真实目标的检测和识别造成干扰。针对这种情况，有学者采用局部区域模型的背景预测算法，即把被预测点周围的区域划分成多个不同的子区域，根据各子区域内灰度分布情况，采取不同的预测方法，从而降低起伏较大的不同背景交界处的虚警概率。

下面介绍一种自适应背景抑制方法，可以有效检测起伏背景下的运动目标，但有一个前提条件就是，当前图像与参考图像的杂波背景必须空间相关。

一般来说，在灰度特征上，杂波具有较大的空间相关性，目标的相关性则比较小。因此，可以利用目标和杂波在空间上的差异来调整滤波器参数。

像素 $f(i,j,k)$ 与统计区域的相关程度用相关函数 $r(i,j,k)$ 度量，即

$$r(i,j,k) = \sum_{\substack{m=-p \\ m \neq 0}}^{p} \sum_{\substack{n=-p \\ n \neq 0}}^{p} \begin{cases} 1, & |f(i,j,k) - f(i+m,j+n,k)| \leq c|, c \geq 0 \\ 0, & \text{其他} \end{cases} \tag{10-2-8}$$

其中，(i,j) 代表当前像素坐标；k 为当前帧；p 为统计区域的大小。考虑到量化噪声，常数 c 的取值为 1。则像素 $f(i,j,k)$ 的梯度倒数为

$$d_{i,j,k}(m,n) = \begin{cases} w[r(i,j,k)], & |f(i,j,k) - f(i+m,j+n,k)| \leq c \\ \dfrac{1}{f(i,j,k) - f(i+m,j+n,k)}, & \text{其他} \end{cases} \tag{10-2-9}$$

其中，w 是描述与 $f(i,j,k)$ 具有相近值的像素在滤波器中的权重。空间相关性越大，w 越大。$w[r(i,j,k)]$ 是线性或非线性增函数。一般可取线性关系式：

$$w[r(i,j,k)] = \alpha r(i,j,k) \tag{10-2-10}$$

式中，α 为一个正的常数。滤波器系数为

$$h_{i,j,k}(m,n) = \begin{cases} \dfrac{1}{w[r(i,j,k)]}, & m=0, n=0 \\ 1 - \dfrac{1}{w[r(i,j,k)]}\left[\dfrac{d_{i,j,k}(m,n)}{\sum\limits_{\substack{m=-p \\ m \neq 0}}^{p} \sum\limits_{\substack{n=-p \\ n \neq 0}}^{p} d_{i,j,k}(m,n)}\right], & \text{其他} \end{cases} \tag{10-2-11}$$

滤波器 $h_{i,j,k}(m,n)$ 的输出为

$$f'(i,j,k) = \sum_{m,n=-p}^{p} h_{i,j,k}(m,n) \times f(i+m,i+n,k) \tag{10-2-12}$$

可以得到高通滤波后的信号：

$$f_h(i,j,k) = f(i,j,k) - f'(i,j,k) \tag{10-2-13}$$

对 $f_h(i,j,k)$ 采用恒虚警率 (constant false-alarm rate，CFAR) 准则确定的门限 θ 进行分割，可以得到二值图像，即

$$f''(i,j,k) = \begin{cases} 1, & |f_h(i,j,k)| \geq \theta(k) \\ 0, & \text{其他} \end{cases} \tag{10-2-14}$$

　　背景减除法的基本思想和帧间差分法相类似，都是利用不同图像的差分运算提取目标区域。不过与帧间差分法不同的是，背景减法不是将当前帧图像与相邻帧图像相减，而是将当前帧图像与一个不断更新的背景模型相减，在差分图像中提取运动目标。

　　上面两种方法是静止背景下的运动目标检测方法，实现起来相对容易，对其影响较大的主要是成像噪声，因此，应该在预处理阶段采取适当的方法，对图像进行随机噪声的压制。

　　实际成像检测与跟踪系统中的图像处理，一般都属于视频(动态)图像处理。处理对象通常都是一个记录了目标运动过程的序列图像。动态图像为我们提供了比单帧静止图像更丰富的信息，通过对多帧图像进行分析，可以获得从静止图像中无法获取的运动信息，这对于目标检测、识别和跟踪有着非常重要的意义。

　　与静止图像相比，动态图像的基本特征就是灰度随时间的变化。具体而言，在对某一景物拍摄到的图像序列中，相邻两帧图像间至少有一部分像素的灰度发生了变化，这个图像序列又叫作动态图像序列。造成灰度变化的原因多种多样，主要有物体本身发生了变形(扩大或缩小)或运动(旋转、平移)；相机与物体之间发生了相对运动；照度变化导致物体表面灰度发生变化。如图 10-6 所示，(a)和(b)是从马路上拍摄的相邻两个时刻的车辆图像，由于车辆相对马路及树木、房屋等静止背景发生了运动，因此可以提取出图像中的运动目标，如图 10-6(c)所示。

(a) t帧的车辆图像　　　　(b) $t+1$帧的车辆图像　　　　(c) 运动物体提取结果

图 10-6　物体的运动信息

　　下面介绍两种常用的动态背景下的目标检测方法，即光流法和块匹配算法。

10.1.2　动态背景下的目标检测

1. 光流法

　　光流的概念是 Gibson(1950) 首先提出的。光流是空间运动物体在观测成像面上的像素运动的瞬时速度；光流场是指图像灰度模式的表面运动。光流的研究是利用图像序列中像素强度数据的时间域变化和相关性来确定各自像素位置的"运动"，即研究图像灰度在时间上的变化与景象中物体结构及其运动的关系。研究光流场的目的是从序列图像中近似计算出不能直接得到的运动场。3D 运动的 2D 表示称为运动场(或速度场)，即图像上的运动点将分配一个速度矢量(运动方向、速度大小)。图 10-7 就是一个运动的圆和它的运动场。目前，光流法被广泛应用于目标分割、识别、跟踪、机器人导航、目标形状信息恢复、3D 结构恢复与运动估计等重要的计算机视觉与图像处理领域。

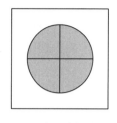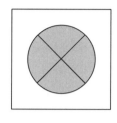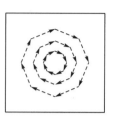

(a) 未运动的圆   (b) 运动后的圆   (c) 圆的运动场

图 10-7   运动场示意

在理想情况下，光流对应于运动场，但这一命题不总是对的。图 10-8 所示的是一个非常均匀的球体，由于球体表面是曲面，因此在某一光源照射下，亮度呈现一定的空间分布或叫明暗模式。当球体在摄像机前面绕中心轴旋转时，明暗模式并不随着表面运动，图像也没有变化，此时光流在任意地方都等于零，然而，运动场却不等于零。如果球体不动，而光源运动，明暗模式运动将随着光源运动。此时光流不等于零，但运动场为零，因为物体没有运动。一般情况下可以认为光流与运动场没有太大的区别，因此允许我们根据图像运动来估计相对运动。

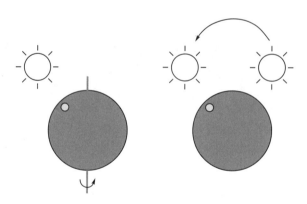

图 10-8   光流与运动场差别示意图

首先我们需要知道什么是光流约束方程。假定 t 时刻图像上的点 (x,y) 处灰度值为 $I(x,y,t)$ ，在 $t+\Delta t$ 时刻，这一点运动到 $(x+\Delta x, y+\Delta y, t+\Delta t)$ ，对应的灰度值为 $I(x+\Delta x, y+\Delta y, t+\Delta t)$ ，假定它与 $I(x,y,t)$ 相等，即

$$I\left(x+\Delta x, y+\Delta y, t+\Delta t\right)=I\left(x,y,t\right) \tag{10-2-15}$$

将左边在点 (x,y,t) 用泰勒公式展开，忽略二阶和二阶以上项可以得

$$\frac{\partial I}{\partial x}\frac{\Delta x}{\Delta t}+\frac{\partial I}{\partial y}\frac{\Delta y}{\Delta t}+\frac{\partial I}{\partial t}=0 \tag{10-2-16}$$

记 $u(x,y,t)=\dfrac{\mathrm{d}x}{\mathrm{d}t}=\dfrac{\Delta x}{\Delta t}$ ， $v(x,y,t)=\dfrac{\mathrm{d}y}{\mathrm{d}t}=\dfrac{\Delta y}{\Delta t}$ ，则可得到基本光流约束方程：

$$I_x u + I_y v + I_t = 0 \tag{10-2-17}$$

式中，$I_x = \dfrac{\partial I}{\partial x}$；$I_y = \dfrac{\partial I}{\partial y}$；$I_t = \dfrac{\partial I}{\partial t}$，可以通过图像的差分运算直接求得。

由于光流场 $U = (u,v)^{\mathrm{T}}$ 有两个变量，而基本约束方程只有一个，因此，只使用一个点上的信息是不能确定光流的。人们将这种不确定问题称为孔径问题（aperture problem）。从理论上分析，我们仅能沿着梯度方向确定图像点的运动，即法向流。

由于孔径问题的存在，仅通过光流约束方程而不使用其他信息是无法计算图像平面中某一点处的图像流速度，必须引入新的附加约束条件。下面介绍了两种光流求解方法。

1）Horn-Schunck 方法

Horn 和 Schunk 等人提出同一运动物体引起的光流场应该是连续的、平滑的，即运动场既满足光流约束方程又满足全局平滑性，对光流场附加一个速度平滑约束，从而将光流场的计算问题转化为一个变分问题。根据光流约束方程，光流误差为

$$e^2(\boldsymbol{x}) = \left(I_x u + I_y v + I_t\right)^2 \tag{10-2-18}$$

其中，$\boldsymbol{x} = (x,y)^{\mathrm{T}}$。对于光滑变化的光流，其平滑约束条件为

$$s^2(\boldsymbol{x}) = \iint \left[\left(\frac{\partial u}{\partial x}\right)^2 + \left(\frac{\partial u}{\partial y}\right)^2 + \left(\frac{\partial v}{\partial x}\right)^2 + \left(\frac{\partial v}{\partial y}\right)^2 \right] \mathrm{d}x\mathrm{d}y \tag{10-2-19}$$

将光流约束同加权平滑约束组合起来，其中加权参数控制图像流约束微分和光滑性微分之间的平衡：

$$E = \iint \left\{ e^2(\boldsymbol{x}) + \alpha s^2(\boldsymbol{x}) \right\} \mathrm{d}x\mathrm{d}y \tag{10-2-20}$$

其中，α 是控制平滑度的参数，α 越大，则平滑度就越高，估计的精度也越高。

对上式求极小值，并用高斯-赛德尔方程迭代求解，得到 u 和 v 的迭代计算方程：

$$u^{k+1} = \bar{u}^k = \frac{I_x \bar{u}^k + I_y \bar{v}^k + I_t}{a^2 + I_x^2 + I_y^2} I_x$$

$$v^{k+1} = \bar{v}^k = \frac{I_x \bar{u}^k + I_y \bar{v}^k + I_t}{a^2 + I_x^2 + I_y^2} I_x \tag{10-2-21}$$

其中，k 是迭代次数，$k \geq 0$；u^1 和 v^1 为光流的初始估计值，一般取零。当相邻两次迭代结果的值小于预定的某一值时，迭代过程终止。

2）Lucas-Kanade 方法

Lucas 和 Kanade 假设在一个小的空间邻域 Ω 内各点的光流相同，对区域内不同的点赋予不同的权重，这样光流的计算就转化为如下方程的最小化问题：

$$\sum_{(x,y)\in\Omega} W^2(\boldsymbol{x}) \left(I_x u + I_y v + I_t\right)^2 \tag{10-2-22}$$

其中，$W(\boldsymbol{x})$ 表示窗口权重函数，离区域中心越近，权重越高，这样邻域中心部分对约束产生的影响比外围部分更大。设 $\boldsymbol{v} = (u,v)^{\mathrm{T}}$，$\nabla I(\boldsymbol{x}) = (I_x, I_y)^{\mathrm{T}}$。式（10-2-22）的解由下式给出：

$$A^{\mathrm{T}}W^2 Av = A^{\mathrm{T}}W^2 b \qquad (10\text{-}2\text{-}23)$$

其中，在时刻 t 的 n 个点 $x_i \in \Omega$ ，

$$A = \left[\nabla I(x_1), \cdots, \nabla I(x_n) \right]^{\mathrm{T}}$$
$$W = \mathrm{diag}\left[W(x_1), \cdots, W(x_n) \right] \qquad (10\text{-}2\text{-}24)$$
$$b = -\left[I_t(x_1), \cdots, I_t(x_n) \right]^{\mathrm{T}}$$

式(10-2-23)的解为 $v = [A^{\mathrm{T}}W^2 A]^{-1} A^{\mathrm{T}}W^2 b$ ，当 $A^{\mathrm{T}}W^2 A$ 为非奇异时可得到解析解，因为它是一个 2×2 的矩阵：

$$A^{\mathrm{T}}W^2 A = \begin{bmatrix} \sum W^2(x) I_x^2(x) & \sum W^2(x) I_x(x) I_y(x) \\ \sum W^2(x) I_y(x) I_x(x) & \sum W^2(x) I_y^2(x) \end{bmatrix} \qquad (10\text{-}2\text{-}25)$$

其中，所有求和都是在邻域 Ω 上。

图 10-9 是用 Horn-Shunck 方法和 Lucas-Kanade 方法计算得到的光流场。迭代次数为 100 次。其中(a)、(b)为两帧发生微小运动的图像，(c)和(d)分别为 Horn-Schunck 方法和 Lucas-Kanade 方法计算得到的局部区域(见图中的矩形窗口)的光流分布图。

(a) t时刻原图   (b) t+1时刻图像

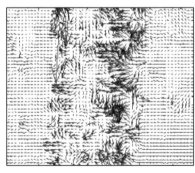

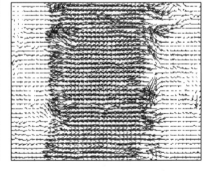

(c) Horn-Schunck方法   (d) Lucas-Kanade方法

图 10-9　光流计算结果

2. 块匹配算法

基于块(block-based)的运动分析在图像运动估计和其他图像处理和分析中得到了广

泛的应用，如在数字视频压缩技术中，MPEG1-2 国际标准采用了基于块的运动分析和补偿算法。块运动估计与光流计算不同，它无须计算每一个像素的运动，而只是计算由若干像素组成的像素块的运动，对于许多图像分析和估计应用来说，块运动分析是一种很好的近似。

块匹配(block matching，BM)算法实质上是在图像序列中做一种相邻帧间对应位置的搜索和查询。它先选取一个图像块，假设块内的所有像素做相同的运动，以此来跟踪相邻帧间的对应位置。如图 10-10 所示，在第 k 帧中选择以 (x,y) 为中心、大小为 $m \times n$ 的块 B，再在第 $k+1$ 帧中的一个较大的搜索窗口内寻找与块 B 尺寸相同的最佳匹配块中心的位移矢量 $\boldsymbol{r}=(\Delta x, \Delta y)$。搜索窗口一般是以第 k 帧中的块 B 为中心的一个对称窗口，其大小常常根据先验知识或经验确定。

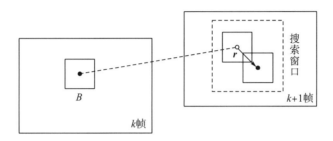

图 10-10　块匹配法示意图

下面介绍匹配算法中涉及的一些关键技术。

1) 匹配准则

典型的匹配准则有：归一化互相关准则，均方误差准则，平均绝对误差准则，匹配像素统计准则等。

(1) 归一化互相关(normalized corss correlation，NCC)准则，定义如下：

$$\mathrm{NCC}(\Delta x, \Delta y) = \frac{\sum\limits_{x=0}^{X-1}\sum\limits_{y=0}^{Y-1} I(x,y,k) I(x+\Delta x, y+\Delta y, k+1)}{\left[\sum\limits_{x=0}^{X-1}\sum\limits_{y=0}^{Y-1} I^2(x,y,k)\right]^{\frac{1}{2}} \left[\sum\limits_{x=0}^{X-1}\sum\limits_{y=0}^{Y-1} I^2(x+\Delta x, y+\Delta y, k+1)\right]^{\frac{1}{2}}} \tag{10-2-26}$$

其中，$I(x,y,k)$ 为第 k 帧图像，$I(x,y,k+1)$ 为第 $k+1$ 帧图像。通过求上式的极大化可求得位移矢量 $\boldsymbol{r}=(\Delta x, \Delta y)$，即

$$\left[\Delta x, \Delta y\right]^{\mathrm{T}} = \arg\max_{(\Delta x, \Delta y)} \mathrm{NCC}(\Delta x, \Delta y) \tag{10-2-27}$$

(2) 均方误差(mean square error，MSE)准则，定义如下：

$$\mathrm{MSE}(\Delta x, \Delta y) = \frac{1}{mn} \sum_{(x,y) \in W} \left[I(x,y,k) - I(x+\Delta x, y+\Delta y, k+1) \right]^2 \tag{10-2-28}$$

通过求上式的极小化可以估计出位移矢量 $\boldsymbol{r}=(\Delta x, \Delta y)$，即

$$\left[\Delta x, \Delta y\right]^{\mathrm{T}} = \arg\min_{(\Delta x, \Delta y)} \mathrm{MSE}(\Delta x, \Delta y) \tag{10-2-29}$$

对 MSE 求极小化的准则可以认为是给窗口内的所有像素强加一个运动一致性约束。最小均方差准则很少通过甚大规模集成电路(very large scale integration circuit，VLSI)来实现，主要原因是用硬件实现平方运算相当困难。通过 VLSI 来实现的准则是最小平均绝对差。

(3) 平均绝对误差(mean absolute difference，MAD)准则，定义如下：

$$\text{MAD}(\Delta x,\Delta y)=\frac{1}{mn}\sum_{(x,y)\in W}\left|I(x,y,k)-I(x+\Delta x,y+\Delta y,k+1)\right|^2 \tag{10-2-30}$$

位移矢量 $r=(\Delta x,\Delta y)$ 的估计值为

$$[\Delta x,\Delta y]^{\text{T}}=\arg\min_{(\Delta x,\Delta y)}\text{MAD}(\Delta x,\Delta y) \tag{10-2-31}$$

随着搜索区域的扩大，出现多个局部极小值的可能性也增大，此时，MAD 准则性能将恶化。

(4) 匹配像素统计(matching pel count，MPC)准则，首先定义两帧图像中两个像素的距离(相似性)判据：

$$D(x,y,\Delta x,\Delta y)=\begin{cases}1, & \left|I(x,y,k)-I(x+\Delta x,y+\Delta y,k+1)\right|\leqslant T\\0, & \text{其他}\end{cases} \tag{10-2-32}$$

其中，T 为预先确定的阈值。该方法是将窗口内的匹配像素和非匹配像素根据式(10-2-32)进行分类，再统计匹配像素的总和。所以，MPC 准则定义为

$$\text{MPC}(\Delta x,\Delta y)=\sum_{(x,y)\in W}D(x+\Delta x,y+\Delta y) \tag{10-2-33}$$

$$[\Delta x,\Delta y]^{\text{T}}=\arg\max_{(\Delta x,\Delta y)}\text{MPC}(\Delta x,\Delta y) \tag{10-2-34}$$

运动估计值 $r=(\Delta x,\Delta y)$ 对应匹配像素的最大数量 MPC 准则需要一个阈值比较器和 $\log_2(m\times n)$ 计数器。该准则与预先设定的阈值 T 有关，但具有较好的抗噪声能力。

2) 搜索策略

搜索策略的具体原理见 9.3 节，这里不再赘述。

3) 匹配特征

匹配特征主要包括图像的灰度/颜色信息以及角点、边缘、轮廓、区域、几何、纹理、方差、均值，信息熵和变换域等图像特征。

随着图像处理、计算机视觉理论的发展，目标检测技术也在不断发展和推进，涌现了许多新的检测技术。该领域的研究热点包括：①基于小波变换及多尺度分析的弱小目标检测；②基于多传感器融合的目标检测；③基于空时自适应滤波的目标检测；④基于压缩感知(compressive sensing，CS)及稀疏表示理论的目标检测；⑤基于神经网络及深度学习(deep learning，DL)的特征建模及目标检测识别等。

可以预见，未来目标检测器不仅仅作为单一的检测任务，一定是朝着集检测、识别、跟踪、行为理解及语义分析一体化任务的方向发展。

10.2 目标跟踪方法

成像跟踪系统经过图像的预处理、图像分割、特征描述及识别等一系列信息处理，最终实现对目标位置、位姿及运动状态的实时精确测量，即对目标或目标的局部实施稳定跟踪，实时输出目标的脱靶量。跟踪精度和稳定性除了与有效的图像增强、特征提取、目标分割等有直接关系，跟踪算法与策略也是至关重要的。

视觉目标跟踪在工业过程控制、医学研究、交通监控、自动导航、天文观测等领域有重要的实用价值。尤其在军事上，已被成功用于武器的成像制导、军事侦察和监视等方面。运动目标跟踪的目的就是通过成像传感器拍摄到的视频图像进行分析，计算出目标在每帧图像上的位置，给出目标速度、姿态的估计。可靠性和精度是跟踪过程的两个重要指标。已有的运动目标跟踪方法各有千秋，不同的跟踪算法适用于不同目标的运动状态。在远距离探测中，当目标面积较小、机动性不强时，通常采用滤波跟踪方法以提高跟踪精度。近距离观测中，当目标具有一定面积且帧间抖动较大时，一般采用窗口质心跟踪或匹配跟踪方法，以保证跟踪的稳定性和精度。图 10-11 为一个典型的成像跟踪系统原理框图。

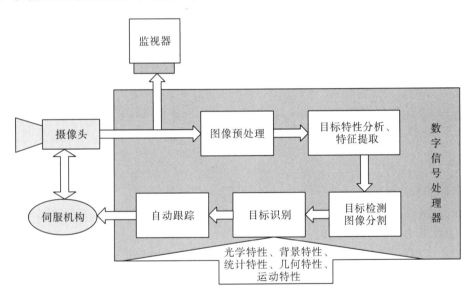

图 10-11 典型的成像跟踪系统原理框图

下面以波门跟踪、质心跟踪、相关跟踪等常用的方法为例阐述目标跟踪的基本原理。

10.2.1 波门跟踪

所谓"波门"就是依据被跟踪目标的实际尺寸大小，预先确定一个跟踪窗口。一旦跟踪上目标，则所有的图像处理仅仅限于波门内的图像数据，这样可以避免整幅图像数据处理而消耗运算时间。例如，光电经纬仪等实时系统一般采用这种波门跟踪方式。

波门跟踪有单波门、双波门和多波门之分。下面以双波门为例简单介绍其原理。

双波门跟踪是一种比较古老的光电跟踪方法,是仿照老式雷达钟自动距离跟踪误差检测器的原理设计的,双波门跟踪的原理如图 10-12 所示。

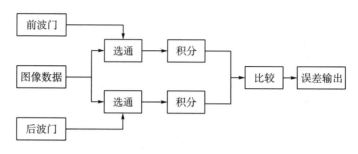

图 10-12 双波门跟踪原理图

双波门的跟踪窗口由前后邻接的两个波门(也叫"半波门")组成,用这两个波门选通目标图像视频信号并且分别进行积分,然后将前、后积分结果互相比较,如果不相等就同时移动前后波门位置,直至相等为止。因此,我们也称之为"等积分点"跟踪。

为了求得上下(y 方向)以及左右(x 方向)的等积分点,各需一双波门,即共需四个波门,所以也有人称它为四波门跟踪。

总之,波门跟踪算法比较简单,对于背景相对简单、成像质量较好的图像,波门跟踪一般都能取得良好的跟踪效果。但这种方法要求目标图像尺寸不能太小,只适合于成像面积较大的目标跟踪。

在采用波门的跟踪模式和框架下,一般主要利用图像的边缘、对比度等主要特征信息。所以,波门跟踪也可分为边缘跟踪和峰值跟踪。

1. 边缘跟踪

以目标图像边缘作为跟踪参考点的自动跟踪叫作边缘跟踪。

边缘跟踪的跟踪点可以是边缘上的某一个拐角点或突出的端点,也可以取两个边缘(左、右边缘或上、下边缘)之间的中间点。

边缘跟踪简单易行,但它并不是个很好的跟踪方法,因为它要求目标轮廓比较凸显、稳定,且不要有孔洞、裂隙,否则就会引起跟踪点的跳动,除此之外,边缘跟踪也易受噪声干扰脉冲的影响。

2. 峰值跟踪

峰值跟踪是以目标图像上最亮点或最暗点作为跟踪参考点的一种跟踪方法,有时也称为对比度跟踪。因为最亮点是图像函数的峰值点,最暗点是图像函数经倒相后(正负极性反转,成为负像)的峰值点,所以称之为峰值跟踪。

在对比度跟踪情况下,目标总是要比背景亮一些或暗一些,因此,如果用电子窗口限定了目标存在的区域,那么,在此窗口内的最亮点或最暗点必定是(如果有目标存在的话)目标上的点。

在对比度跟踪的各种方法中，峰值跟踪是最灵敏、反应速度最快的一种方法。因为峰值点是目标图像上对比度最强的点，峰值跟踪的视频处理电路不需要二值化处理，一旦目标出现，它的坐标解算电路能立刻(在微秒内)测定其坐标和灰度值(图像函数值)。峰值跟踪可以跟踪其图像尺寸只有一个像素点的小目标；可跟踪的目标最小对比度能低于二百分之一，实际只受视频量化(数字化)和噪声的限制。

峰值跟踪法能跟踪任意大小的目标图像，但它更适合跟踪小目标图像，因为对于大目标，如果目标图像上峰值点的位置经常变动，容易引起跟踪外环(随动系统)晃动。对于偶尔出现的孤立点噪声，实验表明，对跟踪系统的影响不大，一般不会造成丢失目标。

峰值跟踪法特别适合于进行弹道测量的系统，例如，对高射炮曳光弹导偏差测量，对导弹进行电视测角制导，以及拦截导弹等均可采用峰值跟踪法。

图 10-13 为利用波门跟踪方法对一个空中目标实施跟踪的示意图，图中黑色矩形区域代表波门。由于背景相对简单，且其灰度值大于 200 以上，而目标灰度值相对较低，属于暗目标。因此，首先可取阈值 200 对波门内图像进行二值化分割，再利用形心公式求得目标形心位置。

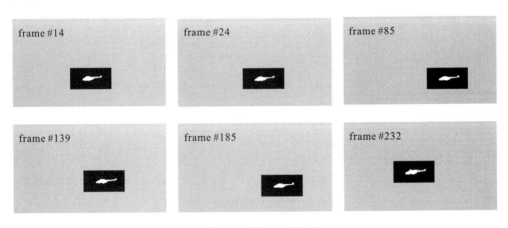

图 10-13　波门跟踪实验

10.2.2　质心跟踪

质心也叫矩心或重心，是物体对某轴的静力矩作用中心。质心跟踪是基于对目标能量矩的计算。其特点之一是阈值的大小随目标与背景之间的对比度高低而变化；二是在整个目标图像面积上对高于阈值的信息做积分运算，求取质心。

质心跟踪算法计算简便，稳定性、可靠性和精度都较高，不受物体的大小和旋转变化的影响，特别适用于跟踪坦克、车辆、军舰、飞机等高温目标，因而可用于空地、地空、空空以及反舰等不同类型的导弹上。但是它的致命弱点就是当目标被遮挡或假目标出现时容易造成跟踪目标的丢失。实际应用中，如采用质心跟踪方法，一般先对图像进行分割，得到二值图像。然后对每一帧二值图像计算其形心位置。对图像序列的每一帧均计算其质心，就可以确定序列图像中目标的连续位置关系，从而达到对运动目标的连续跟踪。

10.2.3 相关跟踪

由于目标运动、姿态发生改变、光照条件改变以及杂波背景的干扰，使得目标图像的分割提取十分困难，计算目标的矩心或形心不准确。在某种情况下，可以采用以图像匹配为基础的跟踪方法，习惯上称之为相关跟踪。

相关跟踪是基于图像相似性度量，在现场获取的实时图像中寻找最接近目标模板图像的一种跟踪方式。它无须对图像进行分割和特征提取处理，而可以只在原始图像数据上进行运算，从而保留图像的全部信息。在许多复杂环境场景中，这是一种切实可行的跟踪测量方法。图 10-14 展示了相关跟踪过程中的实时搜索过程，图中的灰色实心矩形表示参考图(或者叫模板图)，右图中包围参考图的较大的粗黑方框为搜索区域或叫搜索窗口。参考图在搜索窗口内逐像素地移动，直到覆盖整个搜索窗口，然后在其中找到跟参考图最相似(匹配)的区域，这个区域的中心就被当着输出的跟踪位置。

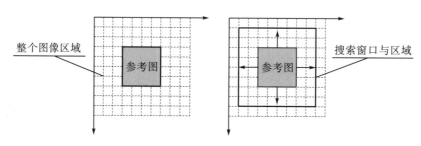

图 10-14 相关跟踪搜索示意图

图 10-15 描述了最基本的相关过程，包括模板(参考图)、搜索图及搜索结果。跟踪点可以是参考图上的任意一点(一般取其中心点)，跟踪点在搜索图中的位置坐标即为相关结果。

图 10-15 相关匹配跟踪示意图

相关跟踪一般采用的相似性准则有 NCC 准则，MSE 准则，MAD 准则，MPC 准则等，具体公式可参考 10.1.2 节。

相关的跟踪研究多集中于相似性准则(相似距离)、相关内容(数据类型)和快速搜索算法上。对于相似距离，目前推出了如 Hausdorff 距离等相似准则，它考虑了局部像素区域的相似性。相关跟踪是一个多极值寻优的过程，搜索空间可能存在多个极大(或极小)点，搜索结果可能不是全局最优解，从而会造成匹配的不准确。因此，相关过程不可避免地面临以下几个问题：

(1) 相关信息的利用问题。在相关运算过程中，既可以利用图像的亮度(灰度)信息，也可以利用图像的其他特征数据，不同的相关信息可能会产生不同的相关效果。

(2) 相似准则问题。MAD 准则、MSE 准则和 NCC 准则是常用的相似准则，不同的准则在跟踪精度、搜索效率、跟踪稳定性上可能产生意想不到的效果。MAD 准则与 MSE 准则在原理上基本一样，都利用了相似距离的概念，属于优化过程的求极小值问题；NCC 准则利用了归一化互相关的概念，属于优化过程的求极大值问题，其优点就是能够利用相关系数 ρ 控制相关程度和判断跟踪目标是否丢失，缺点是运算量相对增加。

(3) 搜索方法问题。多极值寻优是一个复杂的过程，有很多可用的搜索方法。但是一种好的寻优方法，能避免限于局部最优解，能提高计算效率。

为此，国内外学者针对上述问题提出了很多改进方法。围绕减少搜索空间和提高计算效率问题的方法有序惯相似性检测、两级模板匹配、分层序惯匹配、多子区域相关以及基于遗传算法、模拟退火法的搜索模式等各种快速算法；围绕抗干扰和抗几何失真问题和提高相关精度问题，相继提出了随机符号变化准则、不变矩跟踪以及基于特征的相关方法等。

运动目标跟踪不同于一般静态图像的匹配，要求很高的实时性。另外，跟踪是一个动态过程，随着目标与传感器在距离、高度、方位、姿态、环境条件的变化，目标图像的尺寸、位置、方向和形态也会发生变化，场景中每次获取的图像都只是随机过程中的一个样本函数。因此，跟踪过程相对要复杂得多。

10.2.4 基于核密度估计的目标跟踪

典型核密度估计算法就是均值移位(mean shift)算法，它是一种基于密度梯度的无参估计方法，最早由 Fukunaga 等人(1975)提出。均值移位算法首先应用在概率统计学中，用来描述某种概率分布特征的参数有平均值(mean)、中值(median)、方差(variance)和模式(mode)。其中，模式是表示一组数据中出现次数最多或最常见的数值。在概率分布曲线中，通过寻找曲线中最高波峰所在的位置可以确定这组数据的模式。均值移位算法能够在概率分布中沿着最短路径，即沿着梯度的方向寻找模式。均值移位是一种有效的统计迭代算法，它可以将每一个点"移动"到密度函数的局部极大值点。

20 世纪 90 年代末，均值移位算法已广泛应用于计算机视觉的目标跟踪领域。它是一种半自动跟踪方法，基于非参数的核密度估计理论，在概率空间中求解概率密度极值，该算法首先在起始帧通过手动确定搜索窗口来选定运动目标；然后在起始帧和其后的当前帧同时计算核函数加权下的搜索窗口的直方图分布；最后以两个分布的相似性最大为原则，使搜索窗口沿密度增量最大的方向移动来的目标真实位置。

1. 梯度上升法

作为梯度上升算法，为了从理论上验证均值移位算法，以一个一维的连续函数 $f(x)$ 为例进行介绍，如图 10-16 所示。

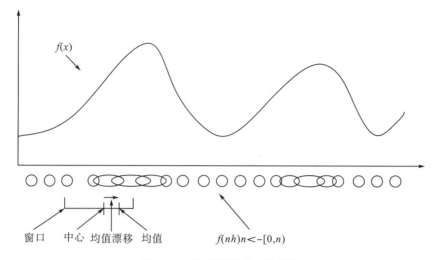

图 10-16　均值漂移的一维描述

为了对 $f(x)$ 执行梯度上升算法，比较常用的方法是共轭梯度算法，共轭梯度算法需要一个近似的梯度，但是，均值移位算法避免了这一点，它是利用一个采样间隔为 h 的离散分布 $f(nh)$ 来近似 $f(x)$ ，然后对分布的每个采样点赋予一个权重 $w(n)$ 。

$\{x_i\}_{1\cdots n}$ 是当前窗口采样点的位置，$\{w_i\}_{1\cdots n}$ 是采样点位置对应的权值。此时均值移位矢量 v 就可以写为

$$v = \left(\frac{\sum_{i=1}^{n} x_i w_i}{\sum_{i=1}^{n} w_i} \right) - y \tag{10-3-1}$$

类似扩展到二维，$f(x)$ 就变成 $f(x, y)$ ，如图 10-17 所示。

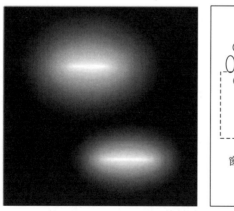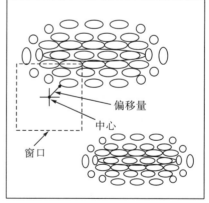

图 10-17　均值漂移的二维描述

图 10-18 是一个二维分布的数据和一个初始的窗，箭头表示收敛到一个局部的峰的过程。

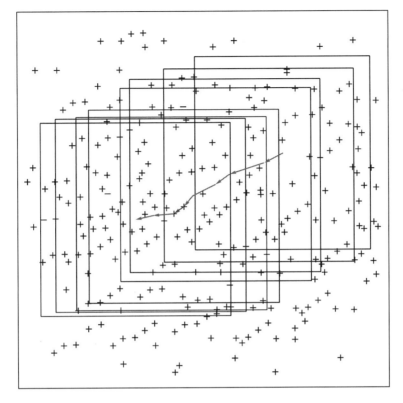

图 10-18 均值漂移算法的迭代收敛过程

Bradski(1998)最早利用该算法解决视频目标的跟踪问题，后来 Comaniciui 在目标跟踪中进一步完善和发展了该算法。

2. Mean shift 算法

该方法由 Comaniciui(1989)提出，下面介绍该算法的基本原理。

1) Epanechnikov 核函数

为了提高均值漂移矢量计算的稳定性，我们对窗口内每个位置的像素给定一个距离权重函数，如均匀分布、正态分布等函数，如图 10-19(a)～(b)所示。该算法选择的是如图 10-19(c)所示的 Epanechnikov 核函数。

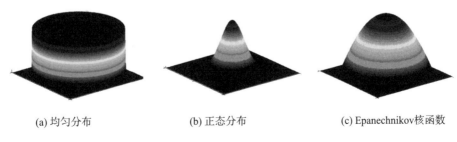

(a) 均匀分布　　　　　　　(b) 正态分布　　　　　　　(c) Epanechnikov核函数

图 10-19 几种距离权函数

它的具体函数形式为

$$g(x) = \begin{cases} c\left(1 - \|x\|^2\right), & \|x\|^2 < 1 \\ 0, & \text{其他} \end{cases} \tag{10-3-2}$$

这样，就可以得到加权的均值偏移矢量，如下式所示：

$$y' = \frac{\sum\limits_{i=1}^{n} x_i w_i g\left(\left\|\dfrac{y - x_i}{h}\right\|^2\right)}{\sum\limits_{i=1}^{n} w_i g\left(\left\|\dfrac{y - x_i}{h}\right\|^2\right)} - y \tag{10-3-3}$$

其中，y 为窗口的中心；h 为归一化因子；w_i 为核密度概率分布权。下面将进一步推导核密度概率分布权。

2）核密度概率分布权

目标定位，就是在当前帧中找到目标最可能的位置，利用前面介绍过的 Bhattacharyya 系数，找到一个位置 y 使得 Bhattacharyya 系数最大化。当前帧中，从前一帧中的目标位置 y_0 开始在其邻域中搜索新的目标位置，并且利用均值移位向量来寻找 Bhattacharyya 系数的最大值，从而得到当前帧中目标估计位置。

如果希望知道分析数据集合中密度最大数据的分布位置，可以对标准密度梯度进行估计，均值偏移向量就是对核函数做的一个梯度估计，均值移位向量指向偏移点最密集的方向。

均值移位向量，就是找到个可以使 $\hat{\rho}(y)$ 达到最大的坐标，为此利用泰勒级数在 $\hat{\rho}_u(y_0)$ 处展开，并略去高次项有

$$\begin{aligned} \hat{\rho}(y) &\approx \hat{p}_u(y_0) + \left[\hat{p}_u(y) - \hat{p}_u(y_0)\right]^{\mathrm{T}} \frac{\partial p}{\partial n}(y_0) \\ &= \frac{1}{2}\sum_{u=1}^{m}\sqrt{\hat{p}_u(y_0)\hat{q}_u} + \frac{1}{2}\sum_{u=1}^{m}\hat{p}_u(y)\sqrt{\frac{\hat{q}_u}{\hat{p}_u(y_0)}} \\ &= \frac{1}{2}\sum_{u=1}^{m}\sqrt{\hat{p}_u(y_0)\hat{q}_u} + \frac{2}{c}\sum_{i=1}^{n} w_i k\left(\left\|\frac{y - x_i}{h}\right\|^2\right) \end{aligned} \tag{10-3-4}$$

其中，

$$w_i = \sum_{u=1}^{m}\sqrt{\frac{\hat{q}_u}{\hat{p}(y_0)}}\,\delta\big[b(x_i) - u\big] \tag{10-3-5}$$

式（10-3-4）中，前一项和 y 无关，若要使 $\hat{\rho}(y)$ 最大，即让后面一项达到最大，第二项类似核密度距离加权概率分布，只是多了个权值 w_i：

$$f_b = \frac{c}{2}\sum_{i=1}^{n} w_i k\left(\left\|\frac{y_0 - x_i}{h}\right\|^2\right) \tag{10-3-6}$$

3）算法流程

（1）初始化当前帧中目标的位置，计算分布概率 $p_u(\widehat{y}_0)$，得

$$\rho\left[\widehat{p}_u(\widehat{y}_0),\widehat{q}\right]=\sum_{u=1}^{m}\sqrt{\widehat{p}_u(\widehat{y}_0)\widehat{q}_u} \tag{10-3-7}$$

（2）计算权值 $\{w_i\}$，$w_i=\sum_{u=1}^{m}\delta\left[b(x_i)-u\right]\sqrt{\dfrac{\widehat{q}_u}{\widehat{p}_u(\widehat{y}_0)}},i=1,2,\cdots,n_h$。

（3）确定目标的新位置 $\widehat{y}_1=\dfrac{\displaystyle\sum_{i=1}^{n_h}x_iw_ig\left(\left\|\dfrac{\widehat{y}_0-x_i}{h}\right\|\right)}{\displaystyle\sum_{i=1}^{n_h}w_ig\left(\left\|\dfrac{\widehat{y}_0-x_i}{h}\right\|\right)}$，更新目标位置并计算出：

$$\rho\left[\widehat{p}_u(\widehat{y}_1),\widehat{q}\right]=\sum_{u=1}^{m}\sqrt{\widehat{p}_u(\widehat{y}_1)\widehat{q}_u} \tag{10-3-8}$$

（4）当 $\rho[\widehat{p}_u(\widehat{y}_1),\widehat{q}]<\rho[\widehat{p}_u(\widehat{y}_1),\widehat{q}]$，令 $\widehat{y}_1=\dfrac{1}{2}(\widehat{y}_0+\widehat{y}_1)$。

（5）若 $\|\widehat{y}_1-\widehat{y}_0\|<\varepsilon$，则结束，否则令 $\widehat{y}_0=\widehat{y}_1$，返回（1）。

4）邻域采样预测

一般的均值漂移算法在目标运动非常快的时候会出现目标丢失，此时均值漂移算法没法解决目标丢失后重新获取的目标。为了解决这个问题，采用周围采样预测，下面将详细介绍。

邻域采样预测就是在使用均值漂移算法之前，先对相似度表面进行采样。如图 10-20 所示，红色的框是上一帧估计的目标位置，在当前帧中，进行均值漂移算法之前，先以红色的框为中心采样 5×5 的相似度表面，计算对应位置的相似度 b_j，其中 $j\in\{1,2,\cdots,25\}$，并对每个位置赋予一个权重 w_j，经验权值如图所示，中间的权值是 1，邻域的权值是 0.9.

$$bw_j=b_j * w_j \tag{10-3-9}$$

然后比较这些 bw_j 相似度的大小，选择最大的 bw_j 值所在的位置作为均值漂移算法的初始位置。

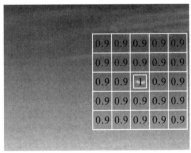

图 10-20 邻域相似度表面采样示例

3. Camshift 算法

连续自适应均值移位(continuously adaptive mean-shift,Camshift)算法是在 Mean Shift 基础上改进的一种运动跟踪算法,它是一种基于颜色信息的视觉跟踪算法。下面从总体跟踪框架、算法分解及概率密度分布估计等方面,对该算法进行详细介绍。

1)跟踪框架

视觉跟踪过程中,Camshift 算法主要是利用目标的颜色直方图模型得到每帧图像的颜色投影图,并根据上一帧跟踪的结果自适应调整搜索窗口的位置和大小,从而得到当前图像中目标的尺寸和中心位置。

图 10-21 是一个典型的利用 Camshift 算法进行视频目标跟踪的总体框架图。

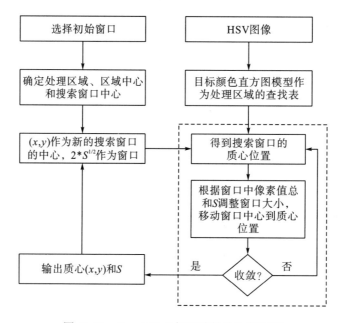

图 10-21 Camshift 目标跟踪的总体框架图

2)算法分解

目标反向投影(back-projection)计算的具体步骤如下:

(1)计算被跟踪目标的色彩直方图。在各种色彩空间中,只有 HSV 空间(或与 HSV 类似的色彩空间)中的 H 分量可以表示颜色信息。所以在具体的计算过程中,首先将其他色彩空间的值转化到 HSV 空间,然后对其中的 H 分量做 1D 直方图计算。

(2)根据获得的色彩直方图,可将原始图像转化成色彩概率分布图,这个过程称作"Back Projection",即反向投影或后向投影。计算效果如图 10-22 所示。

对于 Mean Shift 算法计算流程如图 10-23 所示。

(a) 原图　　　　　　　　　(b) 选择区域特征的反向投影

图 10-22　基于选定区域色彩直方图的反向投影

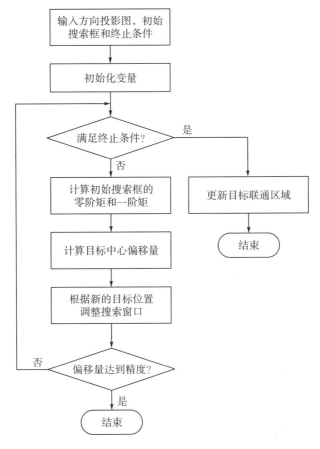

图 10-23　Mean Shift 算法计算流程

主要分为以下 4 个步骤:

(1) 选择窗的大小和初始位置。

(2) 计算此时窗口内的质心(mass center)。

计算重心的方法是: ①计算零阶矩, $M_{00} = \sum_x \sum_y I(x, y)$; ②分别对 x 和 y 计算一阶矩,

$$M_{10} = \sum_x \sum_y xI(x,y), \quad M_{01} = \sum_x \sum_y yI(x,y); \quad ③得到窗的质心坐标, \quad x_c = \frac{M_{10}}{M_{00}}, \quad y_c = \frac{M_{01}}{M_{00}} 。$$

(3) 调整窗口中心到质心位置。

(4) 重复(2)和(3), 直到窗口中心"会聚", 即每次窗口移动的距离小于一定的阈值。

Camshift 跟踪流程。将 Mean Shift 算法从单帧图像扩展到连续图像序列(视频), 这样就形成了 Camshift 算法。它的基本思想是对视频图像的所有帧做 Mean Shift 运算, 并将上一帧的计算结果(搜寻窗 Search Window 的中心和尺寸)作为下一帧 Mean Shift 算法 Search Window 的初始值。以此迭代运算, 就可以实现对目标的跟踪。具体算法流程如图 10-24 所示。

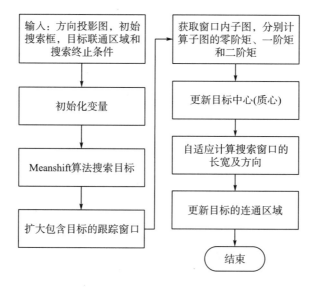

图 10-24 Camshift 跟踪算法流程图

具体算法可分为以下 5 个步骤:

(1) 将整个图像设为搜寻区域。

(2) 初始化 Search Window 的大小和位置。

(3) 计算 Search Window 内的颜色概率分布, 此区域的大小比 Search Window 要稍微大一点。

(4) 运行 Mean Shift。获得 Search Window 新的位置和大小。

(5) 在下一帧图像中, 用(3)获得的值初始化 Search Window 的位置和尺寸。跳转到(3)继续运行。

3) 概率密度分布估计

首先, 计算得到图像矩如下:

$$M_{20} = \sum_x \sum_y x^2 I(x,y)$$
$$M_{02} = \sum_x \sum_y y^2 I(x,y) \tag{10-3-10}$$

$$M_{11} = \sum_x \sum_y xyI(x,y)$$

然后，可得到 2D 概率密度分布的方向角：

$$\theta = \frac{1}{2}\arctan\left[\frac{2\left(\dfrac{M_{11}}{M_{00}} - x_c y_c\right)}{\dfrac{M_{20} - M_{02}}{M_{00}}}\right] \tag{10-3-11}$$

根据式(10-3-10)矩量计算

$$a = \frac{M_{20}}{M_{00}} - x_c^2$$

$$b = 2\left(\frac{M_{11}}{M_{00}} - x_c y_c\right) \tag{10-3-12}$$

$$c = \frac{M_{02}}{M_{00}} - y_c^2$$

最后，得到 2D 概率密度分布的长轴和短轴分别为

$$l = \sqrt{\frac{(a+c) + \sqrt{b^2 + (a-c)^2}}{2}}$$

$$w = \sqrt{\frac{(a+c) - \sqrt{b^2 + (a-c)^2}}{2}} \tag{10-3-13}$$

CamShift 算法跟踪目标时，对场景有一定的要求。首先采集图像应具有较高的对比度；其次需要选择颜色相对一致的目标区，并且与周围环境有明显的区别。如果不满足这些条件，跟踪效果可能不会很理想。

最后，总结一下 Mean shift 跟踪算法的优缺点。

算法的优势在于：计算复杂度低，属于无参数算法，适合于对实时性要求高的工程应用；另外，算法采用了加权直方图建模，对目标旋转、微小变形和部分遮挡不敏感。

算法的局限性在于：对核函数窗宽敏感，目标的实际位置必须位于初始搜索窗口内，这要求运动目标在相邻两帧间的位移不能太大等。

10.2.5　基于运动状态估计的滤波跟踪

运动目标的定位与跟踪，实际上是一个目标位置、速度、姿态等多参数状态估计的过程。因此，跟踪过程可以通过建立目标状态的初始模型、模型更新及预测来实现。常见的跟踪方法有卡尔曼滤波和粒子滤波等。

1. 卡尔曼滤波

线性卡尔曼滤波(Kalman filtering)是美国工程师 Kalman 在线性最小方差估计的基础上提出的在数学结构上比较简单的最优线性递推滤波方法。

1）算法描述

卡尔曼滤波是解决状态最优估计的一种常用方法。基本算法如下：

设一随机动态系统，其数学模型为

$$\boldsymbol{x}(k+1)=\boldsymbol{\Phi}(k+1,k)\boldsymbol{x}(k)+\boldsymbol{\Gamma}(k+1,k)\boldsymbol{U}(k) \tag{10-3-14}$$

$$\boldsymbol{z}(k)=\boldsymbol{H}(k)\boldsymbol{x}(k)+\boldsymbol{V}(k) \tag{10-3-15}$$

式中，$\boldsymbol{x}(k)$ 为系统状态矢量；$\boldsymbol{U}(k)$ 为系统噪音矢量；$\boldsymbol{\Phi}(k)$、$\boldsymbol{\Gamma}(k)$ 为系统矩阵；$\boldsymbol{z}(k)$ 为系统观测矢量；$\boldsymbol{H}(k)$ 为系统观测矩阵；$\boldsymbol{V}(k)$ 为系统观测噪音矩阵。关于系统的随机性，这里假定，系统噪音 $\{\boldsymbol{U}(k+1),k\geqslant 0\}$ 和观测噪音 $\{\boldsymbol{V}(k+1),k\geqslant 0\}$ 是不相关的零均值高斯白噪声。随机系统的状态估计问题，就是根据选定的估计准则和获取的量测信息对系统状态进行估计。

当初始状态时，x_0 与 $\boldsymbol{U}(k)$、$\boldsymbol{V}(k)$ 独立，即

$$E\left[x_0\boldsymbol{U}^{\mathrm{T}}(k)\right]=0,E\left[x_0\boldsymbol{V}^{\mathrm{T}}(k)\right]=0 \tag{10-3-16}$$

则相应的卡尔曼滤波基本方程为

状态估计：

$$\hat{\boldsymbol{x}}(k|k)=\hat{\boldsymbol{x}}(k|k-1)+\boldsymbol{A}(k)\left[\boldsymbol{z}(k)-\boldsymbol{H}(k)\hat{\boldsymbol{x}}(k|k-1)\right] \tag{10-3-17}$$

状态进一步预测：

$$\hat{\boldsymbol{x}}(k|k-1)=\boldsymbol{\Phi}(k+1|k)\hat{\boldsymbol{x}}(k|k-1) \tag{10-3-18}$$

滤波增益：

$$\boldsymbol{A}(k)=\boldsymbol{P}(k|k-1)\boldsymbol{H}^{\mathrm{T}}(k)\left[\boldsymbol{H}(k)\boldsymbol{P}(k|k-1)\boldsymbol{H}^{\mathrm{T}}(k)+\boldsymbol{R}(k)\right]^{-1} \tag{10-3-19}$$

$\boldsymbol{R}$ 为 $\boldsymbol{V}(k)$ 的自协方差矩阵。

一步预测方程误差：

$$\boldsymbol{P}(k|k-1)=\boldsymbol{\Phi}(k+1,k)\boldsymbol{P}(k-1|k-1)\boldsymbol{\Phi}^{\mathrm{T}}(k+1,k)+\boldsymbol{\Gamma}(k-1)\boldsymbol{Q}(k-1)\boldsymbol{\Gamma}^{\mathrm{T}}(k-1) \tag{10-3-20}$$

$\boldsymbol{Q}$ 为 $\boldsymbol{U}(k)$ 的自协方差矩阵。

最优估计均方误差：

$$\boldsymbol{P}(k|k)=\left[\boldsymbol{I}-\boldsymbol{A}(k)\boldsymbol{H}(k)\right]\boldsymbol{P}(k|k-1) \tag{10-3-21}$$

$\boldsymbol{I}$ 为单位矩阵。

2）卡尔曼一步预测基本方程

在运动目标跟踪中，预测滤波十分重要。这里给出卡尔曼一步预测的基本方程：

$$\hat{\boldsymbol{x}}(k+1|k)=\boldsymbol{\Phi}(k+1,k)\hat{\boldsymbol{x}}(k|k-1)\boldsymbol{A}_p(k)\left[\boldsymbol{z}(k)-\boldsymbol{H}(k)\hat{\boldsymbol{x}}(k|k-1)\right] \tag{10-3-22}$$

$$\boldsymbol{A}_p(k)=\boldsymbol{\Phi}(k+1,k)\boldsymbol{P}(k|k-1)\boldsymbol{H}^{\mathrm{T}}(k)\left[\boldsymbol{H}(k)\boldsymbol{P}(k|k-1)\boldsymbol{H}^{\mathrm{T}}(k)+\boldsymbol{R}(k)\right]^{-1} \tag{10-3-23}$$

$$\boldsymbol{P}(k+1|k)=\left[\boldsymbol{\Phi}(k+1,k)-\boldsymbol{A}_p(k)\boldsymbol{H}(k)\right]\boldsymbol{P}(k|k-1)+\boldsymbol{\Gamma}(k)\boldsymbol{Q}(k)\boldsymbol{\Gamma}^{\mathrm{T}}(k) \tag{10-3-24}$$

式中，$\boldsymbol{A}_p(k)$ 为一步预测增益矩阵。

由此可见，卡尔曼滤波采用递推算法，计算最优滤波值时，$\boldsymbol{A}(k+1)$ 由 $\boldsymbol{P}(k+1|k)$ 确定，$\boldsymbol{P}(k+1|k)$ 由 $\boldsymbol{P}(k)$ 确定，$\boldsymbol{P}(k+1)$ 由 $\boldsymbol{P}(k+1|k)$ 和 $\boldsymbol{A}(k+1)$ 确定，如此反复递推运算。

设 $\hat{x}(0|0)$ 是零时刻目标状态矩阵，$P(0|0)$ 是初始输入协方差矩阵，$z(1)$ 是第一时刻的目标的观测矩阵，$P(1|0)$ 是零时刻的预测协方差系数矩阵，$A(1)$ 是第一时刻的滤波增益系数矩阵，其余依次类推。

由此，可以总结出基本卡尔曼滤波的流程，如图 10-25 所示。

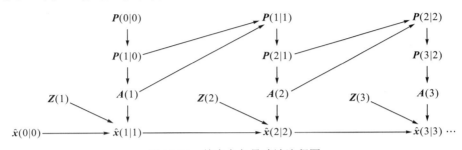

图 10-25 基本卡尔曼滤波流程图

可以看出，给定 $P(0|0)$、$\hat{x}(0|0)$，在第一时刻输入观测矩阵 $z(1)$，即可按照式(10-3-17)～式(10-3-24)得到此时刻系统的最佳状态估计 $\hat{x}(1|1)$。然后，再把 $\hat{x}(1|1)$ 作为第一时刻目标的状态矩阵，输入第二时刻的观测矩阵 $z(2)$，同理按照式(10-3-17)～式(10-3-24)得到此时刻系统的最佳状态估计 $\hat{x}(2|2)$。

依次类推，在每一时刻输入观测矩阵，即可以实现递推求取每一时刻的最佳估计状态。

3) 离散卡尔曼滤波实现目标跟踪

在目标跟踪系统中，设目标的运动状态参数为某一时刻目标的位置和速度。在跟踪过程中，由于相邻两帧图像时间间隔较短，目标运动状态变化比较小，可以假设目标在单位时间间隔内匀速运动。所以速度参数足以反映目标的运动趋势。定义卡尔曼滤波器系统状态是一个四维向量 $x(k)=\{x_c^k, y_c^k, \dot{x}^k, \dot{y}^k\}$。其中，$x_c^k$ 和 y_c^k 分别表示第 k 帧图像目标在 x 轴和 y 轴上的质心位置；$\dot{x}^k$ 和 $\dot{y}^k$ 分别表示第 k 帧图像在 x 轴和 y 轴上的速度。

由于单位时间 T 内假设目标是匀速运动，因此定义状态转移矩阵为

$$\boldsymbol{\Phi}(k)=\begin{bmatrix} 1 & T & 0 & 0 \\ 0 & 1 & 0 & 0 \\ 0 & 0 & 1 & T \\ 0 & 0 & 0 & 1 \end{bmatrix} \tag{10-3-25}$$

由系统方程和观测状态可知，观测矩阵为

$$\boldsymbol{H}(k)=\begin{bmatrix} 1 & 0 & 0 & 0 \\ 0 & 0 & 1 & 0 \end{bmatrix} \tag{10-3-26}$$

初始位置按照测量值假设为真值，初始速度设为零，即

$$\hat{\boldsymbol{x}}(0|0)=\begin{bmatrix} x_c^0 \\ 0 \\ y_c^0 \\ 0 \end{bmatrix} \tag{10-3-27}$$

其中，x_c^0,y_c^0 为目标初始位置的质心坐标。

系统初始误差矩阵一般可以在对角线取较大值。初始估值的协方差矩阵对滤波的影响不大，可以给出一个对角阵作为其初始值。因为滤波收敛速度较快，一般取大值。

$$P(0)=\begin{bmatrix} 10 & 0 & 0 & 0 \\ 0 & 10 & 0 & 0 \\ 0 & 0 & 10 & 0 \\ 0 & 0 & 0 & 10 \end{bmatrix} \qquad (10\text{-}3\text{-}28)$$

根据式(10-3-22)～式(10-3-28)，上述的卡尔曼滤波流程就可以对运动目标的状态进行连续估计，从而实现对目标的连续跟踪。

图10-26为一含有弱小目标的序列图像的卡尔曼跟踪实验。图像大小为768×578，共200帧实验数据。图中，显示图像的实际大小为320×274。从实验结果来看，跟踪过程平稳，没有出现目标丢失情况；分割的目标形状虽然实时发生了变化，但基本保持了原有的真实形状(目标形状的变化是光学系统成像弥散引起的)，保证了跟踪精度。

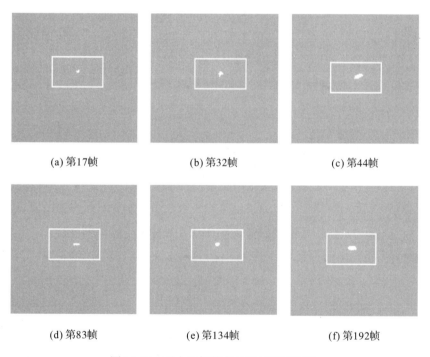

(a) 第17帧　　　　　　(b) 第32帧　　　　　　(c) 第44帧

(d) 第83帧　　　　　　(e) 第134帧　　　　　　(f) 第192帧

图10-26　弱小目标的卡尔曼滤跟踪实验

2. 粒子滤波

粒子滤波(particle filter，PF)算法起源于1990年，是求解序列贝叶斯估计的一种非线性滤波方法。所谓"粒子"，是指一种尺度极小的滤波器，可以认为是代表了目标状态中的一个点。PF的含义是目标状态传播的后验概率可以用若干个粒子来近似。PF通过非参数化的蒙特卡罗模拟来实现递推贝叶斯滤波，适用于任何用状态空间模型表示的非线性、非高斯系统，其精度可以逼近最优估计。

1）状态模型与观测模型

考虑离散时间序列的估计问题，以$\{x_k, k \in N\}$表示状态矢量，则系统状态模型和观测模型可以表示为

$$x_k = f_k(x_{k-1}, u_{k-1}) \tag{10-3-29}$$

$$z_k = g_k(x_k, v_k) \tag{10-3-30}$$

这里，$f_k : \Re^{n_x} \times \Re^{n_v} \to \Re^{n_x}$（$\Re^n$表示$n$维欧氏空间）是状态向量$x_{k-1}$的非线性函数；$\{u_{k-1}, k \in N\}$是离散过程的噪声序列；$n_x$和$n_v$分别是状态向量和过程噪声向量的维数；$N$是自然数集；$g_k : \Re^{n_x} \times \Re^{n_v} \to \Re^{n_x}$是$x_k$的非线性函数，$\{v_k, k \in N\}$是离散观测噪声序列；$n_x$和$n_v$分别是观测向量和观测噪声向量的维数。

根据贝叶斯滤波理论，状态估计就是在给定观测数据$z_{1:k} = \{z_i, i = 1, 2, \cdots, k\}$的条件下，估算状态向量$x_k$的值，即估计后验概率密度（posterior probability density，PPD）$p(x_k | z_{1:k})$。假设已知概率密度初始值$p(x_0 | z_0) = p(x_0)$是已知的，则从原则上讲，通过预测（prediction）和更新（updating）就可以以递归的方式估计后验概率密度$p(x_k | z_{1:K})$。

2）贝叶斯递归滤波

贝叶斯滤波的基本思路是用状态转移模型来预测状态先验概率密度，再使用最近的观测值进行修正，得到后验概率密度。递推过程分为两步。

（1）预测（prediction），即由系统的状态转移模型，在未获得k时刻的观测值时，实现先验概率$p(x_{k-1} | z_{k-1})$至先验概率$p(x_k | z_{k-1})$的推导。假设在$k-1$时刻$p(x_{k-1} | z_{1:k-1})$是已知的，对于一阶马尔可夫过程（即k时刻的概率只与$k-1$时刻的概率有关），由Chapman-Kolmogorov方程有

$$p(x_k | z_{k-1}) = \int p(x_k | x_{k-1}) p(x_{k-1} | z_{1:k-1}) dx_{k-1} \tag{10-3-31}$$

即得到不包含k时刻观测值的先验概率。并可以由系统的状态转移概率$p(x_k | x_{k-1})$来计算。

（2）更新（updating），即由系统的观测模型，在获得k时刻的观测值z_k后实现先验概率$p(x_k | z_{1:k-1})$至后验概率$p(x_k | z_k)$的推导。贝叶斯更新规则为

$$p(x_k | z_{1:k}) = \frac{p(z_k | x_k) p(x_k | z_{1:k-1})}{p(z_k | z_{1:k-1})} \tag{10-3-32}$$

其中，$p(z_k | x_k)$称为似然（likelihood）函数，表征系统状态由x_{k-1}转移到x_k后与观测值的相似程度；$p(x_k | z_{1:k-1})$由上一步系统状态转移过程所得，称为先验概率；$p(z_k | z_{k-1})$称为证据（evidence），一般为归一化的常数。

这样式（10-3-31）和式（10-3-32）就构成了一个由先验概率$p(x_k | x_{k-1})$至后验概率$p(x_k | z_{1:k-1})$的递推过程。首先由k时刻的先验概率$p(x_k | x_{k-1})$（也就是$k-1$的后验概率）开始，利用系统状态转移模型来预测系统状态的先验概率密度$p(x_k | z_{1:k-1})$，再利用当前的观测值z_k进行修正，得到k时刻的后验概率密度$p(x_k | z_{1:k})$。从滤波的角度在理论上解决了离散空间状态估计问题。

3）粒子滤波原理

在线性、高斯系统的假设前提下，可以通过卡尔曼滤波（Kalman filter，KF）方法求得其最优解。但通常线性系统、高斯噪声的假设条件是不满足的，为此可以利用扩展卡尔曼滤波（extended Kalman filter，EKF）方法求得其次优解。然而 EKF 方法采用了非线性问题局部线性化的处理，使得估计解严重依赖于初始模型。PF 是一种序贯蒙特卡罗（sequential Monte-carlo，SMC）方法。其基本思想是利用一组带有相关权值的随机样本，以及基于这些样本的估算来表示后验概率密度 $p(x_k|z_{1:k})$。当样本数非常大时，这种概率估算将等同于后验概率密度。

为了详细描述 PF 算法，令 $\left\{x_{0:K}^i, w_k^i\right\}_{i=1}^N$ 代表后验概率密度 $p(x_{0:k}|z_{1:k})$ 的随机采样集，$x_{0:k}=\{x_j, j=0,1,2,\cdots,k\}$ 为所采样本，这里被称为粒子。$\{w_k^i, i=1,2,\cdots,N_s\}$ 为与粒子相关联的权值集合，且经过归一化处理，即满足 $\sum_i w_k^i=1$。那么，在时刻 k 的后验概率密度可以近似为

$$p(x_{0:k}|z_{1:k}) \approx \sum_{i=1}^N w_k^i \delta(x_{0:k}-x_{0:k}^i) \tag{10-3-33}$$

其中，$\delta(\cdot)$ 为一个狄拉克（Dirac）函数；w_k^i 表示 k 时刻第 i 个粒子的权。权值选择将按照重要度采样原理。w_k^i 更新公式如下：

$$w_k^i \propto w_{k-1}^i \frac{p(z_k|x_k^i)p(x_k^i|x_{k-1}^i)}{q(x_k^i|x_{k-1}^i,z_k)} \tag{10-3-34}$$

其中，$q(\cdot)$ 为重要性密度，可以写为

$$q(x_k|x_{0:k-1}z_{1:k}) = q(x_k|x_{k-1},z_k) \tag{10-3-35}$$

上式表示表明，重要密度仅仅依赖于 x_{k-1} 和 z_k。因此可以通过扩展已有样本集 $x_{0:k-1}^i \sim q(x_{0:k-1}|z_{1:k-1})$，来获得新的状态 $x_k^i \sim q(x_k|x_{0:k-1},z_{1:k})$ 的样本分布 $x_{0:k}^i \sim q(x_{0:k}|z_{1:k})$。最后，后验滤波估计可以近似写成：

$$p(x_k|z_{1:k}) \approx \sum_{i=1}^{N_s} w_k^i \delta(x_{0:k}-x_{0:k}^i) \tag{10-3-36}$$

当 $N_s \to \infty$ 时，估计值接近于真实的后验概率密度 $p(x_k|z_{1:k})$。通常粒子滤波器存在两个方面的问题。

（1）退化问题。粒子滤波器的一般问题是退化（degeneracy）现象。经过几次迭代，除一个粒子，所有的粒子只具有微小的权值。退化现象意味着大量的计算工作都被用来更新那些对 $p(x_k|z_{1:k})$ 的估计几乎没有影响的粒子上。对退化现象的一个恰当的测度是有效采样尺度 N_{eff}，有效采样尺度定义为

$$N_{\text{eff}} = \frac{N_s}{1+\text{var}(w_k^{*i})} \tag{10-3-37}$$

其中，$w_k^{*i} = p(x_k^i|z_{1:k})\big/q(x_k^i|x_{k-1}^i,z_k)$，$\text{var}(w_k^i)$ 为 w_k^i 的方差。虽然不能确切地计算 N_{eff}，但却可以得出 N_{eff} 的近似估计值：

$$\widehat{N}_{\text{eff}} = \left[\sum_{i=1}^{N_s} \left(w_i \right)^2 \right]^{-1} \tag{10-3-38}$$

由式(10-3-37)得 $N_{\text{eff}} \leq N_s$，N_{eff} 较小意味着有严重的退化现象。显然，退化现象对 PF 产生了不利的影响。减小这一不利影响的首要方法是增加粒子数目 N_s。但这通常是不实际的。因此，我们主要依靠选取好的重要度密度 $q(\cdot)$ 和再采样来减小这种不利的影响。

(2)重要性密度。选取好的重要度密度 $q(\cdot)$ 以便把 N_{eff} 最大化。一种最优重要度密度为

$$q\left(x_k \mid x_{k-1}^i, z_k \right)_{\text{opt}} = p\left(x_k \mid x_{k-1}^i, z_k \right)$$
$$= \frac{p\left(z_k \mid x_k, x_{k-1}^i \right) p\left(x_k \mid x_{k-1}^i \right)}{p\left(z_k \mid x_{k-1}^i \right)} \tag{10-3-39}$$

将式(10-3-34)代入式(10-3-39)可得

$$w_k^i \propto w_{k-1}^i \left(z_k \mid x_{k-1}^i \right) = w_{k-1}^i \int p\left(z_k \mid x_k' \right) p\left(x_k' \mid x_{k-1}^i \right) \mathrm{d}x' \tag{10-3-40}$$

这种最优重要度密度有两个主要缺点，即它需要从 $p\left(x_k \mid x_{k-1}^i, z_k \right)$ 抽取样本并估算新状态的积分值。一般情况下，并不能直接解决这两个问题，通常的做法是取重要度密度为先验概率密度：

$$q\left(x_k \mid x_{k-1}^i, z_k \right) = p\left(x_k \mid x_{k-1}^i \right) \tag{10-3-41}$$

将式(10-3-41)代入式(10-3-34)可得

$$w_k^i \propto w_{k-1}^i p\left(z_k \mid x_k^i \right) \tag{10-3-42}$$

上式便于实现，这样的重要度密度选择是最常用的。当然，还有许多其他的重要度密度选择方式，这里不详细叙述。在设计 PF 时，重要度密度选择是重要的设计步骤。图 10-27 描述了粒子滤波重采样的原理和步骤。

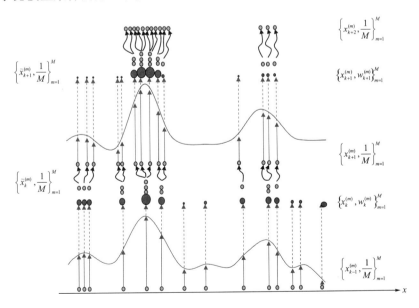

图 10-27　粒子滤波重采样的原理和步骤

4) 粒子滤波跟踪模型

粒子滤波器为系统的状态估计提供了一个通用框架，利用粒子滤波进行目标跟踪，还必须建立目标跟踪系统的状态模型，状态转移模型及相应的观测模型。下面我们分别建立这些模型，并形成粒子滤波目标跟踪的基本流程和步骤。

(1) 状态模型及其转移模型。跟卡尔曼滤波目标跟踪一样，必须建立一种系统的动态模型。由于单个目标的状态矢量一般由其几何与区域参数决定。因此可以采用如下矢量模型：

$$\boldsymbol{x}_k = \left[x_k, y_k, H_k, W_k\right]^{\mathrm{T}} \tag{10-3-43}$$

其中，(x_k, y_k) 代表图像区域的中心或跟踪波门的中心。(H_k, W_k) 为图像区域的尺寸参数，如果采用矩形跟踪窗，即为跟踪窗的高和宽，上标 T 代表矩阵的转置。更为复杂的模型还可以把目标运动速度、加速度、方位角等考虑进来，为了讨论问题方便，这里仅仅考虑目标位置和尺寸。目标运动及其他尺寸的改变可以通过一个随机扰动来描述，即状态方程可以用一个线性模型来描述，即

$$\boldsymbol{x}_k = \boldsymbol{x}_{k-1} + \boldsymbol{w}_{k-1} \tag{10-3-44}$$

式中，噪声 $\boldsymbol{w}_{k-1}$ 可以视为零均值、方差为 $\boldsymbol{Q}$ 的高斯白噪声。

(2) 状态观测模型。在运动目标跟踪中，描述目标的特征有轮廓、颜色直方图等。这里仅仅考虑简单的灰度变化图像，即跟踪区域内的灰度直方图 q_k，跟踪区域的位置和尺寸由状态矢量 $\boldsymbol{x}_k$ 决定。其位置在 (x_k, y_k)，尺寸为 (H_k, W_k)。

下面采用一种高斯概率密度的似然函数模型来观测其灰度变化情况，即

$$p(q_x \mid \boldsymbol{x}_k) \propto N\left(D_k; 0, \sigma^2\right) = \frac{1}{\sqrt{2\pi}\sigma}\exp\left\{-\frac{D_k^2}{2\sigma^2}\right\} \tag{10-3-45}$$

式中，D_k 代表跟踪目标区域的参考图像与搜索区域图像的相似距离。高斯概率密度的标准差 σ 为一个在设计时需要确定的参数。

假设直方图分布被量化为 m 个等级，且用 $h(\boldsymbol{I}_i)$ 来描述。某一量级的灰度直方图分布 $p_l = \left\{p_l^{(u)}\right\}_{u=1,2,\cdots,m}$ 可以按下式计算：

$$p_l^{(u)} = f\sum_{i=1}^{N} g\left(\frac{\|\boldsymbol{I} - \boldsymbol{I}_i\|}{a}\right)\delta\left[h(\boldsymbol{I}_i) - u\right] \tag{10-3-46}$$

式中，N 为区域总像素数；$a = \sqrt{H_x^2 + H_y^2}$ 为一个控制区域尺寸的参数；$\delta(\cdot)$ 是 Kronecker Delta 函数；f 为一个归一化系数，可以定义为

$$f = \frac{1}{\displaystyle\sum_{i=1}^{N} g\left(\left\|\frac{l - l_i}{a}\right\|\right)} \tag{10-3-47}$$

上式可以确保 $\displaystyle\sum_{u=1}^{m} p_l^{(u)} = 1$。$g(\cdot)$ 为一个加权函数，可以按离区域中心点的距离来定义，即

$$g(r) = \begin{cases} 1 - r^2, & r < 1 \\ 0, & \text{其他} \end{cases} \tag{10-3-48}$$

其中，r 为某个位置距区域中心的距离。假设 $p=\left\{p^{(u)}\right\}_{u=1,2,\cdots,m}$ 和 $q=\left\{q^{(u)}\right\}_{u=1,2,\cdots,m}$ 为需要计算其相似距离的两个直方图，那么其相似距离可以采用一种被称为 Bhattacharyya 相似系数的准则进行计算，即

$$D_k=\sqrt{1-\sum_{u=1}^m\sqrt{p^{(u)}q^{(u)}}}\qquad(10\text{-}3\text{-}49)$$

利用上式就可以计算式(10-3-45)的似然函数值。

图 10-28 为一个基于图像序列灰度直方图的粒子滤波跟踪流程图。

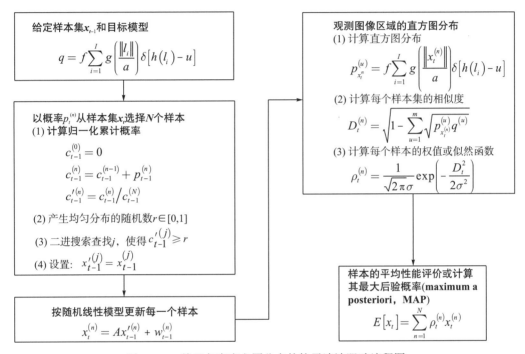

图 10-28　基于灰度直方图分布的粒子滤波跟踪流程图

例如，图 10-29 对图像序列利用粒子滤波的跟踪试验结果。图像大小为 360×240，共 396 帧实验数据。图中显示的为间隔 30 帧的跟踪情况。从图像序列可以看出，场景背景复杂(近地表背景转入天空背景)，运动目标由远及近再转入由近及远，飞行过程中存在尺寸变化和方位变化。从实验结果来看，跟踪过程基本平稳，没有出现目标丢失情况。

20 世纪 90 年代以来，粒子滤波目标跟踪一度成为很多学者研究的热点。在这一领域已发展出多种多样的改进算法来提升粒子滤波器的性能，大多集中在重采样算法方面。如 t-分布粒子滤波器(student-t distribution particle filter，SPF)，是用一个带参数的多变量 t-分布逼近目标状态的预测分布和后验分布，来提高粒子滤波器对真实概率分布的逼近；无迹粒子滤波(unscented particle filter，UPF)是在无迹卡尔曼滤波(unscented Kalman Filter，UKF)基础上得到的比标准 PF 更好的重要性密度采样，在某些领域比 PF 精度更高，实时性更好；高斯-厄米特粒子滤波器(Gauss-Hermite filter，GHF)则用 Gauss-Hermite 分布模型产生后验概率来预测样本，其估计精度比标准粒子滤波器得到了明显提高；还有将粒子滤波器与传统关联方法结合，或与 Gibbs 采样器结合等等。

图 10-29　粒子滤波方法跟踪运动目标实验

　　此外，为了使粒子滤波器能用于高维空间，研究人员提出了许多改进方法。例如，Deutscher 等提出了退火粒子滤波器，用于三维空间的运动人物跟踪，但退火算法在降低维数方面有许多限制，不具备通用性；其他一些方法，改变了直接降维的思路，着眼于解决如何采取更有效的采样策略。例如，提出的 Icondensation 方法，它从原有的 Condensaton 滤波算法演变而来，融合了更多高层信息后再对后验概率进行采样，这种方法对于跟踪杂波环境中边界形状变化的物体比较有效；另外一种粒子滤波器的变形是由 Pitt 和 Shephard 提出的辅助粒子滤波器，它的重点是提高重要性采样的有效性。

10.2.6　基于特征学习的目标跟踪

　　2013 年以来，基于深度学习的一系列目标跟踪(deep learning tracker，DLT)算法逐渐取得了跟踪精度方面的绝对优势。早期主要将深度学习模型应用于自动编码器，解决单目标跟踪问题。2016 年提出的 MDNet 网络，针对每一类单目标构建一个全连接层，用于对应类别的二分类任务，前面的所有层当作共享层用于提取一般特征。David(2016)提出了一种新的深度学习网络框架，第一次将基于深度学习的目标跟踪算法做到了 100 fps 以上，满足了目标跟踪的实时性要求。

总之，基于深度学习的目标跟踪算法已经成为目标跟踪领域中不可或缺的重要组成部分。目前有以下几种应用方式。

(1)在传统目标跟踪算法框架下，利用深度学习网络提取目标区域的相关特征来提升跟踪算法的准确性。

(2)在传统目标跟踪算法框架下，通过设计针对目标跟踪问题的深度学习网络，实现目标跟踪。

(3)将其他一些新型的深度学习网络结构应用于目标跟踪中。

目标跟踪是计算机视觉领域最活跃的研究分支之一，每年 CVPR，ICCV，ECCV 等几大计算机视觉顶级会议都会推出一系列最新技术成果，主要趋势体现在人工设计特征逐步转向到深度学习的自特征训练，极大提升了算法的跟踪精度。表 10-1 列出了目前一些主流的目标跟踪算法，详细算法原理介绍请参考相关论文及有关专著，这里不再赘述。

表 10-1　主流目标跟踪算法

序号	简称	算法全称	提出学者	提出时间	算法优缺点
1	STRUCK	基于结构输出预测的自适应目标跟踪(structured output tracking with kernels)	Hare	2011	实时性较好，将位置信息和类别标签有机结合，提高跟踪输出的精度，但对目标和背景的区分比较依赖特征的提取
2	SCM	基于稀疏协同模型的目标跟踪(sparsity-based collaborative model based tracker)	Zhong Wei	2012	是稀疏表示在目标跟踪中较为成功的应用，对相似物体干扰及遮挡场景效果较好，缺点是速度慢
3	TLD	跟踪-检测-学习框架(tracking-learning-detection)	Kalal	2012	适合于长时跟踪，但跟踪速度较慢。
4	KCF	核相关滤波跟踪(kernelized correlation filter)	Henriques	2013	跟踪速度(200fps)非常快，不能适应尺度变化等环境挑战。
5	SAMF	基于多特征的尺度自适应跟踪(scaled adaptive tracker with multiple features)	Yang Li	2014	在 KCF 基础上增加目标框的尺寸调节，但速度有所下降。
6	DSST	判别式尺度空间跟踪(discriminative scale space tracking)	M.Danelljan	2014	首次针对尺度变化问题提出解决方案。但尺度步长较为敏感，鲁棒性不强，精度较低。
7	DeepSRDCF	基于深度特征的空间正则化的滤波跟踪(convolutional features for spatially regularized correlation filter based tracker)	M.Danelljan	2015	首次使用深度特征，可以有效抑制背景干扰，扩大搜索区域，但速度较慢(2~3fps)。
8	SiameseFC	双生全卷积网络跟踪(siamese fully convolutional networks)	Bertinetto	2016	首次实现跟踪中深度网络的端到端学习，但网络较浅，跟踪效果欠佳。不能在线学习，训练样本不均衡，只能使用固定矩形框。
9	SiameseRPN	带有分类分支和回归分支的双生卷积网络跟踪(siamese region proposal networks)	Bo Li	2018	针对 SiamFC 的改进，引入 RPN 后使得孪生网络能够适应尺度变换，更精确地找到跟踪目标。仍在使用只有 16 层的 VGG，无法使用深层网络，无法在线更新。

序号	简称	算法全称	提出学者	提出时间	算法优缺点
10	DeepSiamese	基于更深更宽深度模型的双生卷积网络跟踪(deeper and wider siamese networks)	Zhipeng Zhang	2019	在 SiameseFC 中加入内切残差单元,使更深、更宽的 CNN 结构可以在双生网络中发挥作用。不能在线学习。
11	CCOT	基于连续卷积操作的相关滤波跟踪(continuous convolution operators for tracking)	Danelljan	2016	将相关滤波器从离散阈扩展到连续域,提高跟踪精度,但速度较慢
12	ECO	高效的基于连续卷积操作的相关滤波跟踪(efficient convolution operators for tracking)	M.Danelljan	2017	针对 CCOT 速度慢进行的改进,通过简化训练集提高跟踪的时效性
13	BACF	背景感知相关跟踪(background-aware correlation filters)	Hamed Kiani	2017	较好解决了边界效应问题,通过特征并行运算达到 50fps 的高速。仅使用单一手工特征,精度较低。
14	ASRCF	自适应空间正则相关滤波(adaptive spatially-regularized correlation filters)	Kenan Dai	2019	手工特征结合深度特征预测,针对跟踪目标真实轮廓设计掩膜分离目标,使得相关滤波类算法性能达到新的高峰。帧率和性能都低于深度学习类方法(SiamRPN++),算法复杂,实际使用难以部署。
15	ATOM	重叠区最大(accurate tracking by overlap maximization)	M.Danelljan	2019	将目标跟踪分为分类和评价两个部分,分别用于粗、精定位,解决了神经网络不能在线学习的问题。Backbone 使用 18 层的千层网络,速率相较孪生网络方法较低(30fps)。

迄今,尽管基于深度学习的视觉跟踪取得令人瞩目的成绩,但仍存在很多问题需要解决,如实际场景往往比评测数据复杂,当前的跟踪算法还不能同时满足鲁棒性、实时性和精准度的需要。从跟踪问题的本质出发,目前基于深度学习的跟踪算法在以下三个方面仍有较大的提升空间:

(1)基于深度学习的算法的性能很大程度上依赖于训练数据的数量和好坏,但跟踪问题的难点之一在于样本的缺乏。

(2)目前大多数基于深度网络的目标跟踪算法只是将问题简单地看作二元分类问题,如能充分利用视频或图像序列中的有效运动信息,将在一定程度上避免跟踪点漂移问题。

(3)恰当地平衡了深度网络强大的表征能力所需要的计算量和跟踪问题的实时性需求等。

10.3　智能跟踪策略与置信度

在探测跟踪系统中,涉及多方面的智能判据,使得系统智能化程度不断提高。一般需要考虑以下几个方面的因素:①与锁定跟踪过渡转换;②目标与扩展目标跟踪过渡判据;③亮暗目标的自动判据;④跟踪点的确认与评价(置信度评价)。

目标跟踪过程中,容易发生难以确认跟踪点和跟踪漂移现象。考虑到实时跟踪的帧间间隔很小，其前后帧之间的特征相关性很大，对于运动图像，帧间关联特征是多方面的，应选择较为稳定的关联特征。

1）前后帧相对位移量置信度：

$$M(d) = 1 - \frac{\left| D(t+1) - D(t) \right|}{D(t)} \tag{10-4-1}$$

式中，$D(t)$、$D(t+1)$ 为前后帧某个参考点与跟踪点之间的距离；d 为影响跟踪点可信度因素，且

$$D(t) = \sqrt{\left(i_{跟踪点} - i_{参考点}\right)^2 + \left(j_{跟踪点} - j_{参考点}\right)^2} \tag{10-4-2}$$

2）前后帧跟踪点邻域灰度均值置信度：

$$M(g) = 1 - \frac{\left| G(t+1) - G(t) \right|}{G(t)} \tag{10-4-3}$$

式中，$G(t)$、$G(t+1)$ 为前后帧跟踪点邻域灰度均值；g 为影响跟踪点可信度因素，且

$$M(g) = \frac{1}{hw} \sum_i \sum_j f(i,j) \tag{10-4-4}$$

3）跟踪点的综合置信度

利用 D-S 合成规则确定综合置信度：

$$M = K \sum_{d \cap g} M(d) M(g) \tag{10-4-5}$$

$$K^{-1} = 1 - \sum_{d \cap g = \varnothing} M(d) M(g) \tag{10-4-6}$$

如果 $K^{-1} \neq 0$，且当 $M \geqslant M_T$ 时，认为跟踪点可信，否则不可信；$K^{-1} = 0$ 不存在 M，则称证据之间矛盾，也无法确认跟踪点。此刻，保存前一帧的相关信息，继续进行下一帧的跟踪点的识别确认。

关于跟踪性能评价问题，涉及很多方面的因素。这里只能做一个简介，需要深入了解的话，可以参看有关运动目标跟踪的专门书籍。

10.4　光电跟踪技术应用

光电跟踪在很多领域都有极其广泛的应用，如军事领域的精确制导、战场机器人自主导航、无人机着降及靶场光电跟踪设备等。在民用领域，主要应用于空间探测、智能视频监控、智能交通监控和管制、无人驾驶、视频压缩、医学影像分析及辅助诊断等方面。目前，工程应用中主流的一些跟踪方法主要有基于核的跟踪（如 Mean shift）、基于滤波的跟踪算法（Kalman filter，Particle filter 等）、基于目标表观模型（Appearance models）的多特征跟踪、基于在线学习（Online Boosting，TLD 等）的目标跟踪算法等。随着计算能力的不断提升及深度学习模型的不断完善，基于深度学习的跟踪（DLT）也将大规模走入工程应用领域。

下面简要介绍几类光电跟踪技术应用的例子。

(1)精确制导、目标跟踪。俄罗斯"道尔"野战地空导弹武器系统，是世界上最先采用垂直发射方式的近程防空系统，同时也是一种全天候、全自动、三位一体(目标搜索、跟踪和导弹发射装置装备在同一辆车上)的新一代高性能防空导弹发射车。它具有警戒、指挥与控制、导弹制导与发射等众多功能，既可以独立作战，也可以和发射连的其他发射车协同作战，可在低空、超低空和近程区域内拦截多种非隐身与隐身空袭目标。

(2)红外搜索和跟踪(infrared search and track，IRST)系统(图10-30)。意大利塞莱克斯(Selex ES)公司研制的"海盗"系统可以为空中拦截和空地作战提供战术优势。安装在机舱左侧、风挡玻璃的前方。在空对空模式下运行时，具备搜索和跟踪系统功能，提供无源目标探测和跟踪能力；在空对地模式下，可以执行多目标获取和识别任务，同时还能提供辅助导航和着陆功能。

(a) 欧洲"台风"E2000战机   (b) 装备的"海盗"系统

图 10-30　IRST 系统

(3)直升机、无人机着降光电引导。舰载直升机广泛应用在反潜、救生、登陆、布雷与扫雷、火力校正、预警、侦察中。由于中型舰船甲板较小，因风浪使甲板处于不规则的运动，直升机着舰的事故率高。采用光电引导技术辅助直升机、无人机着降，可以很大程度降低事故的发生率。

为了适应各种复杂环境及不同应用场景的需求，未来光电跟踪技术还需要在光学系统设计、自动控制及智能跟踪算法等方面不断探索和完善，特别是在如何克服光照变化、目标快速运动、姿态变化、频繁遮挡等各种影响因素，以及如何进一步提升光电跟踪系统的快速响应能力等方向。

习题

10.1 试分析静止背景和动态背景下的目标检测有什么不同。

10.2 运动目标检测中最常用的方法是帧差法，试分析该方法的局限性。

10.3 什么是光流场？为什么利用光流场可以用来检测场景中的运动目标？

10.4 对于天空背景下的远距离弱小目标及地面行驶车辆应分别采用什么跟踪方法比较合适。

10.5 简要分析质心跟踪与相关跟踪的本质差异是什么？

10.6 除场景本身的复杂度，相关跟踪算法对目标跟踪精度的主要影响因素是什么？

10.7　相关跟踪通常计算量比较大，请问有什么方法可以进一步减少运算量？

10.8　基于运动状态估计的目标跟踪中，卡尔曼滤波与粒子滤波的本质区别是什么？

10.9　试分析目标跟踪的主要难度及如何提高跟踪精度和稳定性的关键技术。

10.10　视觉目标跟踪过程中，如果发生目标遮挡、光照变化等情况，需要采取什么措施？

10.11　试分析视觉目标检测及跟踪之间的关系。

编程练习

10.1　利用 MATLAB 语言，编程实现序列图像中目标的质心跟踪。

10.2　利用 MATLAB 语言，编程实现序列图像中目标的相关(模板匹配)跟踪。

10.3　利用 MATLAB 语言，编程实现卡尔曼滤波目标跟踪算法。

10.4　利用 MATLAB 语言，尝试编程实现粒子滤波目标跟踪算法。

第十一章　光电探测系统及应用

光电探测系统在军事、民用等许多领域具有广泛和重要的应用。例如，卫星上的遥感装置包括红外和紫外光谱区的光电成像传感器，用来识别地球上的资源和确定其他星球表面物质化合物成分以及大气成分；气象卫星上的光电成像传感器用来探测和传输气象数据；侦察卫星上的高分辨率宽视场光电成像传感器用来获得地面上对方区域内军事装置部署和军队调动的景物图像，地面分辨率可达几米甚至几十厘米以内；机载、舰载和车载的光电成像系统是导弹制导武器系统的重要组成部分。

本章从光电成像系统入手，介绍其成像原理，并重点介绍几种典型的光电探测系统及应用。

11.1　光　电　成　像

图像是人类获取信息的重要途径，但是由于视觉性能的限制，通过直接观察所获得的图像信息是有限的。例如，夜间无照明时人眼灵敏度受到限制，视角和对比度对分辨力有很大影响，并且人眼只对电磁波谱中很窄的可见光区敏感。诸如此类的限制，使得人眼的直观视觉只能感知到有限的图像信息。为此，人类不断进行着开拓自身视见能力的研究。望远镜的出现，延伸了人眼的观察距离；显微镜的应用使人类的观察进入到微观世界；从十九世纪就开始的光电成像技术研究，则不断地为开拓人类视见光谱范围和视见灵敏度做出努力。目前光电成像技术已成为信息时代的重要技术领域。

11.1.1　光电成像对人类视觉的延伸

自然界中存在着非可见光的电磁波，它们和可见光一样也构成景物的辐射强度分布。如在常温条件下（约 300K），景物本身的热辐射就构成了红外辐射分布的图像，但是这种图像不能被人眼直接感受。如何利用存在于自然界的电磁波来传递图像信息，并将之转换为可见光图像，这一问题必须借助光电成像技术来解决。

经典理论已经证明：只要像空间两点的距离大于衍射极限，即可分辨二者的光强分布，也就是能构成图像信息。根据夫琅禾费的圆孔衍射理论，两个像点间能够被分辨的最短距离为

$$d = \frac{1.22\lambda}{n'D} f'$$

(11-1-1)

式中，λ 是光波的波长；n' 是光波在像空间的介质折射率；f' 是成像光学系统目镜的焦距；D 是光学系统物镜的直径。从这一衍射公式可知，当光波的波长增大时，所能获得的图像分辨力将显著降低。因此对波长超过毫米数量级的电磁波，如果用有限孔径和焦距的

成像系统所获得的图像分辨力将会很低。所以基本上排除了波长较长的电磁波的成像作用。目前，光电成像对光谱长波域的延伸仅扩展到亚毫米波成像。

综上分析，不难得出结论。通常用于光电成像的电磁波谱区是：紫外波段、可见光波段、红外波段、亚毫米波波段等。

光电成像也可以突破人眼视见灵敏阈的限制。自然景物的亮度有着极其悬殊的变化，如日间阳光对地面景物的照度约 10^5 lx，而夜间星光对地面景物的照度约 10^{-3} lx，两者相差 8 个数量级。对于最低照度已远远低于人眼视觉灵敏阈的情况，可以借助光电成像加以扩展。

11.1.2　光电成像系统的基本构成

光电成像系统按波长可以分为紫外、可见光(含微光条件)及红外光电成像系统。光电成像系统所涉及的复杂信号传递过程一般可以用图 11-1 来表示。

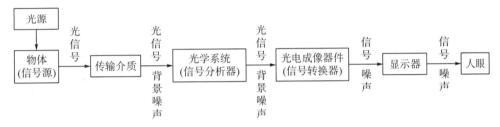

图 11-1　光电成像系统的基本组成

由图可知，成像转换过程有四个方面的问题需要研究：目标能否被探测到、成像系统能分辨的光信号在空间和时间方面的细致度、噪声对接收信号可靠程度的影响以及信息的传输速率问题。

景物反射外界的照明光(或自身发出的热辐射)经光电成像系统的光学系统在像面上形成与景物对应的图像，置于像面上的具有空间扫描功能的光电成像器件将二维空间的图像转变成一维时序电信号，再经过放大和视频信号处理后送至显示器，在同步信号参与下显示出与景物对应的图像。

按照接收系统对景物的分解方式决定了光电成像系统的类型，基本上可以分为光机扫描方式、电子束扫描方式及固体自扫描方式。

1. 光机扫描方式

当采用单元探测器成像时，需要有光机扫描机构。单元探测器与物空间单元相对应，当光学系统进行方位偏转及俯仰偏转时，单元探测器所对应的物空间单元也在方位及俯仰方向上作相应移动。通常系统需要观察的视场 $A×B$ 较大(如 $20°×30°$)，而系统的瞬时视场(即由探测器所对应的空间视场) $α×β$ 往往较小(如 $20″×30″$)，如图 11-2 所示。为了能在有限的时间内观察一帧完整的视场(观察一帧的时间称为帧时)，必须将瞬时视场在观察视场内按一定顺序进行扫描。最常用的扫描形式是直线扫描，即将瞬时视场从左到右进行行扫描(即方位扫描)，扫完一行后依次从上到下挪动一行再进行第二行扫描，这种上下挪动的扫描称为列扫描(即帧扫描)。如此一行一行的扫下去直到扫完全帧。

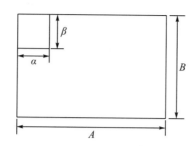

图 11-2 扫描系统中的观察视场与瞬时视场

光机扫描方式的特点是探测器相对总视场只有较小的接收范围,而由光学部件作机械运动来实现对景物空间的分解。在光机扫描方式中常采用多元探测器来提高信号幅值或降低扫描速度,进而提高光电成像系统的信噪比。

多元探测器的扫描方式因元件的排列和扫描方向的不同分为串联扫描、并联扫描和串并联混合扫描三种方式,如图 11-3 所示。

串联扫描探测器由数个至数十个元件组成一行,元件排列方向与行扫描方向一致,如图 11-3(a)所示。行扫描时,景物空间上的一点所成的像依次扫过横向排列的各单元元件,景物像点扫过每个探测器单元的时间用 τ_d 表示(τ_d 为滞留时间),若略去各单元元件之间的间隔不计,则同一景物像点扫过两个相邻单元之间的延迟也应为 τ_d,设共有 n 个元件串联工作,则同一景物像点扫过第 n 个元件的时间应比扫过第一个元件的时间延迟 $(n-1)\tau_d$。因此若将由同一像点能量产生的各元件信号 S_1,S_2,$\cdots$,S_n 分别经不同的延迟,即将信号 S_1 延迟 $(n-1)\tau_d$,S_2 延迟 $(n-2)\tau_d$,$\cdots$,S_{n-1} 延迟 τ_d,而 S_n 不延迟,则延迟后的各单元信号 S_1',S_2',$\cdots$,S_n' 便具有相同的波形和相位,将这些信号叠加起来,便可增大景物信号强度,提高信噪比,使系统性能有较大的提高。

并联扫描探测器由数个至数十个元件组成一列,元件排列方向与行扫描方向垂直,如图 11-3(b)所示。每个元件对应于一个相应的景物空间单元。纵向并列的 n 元探测器则对应于 n 个垂直方向的景物空间单元。行扫描时,n 个并列的元件同时对景物空间进行方位扫描,因此探测器每扫过一行,则 n 个探测器扫过行景物空间。若需要观测的景物空间俯仰角度比 n 行对应的景物空间大,则除了行扫描外还需要慢速帧扫。并联元件的信号分别经由各自的放大器放大后送到采样开关处,由各元件送来的多路信号经采样开关依次采样后变成单一的视频信号。并联扫描降低了扫描速度,使得系统噪声有所改善,因而提高了系统成像性能。

串并联混合扫描方式集中了串联扫描方式和并联扫描方式的优点,提高了光电成像系统的性能。

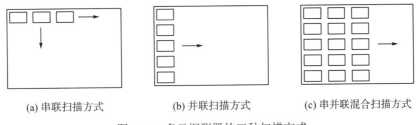

(a) 串联扫描方式　　　　　(b) 并联扫描方式　　　　　(c) 串并联混合扫描方式

图 11-3　多元探测器的三种扫描方式

2. 电子束扫描方式

电子束扫描方式的光电成像系统采用的是各种电真空类型的摄像管,如红外成像系统中的热释电摄像管。在这种成像方式中,景物空间的整个观察区域同时成像在摄像管的靶面上,图像信号通过电子束检出。只有电子束所触及的那一小单元区域才有信号输出。摄像管的偏转线圈控制电子束沿靶面扫描,这样便能依次拾取整个观察区域的图像信号。电子束扫描方式的特点是光敏靶面对整个视场内的景物辐射同时接收,而由电子束的偏转运动实现对景物图像的分解。

3. 固体自扫描方式

固体自扫描方式的光电成像系统采用的是各种面阵固体摄像器件,如面阵 CCD、CMOS 摄像器件、焦平面阵列器件等。面阵摄像器件中的每个单元对应于景物空间的一个相应小区域,整个面阵摄像器件对应于所观察的景物空间。固体自扫描方式的特点是面阵摄像器件对整个视场内的景物辐射同时接收,而通过对阵列中各单元器件的信号顺序采样来实现对景物图像的分解。

上述的分类方法不是绝对的,有的光电成像系统是不同扫描方式的结合,如线阵 CCD 成像系统,是俯仰光机扫描与方位固体自扫描的结合;有的红外遥感系统则是光机扫描与面阵摄像器件的结合。从目前情况看,固体自扫描方式的光电成像系统已经占主导地位。

11.1.3　光学滤波系统及对成像的影响

1. 光学滤波系统

在光学信息处理中,光学滤波是重要的手段。最常见的光学滤波系统光路图如图 11-4 所示。这是最典型的一种光学信息处理系统(通常称为 $4f$ 系统),其中,S 为照明点光源;L_C 是准直透镜;L_1 和 L_2 是一对傅里叶透镜;P_2 为频谱平面(滤波面)。物面处在 L_1 的前焦

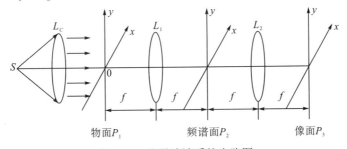

图 11-4　光学滤波系统光路图

平面 P_1 上，作为图像的输入平面，若透镜 L_1 的孔径足够大，则在 L_1 的后焦平面 P_2 上可得到输入图像准确的傅里叶变换频谱；通过透镜 L_2 再做一次傅里叶变换，在 L_2 的后焦平面 P_3 上得到输出图像。

在图 11-4 的频谱平面 P_2 上加入各种空间滤波器，形成不同的光，就可以改变输入图像在 P_2 上的输出频谱，达到处理图像信息的目的。

2. 光学滤波函数对像的影响

如果在图 11-4 的 P_1 物面上放置一个网格物体，那么 P_2 频谱面和 P_3 像面上就可以观察到如图 11-5(a)、(b)所示网格的频谱和网格的像，这是在 100 年前被阿贝成像理论和阿贝-伯特实验证明的事实。但如果在频谱面上插入一个狭缝，只让单独某一行频谱分量通过，如图 11-6(a)所示是一个水平狭缝透过的频谱及对应的图像。可以看到，最后得到的像只含有网格的垂直结构而无水平结构。当狭缝被旋转90°，成为垂直狭缝时，则得到的像只有水平结构而无垂直结构，如图 11-6(b)所示。

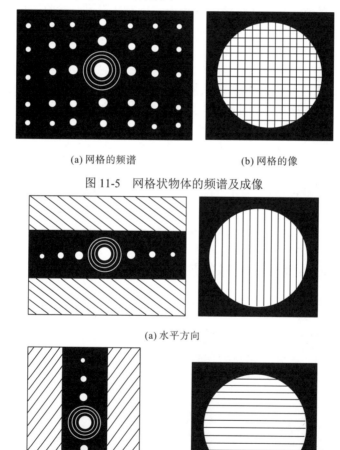

(a) 网格的频谱　　　　　　　　　　(b) 网格的像

图 11-5　网格状物体的频谱及成像

(a) 水平方向

(b) 垂直方向

图 11-6　狭缝滤波示意图

　　空间光学滤波器具有许多种类，常用的有：振幅滤波器、相位滤波器、复数滤波器，其中由二元振幅滤波器组成的光学滤波系统可以完成低通、高通和带通滤波。低通滤波是在频谱面上滤去输入物体频谱的高频部分，如图 11-7 (a) 所示，制作一个光栏孔即可完成低通滤波。例如，仔细看报纸上面印制的照片，就会发现像上有许多小点，这些小点在频率域中属于高频成分。如果将一个低通滤波器置于频谱面上，就可以将与点状结构相联系的高频成分滤掉，而物体主要集中在零频附近，因此，通过滤波器后得以保留。

　　高通滤波器如图 11-7(b) 所示，它使各种高频输入通过而滤过低频成分。这种滤波器可以应用在需要突出边缘、细节的场合。

　　带通滤波器只使某些希望的频率成分通过，如图 11-7(c) 所示。一般说来，在待去噪物体具有规则和确定的空间频率但叠加着杂乱噪声时使用带通滤波器最有效。

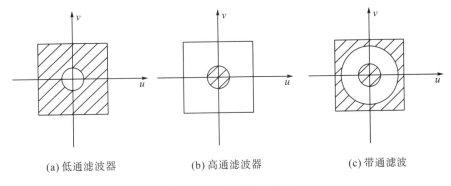

(a) 低通滤波器　　　　　　　　(b) 高通滤波器　　　　　　　　(c) 带通滤波

图 11-7　二元振幅滤波器

3. 相干光学技术

　　以相干光波为光源，利用透镜的傅里叶变换特性和光学上的空间滤波原理，对输入图像进行特殊处理，就是相干光学技术。相干光学技术可以用于图像质量改善，识别特定物体、字母和符号，探测某些瑕疵，增强图像轮廓等，在军事方面可以用于空间对接、导航和无人驾驶、精确制导、海量图像资料处理等方面。

　　相干光学处理的基本点是透镜的傅里叶变换和光学匹配滤波，下面用一维分布简要介绍其数理基础。

　　设场景中含待检物体 $f(x)$ 和其他分布 $b(x)$，即

$$g(x) = \sum_i f(x - a_i) + b(x) \tag{11-1-2}$$

将其置于相干光学系统物面上，其频谱为

$$G(u) = \sum_i F(u) \cdot \exp(-\mathrm{j}2\pi u a_i) + B(u) \tag{11-1-3}$$

式中，$G(u)$、$F(u)$、$B(u)$ 分别为 $g(x)$、$f(x)$、$b(x)$ 的傅里叶变换。若在系统频谱面设置 $f(x)$ 的匹配滤波器 $F^*(u)$ [即 $F(u)$ 的复共轭函数]，则匹配滤波后的频谱为

$$G'(u) = F^*(u) \left[\sum_i F(u) \cdot \exp(-\mathrm{j}2\pi u a_i) + B(u) \right] \tag{11-1-4}$$

经过傅里叶逆变换，最后在像面得到的振幅分布为

$$
\begin{aligned}
g'(x) &= F^{-1}\left\{F^*(u)\left[\sum_i F(u)\cdot\exp(-\mathrm{j}2ua_i)+B(u)\right]\right\} \\
&= F^{-1}\left\{F^*(u)\left[\sum_i F(u)\cdot\exp(-2\,\mathrm{j}\pi ua_i)\right]\right\}+F^{-1}\left[F^*(u)\cdot B(u)\right] \\
&= \sum_i\left\{F^{-1}\left[F^*(u)\right]\otimes F^{-1}\left[F(u)\right]\otimes F^{-1}\left[\exp(-\mathrm{j}2\pi ua_i)\right]\right\}+f^*(-x)\otimes b(x) \\
&= \sum_i\left[f^*(-x)\otimes f(x)\otimes\delta(x-a_i)\right]+f(x)\odot b(x) \\
&= \sum_i\left[f^*(-x)\otimes f(x-a_i)\right]+f(x)\odot b(x) \\
&= \sum_i\left[f(x)\odot f(x-a_i)\right]+f(x)\odot b(x)
\end{aligned}
\tag{11-1-5}
$$

式中，$\otimes$ 表示卷积运算；$\odot$ 表示相关运算。

上式表明，若物函数在 $x=a_i$ 处有特定分布，则必在像面相应位置出现 $f(x)$ 的自相关峰值（式中右端第一项），而在 $x\neq a_i$ 处，只有 $f(x)$ 与 $b(x)$ 的互相关（式中右端第二项），它是一个复杂的弥散斑。

因此，相干光学处理系统能有效识别特定目标。

相干光学处理具有若干优点，例如，它利用透镜本身的硬件性质，具有真正的实时性；目标的自相关表现为暗背景上的亮"点"，因此输出对比度好；由于采用相干处理，有利于抑制背景杂光；相干处理把具有复杂形体的目标探测变为对自相关亮"点"的探测，能获得很高的探测精度。

11.2　光电图像传感器

在光电信息处理系统中，需要光、电信号的互相转换，没有光电转换技术，就没有光电混合处理技术。如一个电视转播系统，首先将实际画面的光信号由摄像机转换为电信号，再对电信号进行编码、压缩后通过各种通信手段传送到千家万户，经过处理后由显像管显示在荧光屏上，供人们观看。在这个过程中的转换通常由转换器件来完成，光学图像转换为电信号图像的器件有真空摄像管、电荷耦合器件(CCD)和金属氧化物半导体元件(complementary metal-oxide semiconductor，CMOS)，电信号转换为光信号的器件有发光管(LED)、激光管(LD)、示波管和CRT等。下面将简要介绍数字图像采集过程中非常关键的两种光电图像传感器：CCD和CMOS。

11.2.1　CCD图像传感器

CCD发展于二十世纪七八十年代，与其他器件相比，最突出的特点是以电荷为信号的载体，不同于大多数以电流或电压为信号载体的器件。CCD的基本功能是电荷存储和电荷转移，因此，CCD工作过程就是信号电荷的产生、存储、传输和检测的过程。

　　CCD 有两种基本类型：一种是电荷包存储在半导体与绝缘体之间的界面，并沿界面转移，这类器件称为表面沟道 CCD（SCCD）；另一种是电荷包存储在离半导体表面一定深度的体内，并在半导体内沿一定方向转移，这类器件称为体沟道或埋沟道器件（BCCD）。CCD 还可以分为线阵和面阵两种，线阵是把 CCD 像素排成一条直线的器件，面阵是把 CCD 像素排成一个平面的器件。CCD 图像传感器具有如下三项功能：

　　(1) 光电变换功能。CCD 中的光电二极管受光照会产生电荷，在内部响应于外部光的照射使半导体硅原子中释放出电子。

　　(2) 电荷存储功能。CCD 感光部分的各单元上设有电极，在电极上加有电压，在它的下面就会形成电位井。电位井可以用来存储电荷。

　　(3) 电荷的转移(传输功能)。CCD 是由许多单元并排在一起的，每个单元上都设有电极，当相邻电极的外加电压较高时，电荷就会向高电压下的电位井移动。

　　CCD 是由几十至几百万个光敏像元按一定规律排列组成的，每个像元就是一个 MOS 电容器(大多为光敏二极管)。MOS 单元是 CCD 结构的基本单元。它由金属(M)电极、氧化物(O)层和半导体(S)层组成，如图 11-9 所示。通常是以单晶硅(P 型或 N 型)作基底，用氧化的办法生长一层薄(1000～1500Å)的二氧化硅(SiO$_2$)，再在 SiO$_2$ 表面镀一层金属层，作为电极。

　　假定衬底是 P 型硅。在金属电极上施加电压 V_G 时，P 型区内的多数载流子——空穴将在电场力作用下趋向离开电极，于是形成图 11-8 中虚线所示的"耗尽区"。而对少数载流子——电子，电场将把它们引入至"耗尽区"。因此，"耗尽区"成为电子的"陷阱"，称为势阱。若有光线射入并产生电子-空穴对，则光生空穴将被推斥出"耗尽区"，而光生电子将被吸入势阱。光能越强，则势阱收集的电子越多。这个 MOS 就成为一个光敏元，简称为像素。

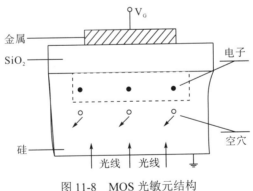

图 11-8　MOS 光敏元结构

　　人们在半导体硅片上制成大量相互独立的 MOS 单元，并由各自电极施加相应的电压，就形成大量的势阱。若有一幅实际的光学图像呈现于器件表面，则各 MOS 单元势阱中电荷的多少就反映了该像素接收的光能强弱，于是光学图像就变成了电荷分布图样，这种由大量 MOS 单元构成的器件就是 CCD。

　　在工作时，被检测对象的光信息通过光学成像系统成像于 CCD 的光敏面上，CCD 的光敏像元将其上的光强度转换成电荷量，电荷的多少与光的强弱和照射时间成正比。接下来 CCD 在一定频率的时钟脉冲驱动下，将各行数据转移到一个单独、垂直电荷传输的缓存器中，各行的电荷数据被连续读取，并由电荷–电压转换和放大器进行传感。CCD 作为图像传感器使用时，为了保证图像的细节，必须确定分辨率。根据采样定理的要求，采样频率应高于所采图像最高空间分辨率的 2 倍，此外还要保证图像的亮度值处于 CCD 光电转换特性允许的动态范围之内，以保证转换后的图像信息不失真。

11.2.2 CMOS 图像传感器

CMOS 图像传感器出现于 1969 年，它是一种用传统的芯片工艺方法将光敏元件、放大器、A/D 转换器、存储器、数字信号处理器和计算机接口电路等集成在一块硅片上的图像传感器，这种器件具有结构简单、处理功能多、成品率高且价格低廉的优点。虽然 CMOS 图像传感器比 CCD 图像传感器的出现还早一年，但在相当长的时间内，由于它存在成像质量差、像敏单元尺寸小、响应速度慢等缺点，因此只能用于图像质量要求较低、尺寸较小的数码相机中，如机器人视觉应用的场合。在 20 世纪 70 年代和 80 年代，CCD 图像传感器在可见光成像方面取得了主角地位。1989 年以后，出现了"主动像敏单元"结构，它不仅有光敏元件和像敏单元寻址开关，而且还有信号放大和处理等电路，提高了光电灵敏度，减小了噪声，扩大了动态范围，CMOS 图像传感器的性能因此大大提高。CMOS 图像传感器是单电源工作，而 CCD 传感器需要 2～3 个不同的电源，CMOS 图像传感器的功耗只有 CCD 传感器的 10%～20%，此外，CCD 传感器需要特殊的制造工艺，而 CMOS 传感器共用了制造 90% 半导体器件所用的相同的基本技术，这就意味着可以在生产大多数其他数字信号芯片的制造厂内制造 CMOS 图像传感器。可以说，CMOS 图像传感器比 CCD 图像传感器具有更好的性价比，所以它的应用日益广泛。

目前，CMOS 图像传感器已发展成为三大类，即 CMOS 无源像素图像传感器(PPS)、CMOS 有源像素图像传感器(APS)和 CMOS 数字图像传感器(DPS)。

Weckler(1967)首次提出了光电二极管型无源像素结构。如图 11-9(a)所示，每个像素点包含的基本单元是将光转换为电子的光电二极管以及电荷-电压转换单元。CMOS 图像传感器工作时，图像光信号照射到光电二极管(photo-diode，PD)上，产生与入射光强弱成正比的电荷。当每个像素单元上的电容所积累的电荷达到一定数量后就被传输给信号放大器，再通过模/数转换，所拍摄物体的原始信号得以成形。CMOS 无源像素图像传感器读出噪声较高，这是其致命弱点。

为克服无源像素结构的弱点，采用有源像素技术，使 CMOS 图像传感器在成像质量上接近 CCD 图像传感器的水平。具体来讲，有源像素技术是在每一个光敏元内集成一个或多个放大器，使每一电信号在光敏元内得到放大。使用这种技术的 CMOS 图像传感器灵敏度高，速度快，并具有良好的消噪功能。图 11-9(b)是光电二极管型有源像素图像传感器(APS)中光敏元的一种典型结构。其中，放大器具有放大和缓冲功能，电荷无须多项转移而直接到达输出，因而避免了所有与 CCD 图像传感器转移相关的缺陷，由于每个放大器仅在信号读出期间才被激发，所以功耗比 CCD 图像传感器小。

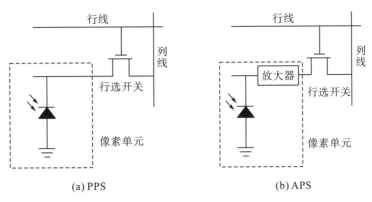

图 11-9 图像传感器像素结构

近年来，CMOS 数字图像传感器得到迅速的发展。CMOS 数字图像传感器在片内对信号进行数字化，即在芯片内集成 ADC。目前在 CMOS 图像传感器上集成 ADC 的方法可以分为像素级、列级和芯片级。图 11-10(a)是带芯片级 ADC 的数字图像传感器的基本结构。在芯片上集成一个 A/D 转换器，每个像素的输出都要经过该 ADC 转换后输出，整个传感器阵列使用一个高速 ADC，这是目前比较常用的方法。由于 ADC 作为一个独立结构放在像元阵列外，所以 ADC 的面积不受很强的限制，但这种方法要求 ADC 的转换速度非常快，而高速转换速率会带来较大的功耗。像素阵列和 ADC 之间的模拟信号传输会引入噪声，影响系统性能。列级 ADC 通过在图像传感器阵列的每一列共用一个 ADC，达到降低 ADC 工作速率的目的，如图 11-10(b)所示。像素级 ADC 是图像传感器的每一个像素单元或邻近的一个像元组(如 2×2，3×3 等)都使用一个 ADC，能进一步降低 ADC 的速度。

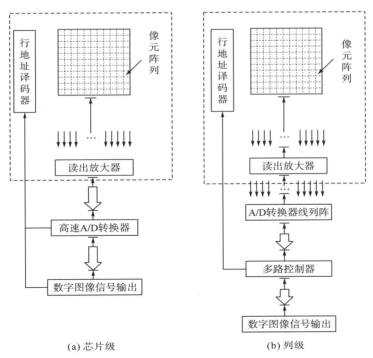

图 11-10 ADC/DPS 结构图

CMOS 图像传感器有一个最突出的特点，即对人眼不可见的红外光源特别敏感，如一个点燃的烟头对着摄像镜头就像一个火炬一样出现在显示屏上，在白昼和夜晚都没有什么区别，这一特点在军事上应用极为广泛，也非常适合于防盗监控。

CCD 图像传感器和 CMOS 图像传感器在 20 世纪 70 年代几乎是同时起步的。由于 CCD 器件有光照灵敏度高、噪声低、像素面积小等优点，因而在随后的几十年间一直主宰光电图像传感器的市场。在 20 世纪 90 年代初，CCD 技术已经比较成熟，并得到非常广泛的应用，而 CMOS 器件由于图像噪声大、信噪比较低、光电灵敏度不高、像素面积大、分辨率低等缺点，因此一直无法与 CCD 技术抗衡。随着 CCD 应用范围的扩大，其缺点逐渐显露出来。CCD 光敏单元阵列难以与驱动电路及信号处理电路单片集成，不易处理一些模拟和数字功能；CCD 阵列驱动脉冲复杂，需要使用相对高的工作电压，不能与大规模集成(VLSI)技术兼容，制造成本比较高。与此同时，随着大规模集成电路技术的不断发展，过去 CMOS 器件制造过程中不易解决的技术问题，到 20 世纪 90 年代都开始找到了相应的解决方法，从而大大改善了 CMOS 的成像质量。目前 CMOS 单元像素的面积已和 CCD 相当，且可以达到较高的分辨率。如果能进一步提高 CMOS 器件的信噪比和灵敏度，CMOS 器件有可能在中低档摄像机、数码相机等产品中取代 CCD 器件。

11.2.3 图像传感器的发展

图像传感器从 20 世纪 60 年代至今，经过几十年的发展，已经取得了较大的进展，未来主要朝着高分辨率、高速成像及高成像质量方向迈进。

(1)高分辨率。无论是 CCD 和 CMOS 成像器件都在向高分辨率发展，现已经出现 1.2 亿像素的图像传感器。高分辨率的图像意味着观察者能看到更广阔的视野范围，而另一方面是在相同的视场范围下，高分辨率能够提供更多的细节。提高分辨率的方法一是增加芯片晶元的尺寸，二是缩小像元尺寸。相机的像元尺寸可以从 2.8~20μm，目前主要集中在 4~9μm，Sony 公司称即将推出 1.2μm 的芯片。但通过缩小像元尺寸来增加相机分辨率的趋势并不是无限制的，由于像元尺寸越小对光学镜头的要求越高，同时芯片的生产工艺越复杂，生产成本越高，因此这种趋势必将逐渐减缓。

(2)高速成像。随着现代生产效率的不断提升，对 CCD 相机的成像速度，机内的处理速度都有越来越高的要求。最新的 Flash 传感器采用 6μm CMOS 技术，有效地结合了高分辨率和高帧频，提供 2K 或 4K 水平解析度，播放速率为 1800fps 和 1500fps。随着 CMOS 技术的不断发展，通过 ROI 窗口设置，可以轻松得到 7500fps 的图像。而在普通的工业应用中 100~200fps 的 CCD 相机也已经不再是很难找到的产品。

(3)高成像质量。高成像质量一直是成像器件所追求的目标。尽管之前，CCD 在图像质量上有先天的优势，但随着 CMOS 技术的发展，获得高图像质量的 CMOS 芯片已经成为可能。CMOS 器件采用的光刻技术已经可以达到 0.25μm 和 0.18μm，微透镜技术已经被广泛使用，采用 4T、5T 和 MultiT 技术，使 CMOS 芯片在抗噪声和提高灵敏度方面取得了重大突破。

11.3　红外成像系统

11.3.1　红外物理基础

1672 年，人们发现太阳光是由各种颜色的光复合而成，同时，牛顿做出了单色光在性质上比白光更简单的著名结论。使用分光棱镜就把太阳光分解为红、橙、黄、绿、青、蓝、紫等各种单色光。1800 年，英国物理学家 F.W.赫胥尔从热的观点来研究各种色光时，发现了红外线。他在研究各种色光的能量时，有意地把暗室里唯一的窗户用暗板封住，并在板上开了一个矩形孔，孔内装一个分光棱镜，当太阳管通过棱镜时，便被分解为彩色光带，并用温度计测量光带中不同颜色所含的热量。为了与环境温度进行比较，赫胥尔用在彩色光带附近放几支作为比较用的温度计来测定周围环境温度。实验中，他偶然发现一个奇怪的现象：放在光带红光外的一支温度计，比室内其他温度的显示数值高。经过反复实验，这个所谓热量最多的高温区，总是位于光带中红光的外面，于是他宣布太阳发出的辐射中除了可见光线外，还有一种人眼看不见的"热线"，这种看不见的"热线"总是位于红色光外侧，于是叫作红外线。红外线是一种电磁波，具有与无线电波及可见光一样的本质，红外线的发现是人类对自然认识的一次飞跃，对研究、利用和发展红外技术领域开辟了一条全新的广阔道路。

红外线的波长在 $0.76\sim1000\mu m$，它在电磁波连续频谱中的位置是处于无线电波与可见光之间的区域，一般按波长 λ 把红外辐射细分为

(1)近红外：$0.76\mu m < \lambda \leqslant 3.0\mu m$。

(2)中红外：$3.0\mu m < \lambda < 6.0\mu m$。

(3)远红外：$6.0\mu m < \lambda < 15.0\mu m$。

(4)极远红外：$15.0\mu m < \lambda < 1000\mu m$。

红外线辐射是自然界存在的一种最为广泛的电磁波辐射，它的原理是任何物体在常规环境下都会产生自身的分子和原子无规则的运动，并不停地辐射出热红外能量，分子和原子的运动愈剧烈，辐射的能量愈大，反之，辐射的能量愈小。

温度在绝对零度以上的物体，都会因自身的分子运动而辐射出红外线。这些进行红外辐射的物体都可以称为红外辐射源。红外辐射源和背景的温度、形状总有一定的差异，而且红外辐射源本身各部位的温度、形状和表面状况也存在着差异。所有这些差异决定了物体红外辐射的不均匀性，即物体与背景辐射的红外辐射能量密度不同，物体表面上不同区域辐射的红外辐射能量密度也不同。物体和背景的红外辐射，以及物体表面不同点的红外辐射，构成了它们的红外辐射分布图。这个客观存在的红外辐射分布图，便是红外成像的目标。

通过红外探测器将物体辐射的能量(强度)信号转换成电信号后，成像装置的输出信号就可以完全一一对应地模拟扫描物体表面温度的空间分布，经电子系统处理，传至显示屏上，得到与物体表面热分布相应的热像图。运用这一方法，便能实现对目标进行远距离热状态图像成像和测温并进行分析判断。

在红外线发现后的 200 多年里，人们广泛进行了红外物理、红外光学材料、红外光学系统等多方面的探索与研究，其中许多研究成果在军事领域广为应用。20 世纪 50 年代，红外点源制导空-空导弹诞生，70 年代涌现出通用组件式红外热像仪，80 年代以焦平面阵列为基础的装备得到大力发展。

利用红外技术对目标和场景进行探测具有许多优点，例如，

(1)红外系统在大气中的探测距离为 10km，在大气层之外的探测距离达到 1000km 以上，因此红外探测是侦察卫星、导弹预警卫星的主要探测手段，也是气象卫星、资源普查和遥感卫星必备的信息获取方式。

(2)红外系统一般都以"被动方式"接收目标的信号，在夜间及恶劣天气条件下都能正常工作，而且隐蔽性很好，相对于雷达探测、激光探测而言，它更安全且易于保密，也不易被干扰。

(3)红外探测是基于目标和背景之间的温差和发射率差，传统的伪装方式不可能掩盖由这种差异所形成的目标红外辐射，从而使红外系统具有比可见光系统更加优越的识伪能力。

11.3.2　红外焦平面器件

红外焦平面器件(infrared focal plane array，IRFPA)是将 CCD、CMOS 技术引入红外波段所形成的新一代红外探测器，是现代红外成像系统的关键器件。IRFPA 建立在材料、探测器阵列、微电子、互连、封装等多项技术基础之上。

图 11-11 给出了艾睿光电科技有限公司量产的两种非制冷红外焦平面器件典型样例。

(a) 陶瓷封装的IRFPA　　　　　　　(b) 金属封装的IRFPA

图 11-11　红外焦平面器件

1. IRFPA 的工作条件

IRFPA 通常工作于 1～3μm、3～5μm 和 8～12μm 的红外波段并多数探测 300K 背景中的目标。典型的红外成像条件是在 300K 背景中探测温度变化为 0.1K 的目标。用普朗克定律计算的各个红外波段 300K 背景下的光谱辐射光子密度如表 11-1 所示。

表 11-1　各红外波段 300K 背景下的光谱辐射光子密度及其对比

波长/μm	1～3	3～5	8～12
300K 背景辐射光子通量密度 / 光子 / $(cm^2 \cdot s)$	$\approx 10^{12}$	$\approx 10^{16}$	$\approx 10^{17}$
光积分时间(饱和时间) / μs	10^6	10^2	10
对比度(300K 背景) / %	≈ 10	≈ 3	≈ 1

由表 11-1 可知，随波长的增加，背景辐射的光子密度增加。通常光子密度高于 $10^{13}/(cm^2 \cdot s)$ 的背景称为高背景条件。因此 3～5μm 或 8～12μm 波段的室温背景为高背景条件。在高背景、低对比度条件下使用 IRFPA，给设计、制造带来了许多问题并提出了很高的要求，增加了研制的难度。

2. IRFPA 的分类

IRFPA 可以根据其工作机理、光学系统的扫描方式、焦平面上的制冷方式、读出电路方式、不同响应波段及所用材料进行分类。

按照工作机理可分为光子探测器和热探测器。光子探测器是基于光子与物质相互作用所引起的光电效应为原理的一类探测器，包括光电子发射探测器和半导体光电探测器，其特点是探测灵敏度高、响应速度快、对波长的探测选择性敏感，但光子探测器一般工作在较低的环境温度下，需要致冷器件。热探测器是基于光辐射作用的热效应原理的一类探测器，包括利用温差电效应制成的热电偶或热电堆，利用物体体电阻对温度的敏感性制成的热敏电阻探测器和以热电晶体的热释电效应为根据的热释电探测器，它们多数工作在室温条件下。

按照光学系统扫描方式可分为扫描型和凝视型。扫描型一般采用时间延迟积分(time delay integration，TDI)技术，采用串行方式对电信号进行读取；凝视型则利用了二维技术形成一张图像，无须延迟积分，采用并行方式对电信号进行读取。凝视型成像速度比扫描型成像速度快，但是其需要的成本高，电路也很复杂。

此外，按照结构可以分为单片式和混合式；按照制冷方式可分为制冷型和非制冷型。

3. IRFPA 的结构

IRFPA 由红外光敏部分和信号处理部分组成。这两部分对材料的要求有所不同。红外光敏部分主要着眼于材料的红外光谱响应，而信号处理部分是从有利于电荷的存储与转移的角度考虑。目前，没有一种材料能同时很好地满足二者要求，因而导致了 IRFPA 结构的多样性。单片式 IRFPA 沿用可见光 CCD 的概念与结构，将红外光敏阵列与转移机构同做在一块窄禁带的本征半导体或掺杂的非本征半导体材料上。混合式 IRFPA 是将红外光敏部分做在窄禁带本征半导体中，信号处理部分则做在硅片上。两部分之间用电学方法连接起来。

4. IRFPA 的发展方向

目前，IRFPA 主要向高性能、低成本方向发展，具体表现为：

(1)探测器大阵列化。提高焦平面探测单元的数量以尽可能地提高整个红外成像系统的性能，目前已经从早期的 320×240，640×480 发展到 2048×2048 以上乃至 4096×4096 分辨率。

(2)探测器小型化。包括减小单元面积、提高像元密度、减小器件总体积等。

(3)探测器多色化。拓宽探测器响应波段，使一个器件能够响应两个或更多的波段和将现有的波段细分为多个更窄波段，以获得目标的"彩色"热图像。

(4)提高探测器的工作温度，降低系统成本，方便使用，已经从传统的超低温制冷型转变为非制冷型。

(5)探测器品种多元化，即凝视型和推扫型，制冷型与非制冷型并行发展。

11.3.3 红外探测系统的性能分析

红外成像和可见光成像基本上都遵守几何成像的规律，即直线传播、反射和折射定律。所以红外成像光学系统和可见光成像光学系统一样，其功能是把目标的辐射分布图会聚在一个确定的像面上。但是，由于红外辐射的波长范围和可见光的波长范围不同，所以在使用材料和光学设计上也有很大差别。红外光学系统一般分为内部光学系统和外部光学系统，通常外部光学系统担负着成像的任务，而内部光学系统担负着图像分解的任务。此外，外部光学系统常称为红外镜头或热成像镜头。

热成像镜头可以分为透射式和反射式两大类。前者用可透过红外线的材料制成，后者则用能很好地反射红外线的镜面构成。根据热成像镜头中透镜曲面的形状，又可划分为球面镜和非球面镜。球面镜制造容易，价格便宜，但成像质量较差，而用非球面镜则可得到良好质量的图像。

此外，无论是透射镜还是反射镜，根据其用途还可划分为望远型与显微型两大类。前者图像均小于目标，而后者图像远大于目标。

下面介绍两种常用的热成像镜头。

1) 锗(硅)透镜

使用单晶锗材料磨制的热成像镜头可以在 3～5μm 和 8～14μm 两个热成像波段上正常工作。而对于只要求透过 3～5μm 波长的红外线仪器，则可以使用单晶硅材料磨制的镜头。通常，单晶硅材料的价格大约仅为单晶锗材料的一半。

锗和硅透镜的镜片可以磨制成各种形状的凸透镜。这种透镜的镜面可以是球面的，也可以是非球面的。每个镜头可以是一个透镜，也可以由多个透镜组成。采用非球面透镜，或多个球面透镜构成一个热成像镜头，都可以提高成像质量。

磨制好的单晶锗透镜，其透过率大约只有 44%。为了提高其透过率，必须进行镀单层增透膜的工艺处理。镀膜一般均在透镜的两面进行，可以镀单层增透膜，也可以镀多层增透膜。单层膜可以使透镜在某个波长上的透过率增加到 85%～95%，而多层膜则可以使透镜在某一很大的波长范围内，透过率增大到 95%～99%。

为了在各种环境中保护透镜表面不受损伤和污染，一般还应在透镜的最外层镀上保护膜，保护膜又称为硬膜，它可以抗御其他物体对其擦伤，并且不怕水、油及其他气体的侵蚀。锗和硅透镜都可以用来制作望远型镜头或显微型镜头。

2)玻璃反射镜

由于单晶锗或单晶硅的直径都不可能做得很大,因此大口径的热成像镜头多数使用玻璃反射镜。玻璃的价格远远低于单晶硅、单晶锗。

常用的反射望远型热成像镜头,主要有牛顿式、格里高里式和卡塞格仑式三种类别。

玻璃反射镜的本体是由玻璃材料磨制而成,它的反射面可以是平面、球面、抛物面、椭球面或双曲面。为了提高反射面反射红外线的能力,一般在玻璃上镀一层反射膜,如金膜、铝膜等。同样,为了防止环境中其他物体的污染,在反射膜外还镀有保护膜。

1. 红外成像系统的综合特性

对红外成像系统来说,系统性能的综合量度是空间分辨率和温度分辨率。具体而言,可用调制传递函数(modulation transfer function,MTF)描述空间分辨率,用噪声等效温差(noise equivalent temperature difference,NETD)、最小可分辨温差(minimum resolvable temperature,MRTD)和最小可探测温差(minimum detectable temperature,MDTD)描述温度分辨率。

2. 调制传递函数(MTF)

传递函数是线性系统理论中的概念,它适合分析各种线性的、空间不变的和稳定的系统对信号的响应。热成像系统是由一系列具有一定空间或时间频率特性的分系统组合而成。根据线性不变的理论,逐个求出各个分系统的频率特性或传递函数,它们的乘积就是整个热成像系统的传递函数。各分系统主要有光学系统、探测器、电子线路、显示器及人眼等。下面讨论最简单的情况。

1)光学系统的调制传递函数(MTF)

光学系统的调制传递函数主要受衍射和像差的影响。

衍射限光学系统的传递函数取决于波长及孔径的形式。对于圆形孔径,衍射限下的传递函数为

$$\mathrm{MTF}_o = \frac{2}{\pi}\left\{\cos\left(\frac{f}{f_c}\right) - \left(\frac{f}{f_c}\right)\left[1 - \left(\frac{f}{f_c}\right)^2\right]^{\frac{1}{2}}\right\}, \quad f < f_c \tag{11-3-1}$$

式中,f_c为非相干光学系统的空间截止频率;$f_c = D/\lambda$,D为光学系统的入瞳直径(mm),λ为非相干光波长(μm),f为空间频率。

非衍射限光学系统中,由像差引起的弥散圆的能量分布为高斯分布,具有圆对称形式:

$$\mathrm{MTF}_g = \exp\left(-2\pi^2\sigma^2 f^2\right) \tag{11-3-2}$$

式中,σ为像差引起弥散圆能量分布的标准偏差。

2)探测器的MTF_d

对光机扫描单元探测器来讲,若单元探测器面积为$a \times b$的矩形,空间张角为α、β,

其响应函数为矩形复式函数 $ct(x/\alpha)\cdot ct(y/\beta)$，傅里叶变换为空间频率 f_x、f_y 分离的归一化 sinc 函数的积，则用滤波方法去除新生边带，消除垂直方向的取样效应后，其传递函数为

$$\text{MTF}_{ds} = \frac{\sin(\pi\alpha f_x)}{\pi\alpha f_x} \cdot \frac{\sin(\pi\beta f_y)}{\pi\beta f_y} = \sin c(\alpha f_x) \cdot \sin c(\beta f_y) \tag{11-3-3}$$

对 CCD 成像器件来讲，引起其 MTF 下降的因素有三个：光敏单元的几何尺寸、转移损失率和光敏单元之间的光串扰，CCD 成像器件总的调制传递函数应是这三部分的积。大多数情况下仅考虑光敏单元几何尺寸的影响，在辐照度谱与新生边带不发生混叠，且进行滤波后，可得到其传递函数的表达式：

$$\text{MTF}_{dc} = \left[\frac{\sin(\pi\alpha f_x)}{\pi\alpha f_x}\right]^2 \cdot \left[\frac{\sin(\pi\beta f_y)}{\pi\beta f_y}\right]^2 = \sin c^2(\alpha f_x) \cdot \sin c^2(\beta f_y) \tag{11-3-4}$$

式中，α、β 为光敏单元的空间张角。

3）电子线路的 MTF_e

电子线路的 MTF_e 根据所采用的电路的不同而组成不同，最常用的是低通电路和高通电路。

低通电路（低通滤波器）在空间频率域的传递函数为

$$\text{MTF}_{e1} = \frac{1}{\left[1+(f/f_0)^2\right]^{\frac{1}{2}}} \tag{11-3-5}$$

式中，f 为时间频率（Hz）；f_0 为低通滤波器的 3dB 频率（Hz）。

同理，高通电路（高通滤波器）在空间频率域的传递函数为

$$\text{MTF}_{e2} = \frac{f/f_0}{\left[1+(f/f_0)^2\right]^{\frac{1}{2}}} \tag{11-3-6}$$

式中，f_0 为高通滤波器在空间频率域的 3dB 频率。

4）显示器的 MTF_m

以 CRT 为例介绍显示器的传递函数。通常认为 CRT 上光点亮度分布是高斯分布，所以传递函数为

$$\text{MTF}_m = \exp(-2\pi^2\sigma^2 f^2) \tag{11-3-7}$$

式中，f 为空间频率；σ 为显示器光点分布的标准偏差。分别代入 x 方向和 y 方向的 σ_x 和 σ_y 就可描述相应方向上的传递函数。

5）大气扰动的 MTF_{om}

一般认为，单纯的随机扰动可以用图像位置概率密度函数的傅氏变换来描述，具有高斯型调制传递函数形式，即

$$\text{MTF}_{\text{om}} = \exp\left(-2\pi^2\sigma_\theta^2 f^2\right) \tag{11-3-8}$$

式中，f 为空间频率；σ_θ 为随机扰动在归一化空间的角振幅标准差。分别代入 x 方向和 y 方向的 $\sigma_{\theta x}$ 和 $\sigma_{\theta y}$ 就可描述相应方向上的传递函数。

6）人眼的 MTF_{eye}

红外成像系统探测的红外辐射图像需要在显示器上输出，最后由人眼观察并由人脑做出相应判断和决策，故在性能模型中必须考虑人眼的传递特性。人眼可以看作是一个很好的滤波器，并且随光照等级具有非线性性质。一种简化模式的人眼传递函数为

$$\text{MTF}_{\text{eye}} = \exp\left(-Kf / \varGamma\right) \tag{11-3-9}$$

式中，$\varGamma$ 为系统角放大率；K 是由显示屏亮度 L 所确定的人眼响应特征系数。

7）系统的传递函数 MTF

红外成像系统总的传递函数为各分系统传递函数的乘积，即

$$\text{MTF} = \text{MTF}_{\text{o}} \cdot \text{MTF}_{\text{d}} \cdot \text{MTF}_{\text{e}} \cdot \text{MTF}_{\text{m}} \cdot \text{MTF}_{\text{om}} \cdot \text{MTF}_{\text{eye}} \tag{11-3-10}$$

3. 噪声等效温差（NETD）

噪声等效温差是指热成像系统的基准电子滤波器的输出信号等于系统均方根噪声时，目标与背景之间的温差。NETD 是表征红外成像系统受客观信噪比限制的温度分辨率的一种量度。

当探测器或使用的光谱范围为 $\lambda_1 \sim \lambda_2$ 时，NETD 的基本表达式为

$$\text{NETD} = \frac{\pi^{3/2} f' \sqrt{W_H W_V \dot{F}}}{2\sqrt{\eta}\,\alpha\beta A_{\text{o}} \int_{\lambda_1}^{\lambda_2} \tau(\lambda) D^*(\lambda) \dfrac{\partial M_\lambda(T)}{\partial T}\,\mathrm{d}\lambda} \tag{11-3-11}$$

式中，f' 是光学系统的焦距；W_H 和 W_V 是水平和垂直观察视场角；$\dot{F}$ 是帧速；η 是扫描效率；α、β 是瞬时视场角；A_o 是入瞳面积；$\tau(\lambda)$ 是光学系统的光谱透过率；$D^*(\lambda)$ 是探测器的比探测度（归一化探测度）；$M_\lambda(T)$ 是目标的光谱辐射出射度。

NETD、$\dot{F}$ 和 $\alpha\beta$ 是表征一个红外成像系统性能的三个特征参数，分别反映了系统的温度分辨率、传递速率和空间分辨率，但是在性能要求上是相互矛盾的，即相互制约。NETD 作为系统性能的综合量度也有一些不足：

（1）NETD 反映的是客观信噪比限制的温度分辨率，没有考虑视觉特性的影响。

（2）单纯追求低的 NETD 值并不意味着一定有很好的系统性能。

（3）NETD 反映的是系统对低频景物（均匀大目标）的温度分辨率，不能表征系统用于观测较高空间频率景物时的温度分辨性能。

因此，NETD 作为系统性能的综合量度是有局限性的。但是具有概念明确、测量容易的优点，目前仍在广泛采用，尤其在系统设计阶段，采用 NETD 作为对系统诸参数进行选择的权衡标准是有用的。

4. 最小可分辨温差(MRTD)

在热成像系统中，MRTD 是综合评价系统温度分辨力和空间分辨力的主要参数，它不仅包括了系统的特性，也包括了观察者的主观因素。其定义为：对具有某一空间频率的四个条带(每一条带长宽比为 7：1)标准图案目标(图 11-12)，通过热成像系统，由观察者在显示屏上作无限长时间的观察，从目标与背景(条带与衬底)的温差由零逐渐增大到观察者刚能分辨出条带图案为止，此时的温差叫作该组目标空间频率下的最小可分辨温差。当目标图案的空间频率 f 变化时，构成最小可分辨温度的函数关系，得到 $\mathrm{MRTD}(f)$ 曲线，如图 11-13 所示。

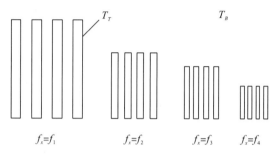

图 11-12　MRTD 测试用标准图案

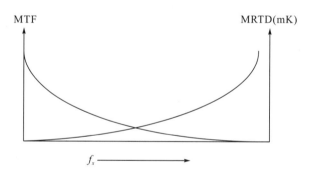

图 11-13　MRTD 与 MTF 随空间频率的变化

11.3.4　红外成像探测技术

可见光成像系统显示的图像可以直接由人眼观看，也可以通过可见光电视系统转变为视频信号，呈现在电视屏幕上观看。但是，红外成像系统显示的红外辐射分布图像是人眼无法看到的，必须将它转变为电信号或视频信号以后，再通过其他方法显示出来。完成红外辐射分布图转变为电信号或视频信号的物理过程，称为红外成像探测。

红外成像探测主要可以分为扫描型和非扫描型两类。非扫描型成像探测是将红外光学系统呈现的红外辐射分布图内的红外辐射能量平均值转换为相应的电信号。

为将红外辐射分布图像转换成相应的可见光辐射分布图像，必须使用扫描型红外成像探测。对红外辐射分布图像的扫描可以采用光学扫描的方式，也可以采用电子扫描的方式。军事领域中的红外前视系统和红外诊断系统中的红外热电视，都是使用扫描型红外成像探测。此外，根据需要可以在红外扫描成像系统中采用各种光电探测器或热电探测器。

图 11-14 给出了一个最简单的热成像系统的工作原理。

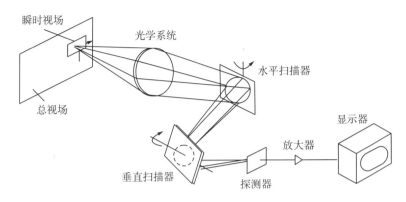

图 11-14　扫描式红外成像系统原理示意图

　　光学系统将景物发射的红外辐射收集起来，经过光谱滤波之后，将景物的辐射通量分布会聚成像到光学系统焦面上，即探测器光敏面上。光机扫描器包括两个扫描振镜，一个作垂直扫描，一个作水平扫描。扫描器位于聚焦光学系统和探测器之间，当扫描器工作时，从景物到达探测器的光束随之移动，在物空间扫出像电视一样的光栅。当扫描器以电视光栅形式将探测器扫过景物时，探测器逐点接收景物的辐射并转换成相应的电信号。或者说，光机扫描器构成的景物图像依次扫过探测器，探测器依次把景物各部分的红外辐射转换成电信号，经过视频处理的信号，在同步扫描的显示器上显示出景物的热图像。图 11-15 给出了热像仪的典型图像，从图 11-15(b) 中可以明显看出隐藏在丛林中的人。

(a) 可见光成像图像　　　　　　　　　　(b) 红外热成像图像

图 11-15　红外热像仪的成像示例

11.3.5　热像仪及其发展

　　红外热像仪是利用红外探测器、光学成像物镜和光机扫描系统(目前先进的焦平面技术省去了光机扫描系统)接收被测目标的红外辐射能量分布图形并反映到红外探测器的光敏元上，在光学系统和红外探测器之间，有一个光机扫描机构(焦平面热像仪无此机构)对被测物体的红外热像进行扫描，并聚焦在单元或分光探测器上，由探测器将红外辐射能转换成电信号，经放大处理、转换或标准视频信号通过电视屏或监测器显示红外热像图。

这种热像图与物体表面的热分布场相对应；实质上是被测目标物体各部分红外辐射的热像分布图。由于信号非常弱，与可见光图像相比，缺少层次和立体感，因此，在实际动作过程中为更有效地判断被测目标的红外热分布场，常采用一些辅助措施来增加仪器的实用功能，如图像亮度、对比度的控制，实标校正，伪色彩描绘等技术。

在第二次世界大战中，德国人用红外变像管作为光电转换器件，研制出了主动式夜视仪和红外通信设备，为红外技术的发展奠定了基础。

第二次世界大战后，首先由美国德克萨兰仪器公司经过近一年的探索，开发研制的第一代用于军事领域的红外成像装置，称为红外巡视系统(FLIR)，它是利用光学机械系统对被测目标的红外辐射扫描。由光子探测器接收二维红外辐射图像，经光电转换及一系列仪器处理，形成视频图像信号。这种系统、原始的形式是一种非实时的自动温度分布记录仪，后来随着 20 世纪 50 年代锑化铟和锗掺汞光子探测器的发展，才开始出现高速扫描及实时显示目标热图像的系统。图 11-16 给出了红外热像仪在光电成像跟踪中的应用。

  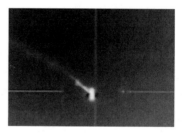

(a) 搜索目标　　　(b) 跟踪目标　　　(c) 命中目标

图 11-16　红外热像仪在光电成像跟踪中的应用

20 世纪 60 年代早期，瑞典 AGA 公司研制成功了第二代红外成像装置，它是在红外巡视系统的基础上增加了测温的功能，称为红外热像仪。

开始由于保密的原因，在发达的国家中也仅限于军用，投入应用的热成像装置可在黑夜或浓厚幕云雾中探测对方的目标，探测伪装的目标和高速运动的目标。由于有国家经费的支撑，投入的研制开发费用很大，仪器的成本也很高。以后考虑到在工业生产发展中的实用性，结合工业红外探测的特点，采取压缩仪器造价。降低生产成本并根据民用的要求，通过减小扫描速度来提高图像分辨率等措施逐渐发展到民用领域。

20 世纪 60 年代中期，AGA 公司研制出第一套工业用的实时成像系统(THV)，该系统由液氮致冷，110V 电源电压供电，重约 35kg，因此使用中便携性很差，经过对仪器的几代改进，1986 年研制的红外热像仪已无须液氮或高压气，而以热电方式致冷，可用电池供电；1988 年推出的全功能热像仪，将温度的测量、修改、分析、图像采集、存储合于一体，重量小于 7kg，仪器的功能、精度和可靠性都得到了显著的提高。

20 世纪 90 年代中期，美国 FSI 公司首先研制成功由军用技术转民用并商品化的新一红外热像仪(属焦平面阵列式结构的一种凝视成像装置)，技术功能更加先进，现场测温时只需对准目标摄取图像，并将上述信息存储到机内的 PC 卡上，即完成全部操作，各种参数的设定可回到室内用软件进行修改和分析数据，最后直接得出检测报告，由于技术的改进和结构的改变，取代了复杂的机械扫描，仪器重量已小于 2kg，使用中如同手持摄像机一样，单手即可方便地操作。

红外热像仪在世界经济的发展中正发挥着举足轻重的作用。如今，红外热成像系统已经在电力、消防、石油石化以及医疗等领域得到了广泛应用。图 11-17 为在电力、石化等各种检测中的应用。

图 11-17 红外热像仪应用

红外热像仪一般分为扫描成像系统和非扫描成像系统。扫描成像系统采用单元或多元（元数有 8、10、16、23、48、55、60、120、180，甚至更多）光电导或光伏红外探测器，用单元探测器时速度慢，主要是帧幅响应的时间不够快，多元阵列探测器可做成高速实时热像仪。非扫描成像型热像仪，如近几年推出的阵列式凝视成像的焦平面热像仪，属新一代的热成像装置，在性能上大大优于光机扫描式热像仪，已经逐步取代光机扫描式热像仪。其关键技术是探测器由单片集成电路组成，被测目标的整个视野都聚焦在上面，并且图像更加清晰，使用更加方便，仪器非常小巧轻便，同时具有自动调焦图像冻结，连续放大，点温、线温、等温和语音注释图像等功能。

11.4 微光成像技术

微光成像技术致力于探索夜间和其他低光照度时目标图像信息的获取、转换、增强、记录和显示，它在时间域、空间域和频率域有效扩展了人眼视觉的感知能力。

就时间域而言，它克服"夜盲"障碍，使人们在夜晚也能行动自如；就空间域而言，它使人眼在低光照空间（如地下室、隧道、山洞）仍能实现正常视觉；就频率域而言，它把视觉频段向长波区延伸，使人眼视觉在近红外区仍然有效。

11.4.1 夜天辐射

即使在"漆黑的夜晚"天空仍然充满了光线，这就是所谓的"夜天辐射"。只是其光度太弱，低于人眼视觉阈值，不足以引起人眼的视觉感知。微光夜视技术，就是要把这种微弱光辐射增强至正常视觉所要求的程度。

　　夜天辐射来自太阳、地球、月球、星球、云层、大气层等辐射源。

　　太阳直径约1391200km，它每时每刻都在向宇宙空间辐射巨大的能量。由于大气的吸收和散射，太阳辐射中至地球表面的能量，绝大多数集中在$0.3\sim3\mu m$光谱区，如图11-18所示。在地球上，太阳不仅是白昼的光源，对夜天辐射也有着极大影响。

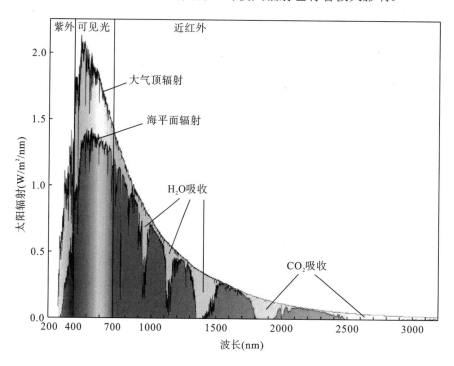

图11-18　大气顶及到达海面的太阳辐射强度

　　来自月球的辐射包括两部分：一是反射的太阳辐射；二是其自身的辐射。前者是夜间地面光照的主要来源，其光谱分布与太阳光十分相似，峰值约在$0.5\mu m$。

　　地球的辐射也有两部分：一部分是反射的阳光，峰值约在$0.5\mu m$波长附近；二是其自身的辐射，峰值波长约为$10\mu m$。夜间，前者几乎观测不到，后者占主导地位。

　　星球辐射对地面照度也有贡献，不过较前面几种辐射源而言，这份贡献份额不大。例如，在晴朗的夜晚，星球在地面产生的照度约为2.2×10^{-4}lx，相当于无月夜空实际光量的$1/4$左右。而且，这种辐射还随时间和星球在天空的位置不断变化。通常所说的星等是以在地球大气层外所接收到的星光辐射照度来衡量的。"星等"数字越小，此照度越大，星体也就越亮。比零等星还亮的星，其星等是负数，并且星等不一定是整数，如太阳的星等是-26.73。

　　大气辉光产生在地球上空约$70\sim100$km高度的大气层中，是夜天辐射的重要组成部分，约占无月夜天光的40%。大气辉光的强度受纬度、地磁场和太阳扰动的影响。

　　微光光电成像系统的工作条件就是环境照度低于10^{-1}lx。

11.4.2 微光像增器件

微光光电成像系统的核心部分是微光像增强器件。其作用是把微弱的光图像增强到足够的亮度，以便人们用肉眼进行观察。传统的微光像增强器件是电真空类型的微光像增强器(增像管)，微光 CCD 摄像器件则是新一代微光像增强器件。

增像管是一种电真空直接成像器件，一般由光阴极、电子光学系统和荧光屏组成。在工作时，光电阴极把输入到它上面的微弱光辐射图像转换为电子图像，电子光学系统将电子图像传递到荧光屏，在传递过程中增强电子能量并完成电子图像几何尺寸的缩放，荧光屏完成电光转换，即将电子图像转换为可见光图像，图像的亮度已被增强到足以引起人眼视觉，在夜间或低照度下可以直接进行观察。自 20 世纪 60 年代欧美等国开始研制增像管以来，经历了三次技术创新，相应的增像管被称为一代、二代和三代管。一代管以三级级联增强技术为特征，增益高达几万倍，但体积大，重量重；二代管以微通道板(microchannel plate，MCP)增强技术为特征，体积小，重量轻，但夜视距离无明显突破；三代管则采用了负电子亲和势(negative electron affinity，NEA)GaAs 光电阴极，使夜视距离提高 1.5～2 倍以上。

由于 CCD 阵列各单元的暗电流较大(一般为 $10\mathrm{Na\cdot cm^{-2}}$)，加之均匀性较差，通常不宜直接用于微光摄像。对 CCD 器件采取一定的技术措施，就可以将其应用于微光摄像中。常用的措施包括制冷、图像增强、电子轰击增强和体内沟道传输等。

(1)制冷 CCD。对 CCD 制冷可以明显降低其内部噪声，从而使之适于在微光条件下使用。目前美国研制的 800×800 元面阵 CCD 在冷却至-100℃时，每个像素的读出噪声约为 15 个电子，这就可以在 $100^{-3}\mathrm{lx}$ 照度条件下摄像(需要低噪声输出电路与之匹配)。

(2)图像增强 CCD。传统的微光摄像系统是将光图像聚焦在像增强器的光阴极上，再经像增强器增强后耦合到 CCD 上实现微光摄像(intensified CCD，ICCD)。最好的 ICCD 是将像增强器荧光屏上产生的可见光图像通过光纤光锥直接耦合到普通 CCD 芯片上，如图 11-19 所示，其中 a 为入射光；b 为像增强器；c 为组合透镜；d 为 CCD；e 为快门；f 为电池；g 为 TTL 门控。像增强器内光子-电子的多次转换过程使图像质量受到损失，光锥中光纤光栅干涉波纹、折断和耦合损失都将使 ICCD 输出噪声增加，对比度下降及动态范围减小，影响成像质量。ICCD 中所用的像增强器可以是一代、二代或三代器件。

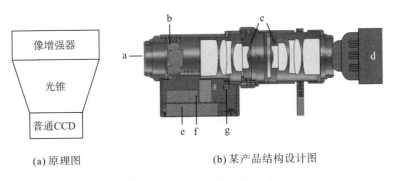

(a) 原理图　　　　　(b) 某产品结构设计图

图 11-19　ICCD 结构示意图

(3) 电子轰击增强 CCD。电子轰击增强 CCD 以 CCD 面阵取代像增强器的荧光屏，接受加速电子的轰击，达到"增强"的目的。电子轰击增强 CCD 采用电子从"光阴极"直接射入 CCD 基体的成像方法，简化了光子被多次转换的过程，信噪比大大提高。与 ICCD 相比，电子轰击型 CCD 具有体积小、重量轻、可靠性高、分辨率高及对比度好的优点。

11.4.3 微光夜视仪概述

微光夜视仪是以像增强器为核心部件的微光夜视器材，它能使人们在极低照度（10^{-5} lx）条件下有效地获取景物图像信息。

微光夜视仪包括四个部件：强光力物镜、像增强器、目镜和电源。微弱自然光经由目标表面反射，进入夜视仪；在强光力物镜作用下聚焦于像增强器的光阴极面，激发出光电子；光电子在像增强器内部电子光学系统的作用下被加速、聚焦、成像，以极高速度轰击像增强器的荧光屏，激发出足够强的可见光，从而把一个被微弱自然光照明的远方目标变成适于人眼观察的可见光图像，经过目镜的进一步放大，实现更有效的目视观察，如图 11-20 所示。

图 11-20　微光夜视仪图像

通常按所用像增强器的类型对微光夜视仪分类。第一、二、三代微光夜视仪分别采用级联式像增强器、带微通道板的像增强器、带负电子亲和势光阴极的像增强器。

第一代夜视仪的缺点是有明显的余晖，在光照较强时伴有图像模糊，重量较大，体积显得较笨，分辨率不高，大有被第二、三代产品取代的趋势。第二代微光夜视仪发展很快，目前使用的微通道板像增强器与三级级联式第一代像增强器水平相当，但体积和重量却大为减小，同时，第二代微光夜视仪成像畸变小，空间分辨率高，图像可视性好。第三代微光夜视仪具有强大的性能优势，它的光谱响应波段宽，而且明显向长波区延伸，能更有效地利用夜天辐射特性，像增强器的分辨力和系统的视距都比第二代微光夜视仪有明显提高。但第三代微光夜视仪工艺复杂，造价昂贵。

目前，美军现役的微光夜视仪种类繁多，大都是建立在第三、四代管微光夜视技术的基础之上。近年来，美军正在研发第五代高清的全彩色微光夜视仪，典型的 X27 夜视仪产品可以把夜晚变成白天，还原白天色彩的同时，还支持高清画质的输出，让士兵在夜晚也能看到如同白天一样的景象。

11.4.4　主动红外夜视仪

主动红外夜视仪用红外光束照射目标，将目标反射的近红外辐射转换为可见光图像，实现有效的"夜视"，它工作在近红外区。

主动红外夜视仪一般由五部分组成：红外光源（探照灯或 LED 阵列）、物镜、红外变像管、高压电源和目镜，如图 11-21 所示。

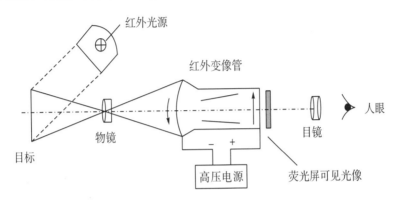

图 11-21　主动红外夜视仪工作原理

红外探照灯发出一束近红外光照射目标；目标将其反射，有一部分进入红外物镜，经物镜聚焦，成像于红外变像管的光电阴极上。由于光电阴极的外光电效应，把红外光学图像变成相应的光电子图像，再通过变像管中的电子光学系统，使光电子加速、聚焦和成像，以密集、高速的电子束流轰击变像管的荧光屏，在荧光屏上形成可见光图像，人眼借助目镜进行观察。

主动红外夜视仪自带照明光源，工作不受环境照度条件的限制，即使在完全黑暗的场合，它也能正常使用。同时，若使探照灯以小口径光束照射目标，就可在视场中充分突出目标的形貌特征，以更高的对比度获得清晰的图像。图 11-22 为某军用主动夜视仪获得的图像。

图 11-22　主动红外夜视仪拍摄图

另外，主动红外夜视仪技术难度较低，成本低廉，维护、使用简单，容易推广，图像质量较好。主动红外夜视仪最大的缺点是容易暴露自己，另外，其观察范围只局限于被照明的区域，视距还受探照灯尺寸和功率的限制。随着被动式红外探测器的发展，主动式红外夜视仪的使用范围已逐渐萎缩。

11.4.5　红外与微光的探测性能对比

由于工作原理不同，红外热成像和微光成像各有利弊。

(1)红外热成像系统不像微光夜视仪那样借助夜光，而是靠目标和背景的辐射产生景物图像，因此红外热成像系统能 24 小时全天候工作。

(2)红外辐射比微光的光辐射具有更强的穿透雾、雨、雪的能力，因此红外热成像系统的作用距离更远。

(3)红外热成像能透过伪装，探测出隐蔽的热目标。

(4)微光夜视仪图像清晰、体积小、重量轻、价格低、使用和维修方便，不易被电子侦察和干扰，应用范围广。

总的说来，红外技术具有一定的优势。可见光的存在是有条件的，而任何物体都是红外源，都在不停地辐射红外线，所以红外技术的应用无处不在。随着计算机技术的不断发展，很多红外热成像系统都配备完整的软件系统实现图像处理，使图像质量大为改善。因此，在远距离夜视方面，红外热像仪的作用更为突出。

热像仪的温度分辨力很高(10～100mK)，使观察者容易发现目标的蛛丝马迹。它工作于中、远红外波段，使之具有更好的穿透雨、雪、雾和常规烟雾的能力；它不怕强光干扰，昼夜可用；由于在大气中受散射影响小，具有更远的工作距离。热像仪输出的视频信号可用多种方式显示(黑白图像、伪彩色图像、数字矩阵等)，可以很方便地在计算机上进行存储、处理和传输。只是当前热像仪技术难度较高，价格昂贵。

微光成像系统与主动红外成像系统相比最主要的优点是不用人工照明，而是靠夜天自然光照朗景物，以被动方式工作，自身隐蔽性好。从目前发展看，工艺成熟，造价较低，构造简单，体积小，重量轻，耗电省且像质也较好。但由于系统工作时只靠夜天光照明而受自然照度影响大。

随着数据融合技术的不断发展，微光图像与红外图像的融合也成为当前研究的热点。微光图像对比度差，灰度级有限，瞬间动态范围差，只敏感于目标场景的反射，与目标场景的热对比无关。而红外图像的对比度差，动态范围大，但其只敏感于目标场景的辐射，对场景的亮度变化不敏感。如果能综合二者的优势进行互补，能增强场景理解、突出目标、有利于在隐藏、伪装和迷惑的军用背景下更快更精确的探测目标。

11.5　光　电　对　抗

"电子战"是敌对双方在电磁频谱领域内的斗争，是现代战争的重要形式。按作战对象所属的技术领域，电子战包括通信对抗、雷达对抗、光电对抗、计算机对抗。毫无疑问，电子战的内涵会随着军事斗争及电子技术的发展不断扩展。

电子战最早用于军事，是在使用无线电通信以后，突出战例是 1905 年 5 月的日俄战争。战前，日方应用无线电侦察设备截获俄方的无线电通信情报，掌握了战争的主动权，使俄军惨败，从现在的观念看来，当时的电子战集中表现在无线电通信领域，属于"通信对抗"。第一次世界大战期间，无线电台批量装备部队，有力地推动了电子战的发展。在第二次世界大战期间，雷达成为防空探测和火力控制的得力手段，因此，抗御雷达成为那一时期电子战的主要内容，即"雷达对抗"。在 1965 年至 1975 年的越南战争和第三、四次中东战争期间，特别是 1991 年的第一次海湾战争与 2003 年的第二次海湾战争，精确制导武器成为重要军事目标(如指挥中心、机场、桥梁、导弹阵地等)和主战武器平台(飞机、军舰、坦克等)的克星。尤其是光电制导武器异军突起，常常成为战争舞台上的明星。因此，在雷达对抗继续发展的同时，"光电对抗"迅速成长，掀起了电子战发展进程中的第二次高潮。

光电对抗是敌对双方在光波频谱区的争斗。其宗旨是削弱敌方光电装备的作战效能，甚至对它造成破坏，同时保护己方有效地使用光波信息。

按照作战对象所利用的信息光波属性，常把光电对抗划分为激光对抗、红外对抗和可见光对抗；根据己方装备的工作性质，又可以把光电对抗分为光电侦察告警、光电干扰和光电防御。

光电侦察告警指运用光电技术手段，对敌方光辐射或光散射源进行探测、搜索、定位、辨识及运动参数测定，并即可确认威胁程度。光电干扰指以特定手段破坏敌方对光信息的利用，降低其光电装备的使用效能，并保护己方的所有作战行为。它可以分为有源干扰和无源干扰两类。有源干扰即主动干扰，它以己方装备发射与敌方光电装备相应的光波，或者转发敌方装备发射的信息光波，对敌光电装备实施压制或欺骗。无源干扰属被动干扰，它以特定手段堵塞敌方光电装备的光信息通道，或者是假隐真使敌方光电装备受骗，从而保护自己。光电防御是指破坏敌方的光电侦察、光电干扰效果和保护自己而采取的所有战术技术措施。

11.5.1 光电侦察告警

光电侦察告警技术包含激光侦察告警、红外侦察告警、紫外侦察告警和复合侦察告警等技术。

1. 激光侦察告警技术

激光侦察告警是以激光为载体，发现敌方光电设备、获取其情报并及时报警的军事行为。实施激光侦察告警功能的装备叫激光告警侦察器。如果上述作为信息载体的激光是由我方发射，称为主动方式；若是由敌方发射，则称为被动方式。激光侦察告警具有许多优势，如探测概率高、虚警率低、反应时间短、动态范围大、覆盖空间域广，能测定所有可能的军用激光波长，且体积小、价格便宜。激光侦察告警器的战术技术性能指标包括以下几种：

(1)告警距离(或作用距离)：当告警器刚好能确认存在威胁时，威胁源至被保护目标的最大距离。

(2)探测概率：当威胁源位于告警器视场内时，告警器能对其正确探测并发出警报的概率。

(3) 虚警与虚警率：虚警指事实上不存在威胁而告警器误认为有威胁并发出警报的概率。

(4) 覆盖空间域（或视场角）：告警器能有效侦测威胁源并告警的角度范围。

(5) 角分辨力：告警器恰能区分两个同样威胁源的最小角间距。

2. 红外侦察告警技术

利用红外传感器探测目标本身的红外辐射，进行分析处理，依据辐射特征和预设数据库判别目标类型，确定其方位并报警，这就是红外侦察告警。其工作对象主要是敌方来袭导弹、飞机或其他重要威胁源。

目前的红外侦察告警装备多采用被动式工作方式，但也有附带红外照明装置以构成主动式系统者。红外侦察告警技术的优点很多，例如，能准确判定目标方位角（精度为 $0.1\sim$ 1mrad）[①]；能方便处理多个目标；除告警外，还能监视、跟踪、搜索，能方便地与火控系统联合使用；采用被动探测方式，隐蔽、安全。

红外侦察告警系统必须把目标从背景中检测出来，它提取目标的机理可以依据目标的瞬时光谱特征，或依据目标辐射的时间特征，而利用图像特征提取目标是迄今为止最可靠的方式。

目标的红外图像不仅包含了其红外辐射强度信息，还能直观地展现它的几何形体，拥有更多的信息量。结合先进的图像处理方法，能准确地识别目标、提取运动参数、预测运动轨迹。对于侦察告警系统在刚捕获目标时，由于距离较远，目标的图像通常只占据几个像素，且目标的红外辐射强度也很低。相比之下，背景占据了图像的大部分面积，且辐射可能较强，还有大量的噪声和背景杂波的干扰。如何在这种低对比度、低信噪比的图像中实时检测出目标就成为首要难题。这就是所谓的弱小目标检测问题。

3. 紫外侦察告警技术

紫外光波长为 $10\sim400$nm，自然界中太阳是最大的紫外辐射源，太阳辐射的紫外光要到达近地低空地面则要受大气层的强烈作用。大气层影响紫外光在近地低空分布比较大的因素是氧气分子的吸收和臭氧分子的吸收。太阳光紫外辐射在通过大气层以后呈以下特点：

(1) 高空大气层中的氧气强烈吸收波长小于 200nm 的紫外线。

(2) 对流层上部平流层中的臭氧分子对 $200\sim280$nm 的紫外线有强烈的吸收作用，因而太阳辐射的紫外线在近地大气中这一波段几乎不存在，这就是"日盲区"。

(3) 太阳辐射中的近紫外成分（$300\sim400$nm）通过地球大气层较多，因此被该波段称为大气的"紫外窗口"。由于紫外辐射在大气层中传播时强烈的散射作用，所以近大地大气中的紫外辐射是均匀分布的。

军用紫外光学技术大多是建立在近地大气中的"日盲区"和大气层中的"紫外窗口"基础上的。在主动式应用方面，紫外通信系统工作于"日盲区"波段，信号在此波段内传输几乎不存在大气背景噪声干扰的问题。在被动式应用方面，由于来袭的敌机或导弹尾焰中的紫外辐射会在工作于"日盲"波段的紫外监视系统上形成"亮点"；而在近紫外波段，

---

① mrad 角度单位，一般用作空间分辨率单位。1mrad＝0.001 弧度＝0.0573°。

近地面的军事目标(如直升机等)改变了大气散射的紫外光分布,因而会在均匀的紫外辐射背景上形成一个"暗点",利用上述的"亮点"、"暗点",就有可能完成告警或跟踪制导等任务。在卫星紫外预警方面,由于地球上紫外辐射较小,同时高空 20km 左右的臭氧层对紫外光谱有强烈的吸收作用,因此为卫星紫外预警提供了很干净的背景。

紫外侦察告警系统在中紫外波段(200~280nm)工作。由于"日盲区"的存在,使得该波段的紫外探测系统有效地避开了自然光所造成的复杂背景,剔除了一个最棘手的干扰源,使虚警显著减少,从而大大减少了侦察告警系统的信号处理难度和工作量。

第一代紫外侦察告警系统以单阳极光电倍增管为探测器件,具有体积小、重量轻、低虚警、低功耗的优点。但存在角分辨率低、灵敏度不高等缺点。告警器的探测头主要由光学整流罩、滤光片、光电倍增管及其高压电源和辅助电路组成。系统采用量子检测手段,信噪比高且便于数据处理,同时它在充分利用目标光谱辐射特性、运动特性、时间特性等的基础上,采用数字滤波、模式识别、自适应阈值处理等算法,降低虚警,提高系统灵敏度。

第二代紫外侦察告警系统是成像型告警器,它以面阵器件为核心探测器,角分辨率高、探测能力强、能对导弹进行分类识别,并能引导定向红外对抗光束,具有优异的技术性能。成像型告警器的光学系统以大视场、大孔径对空间紫外信息进行接收,探测器采用 256×256、512×512、1024×1024 等像素的面阵器件,实现光电图像的增强、耦合、转换。紫外探测头把各自视场内空间特定波长紫外辐射光子(包括目标、背景)图像经光电转换后形成光电图像,经计算机处理后作出有无导弹威胁的判决,并能将威胁导弹以点源的形式表征在图像上,通过计算图像位置,得出空间的相应位置,并能粗略的进行距离估算。

同红外告警相比,紫外告警具有虚警低,不需低温冷却,不扫描、告警器体积小、重量轻等优点,目前正以其独特的优势迅猛发展。

4. 复合侦察告警技术

如果能把两种或多种侦察告警思想融合,运用多光谱信息融合技术,功能互补,优化配置,定能达到提高总体作战效能的目的。这就是正飞速发展的复合光电侦察告警技术。

复合侦察告警技术具有显著的优势,它能利用不同波段获得的信息,使被利用的信息量明显增加,提高决策的可靠性。

11.5.2　光电干扰及装备

光电干扰是通过光电手段对敌方光电武器设备实施干扰的技术,可削弱、压制、扰乱其作战能力,甚至使其致盲。光电干扰分为红外有源干扰与红外无源干扰两种。

1)红外有源干扰

红外有源干扰主要有红外干扰弹(诱饵弹)、红外干扰机和喷油燃烧技术。

红外干扰弹也称红外曳光弹,具有与被保护目标相似的红外频谱特征,是造成假目标的有源红外干扰器材。可从地面、飞机或舰艇上发射,诱骗空地、空空、地空或反舰导弹等,使其脱离对目标的跟踪,从而达到保护目标的目的。

红外干扰机通常被分为欺骗式和压制式两类。欺骗式红外干扰机发射与被保护对象红外特征相似的调制红外辐射，使对方红外跟踪和制导装备产生错误信号而不能正常工作，其辐射量一般较低。压制式红外干扰机发射较强的红外辐射能，使对方红外传感器饱和或工作于非线性区，因而不能生成正确的目标信号，甚至损毁对方的红外传感器。

喷油燃烧技术也称"热砖"干扰，当发现被敌方导弹跟踪时，飞机发动机附近抛射出罐燃料，延迟一段时间后开始燃烧。燃烧产生的红外辐射与飞机发动机尾焰的红外特征相似，从而牵引红外导引头跟踪，造成来袭导弹脱靶。目前国外成型燃烧技术研究已成热点，主要是在中长波段模拟目标的形状，以达到有效干扰红外导弹的目的。

2) 红外无源干扰

红外无源干扰技术主要有烟幕干扰技术，其本质是向空中施放大量气溶胶微粒，强烈衰减信息光波振幅并歪曲其波面形状，使对方光电设备不能获取足量的正确信息而无法正常工作，或强烈散射信息光波，形成假目标，使敌光电装备判断失误而无战斗力。烟幕的消光光谱可覆盖可见光、红外及毫米波。依据其成因，烟雾有升华型、蒸发型、爆炸型和喷洒型四种。

升华型烟雾是基于发烟剂中可燃性物质的燃烧过程——燃烧放出热量，使发烟剂中成烟物升华，再在大气中冷凝而成烟。

蒸发型烟雾要先把发烟剂经喷嘴雾化，再送至加热器升温并蒸发，形成饱和蒸汽，排放入大气冷凝成雾。

爆炸型烟雾则利用炸药爆炸产生高温高压气体，把发烟剂散布在大气中形成气溶胶或经过燃烧反应而成烟。

喷洒型烟雾通过直接对发烟剂加压而令其通过喷嘴雾化，再吸收空气中的水分成雾或直接形成气溶胶。

11.5.3　光电隐身技术

光电隐身是减少我方重要设备、关键部位、武器装备、参战人员等光学暴露特征的技术，其目的是降低敌方光电设备对我方的作战性能，如减小其发现概率，缩短其作用距离等。光电隐身通常分为普通可见光隐身、红外光隐身及激光隐身。

普通可见光隐身的基本出发点是减少目标在可见光区域的暴露特征，使敌方可见光装备难以发现和识别它们。可见光波段目标的暴露特征主要是与背景的亮度差异、色彩差异和外观形体特征。可见光隐身就是针对这些特征进行的。如迷彩，它是涂敷于目标表面的某些涂料，可以平滑其与背景的亮度及色度差异，使目标与背景浑然一体，难以被发现。

红外隐身的出发点是降低目标在红外光谱区的红外辐射特征。包括降低目标表面温度，缩小目标与背景的温差，从而达到无法被检测的目的；在目标表面涂敷红外发射率很低的涂料，减小目标的红外辐射；在目标表面涂敷几种发射率不同的涂料，形成热红外迷彩图案，歪曲其红外轮廓，造成敌方红外传感器探测和识别的困难；在目标热源部位设置隔热层，降低目标的红外辐射强度。

激光隐身技术的保护对象主要是经常受到激光测距机、激光雷达、激光探测/跟踪装备、激光目标指示器等激光威胁的武器平台(如飞机、坦克和军舰)和重要军事设施(如指挥中心)。基本思想是缩小目标的激光雷达散射截面(laser radar cross section，LRCS)。包括降低目标表面反射系数和减小其相对于入射激光束的有效反射区两个方面，其技术措施有：在目标表面涂敷低反射率涂料降低目标反射系数；目标的外形设计要尽量缩小其几何面积；在目标表面涂以无光泽涂料，制造出激光散斑现象，降低对方激光图像的侦察分辨力。

习题

11.1　简要描述光电成像系统的基本组成和工作原理。

11.2　什么是帧时、帧速？二者之间有什么关系？

11.3　以表面沟道 CCD 为例，简述 CCD 电荷存储、转移、输出的基本原理。CCD 的输出信号有什么特点？

11.4　简述 CCD 与 CMOS 的异同点。

11.5　红外图像和可见光图像分别有什么特点？

11.6　比较红外夜视仪和微光夜视仪的优缺点。

11.7　根据瑞利判据，推导两个像点间能够被分辨的最短距离为 $d = \dfrac{1.22\lambda}{n'D}f'$，并解释成像镜头口径与 d 之间的关系。

11.8　简单说明光电告警与光电隐身之间的关系。

11.9　红外热像仪最重要的指标是什么？这个指标大致范围为多少？

主要参考文献

[1] 安毓英. 光电探测与信号处理[M]. 北京: 科学出版社, 2018.

[2] 白廷柱. 光电成像技术与系统[M]. 北京: 电子工业出版社, 2015.

[3] 陈伯良, 李向阳. 航天红外成像探测器[M]. 北京: 科学出版社, 2016.

[4] 陈海虹. 机器学习原理及应用[M]. 成都: 电子科技大学出版社, 2017.

[5] 陈天华. 数字图像处理及应用: 使用 MATLAB 分析与实现[M]. 北京: 清华大学出版社, 2019.

[6] 程远航. 数字图像处理基础及应用[M]. 北京: 清华大学出版社, 2018.

[7] 邓超. 数字图像处理与模式识别研究[M]. 北京: 地质出版社, 2018.

[8] 丁宇, 李宇海. 智能化光电对抗技术框架发展构想[J]. 光电技术应用, 2018, 33(6): 9-13.

[9] 杜军平, 徐亮, 李清平. 多源运动图像的跨尺度融合研究[M]. 北京: 北京邮电大学出版社, 2018.

[10] 杜军平, 朱素果, 韩鹏程. 跨尺度运动图像的目标检测与跟踪[M]. 北京: 北京邮电大学出版社, 2018.

[11] 甘胜丰, 雷维新, 周成宏. 机器视觉表面缺陷检测技术及其在钢铁工业中的应用[M]. 武汉: 华中科技大学出版社, 2017.

[12] 高阳, 陈松灿. 机器学习及其应用[M]. 北京: 清华大学出版社, 2017.

[13] 韩光. 运动目标检测理论与方法[M]. 北京: 电子工业出版社, 2018.

[14] 韩九强. 机器视觉智能组态软件 XAVIS 及应用[M]. 西安: 西安交通大学出版社, 2018.

[15] 何东健. 数字图像处理(第 3 版)[M]. 西安: 西安电子科技大学出版社, 2018.

[16] 何艳敏, 甘涛, 彭真明. 基于稀疏表示的图像压缩和去噪理论与应用[M]. 成都: 电子科技大学出版社, 2016.

[17] 洪汉玉. 目标探测多谱图像复原方法与应用[M]. 北京: 国防工业出版社, 2017.

[18] 黄斌, 彭真明, 张启衡. 基于增强分形特征的人造目标检测[J]. 光电工程, 2006, 33(10): 45-47

[19] 姜峰. 计算机视觉: 运动分析[M]. 哈尔滨: 哈尔滨工业大学出版社, 2018.

[20] 景亮, 彭真明, 何艳敏, 等. 各向异性 SUSAN 滤波红外弱小目标检测[J]. 强激光与离子束, 2013, 25(9): 2208-2212.

[21] 竺子民. 光电图像处理[M]. 武汉: 华中科技大学出版社, 2000.

[22] 雷明. 机器学习专著原理、算法与应用[M]. 北京: 清华大学出版社, 2019.

[23] 冷雨泉, 张会文, 张伟. 机器学习入门到实战: MATLAB 实践应用[M]. 北京: 清华大学出版社, 2019.

[24] 李达辉. 数字图像处理核心技术及应用[M]. 成都: 电子科技大学出版社, 2019.

[25] 李高平. 分形法图像压缩编码[M]. 成都: 西南交通大学出版社, 2010.

[26] 李俊山, 李旭辉, 朱子江. 数字图像处理(第 3 版)[M]. 北京: 清华大学出版社, 2017.

[27] 李新胜. 数字图像处理与分析(第 2 版)[M]. 北京: 清华大学出版社, 2018.

[28] 缪鹏. 深度学习实践: 计算机视觉[M]. 北京: 清华大学出版社, 2019.

[29] 刘红敏, 王志衡. 计算机视觉特征检测及应用[M]. 北京: 机械工业出版社, 2018.

[30] 刘丽红. 多光谱图像融合及评价方法研究[D]. 成都: 电子科技大学, 2012.

[31] 刘绍辉, 姜峰. 计算机视觉[M]. 北京: 电子工业出版社, 2019.

[32] 刘世军, 彭真明, 赵书斌, 等. 基于混沌粒子滤波的视频目标跟踪[J]. 光电工程, 2010, 37(7): 16-23.

[33] 刘帅奇. 数字图像融合算法分析与应用[M]. 北京: 机械工业出版社, 2018.

[34] 刘文耀. 光电图像处理[M]. 北京: 电子工业出版社, 2002.

[35] 刘衍琦, 詹福宇. 计算机视觉与深度学习实战[M]. 北京: 电子工业出版社, 2019.

[36] 刘占文. 基于视觉显著性的图像分割[M]. 西安: 西安电子科技大学出版社, 2019.

[37] 卢官明. 数字图像与视频处理[M]. 北京: 机械工业出版社, 2018.

[38] 路锦正, 张启衡, 徐智勇, 等. 光滑逼近超完备稀疏表示的图像超分辨率重构[J]. 光电工程, 2012, 39(2): 123-129.

[39] 路锦正, 张启衡, 徐智勇, 等. 超完备稀疏表示的图像超分辨率重构方法[J]. 系统工程与电子技术, 2012, 34(2): 403-408.

[40] 罗俊海, 王章静. 多源数据融合和传感器管理[M]. 北京: 清华大学出版社, 2015.

[41] 罗强. 图像压缩编码[M]. 西安: 西安电子科技大学出版社, 2013.

[42] 马科, 彭真明, 何艳敏, 等. 改进的非下采样 Contourlet 变换红外弱小目标检测方法[J]. 强激光与离子束, 2013, 25(11): 2811-2815.

[43] 闵秋莎, 王志峰. 医学图像压缩算法与应用研究[M]. 武汉: 华中师范大学出版社, 2018.

[44] 彭真明, 陈颖频, 蒲恬, 等. 基于稀疏表示及正则约束的图像去噪方法综述[J]. 数据采集与处理, 2018, 33(1): 1-11.

[45] 彭真明, 蒋彪, 肖峻. 基于脉冲耦合神经网络的空中目标检测方法[J]. 强激光与粒子束, 2007, 19(12): 2011-2016.

[46] 彭真明, 景亮, 何艳敏, 等. 基于多尺度稀疏字典的多聚焦图像超分辨率融合[J]. 光学精密工程, 2014, 22(1): 169-176.

[47] 彭真明, 刘世军, 蒋彪. 基于 PCNN 的遥感 SAR 图像桥梁目标检测与识别[J]. 航空科学技术, 2009, 5: 22-27.

[48] 彭真明, 雍杨, 杨先明. 光电图像处理及应用[M]. 成都: 电子科技大学出版社, 2008.

[49] 彭真明, 张启衡, 王敬儒, 等. 一种弱小目标的自适应搜索策略[J]. 光电工程, 2003, 30(4): 15-19.

[50] 彭真明, 张启衡, 魏宇星, 等. 基于多特征融合的图像匹配模式[J]. 强激光与离子束, 2004, 16(3): 281-285.

[51] 瞿中, 安世全. 视频序列运动目标检测与跟踪[M]. 北京: 科学出版社, 2017.

[52] 任会之. 图像检测与分割方法及其应用[M]. 北京: 机械工业出版社, 2018.

[53] 沈涛. 光电对抗原理[M]. 西安: 西北工业大学出版社, 2015.

[54] 史春奇, 卜晶祎, 施智平. 机器学习: 算法背后的理论与优化[M]. 北京: 清华大学出版社, 2019.

[55] 史漫丽, 彭真明, 张启衡, 等. 基于自适应侧抑制网络的红外弱小目标检测[J]. 强激光与粒子束, 2011, 23(4): 906-910.

[56] 宋丽梅, 王红一. 数字图像处理基础及工程应用[M]. 北京: 机械工业出版社, 2018.

[57] 唐龙, 彭真明, 杨俊涛, 等. 基于 STFrFT 域无穷范数的 CT 图像边缘检测[J]. 光电工程, 2014, 41(7): 62-67.

[58] 陶冰洁. 多源图像配准与融合方法研究[D]. 成都: 中国科学院光电技术研究所, 2006.

[59] 万建伟, 粘永健, 苏令华. 实用高光谱遥感图像压缩[M]. 北京: 国防工业出版社, 2012.

[60] 王慧琴, 王燕妮. 数字图像处理与应用(MATLAB 版)[M]. 北京: 人民邮电出版社, 2019.

[61] 王磊, 王晓东. 机器学习算法导论[M]. 北京: 清华大学出版社, 2019.

[62] 王文峰, 李大湘, 王栋. 人脸识别原理与实战: 以 MATLAB 为工具[M]. 北京: 电子工业出版社, 2018.

[63] 王晓阳, 彭真明, 张萍, 等. 局部对比度结合区域显著性红外弱小目标检测[J]. 强激光与离子束, 2015, 27(9): 32-38.

[64] 王小玉. 图像去噪复原方法研究[M]. 北京: 电子工业出版社, 2017.

[65] 吴青娥, 张焕龙, 姜利英. 目标图像的识别与跟踪[M]. 北京: 科学出版社, 2018.

[66] 武自刚, 彭真明, 张萍. 强杂波背景红外弱小目标检测算法研究[J]. 强激光与离子束, 2015, 27(4): 21-26.

[67] 燕彩蓉, 潘乔. 机器学习: 因子分解机模型与推荐系统[M]. 北京: 科学出版社, 2019.

[68] 杨帆. 数字图像处理与分析(第 4 版)[M]. 北京: 北京航空航天大学出版社, 2019.

[69] 杨高科. 图像处理、分析与机器视觉(基于 LabVIEW)[M]. 北京: 清华大学出版社, 2018.

[70] 叶茂, 唐宋, 李旭冬. 领域自适应目标检测方法与应用[M]. 北京: 科学出版社, 2019.

[71] 于剑. 机器学习: 从公理到算法[M]. 北京: 清华大学出版社, 2017.

[72] 袁梅宇. 机器学习基础原理、算法与实践[M]. 北京: 清华大学出版社, 2018.

[73] 曾义. 基于小波变换与视觉特性的图像融合方法研究[D]. 成都: 电子科技大学, 2007.

[74] 曾义, 彭真明. 一种基于视觉特征的多分辨率快速图像融合方法[J]. 成都信息工程学院学报, 2007, 22(5): 509-512.

[75] 张彬, 于欣妍, 朱永贵. 图像复原优化算法[M]. 北京: 国防工业出版社, 2017.

[76] 张杰. 广义 S 变换域时频特征分析及微弱目标检测方法研究[D]. 成都: 电子科技大学, 2011.

[77] 张丽娟, 李东明, 杨进华, 等. 基于自适应光学的大气湍流退化图像复原技术研究[M]. 北京: 清华大学出版社, 2017.

[78] 张伟, 段喜萍. 基于稀疏表示的视频目标跟踪方法[M]. 哈尔滨: 哈尔滨工业大学出版社, 2018.

[79] 张笑钦. 复杂场景下目标跟踪的理论与方法[M]. 杭州: 浙江大学出版社, 2017.

[80] 赵雪专. 图像显著性检测算法研究[M]. 长春: 吉林大学出版社, 2018.

[81] 甄莉. 非平稳信号广义 S 变换及其在 SAR 图像分析中的应用研究[D]. 成都: 电子科技大学, 2008.

[82] 甄莉, 彭真明. 基于广义 S 变换的图像局部时频分析[J]. 航空学报, 2008, 29(4): 1013-1019.

[83] 甄莉, 彭真明. 提升格式 D9/7 小波在图像融合中的应用[J]. 计算机应用, 2007, 27(S1): 160-161.

[84] 郑欣, 彭真明. 基于活跃度的脉冲耦合神经网络图像分割[J]. 光学精密工程, 2013, 21(3): 821-827.

[85] 郑欣, 彭真明, 邢艳. 基于活跃度的图像分割算法性能评价新方法[J]. 吉林大学学报(工学版), 2016, 46(1): 311-317.

[86] 朱振福. 现代视频图像弱小目标检测导论[M]. 北京: 科学出版社, 2019.

[87] Abi Sarkis, Ido Tal, Pascal Giard, et al. Flexible and low-complexity encoding and decoding of systematic polar codes[J]. IEEE Transactions on Communications, 2016, 64(7): 2732-2745.

[88] Adams M D, Kossentini F, Ward R K. Generalized S transform[J]. IEEE Trans on Signal Processing, 2002, 50(11): 2831-2842.

[89] Barbu, Tudor. Novel Diffusion-Based Models for Image Restoration and Interpolation[M]. Berlin: Springer International Publishing, 2019.

[90] Bouzos Odysseas, Andreadis Ioannis, Mitianoudis Nikolaos, et al. Conditional random field model for robust multi-focus image fusion[J]. IEEE Transactions on Image Processing, 2019, 28(11): 5636-5648.

[91] Chandler D M, Hemami S S. Dynamic contrast-based quantization for lossy wavelet image compression[J]. IEEE Trans on Image Processing, 2005, 14(4): 397-410.

[92] Dai C, Lin M, Wu X, et al. Single hazy image restoration using robust atmospheric scattering model[J]. Signal Processing, 2020, 166: 107257.

[93] David A. Forsyth, Jean Ponce. 计算机视觉: 一种现代方法[M]. 高永强译. 北京: 电子工业出版社, 2017.

[94] Droske M, Rumpf M. Multiscale joint segmentation and registration of image morpnhology[J]. IEEE Trans on Pattern Analysis and Machine Intelligence, 2007, 29(12): 2181-2194.

[95] Hager Christian, Henry D. Pfister. Approaching miscorrection-free performance of product codes with anchor decoding[J]. IEEE Transactions on Communications, 2018, 66(7): 2797-2808.

[96] He R, Feng X, Wang W, et al. W-LDMM: A Wasserstein driven low-dimensional manifold model for noisy image restoration[J]. Neurocomputing, 2020, 371: 108-123.

[97] Jean Begaint, Dominique Thoreau, Philippe Guillotel, et al. Region-based prediction for image compression in the cloud[J]. IEEE Transactions on Image Processing, 2018, 26(4): 1835-1846.

[98] Li H, Wu X J. DenseFuse: a fusion approach to infrared and visible images[J]. IEEE Transactions on Image Processing, 2019, 28(5): 2614-2623.

[99] Li J H, Li B, Xu J Z, et al. Fully connected network-based intra prediction for image coding[J]. IEEE Transactions on Image Processing, 2018, 27(7): 3236-3247.

[100] Li J Y, Peng Z M. Multi-source image fusion algorithm based on cellular neural networks with genetic algorithm[J], Optik, 2015, 126(24): 5230-5236.

[101] Li M H, Peng Z M, Chen Y P, et al. A novel reverse sparse model utilizing the spatio-temporal relationship of target templates for object tracking[J]. Neurocomputing, 2019, 323: 319-334.

[102] Lin J B, Peng C C. Development of an automatic testing platform for aviator's night vision goggle honeycomb defect inspection[J]. Sensors, 2017, 17: 1403.

[103] Liu X G, Chen Y P, Peng Z M, et al. Total variation with overlapping group sparsity and L_p quasinorm for infrared image deblurring under salt-and-pepper noise[J]. Journal of Electronic Imaging, 2019, 28(4): 043031.

[104] Liu X G, Chen Y P, Peng Z M, et al. Infrared image super-resolution reconstruction based on quaternion and high-order overlapping group sparse total variation[J]. Sensors, 2019, 19(23): 5139.

[105] Liu X G, Chen Y P, Peng Z M, et al. Infrared image super-resolution reconstruction based on quaternion fractional order total variation with L_p quasinorm[J]. Applied Sciences, 2018, 8: 1864.

[106] Lv X G, Li F. An iterative decoupled method with weighted nuclear norm minimization for image restoration[J]. International Journal of Computer Mathematics, 2020, 97(3): 602-623.

[107] Lyv Y X, Peng L P, Pu T, et al. Cirrus detection based on RPCA and fractal dictionary learning in infrared imagery[J]. Remote Sensing, 2020, 12(1): 142.

[108] Meyer R R, Kirkland A I. Characterisation of the signal and noise transfer of CCD cameras for electron detection[J]. Microscopy Research and Technique, 2015, 49(3): 269-280.

[109] Mitchell H B. 图像融合: 理论、技术与应用[M]. 李成, 尹奎英, 贾程程译. 北京: 国防工业出版社, 2016.

[110] Munawar Hayat, Salman H. Khan, Mohammed Bennamoun. Empowering simple binary classifiers for image set based face recognition[J]. International Journal of Computer Vision, 2017, 123(3): 479-498.

[111] Nick Johnston, Damien Vincent, David Minnen, et al. Improved Lossy Image Compression with Priming and Spatially Adaptive Bit rates For Recurrent Networks[C]. 2018 IEEE/CVF Conference on Computer Vision and Pattern Recognition, 2018: 4385-4393.

[112] Niu X, Yan B, Tan W, et al. Effective image restoration for semantic segmentation[J]. Neurocomputing, 2020, 374: 100-108.

[113] Pan Z W, Shen H L. Multispectral image super-resolution via RGB image fusion and radiometric calibration[J]. IEEE Transactions on Image Processing, 2019, 28(4): 1783-1797.

[114] Patrizio Campisi, Karen Egiazarian. Blind Image Deconvolution: Theory and Applications[M]. Boca Raton: CRC press, 2017.

[115] Pinnegar C R. Time-frequency and time-time filtering with the S-transform and TT-transform[J]. Digital Signal Process, 2005, 15(6): 604-620.

[116] Pinnegar C R, Manainha L. Time-local Fourier analysis with a scalable phase-modulated analyzing function: The S-transform with a complex window[J]. Signal Processing, 2004, 84: 1167-1176.

[117] Rafael C G, Richard E W. Digital Image Processing (Third Edition)[M]. 阮秋琦, 阮宇智, 等译. 北京: 电子工业出版社, 2011.

[118] Samadhan C. Kulkarni, Priti P. Rege. Pixel level fusion techniques for SAR and optical images: a review[J]. Information Fusion, 2020, 59: 13-29.

[119] Stockwell R G, Mansinha L, Lowe R P. Localization of the complex spectrum: the S-transform[J]. IEEE Trans on Signal Processing, 1996, 44(4): 998-1001.

[120] Wang M, Zhou S. Image restoration and denoising using block-based singular-value derivative[J]. Remote Sensing Letters, 2020, 11(4): 388-396.

[121] Wang S Y, Ding Z M, Fu Y. Discerning feature supported encoder for image representation[J]. IEEE Transactions on Image Processing, 2019, 28(8): 3728-3738.

[122] Wang X Y, Peng Z M, Kong D H, et al. Infrared dim target detection based on total variation regularization and principal component pursuit[J]. Image and Vision Computing, 2017, 63: 1-9.

[123] Wang X Y, Peng Z M, Kong D H, et al. Infrared dim and small target detection based on stable multi-subspace learning in heterogeneous scene[J]. IEEE Transactions on Geoscience and Remote Sensing, 2017, 55(10): 5481-5493.

[124] Wang X Y, Peng Z M, Zhang P, et al. Infrared small target detection via nonnegativity-constrained variational mode decomposition[J]. IEEE Geoscience and Remote Sensing Letters, 2017, 14(10): 1700-1704.

[125] Xu W, Xu G, Wang Y, et al. Deep memory connected neural network for optical remote sensing image restoration[J]. Remote Sensing, 2018, 10(12): 1893.

[126] Zeng J, Cheung G, Chao Y H, et al. Hyperspectral Image Coding Using Graph Wavelets[C]. 2017 IEEE International Conference on Image Processing (ICIP), 2017: 1672-1676.

[127] Zhang L D, Peng Z M. Infrared small target detection based on partial sum of the tensor nuclear norm[J]. Remote Sensing, 2019, 11(4): 382.

[128] Zhang M L, Li S, Yu F, et al. Image fusion employing adaptive spectral-spatial gradient sparse regularization in UAV remote sensing[J]. Signal Processing, 2020, 170: 107434.

[129] Zhang T F, Wu H, Liu Y H, et al. Infrared small target detection based on non-convex optimization with L_p-norm constraint[J]. Remote Sensing, 2019, 11(5): 559.

[130] Zhang Y, Zhang X Q. Variational bimodal image fusion with data-driven tight frame[J]. Information Fusion, 2020, 55: 164-172.

[131] Zhao W, Lu H, Wang D. Multisensor image fusion and enhancement in spectral total variation domain[J]. IEEE Transactions on Multimedia, 2018, 20(4): 866-879.

[132] Zhou Z, Bo W, Li S, et al. Perceptual fusion of infrared and visible images through a hybrid multi-scale decomposition with Gaussian and Bilateral Filters[J]. Information Fusion, 2016, 30(30): 15-26.

[133] Zhu J, Li K, Hao B. Hybrid variational model based on alternating direction method for image restoration[J]. Advances in Difference Equations, 2019, 2019(1): 34.